玉米粗缩病

玉米锈病

玉米大斑病

玉米茎腐病

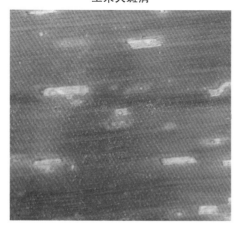

玉米小斑病

玉米丝黑穗病

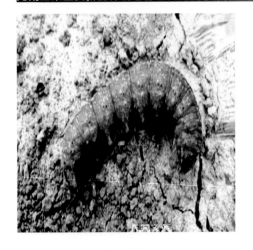

小地老虎　　　　　　　　　　　　白星花金龟

蝼蛄　　　　　　　　　　　　　　玉米旋心虫

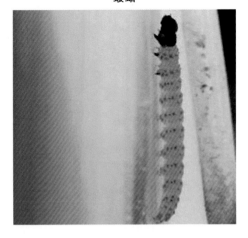

亚洲玉米螟　　　　　　　　　　　蓟马

马唐

刺儿菜

狗尾草

藜

车前草

苍耳

河南玉米
主要新品种栽培管理及
病虫草害防治技术

王家润 等 主编

中国农业科学技术出版社

图书在版编目（CIP）数据

河南玉米主要新品种栽培管理及病虫草害防治技术 / 王家润等主编 . —
北京：中国农业科学技术出版社，2014.8
ISBN 978 - 7 - 5116 - 1637 - 1

Ⅰ. ①河…　Ⅱ. ①王…　Ⅲ. ①玉米 – 栽培技术②玉米 – 病虫害防治
Ⅳ. ①S513②S435. 13

中国版本图书馆 CIP 数据核字（2014）第 092815 号

责任编辑　白姗姗
责任校对　贾晓红

出 版 者　中国农业科学技术出版社
　　　　　北京市中关村南大街 12 号　邮编：100081
电　　话　（010）82106638（编辑室）　（010）82109704（发行部）
　　　　　（010）82109703（读者服务部）
传　　真　（010）82106650
网　　址　http://www. castp. cn
经 销 者　各地新华书店
印 刷 者　北京富泰印刷有限责任公司
开　　本　787 mm × 1 092 mm　1/16
印　　张　26.5　彩插　4 面
字　　数　480 千字
版　　次　2014 年 8 月第 1 版　2014 年 8 月第 1 次印刷
定　　价　80. 00 元

《河南玉米主要新品种栽培管理及病虫草害防治技术》编委会

前　言

　　民以食为天，国以粮为本。粮食是重要的战略物资，对国家安全、人民生活起着十分重要的保障作用。粮食生产事关国计民生，始终是经济发展、社会稳定的重要基础。河南省是我国玉米生产大省，河南省委省政府历来对玉米生产和科技都十分重视。随着玉米新品种的繁育及玉米栽培技术研究和技术推广应用，全省玉米单产和总产持续增长。为了使玉米新品种及栽培管理病虫草害防治技术能及时推广应用，做到良种良法配套，实现高产稳产，我们组织农业科技人员撰写了《河南玉米主要新品种栽培管理及病虫草害防治技术》一书。该书涵盖了河南玉米主要新品种、栽培管理及病虫草害防治技术的有关内容，简明扼要介绍了河南玉米主要新品种及特征特性，描述了玉米的生长发育规律，介绍了玉米栽培管理及其主要病虫草害防治技术。本书简明扼要、通俗易懂，既有一定的理论水平，也有较强的实用价值，可以作为农业科研人员的参考书，也可以作为农技推广人员指导玉米生产的工具书。我们期望该著作能对今后河南玉米生产的持续发展发挥更大的作用。

　　由于编者水平和时间所限，书中疏漏和错误之处在所难免，恳切希望读者提出宝贵意见，以便再版时修改。

编　者

2014 年 3 月

目　录

第一章　玉米概述

第一节　玉米生产的基本情况

玉米又称玉蜀黍、包谷、苞米、棒子，是一年生禾本科草本植物。玉米栽培已经有 4 000 多年历史。1492 年哥伦布发现美洲大陆时，发现了玉米，并将其带回西班牙，并由此传播到世界各地。玉米是一种高产、稳产的粮食作物。近年来玉米生产发展很快，玉米是世界第三大粮食作物，播种面积和总产仅次于水稻和小麦。玉米是 C4 作物，光合同化效率高，干物质积累量多，增产潜力大。玉米籽粒中营养成分丰富，其中，蛋白质含量比大米高 25%，脂肪含量约 4%，以胚中为多，脂肪含量比大米多 5 倍以上，维生素 A 含量也很丰富，维生素 B_1、维生素 B_2 含量也较多。从胚中提炼的玉米油，富含亚油酸和油酸，还含有激素、磷脂和维生素 E 等。但玉米籽粒蛋白质中，赖氨酸、色氨酸和蛋氨酸等人体和动物必需的氨基酸含量不足。随着杂交育种和生物技术的发展，通过定向培育和有效选择，现已育出赖氨酸和色氨酸含量高的玉米新品种。

玉米籽粒是优良精饲料，营养价值高且易于消化。茎叶含有丰富的维生素、矿物质等多种成分，从抽雄到蜡熟期间带果穗收割加工，可作为营养丰富的青贮饲料。玉米综合利用价值高，工业和医药上用途广泛，全株各器官都可作轻工业原料，能直接或间接制成的工业品达 500 种之多，如淀粉、糖浆、葡萄糖、抗生素、酒精、醋酸、丙酮、丁醇、糠醛、玉米油、肥皂、油漆等。玉米品种类型多，适应性强，增产潜力大，产量高，品质较好，适应性广，在耕作改制、提高种植指数方面均占有重要地位。发展玉米生产对于促进我国粮食和饲料生产，加速畜牧业发展，改善城乡人民的膳食结构，提高人民的生活水平，具有十分重要的意义。

第二节　世界玉米生产概况

玉米是世界上种植范围最广的作物，除南极洲外，玉米在其他各洲均有种植。玉米种植范围南界是南纬 35°～40°的南非、智利、澳大利亚、阿根廷等地区，北界为北纬 45°～50°的英国、德国、波兰等欧洲地区，哈萨克斯坦北部、俄罗斯南部、中国东北部等亚洲地区，加拿大南部等北美洲地区，青贮玉米还可延伸到北纬 58°～60°地区。从低于海平面 20m 的中国新疆维吾尔自治区（以下称新疆）吐鲁番盆地直到海拔 4 000m 的青藏高原都有玉米种植。

从地理位置和气候条件来看，世界玉米种植区域集中分布在北半球温暖地区，即 7 月等温线 20～27℃、无霜期 140～180d 的区域范围。其中，美国中北部玉米带、中国东北平原和华北平原、欧洲多瑙河流域以及中南美洲的墨西哥、秘鲁等地是世界上最适宜种植玉米的地区。

从玉米生产水平来看，因自然气候条件差异和科技发展不平衡，世界各玉米产区间存在较大差异。随着玉米育种技术的不断发展以及施用除草剂、大面积秸秆还田、栽培管理水平和农业机械化水平的提高，世界玉米生产水平不断提升。

北美的美国、加拿大及欧盟的德国、英国、意大利、法国等在玉米育种、种质资源创新、栽培管理、机械化、规模化等方面均处于世界领先水平；南美的巴西、阿根廷等国虽机械化程度较高，但玉米育种与种质资源创新水平较低；亚洲的中国、印度等国机械化与种质资源创新水平均较低；东南亚和非洲玉米生产技术与其他产区还有巨大差距。

据联合国粮农组织统计，20 世纪 70 年代世界玉米种植面积平均为 17.10 亿亩*左右，进入 80 年代后，随着玉米高产杂交种的培育、先进耕作与栽培技术的应用以及化肥施用量的增加，世界玉米种植面积迅速增长。20 世纪 80 年代，世界玉米种植面积为 19.50 亿亩左右，90 年代达到 20.25 亿亩左右。进入 21 世纪以来，玉米种植面积达到 22.50 亿亩左右，其中，2009 年世界玉米种植面积为 23.55 亿亩。

目前，世界上约有 165 个国家和地区种植玉米，其中，美国、中国、巴西、印度、墨西哥的玉米种植面积位居前 5 位，其玉米种植面积之和占世界玉米种植面积的 60%左右。美国是世界玉米种植面积最大的国家，玉米种植面积约 5.25 亿亩，占世界玉米种植面积的 22.29%左右；其次是中国，玉米种植面积约 4.65 亿亩，占世界玉米种植面积的 19.75%左右；巴西列第三位，种植面积约 2.02 亿亩，占世界玉米种植面积的 8.57%左右；印度与墨西哥玉米种植面积均在 1.12 亿亩左右，分别各占世界玉米种植面积的 4.76%左右。

---

* 1 亩≈667m^2；15 亩 = 1hm^2

随着玉米种植面积的增加和生产技术水平的不断提高，世界玉米总产也不断增加。20 世纪 80 年代，世界玉米总产为 4.4 亿 t 左右，90 年代达到 5.5 亿 t 左右。自 2001 年以来，玉米就已超过水稻和小麦成为世界第一大粮食作物，并且这种超过幅度越来越明显。2004 年以来，世界玉米总产量稳定在 7 亿 t 以上，2008 年已突破 8 亿 t。2006—2010 年，世界玉米总产排在前 10 位的国家和地区有美国、中国、欧盟、巴西、墨西哥、东南亚、阿根廷、独联体、北非、加拿大，其玉米总产量分别占世界玉米总产量的 40.03%、20.09%、7.01%、6.74%、2.95%、2.93%、2.75%、2.03%、1.51%、1.30%。其中，中国、印度、墨西哥、巴西、阿根廷等国家的玉米总产量增加较快。

世界玉米生产技术的发展和玉米生产水平的提高带动了玉米单产水平的不断提高。20 世纪 70 年代，世界玉米平均单产为 186.67kg/亩，80 年代为 226.67kg/亩，90 年代达到 266.67kg/亩，近 10 年来达到 313.33kg/亩。其中，玉米种植面积较大、平均单产水平较高的国家有美国、法国、阿根廷、加拿大、中国等国，玉米单产分别为 633.33kg/亩、586.67kg/亩、506.67kg/亩、500.00kg/亩、346.66kg/亩左右。世界玉米平均单产最高的国家主要集中在中东的约旦、科威特、以色列、卡塔尔等国，其玉米单产均在 1 000kg/亩以上。

第三节　美国玉米生产概况

美国是世界上第一大玉米生产国、消费国和出口国，美国玉米种植面积、总产和单产均居世界首位，也是世界上玉米生产水平和科技水平最先进的国家。美国玉米的生产和消费动态在很大程度上影响着世界玉米市场的供需状况。美国玉米持续增产得益于优越的自然生态条件和先进的种植技术。

一、美国玉米生产发展历史

美国玉米生产经历了先扩大种植面积后提高单产的历程。1866—1909 年，美国玉米年均种植面积为 1.8 亿亩，到 1932 年已增加到 6 亿亩；第二次世界大战后，玉米种植面积开始收缩，至 20 世纪 60 年代已减少到年均 3.54 亿亩的历史最低点，之后种植面积虽逐渐增加但仍低于 1932 年的历史最高水平。

尽管美国玉米种植面积在第二次世界大战后开始减少，但玉米平均单产水平却提高很快。其中，品种的遗传改良对提高美国玉米产量起了决定性作用。美国玉米品种经历了开放授粉品种、双交种、单交种和转基因品种共 4 个阶段。1932

年之前，美国种植的是开放授粉品种，从 1933 年采用杂交种以来，美国玉米单产迅速提高。1866—1936 年，美国玉米平均单产仅 100kg/亩，20 世纪 40 年代玉米单产平均 146.7kg/亩，20 世纪 50~80 年代玉米平均单产分别为 179.7kg/亩、295.1kg/亩、374.8kg/亩和 440.8kg/亩。自 1996 年以来，转基因玉米品种在美国玉米生产中的推广应用更是加快了美国玉米单产的增加。

近年来，美国玉米种植面积稳定在 5 亿亩左右。2010 年，美国玉米种植面积为 4.97 亿亩，而玉米单产已由 20 世纪 30 年代的 100kg/亩增加至 2010 年的 677.5kg/亩。随着美国玉米单产水平的迅速提升，尽管目前玉米种植面积较 20 世纪 30 年代有所减少，但玉米总产却由 30 年代的平均约 0.6 亿 t 增加到 2010 年的 3.36 亿 t。

除品种遗传改良的贡献外，种植区域化、规模化、机械化、信息化、保护性耕作和科学施肥等也对促进美国玉米生产发展发挥了重要作用。

二、美国玉米持续增产的主要原因

美国以政策支持为保障，通过充分发挥自然优势并以农业机械化、信息化和转基因技术等为应用重点，已经成为世界上玉米生产和科研水平最高的国家。总结美国玉米持续增产的因素，概括起来主要包括以下几个方面。

1. 政府政策保障及玉米需求和出口拉动

美国政府对农业生产的多项支持保护政策是促进玉米生产快速发展的重要因素。美国农业补贴政策始于 20 世纪 30 年代。农业补贴政策主要包括以下几种。

①重视农业科研投入，农业科研公共拨款比重不断提高。

②向中小规模农场主提供优惠信贷政策和农产品抵押贷款。

③对农业实行特殊的补给和扶持政策以防止农产品价格大幅波动，2002—2007 年美国农业新法案的实施更是加大了对农业补贴额的优惠政策。通过政策导向促进和拉动玉米的加工与需求，如根据农业贸易发展政策输出剩余农产品、实行出口补贴以及实施《新能源法案》等。《新能源法案》鼓励生物能源生产，大幅增加生物燃料乙醇的使用量，将在长期时间内提高对玉米的需求，从而大大促进玉米的生产。

2. 区域化种植

因地制宜安排作物布局，实现玉米区域化种植是美国玉米高产的一个显著特点和重要经验之一。早在 20 世纪 40 年代，美国就形成了包括依阿华、伊利诺伊、印第安纳、内布拉斯加和密苏里 5 个州在内的世界上典型的专业化玉米生产带。目前，玉米带已扩展到西起内布拉斯加州、东至俄亥俄州、北起威斯康星州、南至密苏里州包括 10 多个州在内的广大区域。

美国玉米带气候温暖湿润，降雨充足且分布均匀，地形平坦开阔，土壤肥沃，已形成玉米与大豆及牧草的长期轮作体系。密西西比河、五大湖及稠密的铁路网也为玉米带上的玉米生产提供了便利的交通运输条件。目前，美国玉米带的玉米种植面积和总产量均占全国玉米总量的 80% 以上。

3. 土壤基础好，有机质含量高

美国玉米带土层深厚、松软、透气性好，且肥力水平较高，有机质含量高达 3% ~ 5%。较好的土壤地力一方面与美国长年坚持玉米与大豆及牧草进行合理轮作、大量进行秸秆还田有关，另一方面还得益于美国的科学施肥理念。美国施肥量充足、质量高、品种齐全、方法合理，科学施肥在保证较高肥料利用率的同时还培肥了地力。

美国比较重视基肥，一般在秋翻时施入氮肥全部数量的 2/3，其余 1/3 作追肥。大部分玉米田含磷量较低，每隔 2 ~ 3 年要大量施用磷肥，一般秋翻时撒施或播种时作为种肥施用，后效可达 3 ~ 4 年。钾肥每隔 2 ~ 3 年集中施用 1 次，秋翻时撒施后翻入土壤，后效可维持 2 ~ 3 年。施用微量元素肥料对提高玉米产量和品质均有明显作用，特别是在高产水平下施用锌、锰、铝、硼等微量元素肥料增产效果显著，尤以施用锌肥增产效果最显著，一般可增产 8% ~ 12%。

美国玉米带发达的畜牧业为玉米生产提供了大量有机肥料。美国还十分重视发展新型肥料如氮磷钾复合肥料、含微量元素的复合肥料和高浓度肥料等。复合肥料施用量占化肥总量的 80%，高浓度肥料的有效成分高达 85% ~ 95%。美国坚持常年大量施用有机肥料和复合肥料，化肥与有机肥料搭配合理；同时还大量施用高效复合肥和微量元素肥料，并通过施用缓效肥料和氮肥稳定剂等来提高肥料利用率。此外，美国还建立了完善的农化服务体系，提倡通过测土配方施肥和植株营养诊断来确定施肥的时期、种类、数量和方法。

4. 规模化、机械化、信息化

美国玉米生产已实现规模化、全程机械化和信息化。美国农业资源的特点是人少地多，且随着工业化和城市化进程的推进，农业人口不断减少。目前，美国农民在劳动力总数中所占的比例还不到 3%。美国玉米生产实行的是大规模农场化经营管理，一般农场种植面积约 10 000 亩。早在 20 世纪 40 年代前后美国已基本实现农业机械化，1960 年前后则实现了电气化。进入 80 年代后，美国玉米生产由机械化开始进入利用全球定位系统、地理信息系统、连续数据采集传感器等高新技术对自然环境及作物进行实时监测和管理，对田间作业的联合收割机和播种机进行精确定位，并及时获取产量数据和分布图以及土壤信息和病虫害等环境因素的自动化过程。

目前，美国农场规模越来越大、数量越来越少，并且一般都配备有大型联合收割机、播种机和施肥洒药机等现代化机械设备。这些机器上几乎都装有卫星定位系统，玉米生产过程中的施肥、播种、收获、单产测定及土壤情况等都能实现精细的数据化管理，玉米劳动生产率和玉米单产水平大大提高。

5. 通过育种手段不断提高品种产量潜力和抗性

美国是世界上最早生产和应用玉米杂交种的国家。1919 年，美国生产出世界上第一批玉米杂交种，1922 年开始在玉米生产上进行应用，1933 年玉米杂交种占玉米总播种面积的 10%，1940 年扩大 50%，1955 年则基本普及。

美国非常重视通过育种手段不断挖掘玉米品种的产量潜力。在常规育种方面表现如下。

①特别重视对玉米种质资源的搜集和利用，并积极进行种质扩增及改良，如1995 年启动了玉米种质扩增计划（GEM）。

②根据商业育种需求将杂种优势群简约到只有 BSSS 和非 BSSS 2 个群，并将以配合力为核心的 IPT 选系方法与以耐密植为核心的多抗选系方法相结合。

③品种推出前进行严格鉴选（一般有 300 个以上点的数据），同时，还要进行耐低温萌发试验、耐旱试验、耐密试验、抗病虫鉴定，有的甚至还要进行耐阴试验、耐肥试验等，以确保释放到生产中品种以工业产品的零缺陷理念，保证所推出的品种具有很好的高产性、稳产性和适应性、抗性等。

在生物技术育种方面，美国已采用 SSR 和 SNP 等分子标记对玉米的抗性、品质，甚至产量性状进行了定位和标记辅助选择研究，并将分子标记辅助育种与田间常规育种手段相结合、DH 单倍体快速诱导及加倍技术与分子标记技术相结合，大大提高了育种效率。近年来，利用转基因育种技术也成为美国不断挖掘玉米品种产量潜力的重要手段。

6. 转基因玉米种植面积不断增加

美国从 1996 年开始种植转基因玉米，是转基因玉米种植最早的国家。目前，转基因玉米主要涉及抗虫和抗除草剂两种类型，但已开始由单基因转变为多基因多性状的叠加，如将抗玉米螟、抗根虫和抗除草剂基因相叠加，从而使转基因玉米品种更具竞争力。

因在产量和抗性等方面的强大优势，转基因玉米在美国的种植面积呈逐年稳步上升趋势。截至 2007 年，其种植面积比例已由 2000 年的 25% 上升到 73%。随着基因组学和蛋白质组学等研究领域的不断发展，美国在营养品质和抗旱、抗逆的第二代和第三代转基因研究方面也取得了很大进展，这将导致未来美国转基因玉米种植面积和玉米产量的进一步增加。

7. 高质量和高附加值的种子

美国虽然不实行品种审定制度，但有专门机构负责良种区域试验，并根据严格的品种试验结果确定推广品种。在美国，玉米杂交种生产已形成产业。美国具有健全的良种繁育体系和严格的种子管理制度，种子生产的全过程中对纯度检测、发芽率检测、包衣处理等均实行严格的质量控制和精细加工。近年来，随着美国转基因玉米种植面积比例的不断增加，为适应生产需要，许多公司已将基因检测也确定为种子检测的一项内容。

8. 保护性耕作

美国从 20 世纪 40 年代起推出保护性耕作技术，是世界上最早开展保护性耕作的国家。美国的保护性耕作并不过分强调完全免耕，而是多采用覆盖耕作、少耕与免耕播种相结合，播种后地表作物残茬覆盖率不低于 30%，且主要用农药或中耕控制杂草和病虫害。

目前，美国学者认为其适宜的保护性耕作最佳模式是深松（少耕）加大量秸秆覆盖，且需要 70% 以上甚至 100% 的秸秆覆盖率来充分发挥保护性耕作的效益。今后，美国的保护性耕作将发展成为集耕作、秸秆覆盖、轮作、覆盖作物、病虫害防治等技术结合在一起的综合性生产系统。

9. 种植密度不断提高

通过调整种植方式、增强品种耐密性和抗逆性来提高种植密度，并推广高产配套技术是美国玉米大面积高产的关键措施之一。自 20 世纪 30 年代以来，美国主要通过提高品种耐密性、增加穗数实现玉米增产，而单株穗重并未增加。

20 世纪 30 年代，美国玉米生产大多采用行距 107cm 的方格宽行种植方式，种植密度不到 2 000 株/亩，亩产 100～200kg。20 世纪 60～70 年代，随着缩小行距及点播、条播技术在玉米生产中的大面积推广应用，玉米种植密度增加到 3 000 株/亩，亩产提高到 300～400kg。随着机械化作业的普及以及选育和推广耐密玉米品种，目前，美国的玉米种植密度已增至 4 500 株/亩，亩产提高到 600kg 以上，而其高产田的种植密度则高达 5 700～7 300 株/亩，亩产达到 1 000kg 以上。

从今后发展趋势看，随着高产耐密型品种的进一步推广应用及各项配套技术措施的改进和提高，美国玉米种植密度还会增加。

10. 高产竞赛

美国主要通过玉米高产竞赛不断创造玉米高产纪录。目前，世界玉米最高产量纪录是由美国依阿华州的 Francis Childs 在 2002 年的玉米高产竞赛中所创造的 1 850kg/亩。美国玉米高产竞赛活动在很大程度上带动和促进了整个美国玉米生产的不断发展。

美国第一次玉米高产竞赛于 1920 年在依阿华州举行，随后则逐渐扩大到全国。目前，美国玉米高产竞赛规则如对参赛人、参赛级别、参赛地块的要求及验收规则等也趋于完善。美国玉米高产竞赛已成为美国各大种子公司展示和宣传各自品种以及玉米种植者充分利用优良品种和配套栽培技术措施挖掘玉米产量潜力的重要平台。

第四节 中国玉米生产概况

我国是世界第二大玉米生产国和消费国。玉米是我国种植面积第一大作物，粮食增产的主力军。玉米具有粮、经、果、饲、能等多元用途，对保证我国粮食安全、食品安全、能源安全及生态环境等都具有重要意义。近年来，我国玉米生产发展较快，在满足市场需求和保障国家粮食安全等方面均发挥了重要作用。我国虽然与美国同处北半球，自然条件也有许多相似之处，但玉生产水平和科技水平却和美国有较大差距，我国玉米生产还有较大增产潜力。

一、我国玉米种植区划

玉米在我国分布很广，南自北纬 18° 的海南岛，北至北纬 53° 的黑龙江省黑河以北，东起台湾和沿海省份，西到新疆及青藏高原都有一定的种植面积。我国各个省（自治区、直辖市）都有玉米种植，但分布不均衡，从东北平原起，经黄淮海平原，至西南地区形成一条"中国玉米带"，为我国的玉米主产区。

根据玉米分布范围、自然条件和种植制度，传统上将我国的玉米种植区域具体分为北方春玉米区、黄淮海夏玉米区、西南山地丘陵玉米区、南方丘陵玉米区、西北灌溉玉米区和青藏高原玉米区，共六大产区。

（一）北方春玉米区

北方春玉米区包括黑龙江、吉林、辽宁、内蒙古自治区（以下称内蒙古）、宁夏回族自治区（以下称宁夏）、甘肃、新疆玉米种植区的全部，北京、河北、陕西北部，山西中北部以及太行山沿线玉米种植区。该区玉米种植面积共 1.7 亿亩，玉米总产量 6 563.6 万 t，分别为全国玉米总量的 43.1% 和 47.1%；玉米单产 385kg/亩，是全国平均水平的 1.09 倍。其中，包括黑龙江、吉林、辽宁和内蒙古东部（呼伦贝尔市、兴安盟、通辽市和赤峰市）在内的东北春玉米区是我国最大的玉米集中产区。近年玉米播种面积 1.4 亿亩左右，总产量 5 500 万 t 左右，分别占全国总量的 34% 和 39% 左右；玉米单产 400kg/亩，比全国玉米平均单产高 10% 左右。包括陕北、甘肃、宁夏和新疆在内的西北春玉米区是我国玉米最容易高产的地区，该区玉米常年播种面积 3 500 万亩左右，总产 1 250 万 t，分别占全国总量的 8% 和 10% 左右；单产 350 ~ 370kg/亩，略高于全国玉米平均单产水平（2005 年）。

本区属寒温带湿润、半湿润气候，冬季气温低，夏季平均气温 20℃ 以上；≥10℃ 年积温 2 000 ~ 3 600℃，无霜期 115 ~ 210d，基本为一年一熟制。全年降水量 400 ~ 800mm，其中，60% 集中在 6 ~ 8 月，降雨总量一般能够满足玉米生产需要。土壤比较肥沃，尤其是以黑土、黑钙土、暗草甸土为主的东北大平原是我国农田土壤最肥沃的地区之一，也是我国的玉米高产区。本区北部由于热量条件不够稳定，活动积温年际间变动大，个别年份低温冷害对玉米生产的威胁很大。另外，受自然条件和种植制度的限制，该区玉米生产基本处于雨养状态，干旱少雨对玉米生产的威胁也很大。

（二）黄淮海夏玉米区

黄淮海夏玉米区涉及黄河流域、海河流域和淮河流域，包括河南、山东、天津的全部，河北中南部，北京部分，山西和陕西中南部，江苏和安徽淮河以北区域。该区玉米种植面积共 1.45 亿亩，玉米总产量 5 033.3 万 t，分别占全国玉米总量的 36.8% 和 36.1%；玉米单产 346kg/亩，相当于全国平均水平的 98.3%（2005 年）。

本区属暖温带半湿润气候，气温较高，年平均气温 10 ~ 14℃，无霜期从北向南 170 ~ 240d，≥10℃ 年积温 3 600 ~ 4 700℃，年辐射 110 ~ 140kJ/cm²，年日照 2 000 ~ 2 800h，年降水量 500 ~ 800mm，并且多集中于玉米生长发育季节。自然条件对玉米生长发育非常有利，多为小麦—玉米两熟制，即收获冬小麦后种夏玉米。然而，区内阶段性干旱与病虫草害对玉米生产的威胁很大，需强化措施加以应对。

（三）西南山地丘陵玉米区

西南山地丘陵玉米区主要由重庆、四川、云南、贵州、广西壮族自治区

（以下称广西）及湖北、湖南西部的玉米种植区构成，是我国南方最为集中的玉米产区。该区玉米种植面积6 202.1万亩，玉米总产量1 819.5万t，分别占全国玉米总量的15.7%和13.1%；玉米单产293kg/亩，相当于全国平均水平的83.2%（2005年）。

本区玉米生产海拔高度100~4 000m，属亚热带湿润、半湿润气候，雨量丰沛，水热条件较好，光照条件较差，各地气候因海拔不同而有很大变化，立体生态气候明显，除部分高山地区外，无霜期多在240~330d，4~10月平均气温均在15℃以上，全年降水量800~1 200mm，多集中于4~10月，部分地区有利于多季玉米栽培。区内地形复杂，近90%的土地为丘陵山地，玉米从平坝一直种到山巅，种植制度从一年一熟至一年多熟兼而有之，间作、套种、单种兼而有之。因本区是畜牧优势产业，畜牧业发展对玉米需求数量大，玉米具备扩种增产潜力。但因区内坡旱地比重大，土壤贫瘠，耕作粗放，灌溉设施差，是典型雨养农业区，季节性干旱问题突出，玉米单产低而不稳，但单产提升潜力较大。

（四）南方丘陵玉米区

南方丘陵玉米区北与黄淮平原春玉米、夏玉米区相连，西接西南山地套种玉米区，东部和南部濒临东海和黄海。包括广东、海南、福建、浙江、江西、台湾等省全部，江苏、安徽的南部，广西、湖南、湖北的东部。该区玉米种植面积较小，占全国玉米种植面积的3%左右。

该区属亚热带和热带湿润气候，气温较高，适合于玉米生长发育的时间在250d以上，年降水量1 000~1 800mm，雨热同步。全年日照1 600~2 500h，可种植春、夏、秋、冬四季玉米。秋玉米主要分布在浙江省、江西省以及湖南省和广西壮族自治区的部分地区，一般作为三熟制中的第三熟作物；冬玉米主要分布在广东省、广西壮族自治区和福建省的南部和海南省。

该区种植制度从一年两熟制至一年三熟或四熟制。典型种植方式为：小麦—玉米—棉花（江苏省）、小麦（油菜）—水稻—秋玉米（浙江省、湖北省）、春玉米—晚稻（江西省）、早稻—中稻—玉米（湖南省）、双季稻冬玉米（海南省）等。

（五）西北灌溉玉米区

西北灌溉玉米区包括新疆的全部和甘肃的河西走廊以及宁夏河套灌溉区。占全国玉米种植面积的3%左右。本区属大陆性干燥气候，年降水量200~400mm，无霜期130~180d，日照时数2 600~3 200h；≥10℃的积温为2 500~3 600℃，新疆南部可达4 000℃。主要是一年一熟制春玉米。

（六）青藏高原玉米区

青藏高原玉米区包括青海和西藏，是我国重要的牧区和林区，玉米是本区新兴的农作物之一，栽培历史很短，种植面积不大，不足全国玉米种植面积的1%。该区海拔较高，地形复杂，高寒是其主要气候特点，在东部和南部海拔4 000m 以下地区，≥10℃的积温为2 400～3 200℃，日照时数为2 400～3 200h，昼夜温差大，有利于玉米光合作用和干物质的积累。主要是一年一熟的春玉米栽培。

二、我国玉米优势区域布局规划

2003 年，为适应和满足市场需求，充分挖掘区域资源生产潜力，推进农业结构战略性调整向纵深发展，优化我国农业生产力布局，加快农业生产发展，农业部在对我国农业生产现状开展调研的基础上制定和实施了包括玉米在内14 大优势农产品的区域布局规划（2003—2007）。

全国优势农产品区域布局规划（2003—2007）实施以来，我国农业生产区域布局和优势农产品产业建设取得了明显的阶段性成效，为促进农业生产稳定发展、农民持续增产增收、满足市场供应和保障国家粮食安全等均作出了重要贡献。但因受体制机制、经济利益、地方政府重视程度和政策支持力度等多种因素的综合影响，其引导功能尚未充分展现，区域布局仍不尽合理，基础设施薄弱、社会化服务相对滞后、产业化组织化水平不高、扶持政策尚不完善等问题在优势区域依然突出。

在新的历史条件下，继续深入实施和推进优势农产品区域布局具有重要战略意义。推进优势农产品区域布局是走中国特色农业现代化道路的战略选择；是优化资源配置、保障农产品供给的重大举措；是发挥比较优势、增强农产品竞争力的客观要求；是促进农民持续增收、夯实主产区新农村建设产业基础的有效手段。

2008 年，为最大限度优化资源配置，促进农业生产进一步向优势产区集中，形成合理的区域布局和专业分工，进一步加快农业产业发展，提高我国农业的生产水平和国际竞争力，农业部在全面总结2003 年优势农产品区域布局规划的基础上，经过深入调查研究，发布和实施了包括16 大优势农产品在内的新一轮全国优势农产品区域布局规划（2008—2015）。其总体目标是力争经过八年的努力使优势农产品区域布局更加优化，优势农产品质量、效益和竞争力明显提高，优势区域对保障农产品基本供给、促进农民增收的能力进一步增强。

（一）全国玉米优势区域布局规划（2003—2007）

全国玉米优势区域布局规划（2003—2007）的主攻方向是提高玉米的商品质量和专用性能为突破口，大力发展饲用玉米和加工专用玉米，优化玉米品种结构；实施订单生产，搞好产销衔接，降低生产成本；增强主产区的玉米转化加工能力，延长产业链条，提高综合效益。规划确定了要重点建设东北—内蒙古专用玉米优势区和黄淮海专用玉米优势区。东北—内蒙古专用玉米优势区主要布局在黑龙江、内蒙古、吉林、辽宁4个省区的26个地（市）102个县（市，镇）；黄淮海专用玉米优势区主要布局在河北、山东、河南等3个省的33个地（市）98个县（市）。

发展目标是到2007年2个优势产区玉米单产、总产分别提高20%，专用玉米面积占玉米总面积的60%以上。在增强优势产区转化能力的基础上，扩大"北出"，抑制"南进"，形成有出有进、出大于进的贸易格局。

经过2003—2007共5年的组织实施，我国已初步形成了玉米区域化生产格局。2007年，我国玉米生产集中度高达70%；优势区域综合生产能力稳步提升；产业化水平明显提高，优势区域内玉米精深加工企业聚集度不断提高，玉米订单生产面积达7 940万亩，比2002年增长124%；市场竞争力不断增强，玉米品种优质化率达47.1%，比2002年提高了23.0%，且质量安全水平和国际竞争力进一步提高；促进了优势区域内农民收入的快速增长。

（二）全国玉米优势区域布局规划（2008—2015）

针对我国玉米生产中存在的优良玉米品种相对较少、良种繁育体系不完善；区域性创新技术短缺，实用技术到位率和普及率低；生产规模小，全程机械化作业水平不高；农田基础设施落后，抗灾能力较弱；社会化服务体系不健全，产业化水平较低等制约当前我国玉米生产发展的主要因素，全国玉米优势区域布局规划（2008—2015）以"稳定面积，保证总产；一增四改，提高单产；优化布局，调整结构；增加投入，改善条件；立足国内，保障供给"为总体发展思路，以"满足国内需求、增加农民收入、提高市场竞争力"为总体发展目标，以"选育推广高产、优质、多抗、广适新品种；推广以'一增四改'为核心的关键技术；加强玉米病虫草害综合防治；加强农田基础设施建设；积极推进产业化经营；推动玉米'现代产业技术体系建设'"为主要任务。

按照自然资源禀赋、玉米生产条件和规模以及市场需求，以北方春玉米区、黄淮海夏玉米区、西南山地玉米区和东南特用玉米区为优势区域。并根据玉米生产规模和在粮食生产中的地位等指标，在三大优势区域内确定575个县（市、区、农场）作为今后国家重点支持的对象。

1. 北方玉米优势区

北方春玉米优势区主要包括233个重点县。发展目标是稳定玉米种植面积，增加单产和总产。同时，结合区内奶业发展的需求，积极发展籽粒与青贮兼用型玉米生产，促进玉米生产结构的优化。力争到2015年年末，玉米种植面积保持在2.0亿亩左右，其中，233个玉米优势生产县（市、区）玉米播种面积达到1.4亿亩左右，优质玉米种植面积比重提升至85%左右，单产提高15%。

主攻方向是选育推广优良抗性品种，优化品种结构；推广增密种植技术，提升水土资源利用效率；推进机械化全程作业与标准化生产，提升玉米现代化生产水平；强化农田基本建设，促进玉米稳产高产；强化社会化服务，促进玉米增产增效。

2. 黄淮海夏玉米区

黄淮海夏玉米区主要包括275个重点县。发展目标是稳定面积，增加单产和总产。进一步优化品种结构，以籽粒玉米生产为主，积极发展籽粒与青贮兼用和青贮专用玉米，适度发展鲜食玉米。到2015年末玉米种植面积稳定保持在1.7亿亩左右，其中，275个玉米优势生产县（市、区）玉米种植面积达到1.2亿亩，优质玉米种植面积比重达到85%左右，单产提高15%左右。

主攻方向是大力发展玉米机械化生产，推动玉米单粒播技术的应用；研发推广耐密、优质、高产、多抗品种与栽培技术；提升光热资源利用效率；适当延迟收获；加强病虫草害综合防治，促进玉米稳产高产；推广节本增效技术，提升玉米生产效益；强化社会化服务体系，促进玉米产业协调发展。

3. 西南玉米区

主要包括67个重点县。发展目标是提高复种指数，适度扩大玉米种植面积，继续优化玉米生产布局，促使玉米生产继续向优势县（市、区）集中；积极发展青贮专用和籽粒与青贮兼用玉米等品种选育和生产，促进玉米品种结构的优化。到2015年末发展到8 000万亩以上，其中，67个玉米优势生产县（市、区）玉米种植面积达到5 600万亩，优质玉米种植面积比重达到85%左右，单产提高约15%。

主攻方向是选育推广高产抗病抗倒籽粒玉米品种和青饲、青贮玉米新品种，优化玉米品种结构；大力推广防灾避灾旱作技术，促进玉米稳产高产；推广增密技术，提高有效穗数；强化病虫害综合防治，降低玉米损失；强化农田地力建设，提高玉米产量；因地制宜地发展机械化生产。

通过玉米优势区域布局规划的组织实施，到2015年达到以下目标。

（1）生产发展目标　全国籽粒用玉米种植面积稳定在4.6亿亩左右，玉米总产达到1.8亿t以上，亩产提高至400kg左右，玉米总产和单产分别比2007年提高约15.2%和18.2%。其中，优势区玉米种植面积稳定在3.1亿亩以上，占全国玉米种植总面积的70%左右；总产量达到1.4亿t以上，约占全国玉米总产量的80%。

（2）品种与品质目标　全国籽粒用玉米面积保持在4.6亿亩左右，青贮青饲玉米达到约3 000万亩。籽粒玉米的容重、含水率等各项指标均达到国家二级以上标准，二级合格率达到85%以上，一级率达到60%以上。

（3）效益目标　玉米优势区域每年因产量增加而增加效益100亿元以上，同时，玉米精深加工企业大幅提高附加值。农民种植玉米的收益增加15%以上。

（4）产业化发展目标　玉米订单生产比例达到30%。同时，生产组织化程度大幅度提高，优势区域内每省（自治区、直辖市）发展省级玉米行业协会3～5个。

三、我国玉米生产发展历史

我国玉米生产在新中国成立后发展迅速，从新中国成立至20世纪末，我国玉米年种植面积、总产和单产水平均基本呈逐年增加趋势（因自然灾害频繁及人为因素影响，60年代初我国玉米连年减产）。

1949—1969年，玉米生产水平和科学技术水平大大提高，我国玉米生产得到较大发展，玉米播种面积由1949年的1.937亿亩增加到2亿亩以上，最高达2.401亿亩，玉米单产由1949年的64.1kg/亩增至100kg/亩以上，最高达121.0kg/亩，玉米总产由1949年的0.124亿t增加了1倍以上，最高达0.284亿t。

1970—1977年，随着普遍应用杂交种、增加化肥和有效防治病虫草害等配套技术措施的运用，我国玉米生产迅速发展，玉米单产水平也大幅提高，已由20世纪60年代的年均87.73kg/亩增加至1977年的165.76kg/亩。

1978—1989年，党的十一届三中全会以后，联产承包责任制等农村和农业政策的调整和实施极大地解放和发展了农村社会生产力，大大调动了农民的生产积极性，促进了玉米单产水平的提高。玉米种植面积由1977年的2.949亿亩增加到1989年的3.053亿亩，单产由165.76kg/亩增加到253kg/亩，总产由0.494亿t增加0.804亿t。

1990—1999年，随着紧凑型玉米品种的大力推广，玉米种植密度大幅提高，并且随着畜牧养殖业和玉米加工业的发展，玉米需求量逐步增大，促进了我国玉米生产的快速发展，玉米单产达到300kg/亩以上。到1998年，我国玉米播种面积、总产和单产水平均达到了历史最高水平。玉米种植面积由1989年的3.053亿亩增加到1998年的3.786亿亩，单产由253kg/亩增加到351.27kg/亩，总产由0.804亿t增加到1.33亿t。1999年，我国玉米播种面积为3.885亿亩，单产为329.67kg/亩，总产为1.281亿t，单产水平虽比1998年有所下降，但种植面积和总产量总体保持稳定。

2000—2003年，我国经历了种植结构调整、人为压缩玉米种植面积的过程。因前一段我国玉米生产相对过剩，玉米价格降低，农民种植玉米的积极性下降，政府于2000年采取了种植结构调整政策，玉米种植面积、单产和总产均有较大幅度下降。玉米种植面积由1999年的3.885亿亩降至2003年的3.61亿亩，单产由329.67kg/亩下降到320.87kg/亩，总产由1.281亿t下降到1.158亿t。

2004年以来，国家为保障粮食生产安全，相继出台了一系列政策，支持粮食生产发展，玉米生产开始了恢复性增长。玉米种植面积由2003年的3.61亿亩增加到2010年的4.872亿亩，单产由320.87kg/亩增加到2010年的360.41kg/亩，总产由1.158亿t增加到2010年1.774亿t。

四、我国玉米生产现状

（一）玉米生产发展势头良好，是我国粮食增产的主力军

近年我国玉米生产发展势头良好，已成为我国粮食增产的主力军。自2004年起，我国玉米生产开始恢复性增长，玉米种植面积持续增加。2006年，全国玉米种植面积突破4亿亩，2007年为4.42亿亩并超过水稻成为我国面积第一大作物，2010年玉米种植面积进一步扩大到4.87亿亩。2008年，我国玉米总产1.66亿t，实现了自2004年以来的连续5年增产（2009年因受干旱和倒伏等不利气候因素的影响，玉米总产较上年略有降低）。

近年我国玉米生产的快速发展为粮食连年增产作出了重要贡献，玉米总产增加对全国粮食增产的贡献率高达44%以上，位居各大粮食作物之首。并且，在国务院《国家粮食安全中长期发展规划（2008—2020年）》所制定的2009—2020年新增1000亿斤（1斤＝0.5kg）粮食目标中，玉米是我国粮食增产的主力军，要承担53%的增产份额，并且到2020年要达到保持基本自给的目标。

（二）国家出台多项惠农政策，玉米生产补贴力度不断加大

国家的政策支持是促进我国玉米生产发展的重要因素。近年来，党中央、国

务院高度重视农业、重视粮食生产，并相继出台了一系列促进粮食生产发展的优惠政策。目前，我国农业补贴政策主要包括种粮农民直接补贴、农资综合补贴、良种补贴和农机具购置补贴，并且玉米良种补贴已实现了按面积全覆盖。此外，各地方政府在认真落实国家各项惠农政策的同时，也积极出台了各项相关政策大力扶持玉米生产发展，对调动农民的种粮积极性发挥了重要作用。

（三）大力开展玉米高产创建，推广玉米"一增四改"关键技术

为全面提升我国农业产出率和综合生产能力，保障国家粮食安全，农业部自2008年起在全国范围内组织开展粮食高产创建活动，且高产创建的规模逐年扩大。

目前，全国已有多个万亩示范片亩产达到或超过800kg，此外还涌现出了一批每亩超过900kg的万亩片，并且各地玉米创高产的经验也更加丰富。玉米高产创建是集优势区域布局规划、高产优质品种、高产高效栽培技术和优质高效投入为一体的科技成果转化和推广活动，为积极推进"一增四改"关键技术和带动玉米增产、农民增收均发挥了重要作用。目前，玉米"一增四改"关键技术已成为我国玉米生产主推技术。并且各地的玉米生产实践证明，该技术在我国各玉米主产省的全面实施和推广均产生了良好效果，对全面提升我国玉米生产的科技含量和促进玉米生产发展发挥了重要作用。

（四）玉米生产区域优势进一步突显

随着近年我国玉米生产的快速发展，目前，我国玉米生产已形成"三区两专"，即三个玉米主产区和两个专用玉米产区的生产格局。

近年来，黑龙江省通过缓解大豆重茬压力，调整种植结构，玉米种植面积进一步扩大，2009年全省玉米种植面积已达6 000万亩以上。高寒山区极早熟玉米品种和甘肃省全膜双垄沟播技术的大面积推广应用以及南方稻区改种玉米和广东省冬种玉米生产的迅速发展等，使得我国玉米生产区域进一步扩大。同时，通过实施玉米优势区域布局规划，促进了玉米生产进一步向优势产区集中，区域比较优势更加明显。西南地区作为我国玉米主产区之一，近年来，在畜牧业的拉动下玉米生产快速发展。在我国的广东、福建和浙江等东南沿海地区，随着旅游业和农产品出口业的发展，鲜食玉米作为特色产业发展较快，鲜食玉米种植面积快速推进，该区已成为我国鲜食甜糯玉米的主要产业区。目前，全国鲜食甜糯玉米种植面积为800万亩左右，其中，广东省甜玉米种植面积就高达200万亩以上。此外，近年来内蒙古和黑龙江专业青贮玉米生产有所发展，为畜牧养殖业提供了饲料支撑。

（五）品种和品质结构进一步优化

近年来，我国玉米新品种的选育进程加快，玉米生产中推广的玉米品种数量增多，农民选择品种的余地加大，我国玉米品种的更新换代步伐加快。随着我国玉米生产中种植面积相对较大的郑单958、浚单20、农大108和先玉335等一大批优质高产品种的大面积应用，玉米生产用种基本实现了良种化，商品化杂交种比例达到95%以上，优质品种比重由2003年的28%提高到2007年的47%。鲜食玉米和青饲玉米等专用玉米异军突起，发展势头很好，玉米品种结构进一步优化，基本满足市场多方位的需求。

（六）玉米科研投入力度不断增加，科技支撑能力逐步增强

近年来，转基因重大专项、863计划、973计划、科技支撑计划、粮食科技丰产工程、超级玉米、行业科技等国家重大科技项目的相继启动促进了玉米科研快速发展，为玉米生产发展提供了强有力的科技支撑。国家玉米产业技术体系、农业部玉米专家指导组、农业科技入户工程、地方科技创新团队等的建设与启动则全面推进了科学技术的到位率和普及率。

以政府为主导的多元化、多渠道科研投入体系的建立促进了科技资源的有效整合以及科研人员的大联合、大协作，玉米高产优质品种选育、高效栽培技术模式和资源高效利用等研究均取得了新的突破，并在引导农民选择优良品种、应用先进适用技术，调动农民学科学、用科技的积极性，提高先进技术到位率和农民科学种粮技能等方面发挥了重要作用。

（七）国外种业巨头纷纷进军中国，国内玉米种业竞争形势严峻

我国玉米常年种植面积约占世界玉米总面积的20%，是国内外种子企业瞩目的强大市场。近几年，跨国种子企业加快了进入中国的步伐。目前，先锋、孟山都、先正达、KWS等已全面进军中国，玉米种业首当其冲。虽然通过引进优异种质资源和先进科学技术，可以在丰富和拓展我国玉米种质基础、加快育种进程、提高育种水平和增强我国种业竞争等方面发挥了积极作用，但同时我们也应该看到，跨国种子企业进入中国种业市场对我国种业而言既是机遇更是挑战，国内种业今后将面临更加激烈的竞争。

五、我国玉米生产发展潜力

（一）面积潜力

从历史发展来看，我国玉米播种面积已由新中国成立时的1.94亿亩发展到2010年的4.87亿亩，共增加了2.93亿亩。从玉米供求关系来看，我国玉米种

植面积仍有增加潜力。随着我国居民对肉、蛋、奶等需求的不断增加，玉米饲料消费呈刚性增长。同时，玉米深加工业规模的不断扩张也导致国内玉米需求不断增长。国内外玉米消费需求的持续刚性增长将刺激我国玉米种植面积进一步增加。从各地自然条件来看，在现有玉米种植面积的基础上，我国玉米种植面积仍有2 000万亩以上的增加潜力。

（二）区域潜力

我国大部分地区的土壤条件、气候条件基本都适于玉米的生长发育，但不同生态区域间、同一生态区的省际、同一省份县际间单产水平均有较大差距。东北地区玉米单产水平最高，黄淮海区次之，而西南区最低。2009年，东北地区玉米单产水平最高的是吉林省，平均408.04kg/亩；黄淮海区玉米单产水平最高的是山东省，平均439.10kg/亩；西南区玉米主产省中单产水平最高的是重庆市，平均321.24kg/亩。同一省份不同县间因光、热、水、土等资源的不均衡分布，各县的玉米生产发展也不平衡。并且，即使是同一地块、同一品种，不同农户间的生产水平也存在较大差距。

由此看来，我国各地通过选用优良玉米品种及其配套的栽培技术措施来进一步挖掘我国玉米生产潜力，把专家的产量转化为农民的产量，把小田块高产转化为大面积的均衡增产，实现玉米大面积均衡增产的潜力还很大。

（三）单产潜力

从世界玉米生产情况来看，目前，我国玉米单产仅略高于世界平均水平，排在世界第21位，单产是排名前10位国家平均水平的67%，与美国等发达国家相比则差距更大。2008年，美国玉米在较干旱的年份下平均单产达645kg/亩，比我国玉米单产历史最高水平仍高出290kg/亩。

从我国玉米生产发展历史来看，新中国成立初期我国玉米单产仅64.10kg/亩，到1998年提高到351.27kg/亩；2004年以后玉米生产开始恢复性增长，到2006年单产基本恢复到历史最高水平，达到355.10kg/亩。我国玉米单产一直保持在350kg/亩左右。

从现有品种潜力来看，我国玉米新品种的区域试验产量均远远高于全国玉米平均单产水平。2009年，全国玉米新品种平均区域试验产量为688.2kg/亩，而同期全国玉米平均单产仅350.4kg/亩，二者相差近1倍。

从国内玉米大面积高产情况来看，目前，我国已经实现了玉米较大面积每亩800kg，并在适宜生态区和较好的技术条件下实现了每亩1 000kg的产量水平。如近年来在我国西北的陕西榆林、甘肃武威及东北等地涌现出了诸多大面积每亩达

1 000kg以上的玉米高产地块。短期内，玉米千斤省的目标在吉林、山东等主产省也有望实现。

从全国各地玉米高产纪录来看，2007年，陕西榆林2块百亩连片玉米田分别创造了亩产1 198.4kg和1 234.3kg的大面积高产纪录。2008年，陕西榆林再次创造了千亩集中连片亩产过"吨粮"的全国玉米高产纪录，并创造了小面积1 326.4kg/亩的我国春玉米最高产纪录；吉林省创造了雨养条件下百亩连片玉米田平均亩产1 089.6kg、最高亩产1 130.1kg的我国春玉米超高产纪录；四川省宣汉县创造了亩产1 181.6kg的西南地区玉米最高产纪录。2013年新疆生产建设兵团亩产达1 511.74kg，刷新我国玉米高产纪录。

今后，通过培育和推广高产耐密型优良品种及其配套关键技术，不断改善生产条件，保障玉米创高产的各项需求，充分挖掘玉米品种的光温增产潜力，将不断刷新我国玉米高产纪录，使我国玉米平均单产越来越高。

（四）技术潜力

在栽培技术方面，我国大部分地区玉米栽培技术较落后或不到位。综合运用各项栽培技术措施仍可进一步挖掘现有玉米品种的高产潜力。

1. 合理增加种植密度增产潜力

目前，我国大部分地区密度偏低，且各区域密度不均衡。黄淮海夏玉米区大部分为3 500~4 000株/亩，一部分在3 000株左右；东北春玉米区大部分密度为3 000~3 500株/亩；西南地区密度最低，大部分不足3 000株/亩。高产田的种植密度一般在5 000株/亩左右。在目前的密度水平上，每亩适当增加密度500株左右，并通过增施肥料等相应配套措施，每亩即可提高玉米产量50kg左右。

2. 科学施肥增产潜力

目前，因未科学合理搭配肥料种类、比例、数量、时间及采用地表撒肥等不合理的施肥方法，我国化肥利用率总体水平较低。通过测土配方施肥和植物营养诊断施肥不仅可提高肥料利用率，还可充分发挥高产品种的产量遗传潜力。

3. 提高种子质量增产潜力

目前，我国玉米种子的纯度和净度基本达标，与美国等发达国家在种子质量方面的差距主要是种子发芽率的高低。目前，美国等发达国家玉米种子的发芽率一般≥95%，几乎可以达到一粒种子一棵苗。而我国规定的一级玉米种子发芽率指标仅为85%。因种子发芽率较低，再加上用种量不足、播种质量差等因素的影响，导致玉米生产中普遍存在出苗率低、缺苗断垄严重、群体整齐度较差等问题。

通过建立健全的玉米良种繁育体系和严格的种子管理制度，提高玉米种子的发芽率指标，可实现一次播种出全苗、保障合理密度和提高群体整齐度，从而有利于进一步提高玉米产量水平。

4. 充分利用水土资源增产潜力

目前，我国玉米生产大部分是在生产条件差、投入少、栽培管理粗放的中低产田条件下进行的，高产田在玉米总种植面积中所占的比例还不足 1/3。充分利用我国的中低产田土地资源，针对玉米中低产田的高产限制因素进行专项研究，并集成遗传育种、植物保护、土壤肥料、栽培耕作等各学科的玉米增产成果，逐步建立完善的中低产区抗逆增产技术体系，可进一步挖掘其玉米增产潜力，提高我国玉米生产总体水平。

我国是一个水资源严重短缺的国家。干旱是我国最严重的自然灾害之一，旱灾频繁发生且分布不均。春旱和卡脖旱是我国玉米生产所面临的严峻挑战。通过兴修水利、实施保护性耕作、充分利用自然降水等措施可充分挖掘水资源利用潜力、进一步扩大玉米种植区域、提高玉米产量水平。但从可持续发展角度来看，要尽量减少并避免抽取地下水资源，应大力推广保护性耕作技术及雨养旱作技术等。

5. 防灾减灾增产潜力

我国气候条件比较复杂，各地的光照、雨水、积温等自然条件分布很不均匀。造成我国玉米减产的自然和生物因素：一是干旱，我国干旱和半干旱地区的雨养玉米种植面积约为 65%，完全保障灌溉的面积为 20%，干旱是影响高产稳产的主要因素。春旱影响玉米出苗导致缺苗断垄，伏旱影响果穗发育，秋旱影响籽粒灌浆。二是黄淮海地区长时间的阴雨寡照，授粉结实常常受到影响。三是东北地区的春季低温冷害经常导致粉种、毁种，秋季霜冻危害影响籽粒灌浆和正常成熟。四是局部地区因风灾和雹灾所引起的倒伏。五是局部发生的病虫草害和鼠害。上述各种灾害可造成我国玉米产量损失高达 20%，严重地区这一比例则更高，甚至造成绝产。

若采取各种积极有效的防灾减灾措施，则可将损失降至 5% 以下。此外，随着转基因技术及其设备的飞速发展，具有抗病、抗虫、抗除草剂、抗旱等特性转基因玉米的大规模推广应用将大大提高我国玉米生产的防灾减灾能力，从而降低玉米生产损失。

（五）品种潜力

从我国玉米新品种的产量潜力来看，2009 年我国玉米新品种的区域试验平均产量，东北早熟春玉米组为 697.90kg/亩，东北华北春玉米组为 761.90kg/亩，西北春玉米组为 836.90kg/亩，黄淮海夏玉米组为 610.00kg/亩，西南玉米组为 587.20kg/亩。而 2009 年我国玉米平均单产仅为 350.40kg/亩。从我国玉米品种的最高单产水平来看，当前我国玉米品种的最高单产水平是 2013 年新疆生产建设兵团种植的登海 618（1 511.74 kg/亩），远远高于我国玉米平均单产水平。2007 年，美国玉米平均单产达 632.45kg/亩。原来预计到 2046 年美国玉米单产水平还将比目前再增加一倍以上，目前，随着转基因及分子标记辅助育种等生物技术的加快应用，预计美国玉米单产翻一番的时间可能将提前 20 年到来。因此，今后通过育种手段加强品种的耐密性、抗性和适应性来提高我国玉米品种产量的潜力还很大。

（六）耕作制度改革潜力

1. 改套种为平播增产潜力

麦田套种在我国还有相当大的面积，特别是黄淮海等地。套种限制了密度的进一步提高，玉米粗缩病等发生较重，群体整齐度降低，影响了玉米苗期的生长和产量的增加。改套种为平播不仅可增加种植密度、提高幼苗质量，而且可显著增加玉米产量、提高品质。

2. 适时晚收增产潜力

黄淮海夏玉米区普遍存在收获偏早、"砍青"的问题，即当玉米还没有完全成熟、灌浆还在进行时就已经开始收获。从苞叶刚开始变黄的蜡熟初期，每迟收 1d，千粒重则增加 5g 左右，每亩可增产 10kg 左右。

3. 秸秆还田和深松改土增产潜力

目前，我国仍是农户分散经营的农业生产模式，因小四轮拖拉机的耕作深度有限，其连年大规模使用导致土壤耕层与犁底层间形成了"波浪"形坚硬土层，致使耕层有效土壤量锐减，土壤接纳大气降水能力和抗逆性减弱。据调查，玉米产区土壤的活土层厚度仅 16.5cm，低于适合玉米生长的最低耕层深度 22cm 的基本要求，更低于美国对土壤耕作 35cm 的要求。通过土壤深松，配合秸秆等有机物还田，提高土壤肥力，减少化肥使用量，改善土壤环境，提高抗灾减灾能力，可进一步挖掘深松改土的技术增产潜力，大幅增加玉米生产能力。

4. 机械化作业增产潜力

目前，我国玉米机械化作业水平较低。2009 年，玉米综合机械化水平为 60.24%。其中，机耕和机播水平分别为 83.55% 和 72.48%，而机收水平仅为 16.91%。机械化作业可提高播种及幼苗质量，减轻农民劳动强度，提高作业效率，节约生产成本，提高投入产出比。

六、我国玉米进一步增产的主要措施

近年来，农业部全面开展实施的高产创建活动推动了玉米"一增四改"、深松改土等一批重大技术的集成和推广应用，今后我国玉米进一步增产的主要措施应重点突出和加强以下方面。

①以增强抵御干旱和洪涝灾害能力为目标，加强农田基本水利建设。

②以提高灌溉水和自然降水利用率为目标，优化集成多种抗旱节水农艺措施。

③以提高土壤生产潜力、培肥地力、实现可持续发展为目标，大力开展深松改土、秸秆还田，并增施有机肥。

④以提高化肥利用率、节本增效为目标，进一步实施测土配方科学施肥和化肥深施。

⑤以提高群体整齐度和果穗均匀度为目标，进一步提高种子质量，特别是发芽率和播种达到质量，实现一次播种，达到苗全、苗匀、苗壮。

⑥以高产高效为主要目标，进一步加强高产稳产耐密型品种的良种良法配套和区域化栽培模式研究与示范。

⑦以提高玉米籽粒成熟度和品质为主要目标，推广早熟耐密型高产稳产品种，防止品种越区种植，推广适时晚收和促早熟防早霜等技术。

⑧以提高技术到位率为目标，进一步研究与示范推广全程机械化的精简高效栽培技术。

⑨以防灾减灾，减少灾害性损失为目标，加强病虫草鼠害的防治和灾害性天气的预测预报和预警。

⑩以保持农民玉米生产积极性和玉米整体产业稳定发展为目标，加强宏观调控，进一步出台和强化支农惠农政策，增加可操作的技术措施补贴。

我国玉米进一步增产的主要措施如下。

1. 加强农田基本水利设施建设

加强农田基本水利设施建设，增强抵御干旱和洪涝灾害的能力，干旱是影响玉米高产稳产的最主要因素之一。我国玉米主要分布在干旱和半干旱区域，并且玉米田灌溉比例低。春旱、卡脖旱及秋旱是我国玉米生产经常面临的严峻挑战。2009 年的东北辽宁等省大旱以及 2010 年的西南大旱都给玉米生产造成了严重影响。借着 2011 年中央一号文件的东风，通过兴修水利、加强农田基本水利设施建设，可进一步增强玉米生产对旱灾和洪涝灾害的抵御能力，大幅度提高我国玉米综合生产能力。

2. 优化集成多种抗旱节水农艺措施

提高灌溉水和自然降水利用率。我国农业用水资源缺乏，且大部分具备灌溉条件的地区多采用传统的大水漫灌方式，农业用水有效利用率低。从可持续发展角度来看，在大力发展节水灌溉的同时还要发挥旱作农业的技术优势，主要是进一步优化集成抢墒播种、坐水点种、行走式灌溉、全膜双垄沟播、膜下滴灌、以肥调水等抗旱节水农艺措施，并形成适宜不同区域的高效节水技术体系，进一步提高灌溉水和自然降水的利用率。

3. 开展深松改土、秸秆还田

大力开展深松改土、秸秆还田，并增施有机肥，提高土壤生产潜力、培肥地力，实现可持续增产。我国农户小规模的农业生产模式和小机械耕作模式导致土壤耕层变浅，犁底层不断加厚，土壤蓄水保墒保肥能力大幅降低，玉米根系分布在浅层难以向深层下扎生长，抗倒、抗旱能力大幅度下降。为提高土壤生产潜力、实现农田地力可持续发展，应大力开展土壤深松、秸秆还田、增施有机肥料等措施。并应有效改造目前我国生产条件差、投入少、栽培管理粗放的中低产田，不断培肥地力，改善耕地质量，提高地力水平，为玉米高产稳产创造良好的土壤条件。

4. 实施测土配方科学施肥

进一步实施测土配方科学施肥和化肥深施，提高化肥利用率、节本增效。化肥施用是玉米生产的一项主要投入和增加生产成本的一个主要方面。我国的施肥技术和化肥利用率总体水平偏低。为进一步提高化肥利用率、充分发挥肥料的增产效应，在进一步实施测土配方科学施肥的基础上，应大力推广化肥深施的技术措施，特别是追施的氮化肥更要深施。这是快速提高氮化肥利用率的一项简单、有效、易行的技术措施，同时，深施还具有水肥耦合、以肥调水的作用。施用种肥要注意强调种、肥隔离，防止烧苗，还应重视长效缓施肥的推广应用。

5. 提高种子质量和播种质量

进一步提高种子质量和播种质量，提高群体整齐度和果穗均匀度。目前，我国玉米种子的发芽率标准偏低（一级玉米种子发芽率指标仅为≥85%），再加上播种质量差等因素影响，导致玉米生产中普遍存在出苗率低、缺苗断垄严重、大小苗参差不齐、群体整齐度较差等问题。为保障合理密度和提高群体整齐度，应进一步提高我国玉米种子质量标准，特别是应将目前的一级种子发芽率标准由85%提高到95%；同时，采取各种有效措施进一步提高播种质量，特别是加大机械化精量播种技术的推广，实现一次播种苗全苗齐苗壮、为后期玉米高产打下坚实的基础。

6. 加强高产稳产耐密型品种的推广和良种良法配套

进一步加强高产稳产耐密型品种的推广和良种良法配套，以及区域化高产高效栽培模式研究与示范。选用优良的高产稳产耐密型品种是提高玉米产量的重要前提，但只有辅以合理的配套栽培技术措施，坚持良种良法配套，才能保证品种的高产潜力得以充分发挥。此外，我国气候条件较复杂，各玉米产区的自然气候条件、土壤条件、耕作制度、栽培特点等相差很大，适宜各玉米产区的高产高效栽培技术研究集成与示范还有待进一步加强和完善。因此，应进一步加强高产稳产耐密型品种的良种良法配套和区域化高产高效栽培模式研究与示范。

7. 推广早熟耐密型高产稳产品种

防止品种越区种植，推广适时晚收和促早熟防早霜等技术。各地应根据自然生态特点和生产水平选用通过国家或省级审定的高产、稳产、耐密、抗病、抗倒的优良玉米品种，最好是经过当地试种、示范，证明具有增产潜力大、适应性好的品种，避免种植生育期偏长的品种或越区品种。为进一步提高籽粒的成熟度和品质，在黄淮海夏玉米区应大力推广适时晚收技术，在东北地区应大力推广促早熟、防早霜等技术措施。

8. 研究与示范推广全程机械化的精简高效栽培技术

进一步研究与示范推广全程机械化的精简高效栽培技术，提高技术到位率。目前，我国玉米机械化作业水平总体较低，尤其是机收水平更低。为提高播种及幼苗质量，减轻农民劳动强度，提高作业效率，节约生产成本，提高投入产出比，应进一步研究和推广以机械化为核心的简化栽培技术体系，推广精量播种、侧深施肥技术，提高播种质量和肥料利用效率，实现玉米生产全程机械化。并通过与各种农民合作组织的发展紧密结合，推动玉米生产规模化，促进我国玉米由传统生产向现代生产转变。

9. 加强病虫草鼠害的防治和减少灾害性损失

加强病虫草鼠害的防治和灾害性天气的预测预报和预警，防灾减灾，减少灾害性损失。干旱、阴雨寡照、低温冷害、风灾倒伏、病虫草鼠害等造成我国玉米减产的自然和生物因素可导致玉米产量损失20%以上，严重地区这一比例则更高，甚至造成绝产。因此，各地应根据玉米病虫害的发生发展规律，建立科学的预测预报和防治机制，大力推广种子包衣、生物防治、化学除草等技术，着力抓好玉米螟、大小斑病、丝黑穗病等重大病虫害的防治工作，同时，加强对灾害性自然天气的预测预报和预警工作，提高防灾减灾能力，努力减少灾害对玉米生产造成的损失。

10. 出台和强化支农惠农政策

加强宏观调控，进一步出台和强化支农惠农政策，增加可操作的技术补贴，保持农民玉米生产积极性，推动玉米整体产业稳步发展。近年来，国家高度重视农业、重视粮食生产，已相继出台了一系列促进粮食生产发展的优惠政策，如补贴政策、减免税收政策和粮食价格政策等。政府的政策导向及玉米市场需求拉动是调动农民种植玉米积极性和促进我国玉米生产发展的重要因素。今后应继续加强宏观调控力度，以多种形式加大对玉米生产的补贴力度。促进农民合作组织发展，推进玉米生产向规模化、机械化等现代农业生产方式转变。

第五节　河南玉米生产概况

玉米于我国明嘉靖年间引入河南。清代逐步发展，从顺治到光绪年间，许多州、县志都有玉米栽种记载。进入 20 世纪以后，种植玉米在河南已很普遍。20 世纪初，全省种植面积约 3 万 hm²，20 年代种植面积超过 50 万 hm²，年总产 50 多万 t。抗日战争期间面积下降，8 年平均种植面积仅 33.67 万 hm²。抗日战争胜利后，玉米生产得到恢复和发展。到 1949 年，全省玉米种植面积 92.9 万 hm²，总产 66.5 万 t，亩产 48kg，成为主要粮食作物之一。新中国成立后，玉米生产得到不断发展，到 1956 年全省玉米种植面积达 130.49 万 hm²，比 1949 年增加了 37.59 万 hm²。1957 年，在北京举办的全国农业生产建设成就展览会上，展出了淮阳八里庙乡红光一社、虞城县界沟乡及偃师县劳动模范韩俊昌的玉米丰产成果，其中，偃师县韩俊昌从 1950—1956 年连续 7 年获得玉米亩产 400~650kg 的高产纪录，1953 年荣获中南军政委员会及河南省人民政府颁发的爱国丰产金质奖章。从 1957—1969 年 13 年间，由于红薯栽植面积扩大，玉米种植面积下降，但亩产有所提高。特别是 1961—1963 年三年自然灾害后，玉米种植面积逐年减少，到 1969 年，全省玉米种植面积 89.7 万 hm²，比 1956 年减少 27.5%。但由于生产条件的改善，特别是玉米杂交种在生产上的推广应用，使亩产逐年提高。全省平均亩产 1964 年超过 90kg，1967 年突破 100kg，达到 107kg，比 1956 年平均亩产增加 46kg。从 1970—1990 年 21 年间，种植面积逐年扩大，亩产和总产不断提高。由于玉米杂交种推广应用，化肥施用量增加，以及水利条件改善，玉米面积、产量迅速增加，播种面积 1975 年达到 157.4 万 hm²，超过红薯成为河南秋粮第一大作物。1980 年全省玉米种植面积 168 万 hm^2，亩产突破 200kg，达到 212kg，总产突破 500 万 t，达到 533 万 t。70 年代中期至 80 年代，河南省科委、省农业厅组织农业院校、科研单位和重点县乡村参加成立了"河南省玉米高（产）、稳（产）、低（成本）研究与推广协作组"，对河南玉米栽培技术进行了一系列研究，提出了抢时早播、增加密度、科学施肥、间作套种、去雄剪雄等栽培技术措施，对玉米亩产的提高起了重要作用。1980—1990 年，10 年间玉米种植面积由 168 万 hm^2 增加到 1990 年的 217.7 万 hm^2，总产先后跃上 600 万 t、800 万 t、900 万 t 三个台阶。1990 年又获得特大丰收，总产 961 万 t，比大丰收的 1980 年的 530 万 t，增产 431 万 t，面积、总产均创历史最高水平。1988 年河南省成立玉米高产开发专家指导组，后改为玉米高产开发专业组，吸收农业生产、科研、教学三方面的专家参加玉米高产开发活动，取得了显著成绩。1989 年汤阴县全县 1.353 万 hm^2 玉米高产开发，平均亩产 555kg，成为河南第一个玉米亩产过 500kg 的县。当时全省各地都盛传"粮食要增产，玉米挑重担"。1991—1999 年，生产上主要推广紧凑型玉米杂交种，开展玉米与其他作物的间套立体种植，大搞玉米生产的"一优双高"开发，在提高产量的同时，注重提高经济效益。1991—1995 年玉米年平均种植面积 196.76 万 hm^2，总产量 862.96 万 t，分别占同期全省秋粮平均总量的 49% 和 56%。由于新的优良杂交种及其综合高产栽培技术的推广应用，全省玉米平均单产有了大幅度提高。1993 年平均亩产 323kg，首次突破 300kg/亩，1995 年平均亩产 326kg，创历史最高水平。1991 年温县全县 1.463 万 hm^2 玉米，平均亩产 604kg，成为全省首次玉米亩产超 600kg 的县。1996—1999 年，年种植面积在 200 万~220 万 hm^2。2000—2007 年河南省玉米种植面积在逐年增长，呈快速上升趋势，平均每年的增幅为 7.8 万 hm^2，其中，2007 年上升最快，年增面积达 20 万 hm^2，总面积达 277.9 万 hm^2。2008 年以来随着玉米种植效益的增加，玉米种植面积也在逐年上升，到 2012 年，河南省玉米面积已达到 290 多万 hm^2。

第六节　玉米的应用价值

玉米是重要的粮饲兼用作物，其籽粒中含有丰富的营养。玉米的蛋白质含量高于大米，脂肪含量高于面粉、大米和小米，含热量高于面粉、大米及高粱。在边远地区，玉米是重要的食粮；在城市及较发达地区，玉米是调剂口味不可缺少的食品。随着食品机械和加工工艺的进步，新的玉米食品如玉米片、玉米面、玉米渣、特制玉米粉、速食玉米等随之产生，并可进一步制成面条、面包、饼干等。玉米还可生产出玉米蛋白、玉米油、味精、酱油、白酒等，在国内外市场上很受欢迎。

伴随着人们生活水平的提高，一些以玉米为主料的加工食品正在兴起。主要有玉米膨化食品、糊化食品，如膨化粥、膨化面茶、膨香酥条、玉米片、面条、饼干、面包等。玉米油是优质植物油，含有维生素 E 和 61.9% 的亚油酸，具有降低胆固醇、防止血管硬化之功效。甜玉米和笋玉米富含多种维生素和氨基酸，营养价值高，是餐桌上的美味佳肴。

玉米是公认的饲料之王。玉米的籽粒和茎叶都是优质饲料。100kg 玉米的饲用价值相当于 135kg 燕麦、130kg 大麦、120kg 高粱。玉米鲜嫩茎叶含有粗蛋白 2.58%，粗脂肪 0.81%，糖类 20.09%，粗纤维 5.91%，矿物质 1.99%，是牲畜的优质青饲料。实践表明，玉米在畜禽饲料中占有极其重要的地位。世界上畜牧业发达国家有 70%~75% 的玉米用作饲料。20 世纪 90 年代，我国每年用作饲料的玉米为 7 000 万~7 500 万 t。进入 21 世纪，伴随畜牧业的大发展，饲料用玉米更会大增，玉米在畜牧业中的地位日显突出。

玉米是重要的工业原料，是人类加工利用最多的谷类作物。玉米籽粒加工主要是生产淀粉，再深加工成各种变性淀粉，在食品、纺织、石油、造纸、医药、化工、冶金等行业中均有广泛应用。玉米淀粉可以生产具有光降解性和生物降解性的塑料制品，具有防止污染、保护环境的作用。玉米淀粉还可生产出多种糖类，为食品、医药、发酵等领域提供新型糖源。玉米淀粉发酵生产的酒精是工业用途的大宗产品，酒精可以取代部分汽油作燃料，不污染环境，应用前景十分广阔。

玉米在医药上用途广泛。用玉米淀粉作培养基原料可生产青霉素、链霉素等药品。玉米淀粉可制造葡萄糖、麻醉剂、降压剂、消毒剂等药品。玉米的根系、叶片、穗轴、花丝等部位均可入药。总之，玉米全身是宝，玉米不论作为粮食、饲料，还是工业原料都在国计民生中占有重要地位。

第七节　玉米发展趋势

今后，随着人民生活水平的进一步提高，畜牧业、加工业将迅猛发展，对玉米的需求量将逐步扩大。根据我国玉米生产的现状和存在问题，玉米生产发展的指导思想应是：适当稳定玉米面积，主攻单产，增加总产，依据用途，按需分流，分区布局，形成优势农产品区域带，以加工增值和加快流通提高玉米生产的经济效益。实现上述目标，要在思想观念上做好以下几个转变：一是要把玉米仅视为粮食作物转变为粮食、经济和饲料兼用作物。二是把单纯产量型生产转变为产量和质量并重型生产，改变过去单纯追求产量、忽视经济效益的倾向。三是由纯原料型生产转变为种、养、加综合型生产，发展综合利用，达到增产增值。四是启发和提高农民群众及领导干部的高产意识，树立玉米是高产高效作物、增产潜力很大的信念，积极增加物质投入以提高玉米产量。

在实际操作过程中，以选用优良玉米杂交种、改善品质和抗性为核心，充分利用杂种优势，逐步推进种子工程产业化，加速成果转化，提高经济效益；以增加物质和技术投入为基础，增加种植密度为中心，实施综合配套的先进栽培技术；发展高产、优质、高效的玉米生产。在此基础上，抓好以下几项措施。

一是加强种质创新工程，充分利用杂交优势，培育市场和生产需要的杂交玉米品种。主要是选育高产、优质、抗逆性好的新品种、专用玉米（糯玉米、甜玉米、爆裂玉米和青饲玉米），提高玉米的营养价值和商品价值。

二是加大农业新技术的推广力度，重视玉米区域化、规模化种植。重点推广规范化栽培技术、配方施肥技术、合理密植、适期晚收、节水灌溉、种子包衣、化学除草等诸多新技术，进一步提高玉米生产的科技含量，降低玉米生产成本，提高玉米效益。

三是加大玉米综合加工增值技术的开发和深加工工艺的研究。研究开发玉米秸秆综合利用、籽粒精深加工的技术，实现玉米的增产增收。

四是增加物质投入，科学运筹肥水。根据玉米的生育特点和生产条件，采用平衡施肥方法，以产量定肥量，适当增加化肥投入，确保养分平衡供应。化肥、灌溉要分次进行，科学运筹，达到最佳肥水效果。

五是加强玉米基础生产设施的建设，促进玉米平衡发展。今后除继续抓好高产地区的玉米生产外，要抓好中低产田玉米改造和开发，加强生产条件的建设，增加抵抗自然灾害的能力，提高玉米生产的稳定性和可持续性，促进玉米均衡增产。

第八节　玉米的类型

一、根据用途分类

（一）粮饲兼用玉米

粮饲兼用玉米要求品种生物产量和籽粒产量高，收获时植株保绿度高，含水量大，活棵成熟。收获后籽粒可作为粮用，也可作饲料；由于植株秸秆带绿成熟，植株的含水量高，粗蛋白含量在 6% ~ 7%，矿物质等较丰富，适口性好，可作为优良的青贮饲料。

（二）高油玉米

高油玉米是指籽粒含油量超过 8% 的玉米类型。由于玉米油主要存在于胚内，直观上看高油玉米籽粒都有较大的胚。玉米油的主要成分是脂肪酸，尤其是油酸、亚油酸的含量较高，是人体维持健康所必需的。玉米油富含维生素 B_1、维生素 A、维生素 E，卵磷脂含量也较高，经常食用可减少人体胆固醇含量，增强肌肉和心血管的机能，增强人体肌肉代谢，提高对传染病的抵抗能力。玉米油在发达国家中已成为重要的食用油源，美国玉米油占食用油的 8%。研究发现，随着含油量的提高，籽粒蛋白质含量也相应提高，因此，高油玉米同时也改善了蛋白品质。

（三）糯玉米

糯玉米又称黏玉米，其胚乳淀粉几乎全由支链淀粉组成。支链淀粉与直链淀粉的区别是，前者分子量比后者小得多，食用消化率高 20% 以上。糯玉米具有较高的黏滞性及适口性，可以鲜食或制罐头，我国还有用糯玉米代替黏米制作糕点的习惯。由于糯玉米食用消化率高，故用于饲料可以提高饲养效率。在工业方面，糯玉米淀粉是食品工业的基础原料，可作为增稠剂使用，还广泛地用于胶带、黏合剂和造纸等工业。

（四）甜玉米

甜玉米又称蔬菜玉米，既可以煮熟后直接食用，又可以制成各种风味的罐头、加工食品和冷冻食品。甜玉米所以甜，是因为玉米含糖量高。其籽粒含糖量还因不同时期而变化，在适宜采收期内，蔗糖含量是普通玉米的 10 倍。由于遗传因素不同，甜玉米又可分为普甜玉米、加强甜玉米和超甜玉米三类。甜玉米在发达国家销量较大。

（五）优质蛋白玉米

优质蛋白玉米，也称高赖氨酸玉米，即玉米籽粒中赖氨酸含量在 0.4% 以上。赖氨酸是人体及其他动物体所必需的氨基酸类型，在食品或饲料中欠缺这些氨基酸就会因营养缺乏而造成严重后果。高赖氨酸玉米食用的营养价值很高，相当于脱脂奶。用于饲料养猪，猪的日增重较普通玉米提高 50% ~ 110%，喂鸡也有类似的效果。随着高产的优质蛋白玉米品种的涌现，高赖氨酸玉米发展前景极为广阔。

（六）青贮玉米

青贮玉米是用来制作青贮饲料的专用品种，特点是植株高大，茎叶繁茂，营养成分含量较高，每亩秸秆产量多在 3 500～4 000kg。在欧美许多国家中，玉米青贮饲料早已成为肉牛育肥的强化饲料，美国青贮玉米播种面积占玉米种植面积的 12% 以上，法国青贮玉米种植面积占玉米播种面积的 80% 以上。

（七）高淀粉玉米

高淀粉玉米是指淀粉含量在 75% 以上的专用玉米。玉米籽粒中淀粉分两种类型：直链淀粉和支链淀粉。普通玉米的淀粉一般是 28% 的直链淀粉和 72% 的支链淀粉，糯玉米籽粒中的淀粉约 100% 为支链淀粉，高直链淀粉玉米籽粒中有高达 60% 以上的直链淀粉和不到 40% 的支链淀粉。直链淀粉在工业上应用十分广泛，而且具有特殊用途。在保健食品方面，直链淀粉可作为低脂肪、低热量食物添加物，其水解产物可替代食品中的脂肪。用直链淀粉取代聚苯乙烯生产可降解塑料，具有极好的透明度、柔韧性、抗张强度、水不溶性，对解决白色污染、保护环境具有深远意义。

（八）爆裂玉米

爆裂玉米胚乳几乎大部分由角质胚乳组成，角质胚乳越多，爆裂能力越强。籽粒中角质胚乳的含量遗传上受隐性多基因控制。籽粒中富含蛋白质、钙质、铁质、营养纤维、磷脂、维生素 A、维生素 B_1、维生素 E 及人体必需的脂肪酸等成分。爆裂玉米主要作为零食食用。

爆裂玉米根据籽粒型分为米粒型和珍珠型两种：米粒型籽粒长而细，带有刺状顶端，突尖如稻状顶；珍珠型籽粒较细小，籽粒呈圆形，顶端光滑明亮，犹如珍珠一样。含水量 13.5%～15% 的籽粒能产生最大的膨胀倍数；籽粒破损后爆裂特性几乎消失；籽粒成熟度差，灌浆不充分，膨胀倍数明显降低。膨化的最适温度为 190～195℃，温度低时，爆花率低，米花小；温度高时，爆花率高，米花大而无核。

（九）笋玉米

笋玉米又称为娃娃玉米，是指以采收幼嫩果穗为目的的玉米。笋玉米是一种适于腌制泡菜或鲜笋爆炒以及制成罐头为主的鲜美食品。这种食品营养丰富，蛋白质含量高，人体所需氨基酸比较平衡，既清脆可口，又别具风味，是一种低热量、高纤维素、无胆固醇的优质高档蔬菜。

二、根据籽粒形状和结构分类

按照籽粒形状、胚乳性质与有无稃壳，可以将玉米分为以下 9 个类型，我国栽培最多的是马齿型或半马齿型。

（一）马齿型

植株高大，果穗呈圆柱形，籽粒长大扁平或长楔形，粉质淀粉分布于籽粒的顶部及中部，两侧为角质淀粉，成熟时粉质的顶部比角质的两侧干燥得快，因而凹陷成马齿状。籽粒有黄白等颜色，不透明，品质较差。马齿型品种产量较高，但需肥水较多，成熟较迟。尤其在高纬度地区种植，由于品种生育期较长，秋季环境降温快，导致玉米脱水速度慢，籽粒含水量高，不易贮存，使玉米籽粒品质下降。该类型品种在我国种植面积最大。

（二）半马齿型

又名中间型，这是硬粒型和马齿型的杂交类型，植株、果穗的大小形态和胚乳的性质介于硬粒型和马齿型之间，籽粒黄、白色。最明显的特征是籽粒顶部凹陷，深度比马齿型的浅。

（三）硬粒型

也称燧石种或普通种。果穗多呈圆锥形，籽粒圆形，坚硬饱满，透明而有光泽。籽粒顶部及四周的胚乳皆为角质淀粉，籽粒有黄、白、红、紫等颜色，品质优良。适应性强，产量虽低但较稳定，需肥不多，成熟期较短。

（四）粉质型

又名软粒型，性状与硬粒种相似缺角质胚乳，完全由粉质胚乳组成，籽粒乳白色，内部松软不具光泽，是制淀粉和酿酒的优良原料。我国很少栽培。

（五）甜质型

也称甜玉米，植株矮小，分蘗力强，果穗小，籽粒几乎全为角质胚乳，胚较大，成熟时表面皱缩，半透明，含糖量较高，乳熟期籽粒含糖量为 15% ~ 18%，多做蔬菜和罐头。我国栽培较少。

（六）糯质型

果穗较小，籽粒中的胚乳多为支链淀粉所组成，表面无光泽，呈蜡状，不透明，水解后形成糊精。原产于我国，故有中国蜡质种之称，俗称黏玉米。目前，我国只有零星栽培。

（七）爆裂型

叶片挺拔，每株结穗较多，但果穗和籽粒都较小。籽粒坚硬而透明，顶端突起。籽粒几乎全为角质胚乳所构成，遇高热时有较大的爆裂性。爆裂后的子实比原来大 2.5 倍以上。依籽粒的形状又可分为两类：米粒形，籽粒小如稻米状，顶端带尖；珍珠形，籽粒顶部呈圆顶形如珍珠一样。

（八）甜粉型

籽粒上部为甜质型角质胚乳，含糖量较高，下部为粉质胚乳。我国很少栽培。

（九）有稃型

籽粒包于长壳内（壳是护颖和内外颖的总称），有的具芒。并有高度的自花不孕性，雄花序发达，常有着生种子的现象，是原始类型。籽粒外皮坚硬，横断面角质胚乳环生外层，有各种性状和颜色，很少栽培，可作为饲料。

三、根据玉米生育期长短分类

我国栽培的玉米品种生育期一般在 70～150d 左右，所需积温在 1 800～2 800℃范围，可以分为以下 3 种类型。

（一）早熟品种

春播时生育期为 70～100d，要求积温 2 000～2 300℃；夏播生育期 70～80d，积温为 1 800～2 100℃。植株较矮，叶片较少，一般叶数为 14～17 片，籽粒较小，千粒重为 150～200g。

（二）中熟品种

春播时生育期为 100～120d，要求积温 2 300～2 500℃；夏播时生育期为 85～110d，要求积温 2 100～2 200℃。植株性状介于早熟和晚熟品种之间，千粒重 200～300g，适应地区较广，叶片为 18～21 片。生育期之长短，随环境条件之改变而有所不同，即使同一品种在同一地区，也因播种期之早晚而影响生育期之长短。

（三）晚熟品种

春播生育期 120～150d，积温 2 500～2 800℃；夏播 100d 以上，要求积温 2 300℃以上。植株高大，叶片较多，一般为 21～25 片叶，籽粒较大，千粒重在 300g 以上，产量较高。

四、按玉米株型划分

（一）平展型

植株高大，叶片宽大，穗位以上叶片与主茎之间的夹角大于 45°，叶片平伸、顶尖下垂，整个株型呈倒三角形，单株生产潜力高，不耐密植。

（二）紧凑型

植株稍小，叶片窄小，穗位以上叶片与主茎之间的夹角小于 30°，叶片上举。单株生产潜力低，耐密植，群体生产潜力高。

（三）半紧凑型

又称中间型，介于紧凑型和平展型之间，穗位以上叶片与主茎之间的夹角介于 30°~45°，叶片斜举。

五、按玉米品种来源及种子生产方式划分

（一）农家种

农家种是经过长期反复种植、选择而形成的品种，类似于综合种，抗逆性强，产量低，但比较稳定，可以连年种植，目前已基本淘汰。

（二）单交种

单交种由 2 个不同的自交系进行杂交而成。一般较当地农家种增产 20%~30%。单交种植株整齐，生长健壮，增产潜力大，但制种产量较低，成本较高。

（三）三交种

三交种由 3 个不同的自交系经过 2 次杂交而成。一般整齐度不如单交种，制种技术比单交种复杂，但制种产量高。

（四）双交种

又称双杂交种，由 4 个自交系先配成 2 个单交种，再以 2 个单交种杂交而成。整齐度不及单交种，制种较复杂，但制种产量高，种子成本低。

（五）综合杂交种

综合杂交种是由配合力较好的几个自交系或单交种以等量种子混合播种，使其充分进行异花授粉，从中选择优良个体后再混合脱粒，经过比较鉴别后所选出的开放授粉群体。综合杂交种杂种优势稳定，配种 1 次，可在生产上连续使用多年，不必年年制种，但要注意每年选优留种。

六、按种植时间划分

（一）春玉米

4 月下旬至 5 月上旬播种，一年一熟；生育期长，产量高。在我国种植地域较广，主要分布在东北、西北和华北北部地区，西南丘陵山区也有一定的分布。

（二）夏玉米

6 月上、中旬播种，9 月底至 10 月上旬收获，主要分布在黄淮海玉米区。

（三）秋玉米

秋季播种，主要分布浙江东部、广西中南部和云南南部。

（四）冬玉米

冬季播种，收获水稻后种植，主要分布在海南、广东、广西和福建的南部地区。

七、根据收获物用途分类

按收获物用途与加工利用价值可将玉米分为鲜食玉米、籽粒用玉米、青贮玉米。

（一）鲜食玉米

指以收获具有特殊风味和品质的幼嫩玉米果穗为主，用来鲜食或制作各种罐头与菜肴的玉米，包括甜玉米、糯玉米、笋玉米。

1. 甜玉米

又称蔬菜玉米，既可以生食或煮熟后直接食用，也可制成各种风味的罐头、加工食品和冷冻食品。因遗传因素不同，又可分为普甜玉米、加强甜玉米和超甜玉米3类，其中，适合直接生吃的超甜玉米被称为"水果玉米"。

2. 糯玉米

又称黏玉米，胚乳淀粉几乎全由支链淀粉组成。具有较高的黏滞性及适口性，可以鲜食或制罐头。糯玉米食用消化率高，还可以作为饲料提高饲养效率。在工业方面，糯玉米淀粉是食品工业的基础原料，可作为增稠剂使用，还广泛地用于胶带、黏合剂和造纸等工业。

3. 笋玉米

指以采摘刚抽花丝而未受精的幼嫩果穗为目的的玉米。因幼嫩果穗下粗上尖，形似竹笋，故名笋玉米。笋玉米的食用部分为玉米的雌穗轴以及穗轴上一串串珍珠状的小花，可鲜食、制作菜肴、加工罐头等。

（二）籽粒用玉米

收获成熟玉米籽粒，根据籽粒营养成分与加工品质可分为普通玉米与特用玉米，其中，特用玉米包括高油玉米、高赖氨酸玉米、爆裂玉米。

1. 高油玉米

比普通玉米籽粒平均含油量显著提高，籽粒含油量达到8%以上。因85%的油分集中在种胚部分，因而胚较大。

2. 高赖氨酸玉米

又称优质蛋白玉米，玉米籽粒中赖氨酸含量在0.4%以上，而普通玉米的赖氨酸含量一般在0.2%左右。

3. 爆裂玉米

果穗和子实均较小，籽粒几乎全为角质淀粉，质地坚硬。粒色白、黄、紫或有红色斑纹，有麦粒型和珍珠型两种。爆裂玉米籽粒的含水量决定其膨爆质量。优质爆裂玉米籽粒膨爆率达99%，籽粒含水量13.5%~14.0%。

（三）青贮玉米

指以收获玉米茎秆整株为主，贮藏用来做饲料的玉米。最佳收获期为籽粒的乳熟末期至蜡熟前期。

八、按种皮颜色分类

按中国新修订的国家标准和美国标准，依据种皮颜色可将玉米分为黄玉米、白玉米和混合玉米。

（一）黄玉米种

种皮为黄色，也包括略带红色的黄玉米。美国标准中规定黄玉米中其他颜色玉米含量不超过5.0%。

（二）白玉米

种皮为白色，并包括略带淡黄色或粉红色的玉米。美国标准中将淡黄色表述为浅稻草色，并规定白玉米中其他颜色玉米含量不超过2.0%。

（三）混合玉米

中国国家标准中定义为混入本类以外玉米超过5.0%的玉米。美国标准中表述为颜色既不能满足黄玉米的颜色要求，也不符合白玉米的颜色要求，并含有白顶黄玉米。

第二章　玉米的生物学基础

第一节　玉米的一生

玉米从播种到新的种子成熟为玉米的一生。它经过种子萌动发芽、出苗、拔节、孕穗、抽雄开花、吐丝、受精、灌浆直到新的种子成熟，才能完成其生活周期，如下图。在玉米的一生中，按形态特征、生育特点和生理特性，可分为3个不同的生育阶段，每个阶段又包括不同的生育时期。这些不同的阶段与时期既有各自的特点，又有密切的联系。

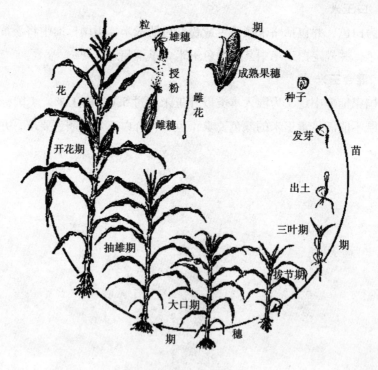

图　玉米生活周期

一、苗期阶段

苗期阶段（出苗—拔节），玉米苗期是指播种至拔节的一段时间，是生根、分化茎叶为主的营养生长阶段。本阶段的生育特点是：根系发育比较快，至拔节期已基本上形成了强大的根系，但地上部茎叶生长比较缓慢。为此，田间管理的中心任务，就是促进根系发育，培育壮苗，达到苗早、苗足、苗齐、苗壮的"四苗"要求，为玉米丰产打好基础。

二、穗期阶段

穗期阶段（拔节—抽雄），玉米从拔节至抽雄的一段时间，称为穗期阶段。这个阶段的生育特点是营养生长和生殖生长同时并进，就是叶片增大、茎节伸长等营养器官旺盛生长和雌雄穗等生殖器官依次分化与形成。这时期是玉米一生中生长发育最旺盛的阶段，也是田间管理最关键的时期。为此，这一阶段田间管理的中心任务，就是促叶壮秆、穗多、穗大。具体地说，就是促进中上部叶片增大，茎秆粗壮墩实，以达到穗多、穗大的丰产长相。

三、花粒期阶段

花粒期阶段（抽雄—成熟），玉米从抽雄至成熟这一段时间，称为花粒期阶段。这一阶段的主要生育特点，就是基本上停止营养体的增长，而进入以生殖生长为中心的时期，也就是经过开花、受精进入籽粒产量形成为中心的阶段。为此，这一阶段田间管理的中心任务，就是保护叶片不损伤、不早衰，争取粒多、粒重，达到丰产。

第二节 玉米的生育期和生育时期

一、生育期

玉米从播种至成熟的天数，称为生育期。玉米生育期的长短与品种、播种期和温度等有关。早熟品种生育期短，晚熟品种生育期较长；播种期早的生育期长，播种期迟的生育期短；温度高的生育期短，温度低的生育期就长。

二、生育时期

玉米在生长发育过程中，由于根、茎、叶、穗、粒等器官的出现，植株外部形态和内部结构也随之发生变化。玉米的生育时期是指某种新器官出现，使植株形态发生特征性变化的日期。

（一）播种期

播种的日期。

（二）出苗期

种子发芽出土，第一片真叶开始展开的日期。这时幼苗高度达到 2~3cm。

（三）三叶期

第三片叶露出心叶 2~3cm，是玉米离乳期。

（四）拔节期

植株近地面手摸可感到有茎节，茎节总长达到 2~3cm，称为拔节。此时叶龄指数约 30%（叶龄指数 = 展开叶片数/叶片总数 ×100%），雄穗生长锥开始伸长。拔节期标志着植株茎叶已全部分化完成，将要开始旺盛生长，植株生长由根系为中心转向茎、叶为中心，同时，生殖生长开始，是玉米生长发育的重要转折时期之一。

（五）大喇叭口期

该时期有 5 个特征。

①棒三叶（果穗叶及其上下两叶）开始甩出但未展开。

②心叶丛生，上平（上部各叶片最高处近在同一平面），中空，侧面形状似喇叭。

③雌穗进入小花分化期，雄穗进入花粉母细胞减数分裂期。

④最上部展开叶与未展叶之间，在叶鞘部位能摸出发软而有弹性的雄穗。

⑤叶龄指数为 60% 左右。

大喇叭口期是玉米进入需水需肥强度最大期的重要标志，是玉米一生施肥、灌水最重要的管理时期。该期是生产管理的形态指标，系一段时间，而非具体日期，一般不列入生育时期。

（六）抽雄期

雄穗尖端从顶叶露出时，谓之抽雄。此时，叶片全部可见，叶龄指数达到 90%~100%，茎基部节间长度和粗度基本固定，雄穗分化已经完成。

（七）吐丝期

雌穗花丝自苞叶抽出。正常情况下，玉米吐丝期比雄穗开花期迟 1~3d 或同步，抽雄前 10~15d 遇干旱（俗称"卡脖旱"），两者间隔天数增多，严重时会造成花期不遇，影响授粉受精，果穗结实不良。吐丝后植株营养生长基本结束。

（八）灌浆期

从受精后籽粒开始发育并积累同化产物至成熟，统称为灌浆期。整个灌浆过程又可分为若干阶段。

（九）籽粒建成期

自受精起 12～17d，是籽粒分化出胚根、胚茎、胚芽的时期，籽粒呈胶囊状、圆形，胚乳呈清水状；籽粒干重不足最大值的 10%。该期是决定穗粒数的关键时期；该期结束，籽粒已具有发芽力。

（十）乳熟期

籽粒开始快速积累同化产物，在吐丝后 25～30d。

（十一）蜡熟期

籽粒开始变硬，吐丝后 35～40d。

（十二）完熟期

果穗苞叶枯黄松散，籽粒达到生理成熟，尖冠出现黑层，中下部籽粒胚乳乳线消失，干燥脱水变硬，呈现本品种固有的色泽、质地，在吐丝后 45～65d。

一般大田观察记载各生育时期和标准是以全体达到 50% 以上，作为全田进入各该生育时期的标志。

第三节　河南省玉米生产的光、热、水资源

河南省位于北纬 31°25′～36°20′和东经 110°21′～116°40′，地处亚热带向暖温带过渡地区，气候兼有南北之长，气候温和，四季分明，具有发展玉米生产的良好条件。河南省夏玉米生育期间（6～9 月）太阳辐射总量为 1 535.4～2 435.1MJ/m²，占年辐射量的 40% 左右，一般较稳定，年际间变化不大，全生育期日照时数 650～750h，基本能满足玉米生育期需要。全年平均气温 14℃ 左右，6～9 月平均气温为 21～27℃，有效积温 2 600～3 100℃，能达到中晚熟品种的积温要求，在玉米生育期间降水资源较为丰富，全省年降水量 600～1 400mm，自南向北递减，总的降水量和时间分布趋势基本可以满足玉米生育的需求，与玉米需水关键期也较吻合。

第三章　河南玉米主要新品种

一、郑单958

审定（登记）编号：国审玉20000009

品种来源：母本郑58，父本昌7-2

特征特性：属中熟玉米杂交种，夏播生育期96d左右。幼苗叶鞘紫色，生长势一般，株型紧凑，株高246cm左右，穗位高110cm左右，雄穗分枝中等，分枝与主轴夹角小。果穗筒形，有双穗现象，穗轴白色，果穗长16.9cm，穗行数14～16行，行粒数35个左右。结实性好，秃尖轻。籽粒黄色、半马齿型，千粒重307g，出籽率88%～90%。抗大斑病、小斑病和黑粉病，高抗矮花叶病（0级），感茎腐病（25%），抗倒伏，较耐旱。籽粒粗蛋白质含量9.33%，粗脂肪3.98%，粗淀粉73.02%，赖氨酸0.25%。

产量表现：1998、1999年参加国家黄淮海夏玉米组区试，其中，1998年23个试点平均亩产577.3kg，比对照掖单19号增产28%，达极显著水平，居首位；1999年24个试点，平均亩产583.9kg，比对照掖单19号增产15.5%，达极显著水平，居首位。1999年在同组生产试验中平均亩产587.1kg，居首位，29个试点中有27个试点增产，2个试点减产，有19个试点位居第一位，在参试各省均比当地对照品种增产7%以上。

栽培技术要点：5月下旬麦垄点种或6月上旬麦收后足墒直播；密度3 500株/亩，中上等水肥地4 000株/亩，高水肥地4 500株/亩为宜；苗期发育较慢，注意增施磷钾肥提苗，重施拔节肥；大喇叭口期防治玉米螟。

适宜种植区域：适宜在黄淮海夏玉米区推广种植。

二、浚单20

审定（登记）编号：国审玉2003054

品种来源：母本为9058，来源为在国外材料6JK导入8085泰（含热带种质）；父本为浚92-8，来源为昌7-2×5237。

特征特性：幼苗叶鞘紫色，叶缘绿色。株型紧凑、清秀，株高242cm，穗位高 106cm，成株叶片数 20 片。花药黄色，颖壳绿色。花丝紫红色，果穗筒形，穗长 16.8cm，穗行数 16 行，穗轴白色，籽粒黄色，半马齿型，百粒重 32g。出苗至成熟 97d，比农大 108 早熟 3d，需有效积温 2 450℃。经河北省农林科学院植保所两年接种鉴定，感大斑病，抗小斑病，感黑粉病，中抗茎腐病，高抗矮花叶病，中抗弯孢菌叶斑病，抗玉米螟。经农业部谷物品质监督检验测试中心（北京）测定，籽粒容重为 758g/L，粗蛋白含量 10.2%，粗脂肪含量 4.69%，粗淀粉含量 70.33%，赖氨酸含量 0.33%。经农业部谷物品质监督检验测试中心（哈尔滨）测定：籽粒容重 722g/L，粗蛋白含量 9.4%，粗脂肪含量 3.34%，粗淀粉含量 72.99%，赖氨酸含量 0.26%。

产量表现：2001—2002 年参加黄淮海夏玉米品种区域试验，两年平均亩产 612.7kg，比农大 108 增产 9.19%。2002 年生产试验，平均亩产 588.9kg，比当地对照增产 10.73%。

栽培技术要点：适宜密度每亩 4 000～4 500 株。

适宜种植区域：适宜在河南、河北中南部、山东、陕西、江苏、安徽、山西运城夏玉米区种植。

三、浚单 22

审定（登记）编号：豫审玉 2004012

品种来源：以 9058 自选系作母本，浚 926 作父本组配而成。母本 9058 是将美国先锋公司材料 6JK 选系稳定后，导入含有热带基因的 8085 泰国材料选育而成；父本浚 926 是昌 7-2×京 7 黄经连续自交选育而成的二环系。

特征特性：幼苗拱土力强，叶鞘浅紫色，叶色深绿，生长势强。株型紧凑，叶片上冲，株高 258.1cm，穗位高 112.8cm 左右，成株叶片数 19～20 片，穗位整齐，穗上叶茎夹角 20°，穗位叶及以下叶片稍平展，叶片深绿。雄穗分枝数 16～23 个，颖壳绿色，花药黄色，花粉量大，花丝浅粉色；果穗筒形，结实好，穗长 17.6cm，穗粗 5.1cm，穗行数 15.9，行粒 38，籽粒黄色、半马齿型，穗轴白色，千粒重 340～360g，出籽率 90%，容重 751g/L。夏播生育期 103d。

产量表现：2001 年参加河南省玉米杂交种区域试验（套种组），平均亩产 617.8kg，比对照豫玉 18 号增产 11.3%，达极显著差异，居 16 个参试品种第 4 位；2002 年续试（每亩 3 500 株），平均亩产 639.5kg，比对照豫玉 18 号增产 16.2%，达极显著差异，居 15 个参试品种第 1 位。两年试验平均单产 628.9kg，比对照豫玉 18 号增产 13.9%。2003 年参加河南省玉米品种生产试验（每亩 3 500 株），平均亩产 479.7kg，比对照农大 108 增产 20.5%，居 8 个参试品种第 1 位。

栽培技术要点：①适期早播，6 月 15 日前播种为宜。②中肥地每亩 3 300 ~ 3 500 株，高肥地每亩 3 500 ~ 4 000 株为宜。③以氮肥为主，分期施肥。适当延期收获，苞叶发黄后再推迟 7 ~ 10d，产量可增加 5% ~ 10%。

四、浚单 26（浚 9925）

审定（登记）编号：豫审玉 2005006

品种来源：以自选系 kx99-25 为母本、浚 926-8 为父本组配而成。

特征特性：夏播生育期 98d。幼苗叶鞘浅紫色，叶色深绿、窄上举。株型紧凑，穗上部叶片有卷曲，单株叶片数为 19 ~ 20 片，株高 245cm 左右，穗位高 105cm 左右。雄穗发达，分枝 13 ~ 18 个，花药黄色，花粉量大，花丝粉红色，花期协调。果穗筒形，穗柄短，穗长 16.0cm 左右，穗粗 5.0cm 左右，秃尖轻，结实性好。穗行数 16，行粒数 34 ~ 35，白轴，籽粒黄色、半硬粒型，千粒重 330g 左右，出籽率 89%。2004 年品质测定：籽粒粗蛋白 9.89%，粗脂肪 4.50%，粗淀粉 70.80%，赖氨酸 0.30%，容重 768g/L。2004 年抗性鉴定：抗大、小斑病（3 级）、矮花叶病（幼苗病株率 7.1%），中抗茎腐病（病株率 25.0%）；感弯孢菌叶斑病（7 级）、瘤黑粉病（病株率 18.8%），高感玉米螟（9.0 级）。

产量表现：2002 年参加河南省夏玉米品种区域试验（4 000 株/亩 1 组），平均亩产 599.6kg，比豫玉 23 增产 13.19%，差异极显著，居 16 个参试品种第 3 位；2003 年续试（4 000 株/亩 1 组），平均亩产 461.9kg，比豫玉 23 增产 13.8%，达极显著差异，居 17 个参试品种第 3 位，比郑单 958 增产 5.1%，不显著，居 17 个参试品种第 3 位。2004 年参加河南省玉米品种生产试验（4 000 株/亩），平均亩产 548.1kg，比郑单 958 增产 2.6%，居 9 个参试品种第 2 位。

栽培技术要点：①春播 4 月 20 日左右、夏播在 6 月 15 日前播种。②中肥地适宜密度为 4 000 株/亩，高肥地不超过 4 500 株/亩。③以氮肥为主，配合增施磷、钾肥和锌肥，按前轻后重、分两次追施为宜；苞叶发黄后 7 ~ 10d 收获。

适宜种植区域：适宜河南省各地夏播种植。

五、浚单 29

审定（登记）编号：豫审玉 2009029、国审玉 2011012

品种来源：浚 313 × 浚 66

特征特性：夏播生育期 97 ~ 100d。株型紧凑，株高 250 ~ 258cm，穗位高

110~117cm。幼苗叶鞘浅紫色，第一叶尖端椭圆形，第四叶叶缘绿色，全株叶片 19~20 片。雄穗分枝数中等，雄穗颖片绿色，花药绿色，花丝浅紫色。果穗筒型，穗长 15.8cm，穗粗 5.1cm，穗行数 16 行，行粒数 35 粒。白轴，黄粒、半马齿型，千粒重 300g，出籽率 89.8%。

产量表现：2007 年河南省区域试验（4 500 株/亩 1 组），平均亩产 612.5kg，比对照郑单 958 增产 5.2%；2008 年续试（4 500 株/亩 1 组），平均亩产 682.2kg，比对照郑单 958 增产 6.3%。2008 年河南省生产试验（4 500 株/亩 1 组），平均亩产 655.8kg，比对照郑单 958 增产 6.1%。

栽培技术要点：①播期和密度：6 月 15 日前播种，种植密度每亩 4 500 株左右。②田间管理：使用玉米专用包衣剂对种子进行药剂处理，苗期注意防治蓟马、棉铃虫等虫害，保证苗齐苗壮；苗期少施肥，大喇叭口期重施肥，同时用辛硫磷颗粒剂丢心，防止玉米螟和蚜虫。③玉米籽粒乳线消失出现黑粉层后收获，充分发挥该品种的高产潜力。

适宜种植区域：河南省各地种植。

国审意见：该品种符合国家玉米品种审定标准，通过审定。适宜在河南（南阳和周口除外）、河北保定及以南地区（石家庄除外）、山东（枣庄除外）、陕西咸阳、山西运城、江苏北部、安徽阜阳地区夏播种植。注意防止倒伏，瘤黑粉病高发区慎用。

六、中科 11 号

审定（登记）编号：国审玉 2006034

品种来源：母本 CT03，来源于（郑 58×CT01）×郑 58；父本 CT201，来源于黄早 4×黄 168。

特征特性：在黄淮海地区出苗至成熟 98.6d，比对照郑单 958 晚熟 0.6d，比农大 108 早熟 4d，需有效积温 2 650℃左右。幼苗叶鞘紫色，叶片绿色，叶缘紫红色，雄穗分枝密，花药浅紫色，颖壳绿色。株型紧凑，叶片宽大上冲，株高 250cm，穗位高 110cm，成株叶片数 19~21 片。花丝浅红色，果穗筒形，穗长 16.8cm，穗行数 14~16 行，穗轴白色，籽粒黄色、半马齿型，百粒重 31.6g。经河北省农林科学院植物保护研究所两年接种鉴定：高抗矮花叶病，抗茎腐病，中抗大斑病、小斑病、瘤黑粉病和玉米螟，感弯孢菌叶斑病。经农业部谷物品质监督检验测试中心（北京）测定：籽粒容重 736g/L，粗蛋白含量 8.24%，粗脂肪含量 4.17%，粗淀粉含量 75.86%，赖氨酸含量 0.32%。

产量表现：2004—2005年参加黄淮海夏玉米品种区域试验，42点次增产，6点次减产，两年区域试验平均亩产608.4kg，比对照增产10.0%。2005年生产试验，平均亩产564.3kg，比当地对照增产10.1%。

栽培技术要点：每亩适宜密度3 800～4 200株，注意防治弯孢菌叶斑病。

适宜种植区域：适宜在河北、河南、山东、陕西、安徽北部、江苏北部、山西运城夏玉米区种植。

七、中科4号

审定（登记）编号：皖品审04050436，豫审玉2004006

品种来源：CT019×9801

特征特性：安徽省区试表现：全生育期100d，植株半紧凑，株高260cm，穗位高100cm。穗长平均19cm，粗5.1cm中等，穗行数12～14行，行粒数35粒，出籽率85.0%，千粒重达370g。田间表现空秆率较低。籽粒纯黄色，白轴。抗病性较强，抗倒伏能力稍差，大田栽培应注意防倒。河南省区试表现：幼苗叶鞘浅紫色，株型半紧凑，株高260～270cm，穗位100～104cm，成株叶片为绿色、叶缘紫红色，叶片数为20～21片。花丝淡粉色，颖片淡紫色，花药淡绿色。果穗中间形，果穗长19cm左右，果穗粗4.9～5.2cm。穗行数14～16行，行粒数36，偏硬粒型，籽粒黄色有白顶，穗轴白色，千粒重350g左右，出籽率84%左右。夏播生育期96～99d。

产量表现：2002年、2003年安徽省区域试验（B组），两年平均亩产分别为573.4kg、366.4kg，分别比农大108增产9.09%、5.78%；2003年同步安徽省生产试验，比对照农大108平均减产0.4%。2002年参加河南省玉米杂交种区域试验（3 500株/亩2组），平均亩产632.9kg，比对照豫玉18增产15.5%；2003年河南省续试，平均亩产469.9kg，比对照豫玉18增产14.1%。2003年参加河南省玉米品种生产试验（3 500株/亩），平均亩产451.9kg，比对照农大108增产13.5%。

栽培技术要点：①安徽省适宜种植地区：夏播一般6月上、中旬播种为宜，每亩留苗密度3 500株。②河南省适宜种植地区：5月下旬麦垄套种或6月上、中旬麦后直播。适宜种植密度每亩3 000～3 500株。苗期注意适当蹲苗，依肥力水平控制种植密度，提高抗倒性，预防倒伏。高产田要增施磷肥、钾肥和锌肥，以发挥其高产潜力。

适宜种植区域：适宜安徽省种植和河南省各地夏播种植。

八、蠡玉16号

审定（登记）编号：冀审玉2003001号，豫引玉2006022

品种来源：953×91158

特征特性：幼苗生长健壮，叶鞘紫红色。成株株型半紧凑，穗上部叶片上冲，茎秆坚韧，根系较发达。株高265cm左右，穗位118cm左右，叶片数20片左右。属中熟杂交种，夏播生育期108d左右，活秆成熟。果穗筒形，穗轴白色，穗长18.5cm左右，穗行数17.8行左右，秃顶度1.4cm左右，千粒重340g左右，籽粒黄色，半马齿型，出籽率87.1%左右。河北省农林科学院植物保护研究所抗病鉴定结果：2001年抗大斑病，中感小斑病，中感弯孢菌叶斑病，高抗矮花叶病、粗缩病、黑粉病、茎腐病；2002年感大斑病，抗小斑病，抗弯孢菌叶斑病，中抗茎腐病，高抗黑粉病、矮花叶病，抗玉米螟。籽粒品质：粗蛋白9.63%，赖氨酸0.29%，粗脂肪4.37%，粗淀粉74.57%。

产量表现：2001—2002年河北省夏玉米区域试验结果，平均亩产分别为650.0kg和622.8kg。2002年同组生产试验平均亩产567.2kg。

栽培技术要点：河北省夏玉米区种植，种植密度每亩3 500~3 800株；河南省各地推广种植，适宜密度为3 000株/亩。追肥要以前轻、中重、后补为原则，采取稳氮增磷补钾措施。喇叭口期及时防治玉米螟。

适宜种植区域：适宜河北省夏玉米区种植，河南省各地推广种植。

九、新单26

审定（登记）编号：豫审玉2008009

品种来源：（328/04白）×新7红

特征特性：夏播生育期98d。株型紧凑，全株叶片20片，株高256cm，穗位高108cm。雄穗分枝13~15个，花药黄色，花丝红色。果穗筒形，穗长18cm，穗粗5.1cm，穗行数16，行粒数38.8，红轴，黄粒、半马齿型，千粒重300g，出籽率89%。

产量表现：2005年河南省区试（4 000株/亩1组），平均亩产640.2kg，比对照郑单958增产0.7%；2006年续试（4 000株/亩1组），平均亩产505.9kg，比对照郑单958增产3.9%。2007年河南省生产试验（4 000株/亩组），平均亩产554.1kg，比对照郑单958增产5.6%。

栽培技术要点：①播期和密度：6月10日前播种，每亩密度4 000株。②田间管理：苗期注意用杀虫剂防治蓟马、蚜虫、黏虫和棉铃虫，确保苗期苗壮；大喇叭口期重施攻穗肥，同时，用杀虫颗粒剂丢心，防治玉米螟。

适宜种植区域：河南省中高肥力地推广种植。

十、安玉13

审定（登记）编号：豫审玉2004013

品种来源：以自选系420为母本，3566为父本杂交选育而成。420是国内种质与国外种质杂交选育而成，3566是导入亚热带种质的选系。

特征特性：幼苗绿色，叶鞘紫色，长势强；株型松散，株高252cm，穗位高98cm。雄穗分枝6~8个，护颖绿色，花药黄色，花粉量大，花丝红色，雌雄协调。果穗筒形，穗长20.3cm，穗粗5.2cm，穗行15.2，行粒数37，千粒重341g，出籽率87.5%，籽粒半马齿，黄粒红轴。籽粒灌浆速度快，夏播生育期100d左右，从出苗到成熟约需有效积温2 500℃。

产量表现：2002年参加河南省玉米杂交种区域试验（3 500株/亩），平均亩产605.9kg，比对照豫玉18增产10.1%，达极显著差异，居15个参试品种第5位；2003年续试，平均亩产500.4kg，比对照豫玉18增产9.3%，差异不显著，居17个参试品种第4位。两年试验平均亩产559.8kg，比对照豫玉18增产9.8%。2003年参加河南省生产试验（3 500株/亩），平均亩产453.4kg，比对照农大108增产13.9%，居8个参试品种第5位。

栽培技术要点：①麦垄套种或夏直播均可，直播在6月上旬抢种。②适宜密度每亩3 000~3 500株，宜宽窄行种植。③追肥可大喇叭口期一次性施入或拔节施入30%、大喇叭口期施入70%，前轻后重式施肥方式。④适时收获，应在乳线消失苞叶变黄收获。

适宜种植区域：适宜河南省各地夏播种植。

十一、济单八号

审定（登记）编号：豫审玉2003006

品种来源：济522×昌7-2②

特征特性：属紧凑型中熟品种，夏播生育期102d左右，春播生育期为130d左右，幼苗拱土力强，叶色深绿，叶鞘为紫色，叶缘波浪状，穗上部叶片上冲，下部叶片平展。株高250cm左右，穗位高95cm左右，株型紧凑，叶片较窄，雄穗分枝短，分枝15条左右，颖壳为绿色，花药为黄色，花丝为粉红色，单株叶片数为20片。果穗为筒形，穗长18～20cm，穗粗为5.0cm左右，穗行数为16行，行粒数为38～40粒。籽粒黄色、马齿型，穗轴白色，百粒重31g左右，出籽率为88%。

产量表现：2000年参加河南省夏玉米杂交种区域试验（套种组）中，河南省9个试点8处增产1处减产，平均亩产514.1kg，比对照种豫玉18号增产16.2%，达极显著水平，居15个参试品种第3位；2001年继试，河南省8个试点全部增产，平均亩产613.93kg，比对照种豫玉18号增产10.75%，达极显著水平，居16个参试品种第5位。2002年参加河南省夏玉米生产试验（3 500株组），河南省9个试点8处增产1处减产，平均亩产554.9kg，较对照种豫玉18号增产8.0%，居6个参试品种第2位。

栽培技术要点：适宜播期春播为4月10～25日，夏播为5月25日～6月15日。种植密度每亩3 500～4 000株，播种量每亩2～2.5kg，可以采用宽窄行种植，宽行80cm，窄行50cm；施肥方式可采用"一炮轰"或分期追肥两种方法，"一炮轰"施肥应在玉米9～10片叶时将所有肥料一次施入；分期施肥应在玉米7～8片叶时施总施肥量的40%，玉米大喇叭口期施总施肥量的60%。有条件的每亩可施有机肥2 000kg，注意增施磷钾肥。大喇叭口期应注意防治玉米螟。

适宜种植区域：适宜河南省各地夏玉米区中上等肥力地种植。

十二、周单8号

审定（登记）编号：豫审玉2004015

品种来源：以周73029为母本，周72-25为父本杂交选育而成。周73029是用7922×5003选育的二环系周7302再与78599选系周59杂交经连续自交选育而成；周72-25是用昌7-2×H21的F_1代再与昌7-2回交后连续自交选育而成。

特征特性：幼苗拱土力强，叶鞘浅红色，第一叶片为匙形，叶色较深，整株叶片半上冲，叶尖稍有下披，叶缘呈微波浪状，株型半紧凑，株高220～230cm，穗位高80～100cm，全株21片叶。雌穗着生11～12叶位，雄穗分枝较长，分枝数15～17个，颖壳浅红色，花药黄色，花粉量大，活力强，花丝粉红色。果穗均匀，果穗筒形，穗长17cm，穗粗4.7～5.0cm，穗行数16，行粒数37，出籽率87%，千粒重300g左右，白轴，黄粒、半硬粒型，品质优良。夏播生育期94d，偏早熟。

产量表现：2001年参加河南省玉米杂交种区域试验（直播组），平均亩产

563.9kg，比对照豫23号增产10.5%，达显著差异，居17个参试品种第5位；2002年续试，平均亩产573.6kg，比对照豫玉23增产8.3%，达显著差异，居16个参试品种第6位。两年试验平均亩产568.5kg，比对照豫玉23号增产9.4%。2003年参加河南省玉米品种生产试验（每亩4 000株），平均亩产452.7kg，较对照种郑单958减产2.9%，水平相当，居5个参试品种第6位。

栽培技术要点：①麦后直播以6月10号左右为宜。②中等肥力地每亩适宜种植密度4 000株左右，高肥力地每亩4 500株左右。③每亩施纯氮20kg左右。采用前重后轻的分期施用方式，并注意磷钾肥配合施用。及时排涝和灌水，苗期和喇叭口期防治病虫害。

适宜种植区域：适宜河南省各地夏播种植。

十三、洛玉4号

审定（登记）编号：豫审玉2006013

品种来源：以自选系ZK01-5为母本，自选系ZK02-2为父本组配而成的单交种。

特征特性：该品种夏播生育期98d左右。株型紧凑，全株叶片数21片，株高250cm，穗位高100cm。第一叶尖端形状圆到匙形，第四叶叶缘绿色，幼苗叶鞘浅紫色。雄穗分枝数中，雄穗颖片浅紫色，花药浅紫色，花丝淡红色。果穗筒形，穗长15.6~17.4cm，穗粗5.3cm，穗行数15.4，行粒数33.9。穗轴白色，黄白粒、半马齿型，千粒重348.5g，出籽率90.1%。

产量表现：2004年河南省玉米新品种区域试验（4 000株/亩2组），10点汇总，平均亩产562.5kg，比对照郑单958增产2.9%，差异不显著，居18个参试品种第4位；2005年续试，8点汇总，平均亩产651.5kg，比对照郑单958增产6.4%，达显著差异，居17个参试品种第1位。2005年河南省玉米品种生产试验（4 000株/亩组），9点汇总，平均亩产633.5kg，比对照郑单958增产7.5%，居6个参试品种第1位。

栽培技术要点：①种植密度和方式：适宜密度4 000~4 500株/亩；采用宽窄行种植，宽行90cm，窄行40cm。②田间管理：苗期注意蹲苗，保证充足的肥料供应，并注意氮磷钾肥配合使用。③适时收获：活秆成熟，叶片功能期长，宜籽粒乳线消失后收获（果穗苞叶发黄后5~7d），以充分发挥该品种的高产潜力。

适宜种植区域：河南省各地推广种植。

十四、京科 220

审定（登记）编号：豫审玉 2010022

品种来源：北青 02×JG66

特征特性：夏播生育期 98~102d。株型紧凑，全株叶片 20~21 片，株高 258~274cm，穗位 120~124cm。幼苗芽鞘淡紫色，第一叶尖端为盾圆到匙形，成株叶色浓绿。雄穗分枝密，花药浅紫色，花丝浅紫色，苞叶长。果穗筒形，穗长 15.4~15.5cm，穗粗 5.1~5.2cm，穗行数 16 行，行粒数 31.2~33.8 粒。白轴，黄粒、半马齿型，千粒重 298.9~314.4g，出籽率 88.9%。高抗大斑病（1级）、矮花叶病（0.0%），抗小斑病（3级），中抗茎腐病（17.4%），感弯孢菌叶斑病（7级）、瘤黑粉病（12.4%），高感玉米螟（9级）。粗蛋白质 10.17%，粗脂肪 4.13%，粗淀粉 73.24%，赖氨酸 0.308%，容重 696g/L。籽粒品质达到普通玉米国标 2 级，淀粉发酵工业用玉米国标 2 级，饲料用玉米国标 2 级，高淀粉玉米部标 3 级。

产量表现：2008 年河南省玉米品种区域试验（4 500 株/亩3 组），9 点汇总全部增产，平均亩产 624.5kg，比对照郑单 958 增产 4.3%，差异不显著，居 18 个参试品种第 4 位；2009 年续试（4 500 株/亩2 组），11 点汇总 10 增 1 减，平均亩产 601.4kg，比对照郑单 958 增产 6.5%，达极显著差异，居 20 个参试品种第 7 位。综合两年 20 点次试验，平均亩产 611.8kg，比郑单 958 增产 5.5%，增产点比率为 95%。2009 年河南省玉米品种生产试验（4 500 株/亩组），10 点汇总全部增产，平均亩产 598kg，比对照郑单 958 增产 9.5%，居 11 个参试品种第 3 位。

栽培技术要点：①播期和密度：6 月 10 日前播种；每亩留苗 4 000~4 500 株。②田间管理：足墒下种，墒情不足补浇蒙头水，一播全苗；及时追肥和浇水，大喇叭口期注意防治玉米螟；籽粒乳线消失后再收获。

适宜种植区域：河南省各地种植。

十五、德单 5 号

审定（登记）编号：豫审玉 2010021

品种来源：5818×昌 7-2

特征特性：夏播生育期 100d。株型紧凑，全株叶片 21 片，株高 257cm，穗位高 110~121cm。幼苗叶鞘紫色，第一叶尖端圆到匙形，第四叶叶缘紫色；雄穗分枝数中等，雄穗颖片浅紫色，花药黄色，花丝绿色。果穗筒形，穗长

14.5~15cm，穗粗4.9~5cm，穗行数14.9~15.1，行粒数33.5~34.7粒。白轴，黄粒、半马齿型，千粒重294.7~311.6g，出籽率89.5~90%。粗蛋白10.18%，粗脂肪4.26%，粗淀粉72.18%，赖氨酸0.336%，容重742g/L。籽粒品质达到普通玉米国标1级；淀粉发酵工业用玉米国标2级；饲料用玉米国标1级；高淀粉玉米部标3级。高抗大斑病（1级），抗矮花叶病（5.6%），中抗小斑病（5级）、弯孢菌叶斑病（5级），感瘤黑粉病（30.2%）、茎腐病（34.1%），高抗玉米螟（1级）。

产量表现：2008年河南省玉米品种区域试验（4 500株/亩1组），11点汇总，10增1减，平均亩产678.5kg，比对照郑单958增产5.7%，差异显著，居18个参试品种第2位；2009年续试（4 500株/亩1组），11点汇总全部增产，平均亩产572.5kg，比对照郑单958增产5.0%，差异不显著，居20个参试品种第7位；综合两年22点次试验，平均亩产625.5kg，比对照郑单958增产5.4%，增产点比率为95.5%。2009年河南省玉米品种生产试验（4 500株/亩组），10点汇总全部增产，平均亩产594.6kg，比对照郑单958增产8.9%，居11个参试品种第7位。

栽培技术要点：①播期和密度：麦垄套种或麦后直播，种植密度以4 500~5 000株/亩为宜。②田间管理：田间管理应注重播种质量，及时间苗、定苗和中耕锄草，及时防治病虫害；按照配方施肥的原则进行水肥管理，磷钾肥和微肥作为底肥一次性施入，氮肥按叶龄分期施肥，重施拔节肥，约占总肥量的60%，大喇叭口期施入孕穗肥，约占总肥量的40%。在底肥充足的情况下，也可采用"一炮轰"的施肥方法。

适宜种植区域：河南省各地种植。

十六、吉祥1号

审定（登记）编号：豫审玉2009015

品种来源：武9086×昌7-2

特征特性：夏播生育期96d。株型紧凑，株高261cm，穗位高118cm。幼苗叶鞘浅紫色，第一叶尖端圆到匙形，第四叶叶缘紫红色，全株叶片20左右。雄穗分枝中，花药浅红色，花丝浅紫色。果穗筒形，穗长17.1cm，穗粗5.1cm，穗行数15.6行，行粒数35.4粒。白轴，黄粒、半马齿型，千粒重328.3g，出籽率89.5%。

产量表现：2007年河南省区域试验（4 000株/亩2组），平均亩产604.7kg，比对照郑单 958 增产 3.6%；2008 年续试（4 000 株/亩 2 组），平均亩产 675.3kg，比对照郑单 958 增产 4.1%。2008 年河南省生产试验（4 000 株/亩1 组），平均亩产 626.7kg，比对照郑单 958 增产 7.5%。

栽培技术要点：①播期和密度：密度每亩 4 000 株左右，要注意播种质量，及时间、定苗。②田间管理：按照配方施肥的原则进行肥水管理，磷钾肥和其他缺素肥料作为基肥一次施入，氮肥分次施入，重施拔节肥，约占总追肥量的 65%，在前茬小麦施肥较为充足情况下，也可采用"一炮轰"的施肥方法。及时定苗和中耕除草，防治病虫害。大喇叭口期注意防治玉米螟。

适宜种植区域：河南省各地种植。

十七、金博士 658

审定（登记）编号：豫审玉 2006012

品种来源：以自选系 J98-1 作母本，自选系 J005 作父本组配而成的单交种。

特征特性：该品种夏播生育期为 95d。株型半紧凑，成株叶片数 19～20 片，株高 270cm，穗位高 110cm。第一叶尖端圆形，第四叶叶缘紫色，幼苗叶鞘紫色。雄穗分枝数中等，花药颜色为黄色，花丝颜色为绿色。穗型为锥形，穗长 20.1cm，穗粗 4.92cm，穗行数 13.8 行，行粒数 38.1 粒。穗轴白色，黄白粒，半马齿型，千粒重 336g，出籽率 86%。

产量表现：2004 年河南省玉米新品种区域试验（3 500 株/亩2 组），10 点汇总，平均亩产 530.8kg，比对照农大 108 增产 8.7%，达显著差异，居 19 个参试品种第 5 位；2005 年续试，10 点汇总，平均亩产 607.0kg，比对照农大 108 增产 7.2%，达显著差异，居 18 个参试品种第 6 位。2005 年河南省玉米品种生产试验（3 500 株/亩组），9 点汇总，平均亩产 570.0kg，比对照浚单 18 增产 6.5%，居 5 个参试品种第 4 位。

栽培技术要点：①播期和密度：5 月下旬麦垄套种或麦后直播，麦后直播在 6 月 10 日前为宜；适宜密度 3 500 株/亩，高肥水地块不超过 4 000 株/亩。②田间管理：苗期注意蹲苗；保证充足的肥料供应，并注意氮磷钾肥配合使用。

适宜种植区域：河南省各地推广种植。

十八、粟玉 2 号

审定（登记）编号：国审玉 2006035

品种来源：母本 737，来源于昌 7-2×5237；父本 7811，来源于 S478（热带群体 tuxpend×掖478）×211，其中，211 为5003 杂株的选系。

特征特性：在黄淮海地区出苗至成熟 98.9d，比对照郑单 958 晚熟 0.7d，比农大 108 早熟 4d，需有效积温 2 700℃左右。幼苗叶鞘紫色，叶片绿色，叶缘紫红色，花药黄色，花丝黄绿色，颖壳绿色。株型紧凑，株高 250cm，穗位高 110cm，成株叶片数 20～21 片。果穗筒形，穗长 16.9cm，穗行数 14～16 行，穗轴白色，籽粒黄色、半马齿型，百粒重 34 克。区域试验中平均倒伏（折）率 8.3%。经河北省农林科学院植物保护研究所两年接种鉴定：抗大斑病和小斑病，中抗瘤黑粉病、矮花叶病和弯孢菌叶斑病，感玉米螟，高感茎腐病。经农业部谷物品质监督检验测试中心（北京）测定：籽粒容重 676g/L，粗蛋白含量 8.48%，粗脂肪含量 4.09%，粗淀粉含量 75%，赖氨酸含量 0.28%。

产量表现：2004—2005 年参加黄淮海夏玉米品种区域试验，38 点次增产，9 点次减产，两年区域试验平均亩产 592.9kg，比对照增产 6.5%。2005 年生产试验，平均亩产 540.6kg，比当地对照增产 4.9%。

栽培技术要点：每亩适宜密度 3 800～4 200 株，注意防治茎腐病。

适宜种植区域：适宜在河北、河南、陕西、安徽北部、江苏北部夏玉米区种植。

十九、郑单 2201

审定（登记）编号：豫审玉 2005014

品种来源：以自选系郑优 QPM03 为母本、自选系郑优 QPM02 为父本杂交选育而成。

特征特性：属高赖氨酸类型玉米。河南夏播生育期 103d。幼苗和芽鞘均为绿色。株型紧凑，成株叶片数 18 片，叶缘和叶片绿色，株高 254cm 左右，穗位高 96cm。雄穗分枝中等，张开角度较小，护颖绿色，花药绿色，花粉量大，花丝红色。果穗长筒形，苞叶较厚，穗长 20.5cm，穗粗 4.9cm，秃尖长 0.5cm，穗行数 16，行粒数 42。红轴，黄粒、马齿型，千粒重 301g，出籽率 90%。2004 年品质测定：籽粒粗蛋白 9.58%，粗脂肪 4.06%，粗淀粉 73.5%，赖氨酸 0.38%，容重 696g/L。2004 年抗性鉴定：高抗瘤黑粉病（病株率 0.0%），抗大斑病（3 级），中抗弯孢叶斑病（5 级）、茎腐病（病株率 22.6%）、矮花叶病（病株率 20.6%）、玉米螟（6.9 级）。

产量表现：2003 年河南省夏玉米品种区域试验（3 500 株/亩1 组），平均亩产 460.5kg，比豫玉 18 增产 0.5%，比农大 108 增产 4.7%，居 17 个参试品种第

11 位；2004 年续试（3 500 株/亩2 组），平均亩产 481.8kg，比农大 108 减产 1.3%，居 19 个参试品种第 13 位。

栽培技术要点：①宜集中连片、隔离种植，尽量减少外来非高赖氨酸玉米品种花粉影响，以免造成籽粒胚乳赖氨酸含量降低。②品种耐密性强，高水肥地每亩密度 4 000 株左右。③耐肥水，在田间肥水管理上，施足底肥，以有机肥为主，一促到底；及时防治玉米病虫及杂草为害。

适宜种植区域：适合河南省各地春夏播种植。

二十、豫禾 988

审定（登记）编号：豫审玉 2008001

品种来源：581 × 547

特征特性：夏播生育期96d。株型紧凑，全株叶片 20 左右，株高 248cm，穗位高 105cm。幼苗叶鞘浅紫色，第一叶尖端圆到匙形，第四叶缘浅紫色。雄穗分枝数中等，雄穗颖片绿色，花药绿色，花丝浅紫色。果穗中间形，穗长 18.1cm，穗粗 5.0cm，穗行数 14 ~ 16，行粒数 27。白轴，黄粒、半马齿型，千粒重 316.2g，出籽率 89.5%。

产量表现：2006 年河南省区试（4 500 株/亩），平均亩产 539.1kg，比对照郑单 958 增产 7.6%；2007 年续试（4 500 株/亩 2 组），平均亩产 563.4kg，比对照郑单 958 增产 5.4%。2007 年河南省生产试验（4 500 株/亩），平均亩产 560.5kg，比对照郑单 958 增产 8.7%。

栽培技术要点：①播期和密度：6 月 10 日前播种，每亩密度 4 500 株。②田间管理：用 50% 福美双可湿性粉剂拌种，苗期少施肥，注意防治蓟马、棉铃虫等虫害，保证苗齐苗壮；大喇叭口期重施肥，用辛硫磷颗粒丢心，防治玉米螟。③适时收获：籽粒乳线消失出现黑色层时收获，以充分发挥该品种的高产潜力。

适宜种植区域：河南省中高肥力地推广种植。

二十一、圣瑞 16 号

审定（登记）编号：豫审玉 2006010

品种来源：以自选系 SRY8 为母本，自选系 SRY16 为父本组配而成的单交种。

特征特性：该品种夏播生育期 100d。株型紧凑，全株叶片数 20 片，株高 279cm，穗位高 126cm。第一叶尖端圆形，第四叶叶缘绿色，幼苗叶鞘紫色。雄穗分枝数较少，雄穗颖片绿色，花药黄色，花丝绿色。果穗筒形，穗长16.2cm，穗粗5.0cm，穗行数15行，行粒数33.5粒。穗轴白色，籽粒黄色、半马齿型，千粒重329.6g，出籽率87.2%。

产量表现：2004年河南省玉米新品种区域试验（3500株/亩1组），9点汇总，平均亩产515.3kg，比对照农大108增产10.3%，达显著差异，居19个参试品种第2位；2005年续试，10点汇总，平均亩产582.1kg，比对照农大108增产10.8%，达极显著差异，居18个参试品种第6位。2005年河南省玉米品种生产试验（3500株/亩组），9点汇总，平均亩产595.8kg，比对照浚单18增产11.4%，居5个参试品种第2位。

栽培技术要点：①种植密度和方式：适宜密度3500株/亩；采用宽窄行种植，宽行90cm，窄行40cm。②田间管理：施肥要氮磷钾肥配合，保证充足的肥料供应。③适时收获：活秆成熟，适期晚收（果穗苞叶发黄后5~7d），以充分发挥该品种的高产潜力。

适宜种植区域：河南省各地推广种植。

二十二、漯单9号

审定（登记）编号：豫审玉2005004

品种来源：漯13为母本、昌7-2为父本杂交选育而成。

特征特性：夏播生育期100d左右。幼苗长势强、叶鞘紫色，第一叶尖匙形。叶片较上冲，总叶片数21片。株高273cm，穗位高130cm。根系发达，活秆成熟。雄穗分枝开张角度中等，花药黄色，花丝紫红色。果穗中间形，穗长17.0cm，穗粗4.9cm，穗行数14.6，行粒数35.2，白轴，籽粒黄色、半硬粒型，千粒重298.3g，出籽率89.3%，结实性较好。2004年品质测定：籽粒粗蛋白10.40%，粗脂肪4.88%，粗淀粉70.62%，赖氨酸0.31%，容重757g/L。2004年抗性鉴定：高抗弯孢菌叶斑病（1级）、矮花叶病（病株率0.0%），抗大斑病（3级）、瘤黑粉病（病株率3.6%），中抗小斑病（5级）；感玉米螟（8.3级），高感茎腐病（病株率42.9%）。

产量表现：2003年参加河南省夏玉米品种区域试验（4000株/亩1组），平均亩产459.8kg，比豫玉23增产13.3%，比郑单958增产4.6%，居17个参试品种第4位；2004年续试（4000株/亩1组），平均亩产617.0kg，比郑单958增产4.0%，居18个参试品种第1位。2004年参加河南省玉米品种生产试验（4000株/亩），平均亩产543.5kg，比郑单958增产1.7%，居9个参试品种第3位。

栽培技术要点：①麦垄套种宜在麦收前 7 ~ 10d；夏直播在 6 月上旬播种；适宜种植密度 3 500 株/亩左右。②大喇叭口期及时喷施玉米矮壮素，以降低株高，防止倒伏。③大喇叭口期用呋喃丹 2kg 撒施心叶，防治玉米螟和蚜虫。

适宜种植区域：适宜河南省各夏玉米区中高肥力地推广种植。

二十三、鑫丰 6 号

审定（登记）编号：鲁农审 2006012 号，豫引玉 2007003。

品种来源：SX053/SX2。SX053 是以美国杂交种连续自交后与热带玉米种质杂交后系统选育而成；SX2 是以法国商品玉米连续自交选育而成。

特征特性：株型半紧凑，全株叶片数 19 ~ 20 片，幼苗叶鞘浅紫色，花丝浅绿色，花药浅红色。试点调查：生育期 102d，株高 271cm，穗位 121cm，倒伏率 5.9%、倒折率 3.1%。果穗筒形，穗长 17.5cm，穗粗 5.5cm，秃顶 1.1cm，穗行数平均 14.6 行，穗粒数 510 粒。红轴，籽粒黄色、马齿型，出籽率 85.8%，千粒重 352.5g，容重 719.6g/L。2004 年抗病性鉴定结果为：抗小斑病、大斑病、弯孢菌叶斑病和青枯病，高抗瘤黑粉病和矮花叶病。籽粒品质分析结果为：粗蛋白质含量 9.50%，粗脂肪含量 3.80%，赖氨酸含量 0.18%，粗淀粉含量 72.60%。

产量表现：在山东省玉米区域试验中，2004 年亩产 640.9kg，2005 年亩产 557.3kg，分别比对照掖单 4 号和郑单 958 增产 19.2% 和 2.0%，两年 19 处试点，18 点增产，1 点减产；2005 年生产试验平均亩产 566.5kg，比对照郑单 958 增产 1.3%。

栽培技术要点：适宜密度 3 500 ~ 4 000 株/亩。适宜播期 6 月 15 日前，注意氮、磷、钾肥配合使用。施好基肥、种肥，重施穗肥，酌施粒肥，促进穗大粒重，浇好灌浆期的丰产水，及时防治病虫害。河南省各地推广种植，适宜密度 4 000 株/亩。

适宜种植区域：在山东省、河南省适宜地区中上肥水地块上作为夏玉米品种推广利用。

二十四、豫单 2002

审定（登记）编号：豫审玉 2004002

品种来源：自选系豫 301 为母本，自选系豫 508 为父本杂交组配而成。豫 301 来源于豫综 2 号改良群体优良单株 × 157 自交系；父本自交系豫 508 来源于豫综 5 号改良群体 C3，该群体具有美国 BSSS 和 Reid 两种血缘。

特征特性：幼苗芽鞘色紫色，生长健壮。株型半紧凑，株高 260～277cm，穗位高 102cm，叶片数 20。花丝吐时黄绿而后变淡红色，雄穗分枝数 10～15 个，花药黄色。果穗圆柱形，穗长 18.9cm，穗粗 5.2cm，穗行数 14.3，行粒数 36，出籽率 88.1%，千粒重 388.1g，籽粒黄色、半马齿型，红轴，籽粒商品品质优良。根系发达，抗倒性好，活秆成熟，夏播生育期 103d。

产量表现：2001 年参加河南省玉米杂交种区域试验（3 500 株/亩），平均亩产 600.1kg，比对照豫玉 18 增产 8.3%，达显著差异，居 16 个参试品种第 6 位；2002 年续试，平均亩产 632.9kg，比对照豫玉 18 增产 15.0%，达极显著差异，居 15 个参试品种第 2 位。两年试验平均亩产 617.4kg，比豫玉 18 增产 11.8%，产量高，稳产性好。2003 年参加河南省玉米品种生产试验（3 500 株/亩），平均亩产 466.9kg，比对照农大 108 增产 17.3%，居 8 个参试品种第 2 位。

栽培技术要点：①麦垄套种或 6 月上旬麦收后直播均可，注意早播。②适宜密度，中低产地块每亩 2 800～3 300 株，高水肥地块 3 300～3 500 株。③增施磷、钾肥。喇叭口期注意防治玉米螟。授粉后增施一次粒肥，适当推迟收获期延长灌浆时间可以增加千粒重，提高产量。

适宜种植区域：适宜河南省各地夏播种植。

二十五、滑玉 11

审定（登记）编号：豫审玉 2007001

品种来源：HF28B×HF473

特征特性：夏播生育期 98d。株型紧凑，全株叶片 20 左右，株高 250cm，穗位高 105cm。幼苗叶鞘浅紫色，第一叶尖端圆到匙形，第四叶叶缘浅紫色。雄穗分枝数中等，雄穗颖片浅紫色，花药浅紫色，花丝浅粉色。果穗圆筒—中间形，穗长 16cm，穗粗 5cm，穗行数 16 行，行粒数 35 粒。白轴，黄粒、半马齿型，千粒重 310g，出籽率 88%。

产量表现：2005 年河南省区试（4 000 株/亩 2 组），平均亩产 633. kg，比对照郑单 958 增产 3.4%，差异不显著，居参试 17 个品种第 4 位；2006 年续试（4 000 株/亩 2 组），平均亩产 507.2kg，比对照郑单 958 增产 3.2%，差异不显著，居参试 20 个品种第 3 位。两年试验平均亩产 563.3kg，比对照郑单 958 增产 3.3%。2006 年河南省生产试验（4 000 株/亩），平均亩产 523.8kg，比对照郑单 958 增产 5.4%，居 9 个参试品种第 3 位。

栽培技术要点：①播期和密度：6 月 10 日前播种，密度 4 000 株/亩。②用 50% 福美双可湿性粉剂拌种，苗期注意防治蓟马、棉铃虫等害虫，保证苗齐苗壮。③苗期少施肥，大喇叭口期重施肥，同时，用辛硫磷颗粒丢心，防治玉米螟。④玉米籽粒乳线消失出现黑色层后收获，充分发挥该品种的高产潜力。

适宜种植区域：河南省各地种植。

二十六、驻玉 309

审定（登记）编号：豫审玉 2007003

品种来源：驻 07×78599-3

特征特性：夏播生育期 96d 左右。成株上部叶片上冲，株型半紧凑，株高 250cm，穗位高 100cm，全株叶片 19～21 片。叶色深绿，稍宽，第一片叶尖端匙形。雄穗分枝 18～22 个，颖壳浅红色，花药浅紫色，花丝青色。果穗筒形，穗长 17cm，穗粗 4.9cm，穗行数 14 行，行粒数 38 粒。穗轴白色，籽粒黄色、半硬粒型，千粒重 328.9g，出粒率 88%。

产量表现：2004 年河南省区试（4 000 株/亩 1 组），平均亩产 599.8kg，比对照郑单 958 增产 1.1%，差异不显著，居 18 个参试品种第 5 位；2005 年续试（4 000 株/亩 1 组），平均亩产 672.8kg，比对照郑单 958 增产 4.8%，差异不显著，居 17 个参试品种第 1 位。两年试验平均亩产 638.4kg，比对照郑单 958 增产 3.1%。2006 年河南省生产试验（4 000 株/亩），平均亩产 525.3kg，比对照郑单 958 增产 5.7%，居 9 个参试品种第 2 位。

栽培技术要点：①播期和密度：5 月 25 日～6 月 15 日播种，密度 4 000～4 500 株/亩。②田间管理：注意足墒播种，提高播种质量，保证一播全苗，及时间定苗和中耕锄草，防治病虫害。每亩追施纯氮 20kg 左右，采用大喇叭口期一次性施入或前重后轻的分期施肥方式，并注意磷钾肥配合施用。大喇叭口期和灌浆期注意防治玉米螟。③适时收获：玉米籽粒胚乳线消失或籽粒尖端出现黑色层时收获，以充分发挥该品种的增产潜力。

适宜种植区域：河南省各地种植。

二十七、起源 3 号（新农 3 号）

审定（登记）编号：豫审玉 2005008

品种来源：以新 03 为母本、新 21 为父本杂交选育而成。

特征特性：夏播生育期 101d 左右。幼苗拱土力强，叶鞘浅紫红色，叶尖稍有下披，叶缘呈微波浪状。株型紧凑，全株 18～19 叶片，株高 220～240cm，穗位高 80～90cm。雄穗分枝数 18～20 个，颖壳浅紫色，花药黄色，花粉量大，雌穗花丝青色，授粉后转为粉红色，肥水充足条件下，雌穗有 2～3 个小苞叶外露，雌穗、雄穗发育协调。果穗中间形，穗长 17.1cm，穗粗 5.2cm，穗行数 16～18，行粒数 33，红轴，籽粒黄粒、硬粒型，千粒重 341.2g，出籽率 85.3%。2004 年品质测定：籽粒粗蛋白 11.40%，粗脂肪 3.52%，粗淀粉 72.60%，赖氨酸 0.31%，容重 768g/L。2004 年抗性鉴定：高抗矮花叶病毒病（病株率 0.0%），抗大斑病（3 级）、弯孢菌叶斑病（3 级）和茎腐病（病株率 6.1%），中抗小斑病（5 级）、瘤黑粉病（病株率 7.9%）；感玉米螟（病株率 7.1%）。

产量表现：2003 年参加河南省玉米新品种区域试验（3 500株/亩 2 组），平均亩产 485.7kg，比豫玉 18 增产 17.9%，比农大 108 增产 16.3%，均达极显著差异，居 17 个参试品种第 2 位；2004 年续试（3 500株/亩 1 组），平均亩产 514.0kg，比农大 108 增产 10.0%，达显著差异，居 19 个参试品种第 3 位。2004 年参加河南省玉米品种生产试验（3 500株/亩），平均亩产 526.9kg，比农大 108 增产 11.5%，居 10 个参试品种第 4 位。

栽培技术要点：①播期以 6 月 5 日左右为宜。中肥地适宜种植密度 3 000 株/亩左右，高肥地 3 500株/亩左右。②足墒播种、保证一播全苗。田间管理采用前重后轻分期施肥方式，注意磷、钾肥配合施用。③苗期和喇叭口期防治病虫害。

适宜种植区域：适宜河南省各夏玉米区种植。

二十八、郑单 23 号

审定（登记）编号：豫审玉 2006006

品种来源：以自选系郑 38 为母本，自选系郑 37 为父本组配而成的单交种。

特征特性：该品种夏播生育期 101d。植株半紧凑，全株叶片数 19～21 片，穗上叶与茎夹角适中，株高 290cm，穗位高 125cm。幼苗叶鞘紫色，叶尖圆形，叶片边缘紫红。雄穗发达，分枝中等，外颖绿色，花药黄色，花丝绿色。果穗筒形，果穗长 18.6cm，穗粗 5.3cm，穗行数 16.2 行，行粒 42.4 粒。穗轴红色，籽粒黄色、半硬粒型，千粒重 342.9g，出籽率 88.9%。

产量表现：2003 年河南省玉米新品种区域试验（3 000株/亩 1 组），8 点汇总，平均亩产 467.6kg，比对照豫玉 22 增产 12.3%，达显著差异，居 16 个参试品种第 2 位；2004 年续试，10 点汇总，平均亩产 551.9kg，比对照豫玉 22 增产 12.1%，达极显著差异，居 17 个参试品种第 2 位。2005 年河南省玉米品种生产试验（3 000 株/亩组），9 点汇总，平均亩产 558.9kg，比对照豫玉 22 增产 7.9%，居 9 个参试品种第 6 位。

栽培技术要点：①播期和密度：5 月下旬麦垄点种或 6 月 10 日前趁墒播种；一般中等肥力地密度以 3 000 株/亩，上中等肥力地以 3 200 株/亩为宜。②田间管理：苗期可增施磷钾肥，拔节期重施氮肥，灌浆期补施氮肥，在喇叭口期注意防治玉米螟。③适时收获：籽粒乳线消失后收获（果穗苞叶发黄后 5 ~ 7d），以充分发挥品种的高产潜力。

适宜种植区域：河南省各地推广种植。

二十九、郑农 7278

审定（登记）编号：豫审玉 2007013

品种来源：郑 2158 × 昌 7 选 6

特征特性：夏播生育期 98d。株型紧凑，株高 260cm，穗位高 115cm，全株总叶片数 20 ~ 21 片。幼苗叶色深绿，叶鞘微红，第一叶尖端卵圆形。雄穗分枝 15 ~ 20 个，雄穗颖片青色，花药黄，花丝青绿。果穗筒形，穗长 17cm，穗粗 5.0cm，穗行数 14 ~ 16 行，行粒数 36 粒。穗轴白色，籽粒黄色、半马齿型，千粒重 300g，出籽率 89%。

产量表现：2005 年河南省区试（3 500 株/亩 2 组），平均亩产 624.7kg，比对照浚单 18 增产 2.5%，差异不显著，居 18 个参试品种第 3 位；2006 年续试（3 500 株/亩 2 组），平均亩产 455.4kg，比对照浚单 18 增产 3.3%，差异不显著，居 18 个参试品种第 7 位。两年试验平均亩产 549.5kg，比对照浚单 18 增产 2.8%。2006 年河南省生产试验（3 500 株/亩 1 组），平均亩产 499.9kg，比对照浚单 18 增产 3.0%，居 7 个参试品种第 5 位。

栽培技术要点：①适时播种：适宜播种期为 6 月 10 ~ 15 日。②合理密植：适宜种植密度 3 500 株/亩左右，高肥力地块可种植 4 000 株/亩。③平衡施肥：施足底肥，每亩施优质农家肥 2 000 ~ 3 000kg，过磷酸钙 80kg，硫酸钾 15kg，硫酸锌 2kg。直播田苗期施入，拔节期追施尿素 15kg/亩，大喇叭口期追施尿素 30kg/亩。④适时收获：活秆成熟，籽粒出现黑色层或乳线消失时收获。

适宜种植区域：河南省各地种植。

三十、泛玉6号

审定（登记）编号：豫审玉2007007

品种来源：改良478×DS01

特征特性：夏播生育期95d。株型紧凑，株高245cm，穗位高110cm。幼苗叶鞘紫色，叶色浓绿。花丝粉红色，花药紫色。果穗柱形，穗长18.6cm，穗粗5.3cm，穗行数14～16行，行粒数37～40粒。籽粒黄色、偏硬粒型，轴红色，千粒重362g，出籽率88%。

产量表现：2004年河南省区试（4 000株/亩2组），平均亩产564.9kg，比对照郑单958增产3.4%，差异不显著，居18个参试品种第2位；2005年续试（4 000株/亩2组），平均亩产634.2kg，比郑单958增产3.6%，差异不显著，居17个参试品种第3位。两年试验平均亩产595.7kg，比对照郑单958增产3.5%。2006年河南省生产试验（4 000株/亩），平均亩产506kg，比对照郑单958增产1.8%，居9个参试品种第7位。

栽培技术要点：①播期和密度：夏直播6月10日前，密度4 000株/亩，高产地4 500～5 000株/亩。②田间管理：播种前亩施复合肥20～30kg，套种地或铁茬播种地，在出苗后25d左右亩施复合肥20～30kg。在大喇叭口期亩追施尿素30～40kg，并及时进行药剂灌心防治玉米螟。

适宜种植区域：河南省各地种植。

三十一、群英8号

审定（登记）编号：豫审玉2007008

品种来源：Lu4-1×Y3-3

特征特性：夏播生育期98d。株型半紧凑，株高268cm，穗位高100cm，成株叶片数21片。幼苗颜色绿色，芽鞘色浅紫色。花丝红色，花药黄色。果穗筒形，穗长19.9cm，穗行数17.6行，行粒数33.1粒。穗轴浅红色，籽粒黄色、偏硬粒型，千粒重293g，出籽率86.5%。

产量表现：2004年河南省区试（3 000株/亩2组），平均亩产481.0kg，比对照豫玉22增产6.9%，差异显著，居17个参试品种第8位；2005年续试（3 500株/亩3组），平均亩产579.6kg，比对照浚单18增产4.0%，差异不显著，居18个品种第5位。2006年河南省生产试验（3 500株/亩2组），平均亩产498.6kg，比对照浚单18增产7.4%，居7个品种第1位。

栽培技术要点：①种植密度：中低产地块3 000～3 300株/亩，高肥水地块3 300～3 500株/亩。②注意抢时早播，采取宽窄行种植，氮、磷、钾肥配合施用，并注意增施锌、硼肥。喇叭口期注意防治玉米螟。③适当推迟收获期，以增加千粒重提高产量，发挥其高产潜力。

适宜种植区域：河南省各地种植。

三十二、金豫8号

审定（登记）编号：豫审玉2007005

品种来源：金豫39×金豫901

特征特性：夏播生育期98d。苗期长势较强，穗下部叶型平展，上部叶型上冲，株型半紧凑，株高250～260cm，穗位高100cm左右，成株叶片20片左右，花丝红色，花药黄色。幼苗叶鞘紫色，叶色浓绿，第一片叶椭圆形。果穗粗大，圆筒形，穗长19cm，穗粗5.4cm，穗行数18行，行粒数32粒。红轴，黄粒、半硬粒型，千粒重350g，出籽率86.8%。

产量表现：2005年河南省区试（3 500株/亩1组），平均亩产596.9kg，比对照浚单18增产5.8%，差异显著，居18个参试品种第2位；2006年续试（3 500株/亩1组），平均亩产504.6kg，比对照浚单18增产7.8%，差异显著，居18个参试品种第5位。两年试验平均亩产555.9kg，比对照浚单18增产6.6%。2006年河南省生产试验（3 500株/亩1组），平均亩产527.3kg，比对照浚单18增产8.6%，居7个参试品种第1位。

栽培技术要点：①适宜麦垄套种或夏直播，6月15日以前播种结束；适宜种植密度3 000～3 500株/亩。②肥水管理以氮肥为主、一促到底，注意配合施入磷钾肥。大喇叭口期和灌浆期注意用呋喃丹颗粒剂丢心防治玉米螟。

适宜种植区域：河南省各地种植。

三十三、周单9号

审定（登记）编号：豫审玉2007006

品种来源：周226×周72-25

特征特性：夏播生育期96d。株型紧凑，株高239cm，穗位110cm，全株总叶片数21～22片。叶鞘深紫，叶色深绿，第一叶尖端为匙形。雄穗分枝14～17个，雄穗颖片红色，花药黄色，花丝浅粉色。果穗筒形，穗长17cm，穗粗4.8cm，穗行数14～16行，行粒数38粒。穗轴白色，籽粒黄色，半硬粒型，千粒重315g，出籽率87.9%。

产量表现：2004年河南省区试（4 000株/亩2组），平均亩产563.2kg，比对照郑单958增产3.1%，差异不显著，居18个参试品种第3位；2005年续试（4 000株/亩2组），平均亩产634.9kg，比对照郑单958增产3.7%，差异不显著，居17个参试品种第2位。两年试验平均亩产595.1kg，比对照郑单958增产3.4%。2006年河南省生产试验（4 000株/亩），平均亩产518.5kg，比对照郑单958增产4.4%，居9个参试品种第6位。

栽培技术要点：①播期和密度：播期以6月10日前为宜；中肥力地适宜种植密度4 000株/亩左右，高肥力地4 500株/亩左右。②田间管理注意足墒播种，及时间定苗和中耕锄草，防治病虫害。每亩追施纯氮20kg左右，可采用大喇叭口期一次性施入或前轻后重的分期施肥方式，并注意磷钾肥配合施用。大喇叭口期和灌浆期注意防治玉米螟。③玉米籽粒乳线消失后再收获，以充分发挥该品种的高产潜力。

适宜种植区域：河南省各地种植。

三十四、洛单248

审定（登记）编号：豫审玉2008003

品种来源：L118×L591

特征特性：夏播生育期96d。株型紧凑，全株叶片20左右，株高250cm，穗位高105cm。幼苗叶鞘紫色，第一叶尖端圆到匙形，第四叶缘浅紫色。雄穗分枝数中等，雄穗颖片绿色，花药绿色，花丝浅紫。果穗圆筒形，穗长17.5cm，穗粗5.0cm，穗行数14～16，行粒数38.6。白轴，黄粒、半马齿型，千粒重314.3g，出籽率90.6%。

产量表现：2006年河南省区试（4 000株/亩1组），平均亩产523.3kg，比对照郑单958增产7.5%；2007年续试（4 000株/亩1组），平均亩产624.8kg，比对照郑单958增产7.1%。2007年河南省生产试验（4 000株/亩），平均亩产565.8kg，比对照郑单958增产7.8%。

栽培技术要点：①播期和密度：6月10日前播种，每亩密度4 000株。②田间管理：用50%福美双可湿性粉剂拌种，苗期少施肥，注意防治蓟马、棉铃虫等虫害，保证苗齐苗壮；大喇叭口期重施肥，用辛硫磷颗粒丢心，防治玉米螟。③适时收获：籽粒乳线消失出现黑色层时收获，以充分发挥该品种的高产潜力。

适宜种植区域：河南省中高肥力地推广种植。

三十五、洛单6号

审定（登记）编号：豫审玉2007004

品种来源：L9951×L427

特征特性：夏播生育期95d。株型半紧凑，株高260cm，穗位高125cm，全株总叶片数19~20片。幼苗叶鞘绿色，第一叶尖端卵圆形。雄穗分枝数8~10个，雄穗颖片绿色，花药黄色，花丝粉红色。果穗圆筒形，穗长18.5cm左右，穗粗5cm，穗行数14~16行，行粒数36粒。穗轴白色、籽粒黄色、半硬粒型，千粒重335.2g，出籽率89.3%。

产量表现：2004年河南省区试（4 000株/亩2组），平均亩产570.3kg，比对照郑单958增产4.4%，差异不显著，居18个参试品种第1位；2005年续试（4 000株/亩2组），平均亩产623.4kg，比对照郑单958增产1.8%，差异不显著，居17个参试品种第5位。两年试验平均亩产593.9kg，比对照郑单958增产3.2%。2006年河南省生产试验（4 000株/亩），平均亩产523.1kg，比对照郑单958增产5.3%，居9参试品种第4位。

栽培技术要点：①播期和密度：6月10日前播种，密度4 000株/亩。②田间管理：基肥以农家肥或复合肥为主，苗期追肥酌情轻施，重施攻穗肥，补施攻粒肥。苗期控制灌水，中后期肥水结合施用。苗期注意防治蓟马、蚜虫、地老虎；大喇叭口期用颗粒杀虫剂丢心防治玉米螟虫。③适时收获：玉米籽粒乳线消失或籽粒尖端出现黑色层时收获，以充分发挥该品种的增产潜力。

适宜种植区域：河南省各地种植。

三十六、丰黎2008

审定（登记）编号：豫引玉2007005

品种来源：971×209

特征特性：中早熟品种，夏播生育期95d左右，春播生育期110~127d。株型紧凑，夏播株高245cm左右，穗位高105cm左右，果穗中等，穗行数16行，穗粗5.1cm左右，籽粒黄色，半马齿型，轴红色。结实性好，正常无秃尖，出籽率90%左右，千粒重350克左右，籽粒商品性好。抗逆性、抗倒性强。高抗茎腐病和矮花叶病，中抗大斑病和粗缩病，抗小斑病和穗腐病。夏播一般亩产600~750kg，具有亩产900kg的生产潜力，春播一般亩产800kg左右，具有亩产1 000kg以上的生产潜力。

产量表现：2004—2005 年山西省南部玉米夏播区试，平均亩产 636.2kg，比对照增产 12.6%；2005 年生产试验，平均亩产 626.6kg，较对照增产 15.8%，各点全部增产。2006 年参加山西省玉米品种展示，平均亩产 637.2kg，较对照郑单 958 增产 6.2%。2006—2007 年连续二年参加陕西省宝鸡市玉米新品种展示，产量均居第 1 位。2006 年河南省引种试验，产量居 4 000 株/亩 E 组第一，全省 9 个试点 8 点增产，5 个点居第一位、3 个点第二位、1 个点第三位，平均比对照郑单 958 增产 5.1%。2005—2008 年河北、山东、安徽、内蒙古和江苏等省进行多点试验，均表现高产、稳产。

栽培技术要点：一般种植密度每亩 3 500~4 000 株。

适宜种植区域：河南省各地种植。

三十七、泛玉 5 号

审定（登记）编号：豫审玉 2006011

品种来源：以自选系泛 10 为母本，自选系 DS01 为父本组配而成的单交种。

特征特性：该品种夏播生育期 101d。株型紧凑，全株叶片数 20 片，株高 254.7cm，穗位高 123.0cm。第一叶尖端圆形，第四叶叶缘紫色，幼苗叶鞘紫色。雄穗分枝数较多，雄穗颖片浅紫色，花药黄色，花丝紫红色。果穗筒形，穗长 17.2cm，穗粗 5.2cm，穗行数 16.8 行，行粒数 37.1 粒。穗轴白色，黄粒、半硬粒型，千粒重 309.9g，出籽率 88%。

产量表现：2004 年河南省玉米新品种区域试验（3 500 株/亩 2 组），10 点汇总，平均亩产 553.2kg，比对照农大 108 增产 13.3%，达极显著差异，居 19 个参试品种第 3 位；2005 年续试，10 点汇总，平均亩产 598.2kg，比对照农大 108 增产 5.7%，差异不显著，居 18 个参试品种第 9 位。2005 年河南省玉米品种生产试验（3 500 株/亩组），9 点汇总，平均单产 576.9kg，比对照浚单 18 增产 7.8%，居 5 个参试品种第 3 位。

栽培技术要点：①密度：一般每亩留苗 3 500~4 000 株，肥水条件较好的高产地，可增加到 4 500 株/亩。②田间管理：足墒下种，确保全苗；在玉米大喇叭口期亩追施尿素 30~40kg；及时进行药剂灌心防治玉米螟。③适时收获：活秆成熟，叶片功能期长，在籽粒乳线消失后收获，以充分发挥该品种的高产潜力。

适宜种植区域：河南省各地推广种植。

三十八、隆玉602

审定（登记）编号：豫审玉2007009

品种来源：TZ07×TZ3-1

特征特性：夏播生育期95d。株型半紧凑，株高256.9cm，穗位高122cm，总叶片数20片。幼苗芽鞘浅红色，叶呈剑形，叶片颜色浓绿。雄穗分枝数10个，红色花丝，护颖绿色，雄穗稍弯，黄色花药。穗长17.6cm，穗粗5.0cm，穗行数15.2行，行粒数38粒。穗轴白色，籽粒楔型，黄色，半硬粒型，千粒重305.7g，出籽率89%。

产量表现：2005年河南省区试（3 500株/亩1组），平均亩产607.2kg，比对照浚单18增产7.6%，差异极显著，居18个参试品种第1位；2006年续试（3 500株/亩1组），平均亩产506.5kg，比对照浚单18增产8.2%，居18个参试品种第4位。两年试验平均亩产562.4kg，比对照浚单18增产7.8%。2006年河南省生产试验（3 500株/亩1组），平均亩产524.3kg，比对照浚单18增产8.0%，居7个参试品种第2位。

栽培技术要点：①播期与密度：6月15日前播种，密度3 500株/亩。②田间管理：及时间定苗，中耕、除草，重施穗肥，浇好孕穗灌浆水，做好穗期玉米螟防治。③适时收获：玉米籽粒乳线消失或尖端出现黑色层时收获。

适宜种植区域：河南省各地种植。

三十九、金丹玉1号

审定（登记）编号：豫审玉2007010

品种来源：JD2619×JDK78

特征特性：夏播生育期97d。植株清秀，叶片上举，株型紧凑，株高263～285cm，穗位高100～105cm，成株叶片数20片。幼苗叶鞘紫色，第一叶尖圆到匙形，苗期生长势较强。雄穗分枝多，外颖绿色，花药淡紫色，花丝淡红色。穗筒形，穗长17.8cm，穗粗5cm，穗行数14～16行，行粒数35粒。红轴、黄粒、硬粒型，千粒重320g，出籽率87.8%。

产量表现：2004年河南省区试（3 500株/亩2组），平均亩产529.6kg，比对照农大108增产8.5%，差异显著，居19个参试品种第6位；2005年续试（3 500株/亩2组），平均亩产612.4kg，比对照农大108增产8.2%，差异显著，居18个参试品种第4位。两年试验平均亩产571.0kg，比对照农大108增产

8.3%。2006年河南省生产试验（3 500株/亩1组），平均亩产522.2kg，比对照浚单18增产7.6%，居7个参试品种第3位。

栽培技术要点：①播期和密度：5月25日～6月25日播种，适宜种植密度为3 500株/亩。一般采用等行距或宽窄行种植；等行距种植行距65cm，宽窄行种植，宽行80cm，窄行50cm。②田间管理：施足底肥、重施拔节孕穗肥，并注意氮、磷、钾肥配合；浇好出苗水、孕穗水和灌浆水。苗期注意防治地下害虫；拔节期注意蹲苗；大喇叭口期注意防治玉米螟虫。③适时收获：该品种活秆成熟，叶片功能期长，宜籽粒乳线消失后收获（果穗苞叶发黄后5～7d），以充分发挥该品种的高产潜力。

适宜种植区域：河南省各地种植。

四十、洛玉7号

审定（登记）编号：豫审玉2009017

品种来源：LZ05-1×ZK02-1

特征特性：夏播生育期98d。株型半紧凑，株高270cm，穗位高120cm。幼苗叶鞘浅紫色，第一叶尖端圆形，第四叶片边缘绿色，全株叶片数21片。雄穗分枝数中等，雄穗颖片绿色，花药黄色，花丝粉色。果穗中间形，穗长16.8cm，穗粗5.2cm，穗行数15.1行，行粒数36.3粒。白轴，黄粒、半硬粒型，千粒重329.2g，出籽率89.6%。

产量表现：2007年河南省区域试验（4 000株/亩1组），平均亩产617.7kg，比对照郑单958增产5.8%；2008年续试（4 000株/亩3组），平均亩产626.3kg，比对照郑单958增产7.3%。2008年河南省生产试验（4 000株/亩1组），平均亩产640.2kg，比对照郑单958增产9.8%。

栽培技术要点：①播期和密度：6月15日前播种，种植密度每亩4 000株左右。②田间管理：苗期注意蹲苗。应保证充足的肥料供应，并注意氮磷钾肥配合施用。③玉米籽粒乳线消失黑层出现后收获，以充分发挥该品种的高产潜力。

适宜种植区域：河南省各地种植。

四十一、豫单2670

审定（登记）编号：豫审玉2009009

品种来源：HL5311×优C72-2

特征特性：夏播生育期97d。株型紧凑，株高267cm，穗位高123cm。幼苗叶鞘紫色，第一叶尖端圆到匙形，全株叶片19左右。雄穗分枝数中等，雄穗颖片浅紫色，花药浅紫色，花丝绿色。果穗圆筒形，穗长17cm，穗粗5cm，穗行数16行，行粒数36粒。白轴，黄粒、硬粒型，千粒重310g，出籽率90%。

产量表现：2007年河南省区域试验（4 000株/亩1组），平均亩产606.6kg，比对照郑单958增产3.9%；2008年续试（4 000株/亩1组），平均亩产621.8kg，比对照郑单958增产6.7%。2008年河南省生产试验（4 000株/亩1组），平均亩产619.6kg，比对照郑单958增产6.3%。

栽培技术要点：①播期和密度：6月15日前播种，种植密度每亩4 000～5 000株。②田间管理：生育期间应及时适量追肥和灌水，高产田要增施磷肥、钾肥和锌肥。

适宜种植区域：河南省各地种植。

四十二、滑玉12

审定（登记）编号：冀审玉2007004号，豫引玉2009001

品种来源：HF52B×HF347

特征特性：幼苗叶鞘浅紫色。成株株型半紧凑，株高282cm左右，穗位120cm左右，全株叶片22片。雄穗分枝10个，花药绿色，花丝浅粉色。果穗长筒形，穗轴白色，穗长19.9cm，穗行数16行左右，秃顶度2.2cm。籽粒黄色、马齿型，千粒重379g，出籽率85.8%。生育期128d左右，比对照农大108晚2d。2006年河北省农作物品种品质检测中心测定结果：粗蛋白8.05%，赖氨酸0.30%，粗脂肪3.24%，粗淀粉71.74%。2005年河北省农林科学院植物保护研究所抗病鉴定结果：抗丝黑穗病，高抗小斑病、大斑病，中抗弯孢霉叶斑病，高抗茎腐病、瘤黑粉病、矮花叶病，中抗玉米螟。2006年河北省农林科学院植物保护研究所抗病鉴定结果：抗丝黑穗病，中抗小斑病，高抗大斑病、弯孢霉叶斑病，中抗茎腐病、瘤黑粉病，高抗矮花叶病，高感玉米螟。

产量表现：2005年河北省春玉米区域试验，平均亩产644.1kg，比对照农大108增产14%；2006年同组区域试验，平均亩产654.7kg，比对照农大108增产8.6%。2006年同组生产试验，平均亩产694.4kg，比对照农大108增产7.9%。

栽培技术要点：种植密度3 000～3 500株/亩。适宜高水肥地种植，采取分期施肥方式，少施提苗肥，重施穗肥。河南省种植适宜密度3 500株/亩。

适宜种植区域：建议在河北省春播玉米区春播种植。河南省各地推广种植。

四十三、漯单 8 号（改良豫玉 31 号）

审定（登记）编号：豫审玉 2007015

品种来源：漯 12-05 × 5027-1

特征特性：生育期 95d，与豫玉 31 号相同。株型半紧凑，株高 268.4cm，穗位高 128.6cm，与原豫玉 31（株高 249.9cm，穗位高 101.3cm）相比，株高、穗位偏高。果穗均匀，穗长 17.6cm，穗粗 4.9cm，穗行数 14.8 行，行粒数 38.6 粒，白轴、黄粒、半马齿，与原豫玉 31（穗长 17.7cm，穗粗 4.8cm，穗行数 14.1，行粒数 34.9，白轴，黄粒、半马齿）相比，穗部性状没有大的变化，仅行粒数有所增加。出籽率 87.1%，与原豫玉 31（出籽率 85.1%）相比有所提高，千粒重 260.0g 没有变化（原豫玉 31 千粒重 258.9g）。

产量表现：2006 年列席河南省生产试验，与豫玉 31 做性状比较试验，平均单产 486.4kg，比对照浚单 18 增产 4.8%，比豫玉 31 号增产 11.6%，居 7 个参试品种第 2 位。产量较豫玉 31 号提高较多。

栽培技术要点：①适合麦垄套种和夏直播，麦垄套种宜在麦收前 7～10d 播种，夏直播宜在 6 月上旬，最迟不超过 6 月 15 日，播种前进行种子处理，保证苗全、苗齐、苗壮。中上肥力地块种植密度 3 500～4 000 株/亩。②施肥应氮、磷、钾肥配合施用，追肥宜"前轻、中重、后补"。大喇叭口期用 1% 辛硫磷煤渣粉灌心，防治玉米螟。

适宜种植区域：河南省各地种植。

四十四、源申 213（试验代号：DY213）

审定（登记）编号：皖品审 07050576，豫引玉 2009007

品种来源：Y243 × Y246

特征特性：该品种属中熟玉米杂交种，夏播全生育期 97d，比对照晚 2d，株型紧凑，株高 235cm，穗位高 93cm 较高。果穗筒形，籽粒纯黄色、半硬粒半马齿型，白轴，穗长 17.6cm，穗粗 4.6cm，穗行数 14.3 行，行粒数 36.1 粒，千粒重 294g 稍低，出籽率 88.7%。2005 年抗性鉴定结果：高抗小斑病、茎腐病；抗大斑病、矮花叶病；中抗弯孢菌叶斑病；感瘤黑粉病；高感玉米螟。2006 年鉴定结果：高抗小斑病、矮花叶病；抗弯孢菌叶斑病；中抗茎腐病和玉米螟；感瘤黑粉病。

产量表现：2005—2006 年参加高密度组试验，平均亩产分别为 442.4kg、

530.9kg，比对照郑单958增产分别为9.57%、6.33%；两年区试14点次全部增产，平均亩产492.97kg，比对照平均增产7.5%，两年增产均达极显著水平。2006年生产试验7个试点，6点增产，1点减产，平均亩产491.3kg，比对照增产5.56%。

栽培技术要点：夏种一般6月上中旬播种为宜，播种时种子包衣，适宜密度每亩4 000株左右。注意防治瘤黑粉病、感玉米螟。

适宜种植区域：适宜安徽省种植，河南省各地种植。

四十五、隆玉58

审定（登记）编号：豫审玉2009025

品种来源：Y3×H204

特征特性：夏播生育期96d。株型紧凑，株高254cm，穗位高104cm。幼苗叶鞘浅紫色，第一叶尖端圆到匙形，第四叶叶缘浅紫色，全株叶片21左右。雄穗分枝数中等，雄穗颖片浅绿色，花药浅紫色，花丝浅紫色。果穗圆筒形，穗长15cm，穗粗5.0cm，穗行数15.7行，行粒数32.7粒。白轴，黄白粒、半硬粒—硬粒型，千粒重311.3g，出籽率87.2%。

产量表现：2006年河南省区域试验（4 500株/亩1组），平均亩产504.7kg，比对照郑单958增产0.7%；2007年续试（4 500株/亩2组），平均亩产586.3kg，比对照郑单958增产4.1%。2008年河南省生产试验（4 500株/亩2组），平均亩产646.5kg，比对照郑单958增产7.3%。

栽培技术要点：①播期和密度：6月15日前播种，每亩适宜密度4 500株。②田间管理：足墒播种，及时间定苗，中耕、除草施穗肥，浇好孕穗灌浆水，做好穗期玉米螟防治。③适时收获：玉米籽粒乳线消失或尖端出现黑色层时收获。

适宜种植区域：河南省各地种植。

四十六、洛玉8号

审定（登记）编号：豫审玉2009027

品种来源：LZ06-1×ZK02-1

特征特性：夏播生育期98d。株型紧凑，株高249cm，穗位高105cm。幼苗叶鞘浅紫色，第一叶尖端圆形，第四叶片边缘颜色绿，全株叶片数21。雄穗分枝数中，雄穗颖片绿色，花药黄绿色，花丝绿色。果穗中间形，穗长16.5cm，穗粗5.2cm，穗行数14.9行，行粒数34.5粒。白轴，黄粒、马齿型，千粒重

339.9g，出籽率89.7%。

产量表现：2007年河南省区域试验（4 500株/亩2组），平均亩产585.2kg，比对照郑单958增产3.9%；2008年续试（4 500株/亩2组），平均亩产687.4kg，比对照郑单958增产7.9%。2008年河南省生产试验（4 500株/亩2组），平均亩产649.3kg，比对照郑单958增产7.7%。

栽培技术要点：①播期和密度：6月15日前播种，种植密度每亩4 500株左右。②田间管理：应保证充足的肥料供应，并注意氮、磷、钾肥配合施用。③玉米籽粒乳线消失出现黑色层后收获，以充分发挥该品种的高产潜力。

适宜种植区域：河南省各地种植。

四十七、豫丰3358

审定（登记）编号：豫审玉2008008

品种来源：1299×9153

特征特性：夏播生育期96d。株型紧凑，全株叶片19片，株高245cm，穗位高104cm。幼苗叶鞘浅紫色，第一叶尖端卵圆形，第四叶叶缘浅紫色。雄穗分枝中等，雄穗颖片浅紫色，花药绿色，花丝粉红色。果穗圆筒型—中间型，穗长17.8cm，穗粗4.9cm，穗行数15.4，行粒数38.6。白轴，黄粒、马齿型，千粒重280.5g，出籽率89.6%。

产量表现：2006年河南省区试（4 000株/亩1组），平均亩产506.0kg，比对照郑单958增产3.9%；2007年续试（4 000株/亩3组），平均亩产601.3kg，比对照郑单958增产5.5%。2007年河南省生产试验（4 000株/亩组），平均亩产563.1kg，比对照郑单958增产7.3%。

栽培技术要点：①播期和密度：6月10日前播种，每亩密度4 000株。②田间管理：播前用50%福美双可湿性粉剂拌种；苗期少施肥，注意蹲苗，大喇叭口期重施肥，并注意氮磷钾肥配合施用。③适时收获：籽粒乳线消失出现黑粉层收获，以充分发挥品种高产潜力。

适宜种植区域：河南省中高肥力地推广种植。

四十八、浍玉178

审定（登记）编号：豫审玉2010009

品种来源：DG17×选926

特征特性：夏播生育期96d。株型紧凑，全株叶片20片，株高246～255cm，穗位高 103 ~ 112cm。芽鞘紫色，雄穗分枝中等，花药黄色，花丝粉色。果穗筒形，穗长 15.6 ~ 15.8cm，穗粗 5.0 ~ 5.1cm，穗行数 14 ~ 16 行，行粒数 32.9 ~ 35.2 粒。红轴，黄粒、硬粒型，千粒重 314.8 ~ 340.3g，出籽率 88.1% ~ 88.2%。2007 年农业部农产品质量监督检验测试中心（郑州）对该品种多点套袋果穗的籽粒混合样品品质分析：粗蛋白质 9.23%，粗脂肪 4.04%，粗淀粉 71.90%，赖氨酸 0.300%，容重 750g/L。籽粒品质达到普通玉米国标 1 级；饲料用玉米国标 2 级。2008 年河南农业大学植保学院人工接种抗性鉴定：高抗大斑病（1 级）、矮花叶病（0.0%），中抗小斑病（5 级）、弯孢菌叶斑病（5 级）、瘤黑粉病（6.3%）、茎腐病（14.6%），抗玉米螟（4.0 级）。

产量表现：2007 年河南省玉米品种区域试验（4 000 株/亩 2 组），12 点汇总，9 增 3 减，平均亩产 569.9kg，比对照郑单 958 增产 3.3%，差异不显著，居 19 个参试品种第 7 位；2008 年续试（4 000 株/亩 3 组），10 点汇总，9 增 1 减，平均亩产 611.1kg，比对照郑单 958 增产 4.7%，差异不显著，居 19 个参试品种第 3 位。综合两年 22 点次试验，平均亩产 588.6kg，比对照郑单 958 增产 3.9%，增产点比率为 81.8%。2009 年河南省玉米品种生产试验（4 000 株/亩组），9 点汇总全部增产，平均亩产 606.8kg，比对照郑单 958 增产 10.6%，居 10 个参试品种第 1 位。

栽培技术要点：①播期和密度：6 月 15 日前播种，每亩 4 000 株。②田间管理：3 叶间苗，5 叶定苗。苗期酌情施肥，中期重施穗肥，后期补施粒肥，科学调配水肥。玉米籽粒乳线消失出现黑色层时收获，以充分发挥品种的高产潜力。

适宜种植区域：河南省各地种植。

四十九、豫单 811

审定（登记）编号：豫审玉 2010025

品种来源：T7296 × lx9801

特征特性：夏播生育期 96 ~ 100d。株型紧凑，全株叶片 20 ~ 21 片，株高 293 ~ 296cm，穗位高 109 ~ 116cm。叶片绿色，叶鞘微红，第一叶尖端卵圆形，雄穗分枝少，雄穗颖片青色，花药黄色，花丝紫色。果穗长筒形，穗长 16.7 ~ 16.9cm，穗粗 4.9 ~ 5.0cm，穗行数 14.2 ~ 15.1 行，行粒数 32.9 ~ 33.4 粒。红轴，黄白粒、半马齿型，千粒重 317.1 ~ 350.8g，出籽率 86.6 ~ 87.7%。2009 年农业部农产品质量监督检验测试中心（郑州）对该品种多点套袋果穗的籽粒混合样品品质分析：粗蛋白质 11.21%，粗脂肪 3.15%，粗淀粉 73.19%，赖氨酸

0.345%，容重736g/L。籽粒品质达到普通玉米国标1级；淀粉发酵工业用玉米国标2级；饲料用玉米国标1级；高淀粉玉米部标3级。2008年河南农业大学植保学院人工接种抗性鉴定：高抗大斑病（1级），抗小斑病（3级）、弯孢菌叶斑病（3级），中抗矮花叶病（20.0%）、瘤黑粉病（8.1%），高感茎腐病（62.1%），高抗玉米螟（2级）。

产量表现：2008年河南省玉米品种区域试验（4 500株/亩1组），11点汇总，10增1减，平均亩产677.1kg，比对照郑单958增产5.5%，达显著差异，居18个参试品种第4位；2009年续试（4 500株/亩1组），11点汇总全部增产，平均亩产592.3kg，比对照郑单958增产8.6%，差异极显著，居20个参试品种第1位。综合两年22点次试验，平均亩产634.7kg，比对照郑单958增产6.9%，增产点比率为95.5%。2009年河南省玉米品种生产试验（4 500株/亩组），10点汇总全部增产，平均亩产595.6kg，比对照郑单958增产9%，居11个参试品种第5位。

栽培技术要点：①播期和密度：5月25日~6月15日播种，密度为4 000~4 500株/亩。②合理施肥：苗期少施，大喇叭口期重施，每亩施尿素40~50kg，施肥时要注意氮、磷、钾肥的合理搭配，大喇叭口期用呋喃丹丢心防治玉米螟。③适时收获：玉米籽粒乳线消失或籽粒尖端出现黑色层时收获产量最高。

五十、开玉15

审定（登记）编号：豫审玉2010004

品种来源：LK03-6-1×308

特征特性：夏播生育期98~101d。株型半紧凑，全株叶片20~22片，株高267~273cm，穗位高119~121cm。幼苗叶鞘浅紫色，第一叶尖端椭圆形。雄穗分枝数中等偏大，雄穗颖片紫黄色，花药浅紫色，花丝绿色。果穗筒形，穗长18.1~19.3cm，穗粗4.8~5.0cm，穗行数14~16行，行粒数37.0~37.3粒。红轴，黄白粒、半马齿型，千粒重301.3~338.0g，出籽率87.3~87.6%。2009年农业部农产品质量监督检验测试中心（郑州）对该品种多点套袋果穗的籽粒混合样品质分析：粗蛋白质11.11%，粗脂肪4.07%，粗淀粉71.71%，赖氨酸0.349%，容重740g/L。籽粒品质达到普通玉米国标1级；淀粉发酵工业用玉米国标3级；饲料用玉米国标1级。2009年河南农业大学植保学院人工接种抗性鉴定：中抗大斑病（5级）、小斑病（5级）、弯孢菌叶斑病（5级），感茎腐病（38.7%）、瘤黑粉病（14.4%）、矮花叶病（48.4%），中抗玉米螟（5级）。

产量表现：2008 年河南省玉米品种区域试验（3 500 株/亩 2 组），12 点汇总全部增产，平均亩产 633.1kg，比对照浚单 18 增产 11.3%，差异极显著，居 18 个参试品种第 2 位；2009 年续试（3 500 株/亩 1 组），10 点汇总全部增产，平均亩产 564.5kg，比对照浚单 18 增产 7.8%，差异极显著，居 19 个参试品种第 13 位。综合两年 22 点次试验，平均亩产 601.9kg，比对照浚单 18 增产 9.8%，增产点比率 100%。2009 年河南省玉米品种生产试验（3 500 株/亩组），9 点汇总全部增产，平均亩产 554.7kg，比对照浚单 18 增产 12.3%，居 9 个参试品种第 3 位。

栽培技术要点：①播期和密度：适宜播期为 5 月 25 日～6 月 15 日；适宜种植密度为 3 500～4 200 株/亩。②田间管理：在适播期内足墒下种，保证一播全苗。在 5～6 片叶时及时间、定苗。施肥方式上，苗期少施，大喇叭口期重施，每亩施尿素 40～50kg，同时，要注意氮、磷、钾肥的搭配。③适时收获：适宜在玉米乳线消失，黑色层出现后收获，大约在苞叶变黄后 9d。

适宜种植区域：河南省各地种植。

五十一、郑韩 358

审定（登记）编号：豫审玉 2009016

品种来源：ZHX19 × ZHX28

特征特性：夏播生育期 96d。株型紧凑，根系发达，株高 256cm，穗位高 108cm。幼苗绿色，芽鞘紫色，长势健壮，穗上叶夹角小，全株叶片数 21 片。雄花分枝多，花丝绿色，花药绿色。果穗圆筒形，穗长 18.5cm，穗粗 4.9cm，穗行数 14～16 行，行粒数 39 粒。红轴，黄粒、半硬粒型，千粒重 340g，出籽率 89.2%。

产量表现：2007 年河南省区域试验（4 000 株/亩 1 组），平均亩产 601.8kg，比对照郑单 958 增产 3.1%；2008 年续试（4 000 株/亩 1 组），平均亩产 617.6kg，比对照郑单 958 增产 5.9%。2008 年河南省生产试验（4 000 株/亩 1 组），平均亩产 631.5kg，比对照郑单 958 增产 8.3%。

栽培技术要点：①播期和密度：6 月 10 日前播种。中等水肥地块每亩密度 4 000 株左右，高水肥地块不超过 4 500 株。②田间管理：施足基肥，轻施苗肥，以氮肥为主，在四叶期至拔节期亩施尿素 8～10kg，大喇叭口期重施穗肥，亩施尿素 15～20kg。③适时收获：在全田果穗苞叶 70% 变黄、籽粒基部出现黑色层时为最佳收获期。

适宜种植区域：河南省各地种植。

五十二、豫单998

审定（登记）编号：豫审玉2006015

品种来源：以自选系豫82为母本，自选系豫679为父本组配而成的单交种。

特征特性：该品种夏播生育期102d左右。株型紧凑，全株叶片数20片，株高270～280cm，穗位高120～125cm。幼苗芽鞘色紫色，叶片浓绿。雄穗分枝数10～15个，花丝出时绿色，后变红色，花药黄色。果穗筒形，穗长18cm，穗粗5.1cm，穗行数15.2行，行粒数32～33粒。穗轴白色，籽粒黄色、硬粒型，出籽率84.0%，千粒重340.0～352.9g。

产量表现：2004年河南省玉米新品种区域试验（4 000株/亩1组），8点汇总，平均亩产599.3kg，比对照郑单958增产1.0%，居18个参试品种第6位；2005年续试，9点汇总，平均亩产660.7kg，比对照郑单958增产2.9%，居16个参试品种第4位。2005年河南省玉米品种生产试验（4 000株/亩组），9点汇总，平均亩产614.3kg，比对照郑单958增产4.2%，居6个参试品种第3位。

栽培技术要点：①播期和密度：6月10日前播种。适宜种植密度为4 000～4 500株/亩。等行距或宽窄行种植。②田间管理：苗期注意蹲苗；并保证充足的肥料供应，注意氮磷钾肥配合使用。③适时收获：活秆成熟，叶片功能期长，籽粒乳线消失后收获（果穗苞叶发黄后5～7d），以充分发挥该品种的高产潜力。

适宜种植区域：河南省各地推广种植。

五十三、金裕968

审定（登记）编号：豫审玉2009008

品种来源：ZP117×ZP72

特征特性：夏播生育期96d。株型紧凑，株高250cm，穗位106cm。幼苗叶鞘紫色，第一叶尖端圆到匙形，第四叶叶缘浅紫色，全株叶片20左右。雄穗分枝数中等，雄穗颖片浅紫色，花药紫色，花丝浅紫色。果穗圆筒形，穗长16.5cm，穗粗4.9cm，穗行数15.8行，行粒数37.3粒。白轴，黄粒、半硬粒型，千粒重314.1g，出籽率89.7%。

产量表现：2007年河南省区域试验（4 000株/亩1组），平均亩产608.8kg，比对照郑单958增产4.4%；2008年续试（4 000株/亩1组），平均亩产

611.7kg，比对照郑单958增产4.9%。2008年河南省生产试验（4 000株/亩1组），平均亩产629.4kg，比对照郑单958增产8.0%。

栽培技术要点：①播期和密度：6月10日前播种，麦垄点种或夏直播均可。高肥水地每亩种植4 000～4 500株，一般肥力地块每亩3 800～4 000株。②田间管理：播种前种子包衣处理，防治地下害虫；五叶定苗，苗期少施肥，大喇叭口期重施穗肥，并注意氮、磷、钾肥配合施用。③适时收获：籽粒乳线消失，黑色层出现收获。

适宜种植区域：河南省各地种植。

五十四、滑玉15

审定（登记）编号：豫审玉2009006

品种来源：HF2458-1×C712

特征特性：夏播生育期99d。株型紧凑，株高265cm，穗位高124cm。幼苗叶鞘紫色，第一叶尖端圆到匙形，叶缘紫色，全株叶片20片左右。雄穗分枝数中等，花药浅紫色，花丝紫色。果穗圆筒形，穗长16.5cm，穗粗5.2cm，穗行数14.8行，行粒数35.8粒。白轴，黄粒、半马齿型，千粒重331.1g，出籽率90.3%。

产量表现：2007年河南省区域试验（4 000株/亩3组），平均亩产619.8kg，比对照郑单958增产8.7%；2008年续试（4 000株/亩1组），平均亩产621.7kg，比对照郑单958增产6.7%。2008年河南省生产试验（4 000株/亩2组），平均亩产645.5kg，比对照郑单958增产8.6%。

栽培技术要点：①播期和密度：一般5月下旬至6月上旬播种，最迟不能超过6月15日，直播套种均可，播种时注意足墒下种，保证一播全苗。适宜种植密度每亩4 000株左右。②田间管理：苗期注意防治蓟马、棉铃虫等害虫，保证苗齐苗匀。施肥采取分期施肥方式，苗期少施肥，大喇叭口期重施肥，一般每亩施尿素30～40kg。

适宜种植区域：河南省各地种植。

五十五、阳光98

审定（登记）编号：豫审玉2009026

品种来源：Y98×Y96-281

特征特性：夏播生育期96d。株型紧凑，株高252cm，穗位高112cm。幼苗叶鞘浅紫色，第一叶尖端圆，第四叶叶缘浅紫色，全株叶片19～20片。雄穗分枝短，分枝数中—密，花药浅紫色，花丝紫色。果穗中间形，穗长 15.9cm，穗粗 4.8cm，穗行数 14.5 行，行粒数 33.5 粒。白轴，红粒、半硬粒型，千粒重 312.8g，出籽率 89.5%。

产量表现：2007 年河南省区域试验（4 500 株/亩 2 组），平均亩产 587.1kg，比对照郑单 958 增产 4.2%；2008 年续试（4 500 株/亩 3 组），平均亩产 628.5kg，比对照郑单 958 增产 5.0%。2008 年河南省生产试验（4 500 株/亩 2 组），平均亩产 660.2kg，比对照郑单 958 增产 9.5%。

栽培技术要点：①播期和密度：5 月 25 日~6 月 15 日播种，每亩密度 4 500 株。②田间管理：足墒下种，保证一播全苗；及时间定苗和中耕除草；亩施纯氮（N）20kg，磷（P_2O_5）10kg，钾（K_2O）10kg，磷、钾肥做底肥或在苗期施入，氮肥可采用大喇叭口期一次施入或前重后轻分期施入。

适宜种植区域：河南省各地种植。

五十六、蠡玉 35

审定（登记）编号：豫审玉 2007014

品种来源：912×L5895

特征特性：夏播生育期 95d。幼苗生长势强，叶片上冲，株型紧凑，株高 250cm，穗位高 110cm，全株 19~20 片叶。雄穗分枝较多，花药黄色，花颖绿色，雌穗花丝浅紫色，花丝较长。果穗圆柱形，穗长 17.5cm，穗粗 5.0cm，穗行数 14~16 行，行粒数 35 粒。白轴，黄粒、籽粒半马齿型，千粒重 315g，出籽率 89%。

产量表现：2005 年河南省区试（4 000 株/亩 3 组），平均亩产 669.2kg，比对照郑单 958 增产 5.2%，差异不显著，居 17 个参试品种第 2 位；2006 年续试（4 000 株/亩 2 组），平均亩 514.5kg，比郑单 958 增产 4.7%，差异不显著，居 20 个参试品种第 2 位。两年平均亩产 583.3kg，比对照郑单 958 增产 4.9%。2006 年河南省生产试验（4 000 株/亩），平均单产 521.3kg，比对照郑单 958 增产 4.9%，居 9 个参试品种第 5 位。

栽培技术要点：①种植密度：中等肥力地块 4 000~4 500 株/亩，高肥水地块 4 500~5 000 株/亩。②追肥：追肥要以前轻、中重、后补为原则，采取稳氮、增磷、补钾的措施。③防病虫：种子包衣防治瘤黑粉病及叶斑病，苗期注意防治黏虫，喇叭口期及时用药剂防治玉米螟。

适宜种植区域：河南省各地种植。

五十七、郑单136（郑单021）

审定（登记）编号：豫审玉2005013

品种来源：以郑HO3为母本，郑H04为父本组配而成。

特征特性：夏播生育期99～100d。幼苗叶鞘浅紫红色，叶片淡绿。株型紧凑，成株叶片数19片，株高250cm，穗位高105cm。雄穗分支13～15个，花药红色，花丝红色。果穗柱形，穗长16.8cm，穗粗4.8cm，穗行数15.1，穗粒数35，白轴、黄粒、半硬粒型，千粒重301g，出粒率88.2%。2003年品质测定：籽粒粗蛋白9.27%，粗淀粉74.24%，粗脂肪4.22%，赖氨酸0.28%，容重762g/L。2003年抗性鉴定：高抗矮花叶病（病株率0.0%）、大斑病（1级）、茎腐病（病株率0.0%），抗弯孢菌叶斑病（3级），中抗小斑病（5级）、玉米螟（6.2级）；感瘤黑粉病（病株率10.2%）。

产量表现：2002年参加河南省夏玉米品种区域试验（4 000株/亩1组），平均亩产576.66kg，比豫玉23增产13.19%，差异显著，居16个参试品种第5位；2003年续试（4 000株/亩1组），平均亩产429.2kg，比对照豫玉23增产5.8%，差异不显著，居17个参试品种第9位。2004年参加河南省玉米品种生产试验（4 000株/亩），平均亩产542.5kg，比郑单958增产1.6%，居9个参试品种第4位。

栽培技术要点：①适于麦垄套种或麦后直播，播种时间于6月10日前为宜。②种植密度为4 000株/亩，高水肥地可适当增加密度。

适宜种植区域：适合河南省各地春、夏播种植。

五十八、振杰1号

审定（登记）编号：国审玉2008010

品种来源：母本聊112，来源于3189×78599；父本Lx9801，引自山东省农科院玉米所。

特征特性：黄淮海夏玉米区出苗至成熟98d，比郑单958早熟1d左右。幼苗叶鞘紫色，叶片绿色，叶缘紫色，花药浅紫色，花丝浅紫色，颖壳黄色。株型半紧凑，株高259cm，穗位高92cm，成株叶片数20片。果穗筒形，穗长18.6cm，穗行数14～16行，穗轴白色，籽粒黄色有白顶、半马齿型，百粒重32.5g。河北省农林科学院植物保护研究所两年接种鉴定：抗矮花叶病，中抗小斑病和茎腐病，感大斑病、瘤黑粉病、弯孢菌叶斑病和玉米螟。农业部谷物品质监督检验测试中心（北京）测定：籽粒容重 762g/L，粗蛋白含量 10.25%，粗脂肪含量 3.60%，粗淀粉含量 71.90%。

产量表现：2006—2007 年参加黄淮海夏玉米品种区域试验，两年平均亩产 622.4kg，比对照郑单 958 增产 6.1%。2007 年生产试验，平均亩产 616.9kg，比对照郑单 958 增产 4.5%。

栽培技术要点：中等肥力以上地块栽培，每亩适宜密度4 000~4 500株。

适宜种植区域：适宜在山东、河北中南部、河南、山西运城地区、陕西关中、江苏北部夏播区种植。

五十九、郑单 988

审定编号：豫审玉 2009001

品种来源：郑 63 × 郑 36

特征特性：夏播生育期 96d。株型半紧凑，株高 255cm，穗位高 105cm。幼苗叶鞘浅紫色，第一叶尖端圆到匙形，全株叶片 19~21 左右。雄穗分枝数中等，雄穗颖片绿色，花药紫红色，花丝绿色。果穗圆筒形，穗长 19.2cm，穗粗 5.2cm，穗行数 16.3 行，行粒数 36 粒。红轴，黄粒、半马齿型，千粒重 345g，出籽率 88.7%。2007 年农业部农产品质量监督检验测试中心（郑州）检测：籽粒粗蛋白质 9.99%，粗脂肪 4.23%，粗淀粉 71.81%，赖氨酸 0.336%，容重 734g/L。籽粒品质达到普通玉米 1 等级国标，饲料用玉米 2 等级国标。2007 年河北省农科院植保所接种鉴定：高抗茎腐病（2.9%）、瘤黑粉病（0.0%），抗弯孢菌叶斑病（3 级），中抗大斑病（5 级）、玉米螟（6.4 级），感小斑病（7 级），高感矮花叶病（51.70%）、粗缩病（47.6%）；中抗南方锈病（5 级）。

产量表现：2007 年河南省区域试验（3 500株/亩 1 组），平均亩产 565.0kg，比对照浚单 18 增产 7.2%；2008 年续试（3 500株/亩 1 组），平均亩产 651.9kg，比对照浚单 18 增产 10.6%。2008 年河南省生产试验（3 500株/亩），平均亩产 606.7kg，比对照浚单 18 增产 9.6%。

栽培技术要点：①播期和密度：5 月下旬麦垄点种或 6 月 10 日前适时趁墒播种；一般肥力地块每亩 3 500株，上等肥力地块每亩 3 800~4 000株。②田间管理：在苗期可增施磷钾肥，拔节期重施氮肥，灌浆期补施氮肥，在喇叭口期注意防治玉米螟。

适宜地区：河南省各地种植。

六十、郑单528

审定编号：豫审玉2009002

品种来源：郑选53×郑选72

特征特性：夏播生育期101d。株型半紧凑，株高270cm，穗位高105cm。幼苗叶鞘浅紫色，第一叶尖端圆到匙形，全株叶片19片。雄穗分枝数中等，花药紫色，花丝浅紫色。果穗筒形，穗长18.5cm，穗粗5.4cm，穗行数16～18行，行粒数34粒。红轴，黄粒、半马齿型，千粒重357.4g，出籽率86%。2007年农业部农产品质量监督检验测试中心（郑州）检测：籽粒粗蛋白质10.66%，粗脂肪4.22%，粗淀粉72.13%，赖氨酸0.319%，容重738g/L。籽粒品质达到普通玉米1等级国标，饲料用玉米1等级国标，高淀粉玉米3等级部标。2007年河北省农科院植保所接种鉴定：抗弯孢菌叶斑病（3级）、小斑病（3级），中抗茎腐病（18.2%），感矮花叶病（51.70%），高感大斑病（9级）、瘤黑粉病（57.1%），感玉米螟（8.1级）。

产量表现：2007年河南省区域试验（3 500株/亩1组），平均亩产562.4kg，比对照浚单18增产6.7%；2008年续试（3 500株/亩2组），平均亩产613.6kg，比对照浚单18增产7.8%。2008年河南省生产试验（3 500株/亩），平均亩产609.8kg，比对照浚单18增产10%。

栽培技术要点：①播期和密度：5月下旬麦垄点种或6月10日前适时趁墒播种。一般中等肥力地块每亩3 500～3 800株，上等肥力地块每亩4 000株。②田间管理：苗期发育快，追肥在播后35d一次性施入，以氮肥为主，配合磷钾肥，亩施40kg；在大喇叭口期注意防治玉米螟。

适宜地区：全省各地种植。

六十一、成玉888

审定编号：豫审玉2009003

品种来源：成806×成802

特征特性：夏播生育期98d左右。株型紧凑，株高240cm，穗位高100cm。幼苗叶鞘浅紫色，第一叶尖端卵圆形，第四叶叶缘浅紫色，全株叶片数20～21片。雄穗分枝数中等，雄穗颖片浅紫色，花药黄色，花丝浅紫色。果穗均匀，穗圆筒—中间形，穗长17.9cm，穗粗5.1cm，穗行数14.8行，行粒数36.7粒。白轴，黄粒、半马齿型，千粒重325.8g，出籽率89.5%。2007年农业部农产品质量监督检验测试中心（郑州）检测：籽粒粗蛋白质9.81%，粗脂肪4.94%，粗淀粉71.92%，赖氨酸0.330%，容重719g/L。籽粒品质达到普通玉米1等级国标，饲料用玉米2等级国标。2007年河北省农科院植保所接种鉴定：高抗瘤黑粉病（0.0%），抗小斑病（3级），中抗矮花叶病（26.7%）、茎腐病（17.1%）、弯孢菌叶斑病（5级），感大斑病（7级），中抗玉米螟（6.4级）。

产量表现：2007年河南省区域试验（3 500株/亩1组），平均亩产554.0kg，比对照浚单18增产5.1%；2008年续试（3 500株/亩1组），平均亩产638.5kg，比对照浚单18增产8.4%。2008年河南省生产试验（3 500株/亩），平均亩产597.6kg，比对照浚单18增产7.8%。

栽培技术要点：①播期和密度：6月15日前播种，麦垄套种或麦后直播均可，种植密度每亩3 500~4 000株。②田间管理：包衣种子播种或播种前用药剂拌种，足墒下种，保证一播全苗；重施大喇叭口期肥，注意氮磷钾肥的搭配。大喇叭口期用杀虫药剂丢心防治玉米螟。苞叶变黄后10d左右收获可进一步提高产量。

适宜地区：全省各地种植。

六十二、隆玉98

审定编号：豫审玉2011001

品种来源：22459-1×131

特征特性：夏播生育期97~101d。株型半紧凑，叶片数20片，株高267~284cm，穗位高110~117cm。幼苗芽鞘紫色，第一叶尖端圆到匙形，第四叶叶缘浅紫色；雄穗分枝数5~8，雄穗颖片浅紫色，花药紫色，花丝绿色。果穗中间形，穗长14.7~17.9cm，穗粗5.1~5.4cm，穗行数12~18行，行粒数32.9~36.5粒，穗轴白色。籽粒浅黄、半马齿型，千粒重304.3~365.8g，出籽率86.2%~87.0%。河南农业大学植物保护学院人工接种抗性鉴定：2008年高抗大斑病（1级）、茎腐病（2.63%），抗小斑病（3级）、弯孢菌叶斑病（3级）、中抗瘤黑粉病（6%）、矮花叶病（16.67%），感玉米螟（7级）。2009年高抗大斑病（1级）、矮花叶病（0%），中抗小斑病（5级）、弯孢菌叶斑病（5级），感瘤黑粉病（15.6%），高感茎腐病（60.3%），抗玉米螟（3级）。2009年农业部农产品质量监督检验测试中心（郑州）品质分析结果：粗蛋白质10.48%，粗脂肪3.89%，粗淀粉72.67%，赖氨酸0.331%，容重734g/L。籽粒品质达到普通玉米1等级国标；淀粉发酵工业用玉米2等级国标；饲料用玉米1等级国标；高淀粉玉米3等级部标。

产量表现：2008 年参加河南省玉米区试（3 500 株/亩 1 组），12 点汇总，10 点增产 2 点减产，平均亩产 627.0kg，比对照浚单 18 增产 6.4%，差异极显著，居 18 个参试品种第 10 位；2009 年续试（3 500 株/亩 1 组），10 点汇总，全部增产，平均亩产 593.8kg，比对照浚单 18 增产 13.4%，差异极显著，居 19 个参试品种第 3 位。综合两年试验结果：平均亩产 611.9kg，比对照浚单 18 增产 9.4%，增产点比率达 90.9%。2010 年河南省玉米生产试验（3 500 株/亩 A 组），8 点汇总，全部增产，平均亩产 561.5kg，比对照浚单 18 增产 14.4%，居 11 个参试品种第 1 位。

栽培技术要点：①播期和密度：适宜播期为 6 月 15 日以前，密度 3 500 株/亩。②田间管理：保证播种时土壤墒情适宜，确保苗全苗壮，及时间定苗，中耕、除草、施好穗肥，浇好孕穗灌浆水，做好穗期玉米螟防治。③适时收获：玉米籽粒乳线消失或尖端出现黑色层时收获。

适宜地区：河南省各地夏播种植。

六十三、鹰丰 6 号

审定编号：豫审玉 2011002

品种来源：MB532×黄选 08

特征特性：夏播生育期 99～101d。株型半紧凑，叶片数 20～21 片，株高 269～294cm，穗位高 118～137cm。芽鞘紫色，叶色深绿，第一叶尖端圆到匙形。雄穗分枝密，雄穗颖片基部紫色，花药浅紫色，花丝紫色。果穗筒形，穗长 15.6～17.1cm，穗粗 4.9～5.5cm，穗行数 14～18 行，行粒数 34.2～35.1 粒，穗轴白色。籽粒黄色、半马齿型，千粒重 275.7～351.6g，出籽率 88.2%～90.1%。2008 年抗性鉴定：高抗大斑病（1 级）、矮花叶病（0.0%），中抗小斑病（5 级）、茎腐病（10.53%），抗弯孢菌叶斑病（3 级），感瘤黑粉病（10.91%），高感玉米螟（9 级）；2009 年抗性鉴定：高抗大斑病（1 级）、矮花叶病（0.0%），抗弯孢菌叶斑病（3 级），中抗小斑病（5 级）、茎腐病（11.54%），感瘤黑粉病（19.31%），抗玉米螟（3 级）。品质测定：粗蛋白质 10.62%，粗脂肪 4.39%，粗淀粉 71.88%，赖氨酸 0.34%，容重 728g/L。籽粒品质达到普通玉米 1 等级国标；淀粉发酵工业用玉米 3 等级国标；饲料用玉米 1 等级国标。

产量表现：2008 年参加河南省玉米区试（3 500 株/亩 2 组），12 点汇总，9 点增产 3 点减产，平均亩产 604.8kg，比对照浚单 18 增产 6.3%，差异显著，居 18 个参试品种第 7 位；2009 年续试（3 500 株/亩 2 组），12 点汇总，全部增产，平均亩产 560.4kg，比对照浚单 18 增产 7.7%，达极显著差异，居 19 个参试品种第 5 位。综合两年试验结果：平均亩产 582.6kg，比对照浚单 18 增产 6.9%，增产点比率为 87.5%。2010 年河南省玉米生产试验（3 500 株/亩 A 组），8 点汇总，全部增产，平均亩产 548.2kg，比对照浚单 18 增产 11.7%，居 11 个参试品种第 4 位。

栽培技术要点：①播期和密度：5 月 25 日~6 月 10 日播种，密度 3 500 株/亩。②田间管理：及时定苗，中耕除草，重施穗肥，浇好孕穗灌浆水，做好穗期玉米螟防治。③适时收获：玉米籽粒乳线消失或籽粒尖端出现黑色层时收获。

适宜地区：河南省各地夏播种植。

六十四、郑单 2098

审定编号：豫审玉 2011003

品种来源：郑 493×郑 79

特征特性：夏播生育期 98~102d。株型半紧凑，叶片数 19~21 片，株高 283~316cm，穗位高 129~147cm。叶色绿，芽鞘深紫色，第一叶尖端卵圆形。雄穗分枝数密，花药紫色，花丝浅紫色。果穗筒形，穗长 17.3~18.2cm，穗粗 4.9~5.0cm，穗行数 14~18 行，行粒数 36.9~38.4 粒，穗轴红色。籽粒黄色、半马齿型，千粒重 258.7~302.7g，出籽率 86.7%~88.2%。2008 年抗性鉴定：高抗大斑病（1 级）、矮花叶病（0.0%），中抗弯孢菌叶斑病（5 级）、茎腐病（13.46%），感瘤黑粉病（31.3%）、感小斑病（7 级），高感玉米螟（9 级）；2009 年抗性鉴定：高抗大斑病（1 级）、小斑病（1 级）、矮花叶病（0.0%），抗弯孢菌叶斑病（3 级），中抗茎腐病（25.0%），感瘤黑粉病（25.57%），中抗玉米螟（5 级）。品质测定：粗蛋白质 11.17%，粗脂肪 4.52%，粗淀粉 71.91%，赖氨酸 0.314%，容重 770g/L。籽粒品质达到普通玉米 1 等级国标；淀粉发酵工业用玉米 3 等级国标；饲料用玉米 1 等级国标。

产量表现：2008 年参加河南省玉米区试（3 500 株/亩 2 组），12 点汇总，10 点增产 2 点减产，平均亩产 604.8kg，比对照浚单 18 增产 6.3%，差异显著，居 18 个参试品种第 8 位；2009 年续试（3 500 株/亩 2 组），12 点汇总，9 点增产 3 点减产，平均亩产 551.5kg，比对照浚单 18 增产 6.0%，差异显著，居 19 个参试品种第 6 位。综合两年试验结果：平均亩产 578.2kg，比对照浚单 18 增产 6.1%，增产点比率为 79.2%。2010 年河南省玉米生产试验（3 500 株/亩 A 组），8 点汇总，全部增产，平均亩产 545.9kg，比对照浚单 18 增产 11.2%，居 11 个参试品种第 5 位。

栽培技术要点：①播期和密度：6月10日前播种，中等肥力地以3500株/亩，上等肥力地以3800~4200株/亩为宜。②田间管理：苗期增施磷钾肥，拔节期重施氮肥，灌浆期补施氮肥；浇好拔节水、孕穗水和灌浆水；苗期注意防止蓟马、蚜虫、地老虎；大喇叭口期用颗粒杀虫剂丢心，防治玉米螟虫。③适时收获：玉米籽粒乳线消失或籽粒尖端出现黑色层时收获。

适宜地区：河南各地夏播种植。

六十五、联创1号

审定编号：豫审玉2011004

品种来源：CT06×CT202

特征特性：夏播生育期97~103d。株型紧凑，叶片数20~21片，株高252~270cm，穗位高114~121cm。幼苗叶芽鞘紫色，叶色中绿。雄穗分枝10~15个，花药绿到淡粉色，花丝浅紫色。果穗中间形，平均穗长17~18cm、穗粗5.0~5.1cm，穗行数14~16行，行粒数34.7~37.7粒，穗轴红色；籽粒黄色、半马齿型，千粒重320.7~334.7g，出籽率89.0%~89.3%。2008年抗性鉴定：高抗大斑病（1级）、矮花叶病（0.0%），抗小斑病（3级），中抗弯孢菌叶斑病（5级）、茎腐病（22.22%），感瘤黑粉病（23.34%），感玉米螟（7级）；2009年抗性鉴定：高抗大斑病（1级）、茎腐病（3.7%），抗瘤黑粉病（3.2%），中抗小斑病（5级）、弯孢菌叶斑病（5级），高感矮花叶病（55.6%），高感玉米螟（9级）。品质测定：籽粒粗蛋白质9.46%，粗脂肪4.21%，粗淀粉74.28%，赖氨酸0.302%，容重754g/L。籽粒品质达到普通玉米1等级国标；淀粉发酵工业用玉米2等级国标；饲料用玉米2等级国标；高淀粉玉米2等级部标。

产量表现：2008年参加河南省玉米区试（3500株/亩1组），12点汇总，11点增产1点减产，平均亩产633.0kg，比对照浚单18增产7.4%，差异极显著，居18个参试品种第8位；2009年续试（3500株/亩1组），10点汇总，全部增产，平均亩产567.8kg，比对照浚单18增产8.4%，差异极显著，居19个参试品种第10位。综合两年试验结果：平均亩产603.4kg，比对照浚单18增产7.8%，增产点比率为95.5%。2010年河南省玉米生产试验（3500株/亩A组），8点汇总，全部增产，平均亩产538.3kg，比对照浚单18增产9.7%，居11个参试品种第9位。

栽培技术要点：①播期和密度：5月下旬至6月上旬播种，密度3500~3800株/亩。②田间管理：高产田注意增施磷肥、钾肥和锌肥；浇好拔节水、抽雄水和灌浆水；苗期注意防止蓟马、蚜虫、地老虎；大喇叭口期注意防治玉米螟虫。③适时收获：玉米籽粒乳线消失或籽粒尖端出现黑色层时收获。

适宜地区：河南省各地夏播种植。

六十六、洛玉863

审定编号：豫审玉2011005

品种来源：L58673-1×KAC4-1

特征特性：夏播生育期95～102d。株型半紧凑，叶片数18～19片，株高265～284cm，穗位高115～118cm。幼苗芽鞘浅紫色，第一叶尖端圆到匙形，叶色深绿。雄穗分枝偏多，雄穗颖片绿色，花药黄绿色，花丝绿色微红，雌穗苞叶长度适中。果穗中间形，穗长16.8～17.9cm，穗粗5.0～5.2cm，穗行数12～16行，行粒数34.8～37.8粒，穗轴白色。籽粒黄色、半硬粒型，千粒重326.8～363.7g，出籽率87.9%～88.2%。2009年抗性鉴定：高抗大斑病（1级）、矮花叶病（0%），抗弯孢菌叶斑病（3级）、茎腐病（5.4%）、瘤黑粉病（5.6%），中抗小斑病（5级），感玉米螟（7级）。2010年抗性鉴定：抗大斑病（3级）、弯孢菌叶斑病（3级）、中抗茎腐病（16%）、瘤黑粉病（7.7%）、矮花叶病（28%），高感小斑病（9级），中抗玉米螟（5级）。2010年品质测定：粗蛋白质9.74%，粗脂肪4.42%，粗淀粉75.38%，赖氨酸0.260%，容重748g/L。籽粒品质达到普通玉米1等级国标；淀粉发酵工业用玉米1等级国标；饲料用玉米2等级国标，高淀粉玉米2等级部标。属于淀粉专用品种。

产量表现：2009年参加河南省玉米区试（3 500株/亩1组），10点汇总，全部增产，平均亩产596.6kg，比对照浚单18增产13.9%，差异极显著，居19个参试品种第1位；2010年续试（4 000株/亩3组），12点汇总，全部增产，平均亩产614.8kg，比对照郑单958增产12.6%，差异极显著，居20个参试品种第1位。2010年河南省玉米生产试验（4 000株/亩BI组），13点汇总，全部增产，平均亩产585.2kg，比对照郑单958增产9.7%，居10个参试品种第1位。

栽培技术要点：①播期与密度：6月10日前播种，适宜种植密度为3 500～4 000株/亩。②苗期管理：出苗前后注意防治地老虎、蛴螬、金针虫等地下害虫，苗期注意防治蓟马、甜菜夜蛾等害虫，大喇叭口期用颗粒杀虫剂丢心防治玉米螟、棉铃虫等害虫。苗期注意蹲苗，注意浇好拔节水、孕穗水和灌浆水。施肥应注意前期重施磷、钾肥和其他微肥，大喇叭口期重施氮肥，后期轻施灌浆肥。③适时收获玉米籽粒乳线消失或籽粒尖端出现黑色层时收获。

适宜地区：河南各地夏播种植。

六十七、金研919

审定编号：豫审玉2011006

品种来源：LN136×LN659

特征特性：夏播生育期95~101d。株型紧凑，叶片21片左右，株高258~266cm，穗位高118~125cm。幼苗叶鞘浅紫色，第一叶尖端圆到匙形，第四叶叶缘绿色。雄穗分枝数中上等，雄穗颖片绿色，花药黄色，花丝浅紫色。果穗中间形，穗长15.5~16.1cm，穗粗5.2~5.4cm，穗行数15.4~17.3行，行粒数32.3~33.9粒，穗轴白色。籽粒黄色、马齿型，千粒重309.8~310.7g，出籽率87.1%~89.3%。2009年抗性鉴定：高抗大斑病（1级）、矮花叶病（0.0%），抗瘤黑粉病（4.5%），中抗小斑病（5级）、弯孢菌叶斑病（5级）、茎腐病（20.3%），高感玉米螟（9级）；2010年抗性鉴定：高抗小斑病（1级），中抗弯孢菌叶斑病（5级），抗茎腐病（6.5%），感瘤黑粉病（12.5%）、矮花叶病（40%），高感大斑病（9级），高抗玉米螟（1级）。2009年品质测定：粗蛋白质10.75%，粗脂肪4.62%，粗淀粉72.4%，赖氨酸0.325%，容重722g/L。籽粒品质达到普通玉米1等级国标；饲料用玉米1等级国标；淀粉发酵工业用玉米2等级国标；高淀粉玉米3等级部标。

产量表现：2009年参加河南省玉米区试（4 000株/亩2组），11点汇总，全部增产，平均亩产591.8kg，比对照郑单958增产8.8%，差异极显著，居19个参试品种第1位；2010年续试（4 000株/亩2组），12点汇总，全部增产，亩产579.6kg，比对照郑单958增产10.1%，差异极显著，居20个参试品种第1位。综合两年试验结果：平均亩产585.4kg，比对照郑单958增产9.5%，增产点比率为100%。2010年河南省玉米生产试验（4 000株/亩BⅣ组），12点汇总，全部增产，平均亩产596.1kg，比对照郑单958增产9.1%，居9个参试品种第2位。

栽培技术要点：①播期和密度：5月25日~6月10日播种，密度4 000~4 500株/亩。②田间管理：科学施肥；浇好三水，即拔节水、孕穗水和灌浆水；苗期注意防治蓟马、地老虎、蚜虫；大喇叭口期用颗粒杀虫剂丢心，防治玉米螟虫。③适时收获：玉米籽粒乳线消失或籽粒尖端出现黑色层时收获。

适宜地区：河南各地夏播种植。

六十八、隆平 208

审定编号：豫审玉 2011007

品种来源：L238×L72-6

特征特性：夏播生育期 95～100d。株型紧凑，叶片数为 20 片，株高 255～284cm，穗位高 108～121cm。芽鞘紫色，叶色深绿，穗上部叶片较窄挺，分布稀疏，透光性好，穗位叶及以下叶片平展，叶片较窄。雄穗分枝多，花粉量大，花期协调，颖壳绿色，花药黄色，花丝浅紫色，苞叶长度长。果穗筒形，穗长 15.5～15.8cm，穗粗 5.2cm，穗行数 14～16 行，行粒数 31.2～34.3 粒，穗轴白色。籽粒黄色、半马齿型，千粒重 328.1～346.2g，出籽率 88.7%～89.7%。2009 年抗性鉴定：高抗矮花叶病（0.0%），抗茎腐病（6.8%），中抗小斑病（5 级）、弯孢菌叶斑病（5 级）、瘤黑粉病（5.6%），高感大斑病（9 级），中抗玉米螟（5 级）；2010 年抗性鉴定：高抗瘤黑粉病（0%），抗小斑病（3 级）、弯孢菌叶斑病（3 级）、茎腐病（5.2%），中抗大斑病（5 级），高感矮花叶病（56%），感玉米螟（7 级）。2010 年品质测定：粗蛋白质 10.05%，粗脂肪 4.41%，粗淀粉 74.78%，赖氨酸 0.280%，容重 725g/L。籽粒品质达到普通玉米 1 等级国标；饲料用玉米 1 等级国标；淀粉发酵工业用玉米 2 等级国标；高淀粉玉米 2 等级部标。

产量表现：2009 年参加河南省玉米区试（4 000 株/亩 3 组），10 点汇总，9 点增产 1 点减产，平均亩产 577.0kg，比对照郑单 958 增产 6.6%，差异极显著，居 19 参试品种第 7 位；2010 年续试（4 000 株/亩 3 组），12 点汇总，11 点增产 1 点减产，平均亩产 591.1kg，比对照郑单 958 增产 8.3%，差异极显著，居 20 个参试品种第 8 位。综合两年试验结果：平均亩产 584.7kg，比对照郑单 958 增产 7.5%，增产点比率为 90.9%。2010 年河南省玉米生产试验（4 000 株/亩 BII 组），11 点汇总，全部增产，平均亩产 597.7kg，比对照郑单 958 增产 8.0%，居 9 个参试品种第 2 位。

栽培技术要点：①播期和密度：根据当地气候情况，确定最佳的播种期，适宜密度为 4 000 株/亩。②田间管理：追肥要求以氮肥为主，氮、磷、钾肥配合施用，于拔节期和大喇叭口期分两次追施为宜。大喇叭口期用颗粒杀虫剂丢心，防治玉米螟虫。③适时收获：玉米籽粒乳线消失或籽粒尖端出现黑色层时收获。

适宜地区：河南省各地夏播种植。

六十九、伟科 702

审定编号：豫审玉 2011008

品种来源：WK858 × WK798-2

特征特性：夏播生育期 97 ~ 101d。株型紧凑，叶片数 20 ~ 21 片，株高 246 ~ 269cm，穗位高 106 ~ 112cm。叶色绿，叶鞘浅紫，第一叶匙形。雄穗分枝 6 ~ 12 个，雄穗颖片绿色，花药黄，花丝浅红。果穗筒形，穗长 17.5 ~ 18.0cm，穗粗 4.9 ~ 5.2cm，穗行数 14 ~ 16 行，行粒数 33.7 ~ 36.4 粒，穗轴白色。籽粒黄色、半马齿型，千粒重 334.7 ~ 335.8g，出籽率 89.0% ~ 89.8%。2008 年抗性鉴定：高抗大斑病（1 级）、矮花叶病（0.0%），抗小斑病（3 级）、弯孢菌叶斑病（3 级），中抗茎腐病（16.28%），高感瘤黑粉病（45.71%），中抗玉米螟（6.0 级）；2009 年抗性鉴定：高抗大斑病（1 级）、矮花叶病（0.0%），抗小斑病（3 级），中抗茎腐病（24.4%）、瘤黑粉病（7.7%），高感弯孢菌叶斑病（9 级），感玉米螟（7 级）。2009 年品质测定：粗蛋白质 10.5%，粗脂肪 3.99%，粗淀粉 74.7%，赖氨酸 0.314%，容重 741g/L。籽粒品质达到普通玉米 1 等级国标；淀粉发酵工业用玉米 2 等级国标；饲料用玉米 1 等级国标；高淀粉玉米 2 等级部标。

产量表现：2008 年参加河南省玉米区试（4 000 株/亩 3 组），10 点汇总，全部增产，平均亩产 611.9kg，比对照郑单 958 增产 4.9%，差异不显著，居 17 个参试品种第 2 位；2009 年续试（4 000 株/亩 3 组），10 点汇总，全部增产，平均亩产 605.5kg，比对照郑单 958 增产 11.9%，差异极显著，居 19 个参试品种第 1 位。综合两年试验结果：平均亩产 608.7kg，比对照郑单 958 增产 8.2%，增产点比率为 100%。2010 年河南省玉米生产试验（4 000 株/亩 BI 组），13 点汇总，全部增产，平均亩产 584.2kg，比对照郑单 958 增产 9.6%，居 10 个参试品种第 2 位。

栽培技术要点：①播期和密度：6 月 20 日前播种，密度 4 000 株/亩。②田间管理：用 50% 福美双可湿性粉剂拌种，苗期注意防治蓟马、棉铃虫、玉米螟等害虫，保证苗齐苗壮。苗期少施肥，大喇叭口期重施肥，同时，用辛硫磷颗粒丢心，防治玉米螟。突出抓好中前期田间管理以达到夺取稳产高产的目的。③适时收获：玉米籽粒乳线消失或籽粒尖端出现黑色层时收获。

适宜地区：河南各地夏播种植。

七十、美豫 8 号

审定编号：豫审玉 2011009

品种来源：189×186

特征特性：夏播生育期 95～101d。株型紧凑，叶片 20 片左右，株高 259～263cm，穗位高 99～106cm。幼苗叶鞘紫色，雄穗分枝中等，花药紫色，花丝浅紫色，苞叶较短。果穗筒形，穗长 15.7～16.0cm，穗粗 5.1cm，穗行数 16～18 行，行粒数 31.4～33.4 粒，穗轴红色。籽粒黄色、半马齿型，千粒重 267.4～296.2g，出籽率 86.2%～87.9%。2009 年抗性鉴定：高抗大斑病（1 级）、矮花叶病（0%），抗茎腐病（5.3%），中抗弯孢菌叶斑病（5 级），感小斑病（7 级）、瘤黑粉病（34.5%），感玉米螟（7 级）；2010 年抗性鉴定：高抗弯孢菌叶斑病（1 级）、茎腐病（0%），中抗大斑病（5 级），感小斑病（7 级）、瘤黑粉病（14.3%）、矮花叶病（50%），中抗玉米螟（5 级）。2010 年品质测定：粗蛋白质 10.31%，粗脂肪 4.38%，粗淀粉 72.56%，赖氨酸 0.289%，容重 736g/L。籽粒品质达到普通玉米 1 等级国标；饲料用玉米 1 等级国标；淀粉发酵工业用玉米 2 等级国标；高淀粉玉米 3 等级部标。

产量表现：2009 年参加河南省玉米区试（4 000 株/亩 2 组），11 点汇总，全部增产，平均亩产 584.8kg，比对照郑单 958 增产 7.5%，差异显著，居 19 个参试品种第 4 位；2010 年续试（4 000 株/亩 2 组），12 点汇总，11 点增产 1 点减产，平均亩产 569.0kg，比对照郑单 958 增产 8.1%，差异极显著，居 20 个参试品种第 2 位。综合两年试验结果：平均亩产 576.6kg，比对照郑单 958 增产 7.8%，增产点比率为 95.7%。2010 年河南省生产试验（4 000 株/亩 BⅣ组），13 点汇总，12 点增产 1 点减产，平均亩产 589.1kg，比对照郑单 958 增产 7.8%，居 9 个参试品种第 3 位。

适宜地区：河南省各地夏播种植。

栽培技术要点：①播期和密度：6 月 10 日左右播种，密度 4 000 株/亩。②田间管理：将有机肥和部分化肥混合施用作基肥，其中，以集中沟施效果最好；追肥要根据玉米的生长情况、需肥时期、生育期等因素进行综合考虑。磷、钾肥肥效较长，玉米前期需求量较大，作基肥或苗肥一次施入即可，每亩施磷肥 25～35kg、钾肥 10～15kg；浇好三水，即拔节水、孕穗水和灌浆水；苗期注意防止蓟马、蚜虫、地老虎；大喇叭口期用颗粒杀虫剂丢心，防治玉米螟虫。③适时收获：玉米籽粒乳线消失或籽粒尖端出现黑色层时收获。

七十一、桥玉 8 号

审定编号：豫审玉 2011010

品种来源：La619158 × Lx9801

特征特性：夏播生育期 96～98d。株型紧凑，叶片数 20 片左右，株高 289～294cm，穗位高 112～123cm。叶色绿色，芽鞘紫色，第一叶尖端圆形。雄穗分枝 5～7 个，花药黄色，花丝紫色。果穗筒形，穗长 17.0～17.3cm，穗粗 4.7～4.9cm，穗行数 12～16 行，行粒数 35.5～37.4 行，穗轴红色。黄白粒、半马齿型，千粒重 323.4～354.1g，出籽率 86.1%～86.7%。2008 年抗性鉴定：高抗大斑病（1 级）、瘤黑粉病（2.61%），抗小斑病（3 级）、弯孢菌叶斑病（3 级），感茎腐病（32.65%），高感矮花叶病（60.0%），中抗玉米螟（5.0 级）；2009 年抗性鉴定：高抗大斑病（1 级），抗茎腐病（10.0%）、矮花叶病（9.1%），中抗弯孢菌叶斑病（5 级），感瘤黑粉病（10.4%），高感小斑病（9 级），中抗玉米螟（5 级）。2009 年品质测定：粗蛋白质 11.64%，粗脂肪 3.6%，粗淀粉 72.95%，赖氨酸 0.338%，容重 757g/L。籽粒品质达到普通玉米 1 等级国标；淀粉发酵工业用玉米 2 等级国标；饲料用玉米 1 等级国标；高淀粉玉米 3 等级部标。

产量表现：2008 年参加河南省玉米区试（4 000株/亩 3 组），10 点汇总，8 点增产 2 点减产，平均亩产 607.4kg，比对照郑单 958 增产 4.1%，差异不显著，居 18 个参试品种第 7 位；2009 年续试（4 000株/亩 3 组），10 点汇总，7 点增产 3 点减产，平均亩产 573.6kg，比对照郑单 958 增产 6.0%，差异显著，居 19 个参试品种第 10 位。综合两年试验结果：平均亩产 590.5kg，比对照郑单 958 增产 5.0%，增产点比率为 75%。2010 年河南省玉米生产试验（4 000株/亩 BI 组），13 点汇总，全部增产，平均亩产 580.3kg，比对照郑单 958 增产 8.8%，居 10 个参试品种第 3 位。

栽培技术要点：①播期和密度：5 月 25 日～6 月 10 日播种，密度 4 000～4 500株/亩。②田间管理：科学施肥；浇好三水，即拔节水、孕穗水和灌浆水；苗期注意防止蓟马、蚜虫、地老虎；大喇叭口期用颗粒杀虫剂丢心，防治玉米螟虫。③适时收获：玉米籽粒乳线消失或籽粒尖端出现黑色层时收获。

适宜地区：河南省各地夏播种植。

七十二、豫单919

审定编号：豫审玉 2011011

品种来源：RHL1629-1 × 优 77-9

特征特性：夏播生育期 96~100d。株型紧凑，叶片数 20 左右，株高 258~281cm，穗位高 119~122cm。幼苗叶鞘浅紫色，第一叶尖端椭圆形。雄穗分枝较多，雄穗颖片浅紫色，花药绿色，花丝浅紫色。果穗中间形，穗长 15.2~16.0cm，穗粗 4.9~5.0cm，穗行数 14~18 行，行粒数 32.1~34.8 粒，穗轴白色。籽粒黄色、半马齿型，千粒重 303.1~327.7g，出籽率 89.1%~90.0%。2009 年抗性鉴定：高抗大斑病（1 级）、矮花叶病（0.0%），抗小斑病（3 级），中抗弯孢菌叶斑病（5 级）、茎腐病（18.7%），感瘤黑粉病（23.3%），中抗玉米螟（5 级）；2010 年抗性鉴定：高抗茎腐病（0.0%），抗小斑病（3 级），中抗大斑病（5 级）、弯孢菌叶斑病（5 级）、矮花叶病（15.2%），感瘤黑粉病（30.6%），抗玉米螟（3 级）。2009 年品质测定：粗蛋白 10.68%，粗脂肪 4.76%，粗淀粉 72.61%，赖氨酸 0.314%，容重 731g/L。籽粒品质达到普通玉米 1 等级国标；饲料用玉米 1 等级国标；淀粉发酵工业用玉米 2 等级国标；高淀粉玉米 3 等级部标。2010 年粗蛋白质 10.73%，粗脂肪 4.94%，粗淀粉 71.70%，赖氨酸 0.289%，容重 744g/L。籽粒品质达到普通玉米 1 等级国标；淀粉发酵工业用玉米 3 等级国标；饲料用玉米 1 等级国标。

产量表现：2009 年参加河南省玉米区试（4 000 株/亩3 组），10 点汇总，全部增产，平均亩产 574.6kg，比对照郑单 958 增产 6.2%，差异显著，居 19 个参试品种第 8 位；2010 年续试（4 000 株/亩3 组），12 点汇总，全部增产，平均亩产 591.6kg，较对照郑单 958 增产 8.4%，差异显著，居 20 个参试品种第 7 位。综合两年试验结果，平均亩产 583.9kg，比对照郑单 958 增产 7.4%，增产点比率为 100%。2010 年河南省玉米生产试验（4 000 株/亩 BⅡ组），11 点汇总，全部增产，平均亩产 596.0kg，比对照郑单 958 增产 7.7%，居 9 个参试品种第 3 位。

栽培技术要点：①播期和密度：5 月 25 日~6 月 10 日播种，密度4 000~4 500株/亩。②田间管理：科学施肥；浇好三水，即拔节水、孕穗水和灌浆水；苗期注意防治蓟马、蚜虫、地老虎；大喇叭口期用颗粒杀虫剂丢心，防治玉米螟虫。③适时收获：玉米籽粒乳线消失或籽粒尖端出现黑色层时收获。

适宜地区：河南省各地夏播种植。

七十三、浚单 0898

审定编号：豫审玉 2011012

品种来源：浚 5872×浚 968

特征特性：夏播生育期 95～102d。株型紧凑，叶片数 20～21 片，株高 256～292cm，穗位高 118～134cm。叶色绿，叶鞘紫，第一叶圆到匙形。雄穗分枝多，雄穗颖片绿色，花药绿色，花丝紫色。果穗中间形，穗长 15.7～16.5cm，穗粗 4.9～5.0cm，穗行数 12～16 行，行粒数 32.8～36.5 粒，穗轴白色。籽粒黄色、半马齿型，千粒重 289.5～345.9g，出籽率 89.8%～90.6%。2009 年抗性鉴定：高抗大斑病（1 级）、矮花叶病（0.0%），中抗小斑病（5 级）、茎腐病（24.53%）、瘤黑粉病（6.46%），感弯孢菌叶斑病（7 级），高感玉米螟（9 级）；2010 年抗性鉴定：高抗大斑病（1 级）、茎腐病（0%）、抗小斑病（3 级），感弯孢菌叶斑病（7 级）、瘤黑粉病（25.7%）、矮花叶病（44.7%），感玉米螟（7 级）。2009 年品质测定：粗蛋白质 10.56%，粗脂肪 4.22%，粗淀粉 73.34%，赖氨酸 0.314%，容重 731g/L。籽粒品质达到普通玉米 1 等级国标；饲料用玉米 1 等级国标；淀粉发酵工业用玉米 3 等级国标；高淀粉玉米 3 等级部标。2010 年粗蛋白质 12.34%，粗脂肪 4.54%，粗淀粉 73.83%，赖氨酸 0.294%，容重 749g/L。籽粒品质达到普通玉米 1 等级国标；饲料用玉米 1 等级国标；淀粉发酵工业用玉米 2 等级国标；高淀粉玉米 3 等级部标。

产量表现：2009 年参加河南省玉米区试（3 500 株/亩 2 组），12 点汇总，全部增产，平均亩产 582.9kg，比对照浚单 18 增产 12.0%，差异极显著，居 19 个参试品种第 1 位；2010 年续试（4 000 株/亩 3 组），12 点汇总，全部增产，平均亩产 603.7kg，比对照郑单 958 增产 10.6%，极显著差异，居 20 个参试品种第 3 位。2010 年河南省玉米生产试验（4 000 株/亩 BⅢ组），11 点汇总，全部增产，平均亩产 578.9kg，比对照郑单 958 增产 10.0%，居 10 个参试品种第 3 位。

栽培技术要点：①播期和密度：6 月 10 日左右播种，密度 3 800～4 000 株/亩。②田间管理：科学施肥；浇好三水，即拔节水、孕穗水和灌浆水；苗期注意防止蓟马、蚜虫、地老虎；大喇叭口期用颗粒杀虫剂丢心，防治玉米螟虫。③适时收获：玉米籽粒乳线消失或籽粒尖端出现黑色层时收获。

适宜地区：河南各地夏播种植。

七十四、北青310

审定编号：豫审玉 2011013

品种来源：北青 03×JG10

特征特性：夏播生育期 99～102d。株型紧凑，叶片数 19～20 片，株高 273～284cm，穗位 107～116cm。芽鞘淡紫色，第一叶尖端匙形，叶色绿色。雄穗分枝数 4～6 个，雄穗颖片绿色，花药淡紫色，花丝淡紫色。果穗中间形，穗长 15.7～16.5cm，穗粗 5.1cm，穗行数 16～18 行，行粒数 32.7～33.3 粒，穗轴白色。籽粒黄色、半马齿型，千粒重 302.2～319.9g，出籽率 87.8%～88.6%。2009 年抗性鉴定：抗茎腐病（9.8%）、弯孢菌叶斑病（3 级），中抗小斑病（5级），感瘤黑粉病（11.7%），高感大斑病（9 级）、矮花叶病（75%），感玉米螟（7 级）；2010 年抗性鉴定：高抗弯孢菌叶斑病（1 级）、茎腐病（0%），抗瘤黑粉病（3.5%）、矮花叶病（7.1%），中抗大斑病（5 级）、小斑病（5 级），中抗玉米螟（5 级）。2009 年品质测定：粗蛋白质 10.82%，粗脂肪 4.26%，粗淀粉74.73%，赖氨酸 0.31%，容重 754g/L。籽粒品质达到普通玉米 1 等级国标；饲料用玉米 1 等级国标；淀粉发酵工业用玉米 2 等级国标；高淀粉玉米 2 等级部标。2010 年品质测定：粗蛋白质 11.88%，粗脂肪 4.21%，粗淀粉 72.51%，赖氨酸0.294%，容重 772g/L。籽粒品质达到普通玉米 1 等级国标；饲料用玉米 1 等级国标；淀粉发酵工业用玉米 2 等级国标；高淀粉玉米 3 等级部标。

产量表现：2009 年参加河南省玉米区试（4 000 株/亩 2 组），11 点汇总，10点增产 1 点减产，平均亩产 583.4kg，比对照郑单 958 增产 7.2%，差异显著，居 19 个参试品种第 5 位；2010 年续试（4 000 株/亩 2 组），12 点汇总，全部增产，平均亩产 566.2kg，比对照郑单 958 增产 7.6%，差异极显著，居 20 个参试品种第 4 位。综合两年试验结果：平均亩产 574.4kg，比对照郑单 958 增产7.4%，增产点比率为 95.7%。2010 年河南省玉米生产试验（4 000 株/亩 BIV组），13 点汇总，全部增产，平均亩产 587.8kg，比对照郑单 958 增产 7.6%，居 9 个参试品种第 4 位。

栽培技术要点：①播期和密度：播期以 6 月 10 日前为宜，适宜密度4 000株/亩左右。②田间管理：科学施肥；浇好三水，即拔节水、孕穗水和灌浆水；苗期注意防止蓟马、蚜虫、地老虎；大喇叭口期用颗粒杀虫剂丢心，防治玉米螟虫。③适时收获：玉米籽粒乳线消失或籽粒尖端出现黑色层时收获。

适宜地区：河南各地夏播种植。

七十五、温玉601

审定编号：豫审玉 2011014

品种来源：611541×611643

特征特性：夏播生育期 95～103d。株型紧凑，叶片数 22 片，株高 275～290cm，穗位高 105～109cm。芽鞘浅紫色。雄穗分枝中，花药紫色，花丝绿色。果穗圆筒形，苞叶长度适中，穗长 15.7～16.4cm，穗粗 5.1～5.4cm，穗行数 14～18 行，行粒数 29.2～34.2 粒，穗轴红色。籽粒黄色、半马齿，千粒重 368.1～391.0g，出籽率 86.3%～87.4%。2009 年抗性鉴定：高抗大斑病（1级）、茎腐病（1.8%）、矮花叶病（4.2%），抗小斑病（3级）、弯孢菌叶斑病（3级），感瘤黑粉病（13%），感玉米螟（7级）；2010 年抗性鉴定：高抗弯孢菌叶斑病（1级），中抗大斑病（5级）、小斑病（5级）、茎腐病（19%），感瘤黑粉病（23.3%），高感矮花叶病（60%），高抗玉米螟（1级）。2009 年品质测定：粗蛋白质 10.53%，粗脂肪 3.63%，粗淀粉 74.26%，赖氨酸 0.334%，容重 736g/L。籽粒品质达到普通玉米 1 等级国标；饲料用玉米 1 等级国标；淀粉发酵工业用玉米 2 等级国标；高淀粉玉米 2 等级部标。2010 年品质测定：粗蛋白质 11.17%，粗脂肪 4.14%，粗淀粉 72.86%，赖氨酸 0.320%，容重 730g/L。籽粒品质达到普通玉米 1 等级国标；饲料用玉米 1 等级国标；淀粉发酵工业用玉米 2 等级国标；高淀粉玉米 3 等级部标。

产量表现：2009 年参加河南省玉米区试（3 500株/亩 1 组），10 点汇总，全部增产，平均亩产 587.9kg，比对照浚单 18 增产 12.3%，差异极显著，居 18 个参试品种第 4 位；2010 年续试（4 000株/亩 3 组），12 点汇总，11 点增产 1 点减产，平均亩产 580.7kg，比对照郑单 958 增产 6.4%，差异极显著，居 19 个参试品种第 15 位。2010 年河南省玉米生产试验（4 000株/亩 BI 组），13 点汇总，全部增产，平均亩产 579.6kg，比对照郑单 958 增产 8.7%，居 10 个参试品种第 4 位。

栽培技术要点：①播期和密度：5 月 25 日～6 月 10 日播种，密度 3 500株/亩。②田间管理：科学施肥，浇好三水，即拔节水、孕穗水和灌浆水；苗期注意防止蓟马、蚜虫、地老虎；大喇叭口期用颗粒杀虫剂丢心，防治玉米螟虫。③适时收获：玉米籽粒乳线消失或籽粒尖端出现黑色层时收获。

适宜地区：河南各地夏播种植。

七十六、豫单 916

审定编号：豫审玉 2011015

品种来源：HL298-2×优 926-1

特征特性：夏播生育期 98～102d。株型紧凑，叶片数 20 片左右，株高 258～287cm，穗位高 112～129cm。幼苗叶鞘浅紫色，第一叶尖端圆形。雄穗分枝数中等，雄穗颖片浅紫色，花药浅紫色，花丝浅紫色。果穗圆筒形，穗长 15.2～17.6cm，穗粗 4.7～5.2cm，穗行数 14～18 行，行粒数 32.2～38.5 粒，穗轴白色。籽粒黄色、半马齿型，千粒重 294.8～341.6g，出籽率 86.0%～90.2%。2008 年抗性鉴定：高抗大斑病（1 级），抗弯孢菌叶斑病（3 级），中抗小斑病（5 级），中抗茎腐病（26.19%），感瘤黑粉病（40%），高感矮花叶病（9 级），感玉米螟（7 级）。2009 年抗性鉴定：高抗大斑病（1 级），抗弯孢菌叶斑病（3 级）、矮花叶病（7.7%），中抗瘤黑粉病（7.71%）、茎腐病（21.45%），感小斑病（7 级），中抗玉米螟（5 级）。2009 年品质测定：粗蛋白质 10.80%，粗脂肪 4.62%，粗淀粉 73.25%，赖氨酸 0.345%，容重 744g/L。籽粒品质达到普通玉米 1 等级国标；饲料用玉米 1 等级国标；淀粉发酵工业用玉米 2 等级国标；高淀粉玉米 3 等级部标。

产量表现：2008 年参加河南省玉米区试（4 000株/亩 2 组），12 点汇总，11 点增产 1 点减产，平均亩产 674.0kg，比对照郑单 958 增产 3.8%，差异不显著，居 19 个参试品种第 8 位；2009 年续试（4 000株/亩 2 组），11 点汇总，全部增产，平均亩产 579.7kg，比对照郑单 958 增产 6.5%，达极显著差异，居 19 个参试品种第 6 位。综合两年试验结果：平均亩产 628.9kg，比对照郑单 958 增产 5.0%，增产点比率为 95.7%。2010 年河南省玉米生产试验（4 000株/亩 BI 组），13 点汇总，全部增产，平均亩产 578.9kg，比对照郑单 958 增产 8.6%，居 10 个参试品种第 5 位。

栽培技术要点：①播期和密度：5 月 25 日～6 月 10 日播种，密度 4 000～4 500株/亩。②田间管理：科学施肥，浇好三水，即拔节水、孕穗水和灌浆水；苗期注意防治蓟马、蚜虫、地老虎；大喇叭口期用颗粒杀虫剂丢心，防治玉米螟。③适时收获：玉米籽粒乳线消失或籽粒尖端出现黑色层时收获。

适宜地区：河南省各地夏播种植。

七十七、金赛06-9

审定编号：豫审玉2011016

品种来源：W11×W8

特征特性：夏播生育期96~100d。株型紧凑，叶片数20~21片，株高265~286cm，穗位高106~112cm。幼苗芽鞘紫色，叶色浓绿。雄穗分枝较少，花药紫色，花丝浅紫色。果穗圆筒—中间形，穗长15.9~16.1cm，穗粗4.6~5.0cm，穗行数14~20行，行粒数32.9~34.2粒，穗轴红色。籽粒黄色、马齿型，千粒重288.0~304.6g，出籽率86.8%~87.4%。河南农业大学植物保护学院人工接种抗性鉴定：2008年高抗大斑病（1级），抗弯孢菌叶斑病（3级），中抗小斑病（5级）、茎腐病（14.29%）、矮花叶病（22.73%），感瘤黑粉病（17.5%），中抗玉米螟（5.0级）；2009年高抗大斑病（1级）、矮花叶病（0%），抗茎腐病（3.9%），中抗弯孢菌叶斑病（5级），感瘤黑粉病（17.4%），高感小斑病（9级），高感玉米螟（9级）。农业部农产品质量监督检验测试中心（郑州）品质分析结果：2009年粗蛋白质11.5%，粗脂肪4.06%，粗淀粉74.34%，赖氨酸0.376%，容重750g/L。籽粒品质达到普通玉米1等级国标；淀粉发酵工业用玉米2等级国标；饲料用玉米1等级国标；高淀粉玉米2等级部标。

产量表现：2008年参加河南省玉米区试（4 000株/亩3组），10点汇总，9点增产1点减产，平均亩产609.8kg，比对照郑单958增产4.5%，差异不显著，居19个参试品种第5位；2009年续试（4 000株/亩3组），10点汇总，全部增产，平均亩产584.4kg，比对照郑单958增产8.0%，差异极显著，居19个参试品种第3位。综合两年试验结果：平均亩产597.1kg，比对照郑单958增产6.2%，增产点比率为95%。2010年河南省玉米生产试验（4 000株/亩BI组），13点汇总，全部增产，平均亩产578.6kg，比对照郑单958增产8.5%，居10个参试品种第6位。

栽培技术要点：①播期和密度：6月20日前播种，密度4 000株/亩。②田间管理：保证苗齐苗壮，苗期少施肥，大喇叭口期重施肥；注意防治蓟马、棉铃虫、玉米螟等害虫，可用辛硫磷颗粒丢心，防治玉米螟。③适时收获：玉米籽粒乳线消失或籽粒尖端出现黑色层时收获。

适宜地区：河南各地夏播种植。

七十八、峰玉 1 号

审定编号：豫审玉 2011017

品种来源：P1 × P2

特征特性：夏播生育期 95～100d。株型半紧凑，叶片数 20 片，株高 289～313cm，穗位高 116～125cm。芽鞘浅紫色。雄穗分枝中等，花药浅紫色，花丝绿色。果穗圆筒形，苞叶长度适中，穗长 15.7～16.3cm，穗粗 5.2～5.3cm，穗行数 14～18 行，行粒数 30.5～33.7 粒，穗轴红色。黄粒、半马齿型，千粒重 303.0～322.0g，出籽率 88.2%～89.3%。河南农业大学植物保护学院人工接种抗性鉴定：2009 年高抗大斑病（1 级），抗小斑病（3 级）、弯孢菌叶斑病（3 级）、矮花叶病（14.3%），感茎腐病（32.5%），高感瘤黑粉病（43.2%），高感玉米螟（9 级）；2010 年高抗弯孢菌叶斑病（1 级），抗矮花叶病（8.7%），中抗大斑病（5 级）、茎腐病（14.8%），感瘤黑粉病（21.7%）、小斑病（7 级），高感玉米螟（9 级）。农业部农产品质量监督检验测试中心（郑州）品质分析结果：2009 年粗蛋白质 10.41%，粗脂肪 3.72%，粗淀粉 74.49%，赖氨酸 0.366%，容重 730g/L。籽粒品质达到普通玉米 1 等级国标；饲料用玉米 1 等级国标；淀粉发酵工业用玉米 2 等级国标；高淀粉玉米 2 等级部标。2010 年粗蛋白质 9.33%，粗脂肪 3.47%，粗淀粉 74.73%，赖氨酸 0.318%，容重 738g/L。籽粒品质达到普通玉米 1 等级国标；饲料用玉米 2 等级国标；淀粉发酵工业用玉米 2 等级国标；高淀粉玉米 2 等级部标。

产量表现：2009 年参加河南省玉米区试（4 000 株/亩 1 组），11 点汇总，8 点增产 3 点减产，平均亩产 590.8kg，比对照郑单 958 增产 7.2%，差异显著，居 19 个参试品种第 7 位；2010 年续试（4 000 株/亩 1 组），12 点汇总，全部增产，平均亩产 590.4kg，比对照郑单 958 增产 7.6%，差异极显著，居 20 个参试品种第 5 位。综合两年试验结果：平均亩产 590.6kg，比对照郑单 958 增产 7.6%，增产点比率为 87.0%。2010 年河南省玉米生产试验（4 000 株/亩 B Ⅳ 组），13 点汇总，12 点增产 1 点减产，平均亩产 585.1kg，比对照郑单 958 增产 7.1%，居 9 个参试品种第 5 位。

栽培技术要点：①播期及密度：6 月上中旬麦后直播，一般地力每亩密度 4 000～4 200 株，高水肥地每亩种植 4 500 株左右。②田间管理：苗期生长发育较快，在田间管理上要做到及早间定苗，及时进行中耕除草、治虫等工作。加强前期水肥供应，一般在播后 35d 追肥全部施入，以氮肥为主配合磷、钾肥，每亩

30～40kg。注意玉米螟的防治工作，在小喇叭口到大喇叭口期喷药或辛硫磷丢心均可，进行两次防治，效果较好。③适时收获：玉米籽粒乳线消失或籽粒尖端出现黑色层时收获。

适宜地区：河南省各地夏播种植。

七十九、大众858

审定编号：豫审玉2011018

品种来源：温830×昌7-2

特征特性：夏播生育期为98～101d。株型紧凑，叶片数20片，株高245～276cm，穗位高100～112cm。叶色浓绿，叶鞘紫色，第一叶尖端椭圆形。雄穗分枝10个左右，雄穗颖片微红，花药绿色，花丝浅紫。果穗圆筒形，穗长16.7～17.1cm，穗粗4.8～4.9cm，穗行数12～16行，行粒数33.8～36.5粒，穗轴白色。黄粒、半马齿型，千粒重303.2～325.7g，出籽率87.8%～88.5%。河南农业大学植物保护学院人工接种抗性鉴定：2009年高抗大斑病（1级）、小斑病（1级）、矮花叶病（0.0%），中抗弯孢菌叶斑病（5级）、茎腐病（14.4%）、瘤黑粉病（7.5%），高感玉米螟（9级）；2010年高抗大斑病（1级）、抗小斑病（3级）、弯孢菌叶斑病（3级）、茎腐病（7%），中抗瘤黑粉病（5.7%），高感矮花叶病（87.5%），感玉米螟（7级）。农业部农产品质量监督检验测试中心（郑州）品质分析结果：2009年粗蛋白质9.34%，粗脂肪4.48%，粗淀粉74.44%，赖氨酸0.346%，容重742g/L。籽粒品质达到普通玉米1等级国标；饲料用玉米2等级国标；淀粉发酵工业用玉米2等级国标；高淀粉玉米2等级部标。2010年粗蛋白质9.63%，粗脂肪4.82%，粗淀粉73.42%，赖氨酸0.284%，容重762g/L。籽粒品质达到普通玉米1等级国标；饲料用玉米2等级国标；淀粉发酵工业用玉米2等级国标；高淀粉玉米3等级部标。

产量表现：2009年参加河南省玉米区试（4 000株/亩1组），11点汇总，10点增产1点减产，平均亩产603.7kg，比对照郑单958增产9.6%，差异极显著，居19个参试品种第5位；2010年续试（4 000株/亩1组），12点汇总，11点增产1点减产，平均亩产587.9kg，比对照郑单958增产7.4%，差异极显著，居20个参试品种第8位。综合两年试验结果：平均亩产595.5kg，比对照郑单958增产8.5%，增产点比率为91.3%。2010年河南省玉米生产试验（4 000株/亩BIII组），11点汇总，全部增产，平均亩产577.6kg，比对照郑单958增产9.8%，居9个参试品种第5位。

栽培技术要点：①播期与密度：6月20日前均可种植，适宜密度4 000株/亩。②田间管理：底肥以农家肥或氮磷钾三元素复合肥为主，苗期追肥酌情轻施，重施攻穗肥，以前控、中促、后轻为原则。苗期预防地下害虫及病害，大喇叭口期用辛硫磷颗粒丢心，防治玉米螟。③适时收获：玉米籽粒乳线消失或籽粒尖端出现黑色层时收获。

适宜地区：河南省各地夏播种植。

八十、豫单802

审定编号：豫审玉2011019

品种来源：L82×L119

特征特性：夏播生育期94～102d。株型半紧凑，叶片数19～20片，株高271～294cm左右，穗位高102～122cm左右。叶色深绿，叶鞘微红，第一叶尖端卵圆形。雄穗分枝10－13个，雄穗颖片绿色，花药紫红，花丝紫红色。果穗筒形，穗长16.8～16.9cm，穗粗5.0～5.1cm，穗行数14～18行，行粒数31.1～34.5粒，穗轴红色。籽粒黄色、半马齿型，千粒重308.5～320.4g，出籽率85.2%～86.7%。河南农业大学植物保护学院人工接种抗性鉴定：2009年高抗大斑病（1级），抗矮花叶病（9.1%），中抗小斑病（5级）、弯孢菌叶斑病（5级）、茎腐病（10.71%），感瘤黑粉病（29.18%），抗玉米螟（3级）；2010年高抗小斑病（1级）、弯孢菌叶斑病（1级），中抗大斑病（5级）、茎腐病（15.4%），感瘤黑粉病（12.9%）、矮花叶病（32%），抗玉米螟（3级）。农业部农产品质量监督检验测试中心（郑州）品质分析结果：2009年粗蛋白质10.89%，粗脂肪4.34%，粗淀粉71.74%，赖氨酸0.327%，容重734g/L。籽粒品质达到普通玉米1等级国标；饲料用玉米1等级国标；淀粉发酵工业用玉米3等级国标。2010年粗蛋白质11.19%，粗脂肪4.57%，粗淀粉71.69%，赖氨酸0.269%，容重736g/L。籽粒品质达到普通玉米1等级国标；饲料用玉米1等级国标；淀粉发酵工业用玉米3等级国标。

产量表现：2009年参加河南省玉米区试（3 500株/亩1组），10点汇总，全部增产，平均亩产566.7kg，比对照浚单18增产8.2%，差异极显著，居19个参试品种第11位；2010年续试（4 000株/亩3组），12点汇总，全部增产，平均亩产584.1kg，比对照郑单958增产7.0%，达极显著差异，居20个参试品种第13位。2010年河南省玉米生产试验（4 000株/亩BⅢ组），11点汇总，全部增产，平均亩产575.8kg，比对照郑单958增产9.4%，居10个参试品种第

6 位。

栽培技术要点：①播期和密度：5 月 25 日～6 月 10 日播种，密度 3 500～4 000株/亩。②田间管理：科学施肥，浇好三水，即拔节水、孕穗水和灌浆水；苗期注意防止蓟马、蚜虫、地老虎；大喇叭口期用颗粒杀虫剂丢心，防治玉米螟虫。③适时收获：玉米籽粒乳线消失或籽粒尖端出现黑色层时收获。

适宜地区：河南各地夏播种植。

八十一、金赛211

审定编号：豫审玉 2011020

品种来源：P2×H7

特征特性：夏播生育期 97～102d。株型紧凑，叶片数 19～20 片，株高 253～278cm，穗位高 114～126cm。叶色浅绿，叶鞘微红，第一叶尖端匙形。雄穗分枝 10～13 个，雄穗颖片微红，花药浅紫，花丝绿色。果穗圆筒形，穗长 17.1～19.0cm，穗粗 4.5～4.8cm，穗行数 12～16 行，行粒数 35.5～39.7 粒，穗轴白色。籽粒黄色、半硬粒型，千粒重 281.1～313.0g，出籽率 88.7%～89.8%。河南农业大学植物保护学院人工接种抗性鉴定：2008 年高抗大斑病（1级）、矮花叶病（0.0%），抗小斑病（3 级），中抗弯孢菌叶斑病（5 级）、茎腐病（18.18%），感瘤黑粉病（28.24%），中抗玉米螟（6 级）；2009 年高抗小斑病（1 级）、矮花叶病（0.0%），中抗弯孢菌叶斑病（5 级）、瘤黑粉病（5.52%），感茎腐病（7 级），高感大斑病（9 级），感玉米螟（7 级）。农业部农产品质量监督检验测试中心（郑州）品质分析结果：2009 年粗蛋白质 11.19%，粗脂肪 4.47%，粗淀粉 73.31%，赖氨酸 0.328%，容重 745g/L。籽粒品质达到普通玉米 1 等级国标；淀粉发酵工业用玉米 2 等级国标；饲料用玉米 1 等级国标；高淀粉玉米 3 等级部标。

产量表现：2008 年参加河南省玉米区试（4 000株/亩2组），12 点汇总，11点增产1 点减产，平均亩产 682.2kg，比对照郑单 958 增产 5.1%，差异显著，居 19 个参试品种第 6 位；2009 年续试（4 000株/亩2组），11 点汇总，全部增产，平均亩产 588.4kg，比对照郑单 958 增产 8.1%，差异极显著，居 19 个参试品种第 3 位。综合两年试验结果：平均亩产 637.3kg，比对照郑单 958 增产 6.4%，增产点比率为 95.7%。2010 年河南省玉米生产试验（4 000株/亩 BI组），13 点汇总，全部增产，平均亩产 576.5kg，比对照郑单 958 增产 8.1%，居 10 个参试品种第 7 位。

栽培技术要点：①播期和密度：5 月 25 日 ~ 6 月 10 日播种，密度 3 800 ~ 4 000株/亩。②田间管理：播种前用50％的福美双可湿性粉剂拌种，可预防瘤黑粉病的发生，播种时足墒下种，保证一播全苗。苗期注意防治蓟马、蚜虫的危害。宜采取分期施肥方式：苗期少施，大喇叭口期重施，每亩施尿素 30 ~ 40kg，同时要注意氮磷钾肥的搭配。大喇叭口期用辛硫磷颗粒剂丢心防治玉米螟。③适时收获：玉米籽粒乳线消失或黑色层出现后收获。

适宜地区：河南各地夏播种植。

八十二、郑玉668

审定编号：豫审玉 2011021

品种来源：郑 1752 × 昌 7 选 6

特征特性：夏播生育期 95 ~ 103d。株型半紧凑，叶片数 20 ~ 21 片，株高 265 ~ 276cm，穗位高 121 ~ 125cm。叶色深绿，叶鞘微红，第一叶尖端椭圆形。雄穗分枝 10 ~ 15 个，雄穗颖片浅紫色，花药浅紫，花丝浅紫。果穗筒形，穗长 16.4 ~ 17.1cm，穗粗 4.9 ~ 5.0cm，穗行数 12 ~ 16 行，行粒数 35.5 ~ 38.0 粒，穗轴白色。籽粒黄色、半马齿型，千粒重 278.6 ~ 306.0g，出籽率 87.6％ ~ 88.3％。河南农业大学植物保护学院人工接种抗性鉴定：2009 年高抗大斑病（1 级）、矮花叶病（0.0％），中抗小斑病（5 级）、茎腐病（17.9％），感弯孢菌叶斑病（7 级）、瘤黑粉病（19.5％），高抗玉米螟（1 级）；2010 年高抗小斑病（1 级）、茎腐病（1 级），抗弯孢菌叶斑病（3 级），中抗大斑病（5 级）、瘤黑粉病（6.9％），感矮花叶病（32.1％），感玉米螟（7 级）。农业部农产品质量监督检验测试中心（郑州）品质分析结果：2009 年粗蛋白质 10.7％，粗脂肪 4.3％，粗淀粉72.34％，赖氨酸0.338％，容重757g/L。籽粒品质达到普通玉米 1 等级国标；饲料用玉米 1 等级国标；淀粉发酵工业用玉米 2 等级国标；高淀粉玉米 3 等级部标。2010 年粗蛋白质 9.78％，粗脂肪 4.58％，粗淀粉 73.35％，赖氨酸 0.299％，容重 743g/L。籽粒品质达到普通玉米 1 等级国标；饲料用玉米 2 等级国标；淀粉发酵工业用玉米 2 等级国标；高淀粉玉米 3 等级部标。

产量表现：2009 年参加河南省玉米区试（3 500株/亩1 组），10 点汇总，全部增产，平均亩产 574.6kg，比对照浚单 18 增产9.7％，差异极显著，居 19 个参试品种第 8 位；2010 年续试（4 000株/亩3 组），12 点汇总，全部增产，平均亩产585.6kg，比对照郑单958增产7.3％，差异极显著，居20 个参试品种第 11 位。2010 年河南省玉米生产试验（4 000株/亩 B Ⅲ组），11 点汇总，10 点增产 1

点减产，平均亩产 569.6kg，比对照郑单 958 增产 8.3%，居 10 个参试品种第 7 位。

栽培技术要点：①播期和密度：适宜播种期为 6 月 10 日前，最迟不超过 6 月 15 日。密度 3 500～4 000 株/亩。②田间管理：施足底肥，每亩施优质农家肥 2 000～3 000kg，过磷酸钙 80kg，硫酸钾 15kg，硫酸锌 2kg。拔节期追施尿素 15kg/亩，大喇叭口期追施尿素 30kg/亩。大喇叭口期至抽雄期注意防治玉米螟和蚜虫，选用适当的化学除草剂在播后或生育期内防除田间杂草。③适时收获：该品种活秆成熟，籽粒出现黑色层或胚乳线消失时为最佳收获期。

适宜地区：河南各地夏播种植。

八十三、创玉 198

审定编号：豫审玉 2011022

品种来源：驻 03×C72-2

特征特性：夏播生育期 97～100d。株型紧凑，叶片数 19～20 片，株高 265～275cm，穗位高 118～124cm。芽鞘深紫色，叶片绿色，第一叶尖端匙形。雄穗分枝 12～15 个，雄穗颖片微红，花药浅紫，花丝紫色。果穗中间形，穗长 15.1～15.8cm，穗粗 4.8～4.9cm，穗行数 14～18 行，行粒数 31.8～35.1 粒，穗轴红色。籽粒黄色、半马齿型，千粒重 290.9～304.5g，出籽率 89.1%～89.9%。河南农业大学植物保护学院人工接种抗性鉴定：2008 年高抗大斑病（1 级）、矮花叶病（4.55%），抗小斑病（3 级）、弯孢菌叶斑病（3 级），中抗茎腐病（15.0%），高感瘤黑粉病（43.64%），中抗玉米螟（5 级）；2009 年高抗大斑病（1 级）、矮花叶病（4.8%），抗小斑病（3 级），中抗茎腐病（11.11%），高感弯孢菌叶斑病（9 级）、瘤黑粉病（42%），感玉米螟（7 级）。农业部农产品质量监督检验测试中心（郑州）品质分析结果：2009 年粗蛋白质 9.69%，粗脂肪 4.52%，粗淀粉 74.34%，赖氨酸 0.310%，容重 746g/L。籽粒品质达到普通玉米 1 等级国标；淀粉发酵工业用玉米 2 等级国标；饲料用玉米 2 等级国标；高淀粉玉米 3 等级部标。

产量表现：2008 年参加河南省玉米区试（4 500 株/亩 3 组），9 点汇总，全部增产，平均亩产 647.0kg，比对照郑单 958 增产 8.0%，达极显著差异，居 18 个参试品种第 1 位；2009 年续试（4 500 株/亩 2 组），11 点汇总，10 点增产 1 点减产，平均亩产 604.7kg，比对照郑单 958 增产 7.1%，达极显著差异，居 20 个参试品种第 6 位。综合两年试验结果：平均亩产 623.7kg，比对照郑单 958 增产

7.6%；增产点比率为95.0%。2010年河南省玉米生产试验（4 500株/亩组），11点汇总，全部增产，平均亩产572.2kg，比对照郑单958增产8.7%，居8个参试品种第1位。

栽培技术要点：①播期和密度：5月25日~6月10日播种，密度4 500株/亩。②田间管理：用玉米专用包衣剂对种子进行药剂处理，苗期注意防止蓟马、棉铃虫等虫害；苗期少施肥，大喇叭口期重施肥；浇好三水，即拔节水、孕穗水和灌浆水；大喇叭口期用颗粒杀虫剂丢心，防治玉米螟和蚜虫。③适时收获：玉米籽粒乳线消失或籽粒尖端出现黑色层时收获。

适宜地区：河南各地夏播种植。

八十四、耕玉1号

审定编号：豫审玉2011023

品种来源：G8703-2×G7072

特征特性：夏播生育期97~101d。株型紧凑，叶片20左右，株高251~263cm，穗位高118~124cm。幼苗叶鞘浅紫色，叶片深绿色，成株上部叶片上冲，下部叶片平展。雄穗分枝中等，花药黄色，花丝浅紫色。果穗中间形，穗长16.3~16.8cm，穗粗4.9~5.0cm，穗行数14~16行，行粒数31.7~34.6粒，穗轴红色。黄粒、半马齿型，千粒重309.3~323.7g，出籽率88.9%~89.8%。河南农业大学植物保护学院人工接种抗性鉴定：2008年高抗大斑病（1级）、小斑病（1级），抗弯孢菌叶斑病（3级）、矮花叶病（7.69%），中抗瘤黑粉病（7.2%），高感茎腐病（43.48%），抗玉米螟（4级）；2009年高抗大斑病（1级）、茎腐病（1.92%），抗小斑病（3级）、弯孢菌叶斑病（3级）、矮花叶病（13%），中抗瘤黑粉病（5.24%），高抗玉米螟（1级）。农业部农产品质量监督检验测试中心（郑州）品质分析结果：2009年粗蛋白质10.48%，粗脂肪4.43%，粗淀粉72.22%，赖氨酸0.309%，容重758g/L。籽粒品质达到普通玉米1等级国标；淀粉发酵工业用玉米3等级国标；饲料用玉米1等级国标。

产量表现：2008年参加河南省玉米区试（4 500株/亩2组），10点汇总，8点增产2点减产，平均亩产658.6kg，比对照郑单958增产3.4%，差异不显著，居18个参试品种第6位；2009年续试（4 500株/亩2组），11点汇总，10点增产1点减产，平均亩产600.8kg，比对照郑单958增产6.4%，达极显著差异，居20个参试品种第8位。综合两年试验结果：平均亩产628.3kg，比对照郑单958增产4.9%，增产点比率为85.7%。2010年河南省玉米生产试验（4 500株/

亩组），11 点汇总，全部增产，平均亩产 570.9kg，比对照郑单 958 增产 8.4%，居 8 个参试品种第 4 位。

栽培技术要点：①播期和密度：麦垄套种宜在麦收前 7 ~ 10d 播种，夏直播 6 月上旬播种；每亩种植 4 500 株左右。②田间管理：科学施肥，播后 20d 亩施复合肥 20kg，40d 时追施尿素 40kg；田间观察有卷叶现象时，要及时浇水，尤其要浇好拔节水、抽雄水和灌浆水；于大喇叭口期前及时喷施玉米矮壮素，以降低株高，防止倒伏；玉米抽雄前于大喇叭口期每亩用辛硫磷 2kg 施入心叶，防治玉米螟，兼治蚜虫。③适时收获：玉米籽粒乳线消失或籽粒尖端出现黑色层时收获。

适宜地区：河南各地夏播种植。

八十五、阳光 99

审定编号：豫审玉 2011024

品种来源：Y06-389 × Y05-3987

特征特性：夏播生育期 96 ~ 101d。株型紧凑，叶片数 20 片，株高 271 ~ 280cm，穗位高 99 ~ 108cm。芽鞘浅紫色。雄穗分枝少，花药绿色，花丝浅紫色。果穗中间形，苞叶长度中等，穗长 15.7 ~ 16.3cm，穗粗 4.7 ~ 4.9cm，穗行数 16 ~ 18 行，行粒数 29.7 ~ 34.0 粒，穗轴红色。籽粒黄色、半马齿型，千粒重 296.1 ~ 318.2g，出籽率 87.1% ~ 88.7%。河南农业大学植物保护学院人工接种抗性鉴定：2009 年高抗大斑病（1 级），抗小斑病（3 级）、矮花叶病（8.7%），中抗茎腐病（18.1%），感弯孢菌叶斑病（7 级）、瘤黑粉病（21.8%），高感玉米螟（9 级）；2010 年高抗弯孢菌叶斑病（1 级），抗茎腐病（3 级）、矮花叶病（3 级），中抗大斑病（5 级）、小斑病（5 级），感瘤黑粉病（7 级），抗玉米螟（3 级）。农业部农产品质量监督检验测试中心（郑州）品质分析结果：2009 年粗蛋白质 11.47%，粗脂肪 3.86%，粗淀粉 72.66%，赖氨酸 0.353%，容重 738g/L。籽粒品质达到普通玉米 1 等级国标；饲料用玉米 1 等级国标；淀粉发酵工业用玉米 2 等级国标；高淀粉玉米 3 等级部标。2010 年粗蛋白质 10.07%，粗脂肪 3.65%，粗淀粉 75.32%，赖氨酸 0.277%，容重 772g/L。籽粒品质达到普通玉米 1 等级国标；饲料用玉米 1 等级国标；淀粉发酵工业用玉米 1 等级国标；高淀粉玉米 2 等级部标。

产量表现：2009 年参加河南省玉米区试（4 500 株/亩 1 组），11 点汇总，9 点增产 2 点减产，平均亩产 574.7kg，比对照郑单 958 增产 5.4%，差异显著，居 20 个参试品种第 5 位；2010 年续试（4 500 株/亩 1 组），12 点汇总，11 点增产 1 点减产，平均亩产 599.3kg，比对照郑单 958 增产 4.8%，差异显著，居 20 个参试品种第 9 位。综合两年试验结果：平均亩产 587.5kg，比对照郑单 958 增产 5.1%，增产点比率为 87.0%。2010 年河南省玉米生产试验（4 500 株/亩组），11 点汇总，10 点增产 1 点减产，平均亩产 565.0kg，比对照郑单 958 增产 7.3%，居 8 个参试品种第 6 位。

栽培技术要点：①播期和密度：5 月 25 日～6 月 15 日播种，密度 4 500 株/亩。②田间管理：足墒下种，保证一播全苗；及时间定苗、中耕除草和防治病虫害；每亩施纯氮（N）20kg，磷（P_2O_5）10kg，钾（K_2O）10kg，硫酸锌 0.5kg；磷、钾、锌肥做底肥或在苗期施入，氮肥可采用大喇叭口期一次施入或前重后轻分期施入；大喇叭口期和灌浆期注意防治玉米螟。③适时收获：籽粒胚乳线消失或籽粒尖端出现黑色层时收获。

适宜地区：河南各地夏播种植。

八十六、淦玉 108

审定编号：豫审玉 2011025

品种来源：XG1335 × XG708

特征特性：夏播生育期 96～101d。株型半紧凑，叶片数 20 片左右，株高 265～312cm，穗位高 109～133cm。芽鞘紫色。雄穗分枝中等，花药紫黄色，花丝浅紫色。果穗筒形，苞叶长度中等，穗长 15.5～16.7cm，穗粗 4.7～5.1cm，穗行数 14～16 行，行粒数 29.9～32.7 粒，穗轴白色。籽粒黄色、半马齿型，千粒重 306.5～347.4g，出籽率 86.3%～88.4%。河南农业大学植物保护学院人工接种抗性鉴定：2009 年高抗大斑病（1 级）、茎腐病（0%），中抗小斑病（5 级）、弯孢菌叶斑病（5 级）、瘤黑粉病（5.7%），高感矮花叶病（72.7%），中抗玉米螟（5 级）；2010 年高抗矮花叶病（1 级），抗大斑病（3 级）、小斑病（3 级）、弯孢菌叶斑病（3 级）、茎腐病（3 级）、瘤黑粉病（3 级），中抗玉米螟（5 级）。农业部农产品质量监督检验测试中心（郑州）品质分析结果：2009 年粗蛋白质 11.31%，粗脂肪 3.03%，粗淀粉 72.95%，赖氨酸 0.335%，容重 731g/L。籽粒品质达到普通玉米 1 等级国标；饲料用玉米 1 等级国标；淀粉发酵工业用玉米 2 等级国标；高淀粉玉米 3 等级部标。2010 年粗蛋白质 10.09%，粗脂肪 4.33%，粗淀粉 73.16%，赖氨酸 0.335%，容重 744g/L。籽粒品质达到普通玉米 1 等级国标；饲料用玉米 1 等级国标；淀粉发酵工业用玉米 2 等级国标；

高淀粉玉米 3 等级部标。

产量表现：2009 年参加河南省玉米区试（4 500 株/亩 2 组），11 点汇总，全部增产，平均亩产 610.3kg，比对照郑单 958 增产 8.1%，差异极显著，居 20 个参试品种第 3 位；2010 年续试（4 500 株/亩 2 组），12 点汇总，全部增产，平均亩产 590.3kg，比对照郑单 958 增产 8.4%，差异极显著，居 20 个参试品种第 3 位。综合两年试验结果：平均亩产 600.3kg，比对照郑单 958 增产 8.2%，增产点比率为 100%。2010 年河南省玉米生产试验（4 500 株/亩 C 组），11 点汇总，全部增产，平均亩产 571.0kg，比对照郑单 958 增产 8.4%，居 8 个参试品种第 3 位。

栽培技术要点：①播期和密度：麦收后直播，每亩留苗 4 500 株左右。②田间管理：注意 3 叶间苗、5 叶定苗，除草宜苗前进行；肥料注意科学配比，不要只用氮肥。③适时收获：玉米籽粒乳线消失收获。

适宜地区：河南各地夏播种植。

八十七、豫单 603

审定编号：豫审玉 2011026

品种来源：豫 A474 × 豫 B469

特征特性：夏播生育期 94 ~ 100d。株型紧凑，叶片数 20 ~ 22 片，株高 258 ~ 284cm，穗位高 110 ~ 121cm。上部叶片轻微外卷，叶色绿，芽鞘浅紫色，第一叶尖端卵圆形。雄穗分枝 11 ~ 15 个，雄穗颖片黄绿，花药黄色，花丝浅紫色，花粉量大，花期协调。果穗筒形，穗长 16.3 ~ 16.7cm，穗粗 4.7 ~ 4.9cm，穗行数 14 ~ 16 行，行粒数 32 ~ 35 粒，穗轴白色。籽粒黄色、半马齿型，千粒重 323.4 ~ 342.3g，出籽率 86.8% ~ 88.4%。河南农业大学植物保护学院人工接种抗性鉴定：2009 年高抗大斑病（1 级）、矮花叶病（0%），抗茎腐病（8.4%），中抗小斑病（5 级），感瘤黑粉病（26.2%），高感弯孢菌叶斑病（9 级），高抗玉米螟（1 级）；2010 年高抗大斑病（1 级）、弯孢菌叶斑病（1 级）、茎腐病（1 级），抗小斑病（3 级）、矮花叶病（3 级），中抗瘤黑粉病（5 级），中抗玉米螟（5 级）。农业部农产品质量监督检验测试中心（郑州）品质分析结果：2009 年粗蛋白质 11.21%，粗脂肪 4.23%，粗淀粉 72.26%，赖氨酸 0.320%，容重 754g/L。籽粒品质达到普通玉米 1 等级国标；饲料用玉米 1 等级国标；淀粉发酵工业用玉米 2 等级国标；高淀粉玉米 3 等级部标。2010 年粗蛋白质 10.07%，粗脂肪 4.71%，粗淀粉 74.09%，赖氨酸 0.262%，容重 766g/L。籽粒品质达到普通玉米 1 等级国标；饲料用玉米 1 等级国标；淀粉发酵工业用玉米 2 等级国标；高淀粉玉米 2 等级部标。

产量表现：2009 年参加河南省玉米区试（4 500 株/亩 2 组），11 点汇总，全部增产，平均亩产 605.4kg，比对照郑单 958 增产 7.2%，差异极显著，居 20 个参试品种第 5 位；2010 年续试（4 500 株/亩 2 组），12 点汇总，10 点增产 2 点减产，平均亩产 570.2kg，比对照郑单 958 增产 4.7%，差异显著，居 20 个参试品种第 11 位。综合两年试验结果：平均亩产 587.8kg，比对照郑单 958 增产 6.0%，增产点比率为 91.3%。2010 年河南省玉米生产试验（4 500 株/亩组），11 点汇总，全部增产，平均亩产 566.5kg，比对照郑单 958 增产 7.6%，居 8 个参试品种第 5 位。

栽培技术要点：①播期和密度：夏播在 6 月 10 日左右播种；中肥地一般适宜密度为 4 000 ~ 4 500 株/亩，高肥地不超过 5 000 株/亩为宜。②田间管理：科学施肥；浇好底墒水、孕穗水和灌浆水；苗期注意防治蓟马、蚜虫、地老虎等害虫；大喇叭口期用颗粒杀虫剂丢心，防治玉米螟虫。③适时收获：苞叶发黄后，推迟一周收获，产量可增加 5% ~ 10%。

适宜地区：河南省各地夏播种植。

八十八、弘单 897

审定编号：豫审玉 2011027

品种来源：弘 58 × 弘 08

特征特性：夏播生育期 97 ~ 100d。株型紧凑，全株叶片 20 片，株高 255 ~ 260cm，穗位高 107 ~ 115cm。芽鞘紫色，雄穗分枝密。花药浅紫色，花丝浅紫色，苞叶中。穗圆筒形，穗长 15.9 ~ 16.2cm，穗行数 15.9 ~ 16.2 行，行粒数 33.9 ~ 35.3 粒，白轴、黄粒、半马齿型，千粒重 263 ~ 323g，出籽率 88.7% ~ 89.5%。河北省农科院植保所人工接种抗性鉴定：2006 年高抗矮花叶病（0.0%）、茎腐病（4.0%），抗大斑病（3 级），感小斑病（7 级）、弯孢菌叶斑病（7 级）、瘤黑粉病（34.6%），感玉米螟（7.8 级）；2007 年高抗瘤黑粉病（0.0%）、抗茎腐病（5.1%），中抗矮花叶病（18.3%），感小斑病（7 级）、大斑病（7 级）、弯孢菌叶斑病（7 级），感玉米螟（8.2 级）。农业部农产品质量监督检验测试中心（郑州）品质分析结果：2007 年粗蛋白质 9.66%，粗脂肪 4.16%，粗淀粉 74.39%，赖氨酸 0.326%，容重 736g/L。籽粒品质达到普通玉米 1 等级国标；饲料用玉米 2 等级国标；高淀粉玉米 2 等级部标。

产量表现：2006 年参加河南省玉米区试（4 500株/亩1组），8 点汇总，4 点增产 4 点减产，平均亩产 504.4kg，比对照郑单 958 增产 0.6%，差异不显著，居 20 个参试品种第 7 位；2007 年续试（4 500株/亩 2 组），10 点汇总，9 点增产 1 点减产，平均亩产 592.6kg，比对照郑单 958 增产 5.2%，差异不显著，居 15 个参试品种第 4 位。综合两年试验结果，平均亩产 553.4kg，比对照郑单 958 增产 3.3%，增产点比率为 72.2%。2008 年河南省玉米生产试验（4 500株/亩二组），8 点汇总，1 点增产 1 点平产 6 点减产，平均亩产 588.7kg，比对照郑单 958 减产 2.3%，居 7 个参试品种末位；2009 年续试（4 500株组），10 点汇总，全部增产，平均亩产 603.6kg，比对照郑单 958 增产 10.5%，居 11 个参试品种第 2 位。

栽培技术要点：①播期和密度：麦后直播或麦垄套播，中等地力每亩 4 000 株左右，高水肥地每亩 4 500株左右。②田间管理：及早间定苗，及时中耕除草、治虫；播后 35d 左右施入追肥，以氮肥为主，配合磷、钾肥，每亩 50kg 左右。

适宜地区：河南省各地夏播种植。

八十九、商玉968

审定编号：豫审玉 2010001

品种来源：HH-3×红22

特征特性：夏播生育期 100d。株型半紧凑，全株叶片 21 片，株高 260～277cm，穗位高 112～131cm。雄穗分枝密，花药黄色，花丝浅紫色。果穗筒形，穗长 17.2～18.4cm，穗粗 5.3～5.6cm，穗行数 14～18 行，行粒数 33.1～33.8 粒。红轴，黄粒、马齿型，千粒重 318.0～344.9g，出籽率 85.2%～85.8%。2007 年农业部农产品质量监督检验测试中心（郑州）对该品种多点套袋果穗的籽粒混合样品品质分析：粗蛋白质 11.67%，粗脂肪 4.87%，粗淀粉 70.76%，赖氨酸 0.346%，容重 738g/L。籽粒品质达到普通玉米国标 1 级；饲料用玉米国标 1 级。2008 年河北省农林科学院植物保护研究所人工接种抗性鉴定：高抗矮花叶病（3.3%）、瘤黑粉病（0.8%），中抗大斑病（5 级）、茎腐病（22.0%），感小斑病（7 级），感玉米螟（8.5 级）。

产量表现：2007 年河南省玉米品种区域试验（3 500株/亩1组），12 点汇总，10 增 2 减，平均亩产 551.4kg，比对照浚单 18 增产 4.6%，差异不显著，居 19 个参试品种第 8 位；2008 年续试（3 500株/亩 2 组），12 点汇总全部增产，平均亩产 610.6kg，比对照浚单 18 增产 7.3%，差异显著，居 17 个参试品种第6位。综合两年24点次试验，平均亩产581.0kg，比对照浚单18增产6.0%，增产点比率91.7%。2009年河南省玉米品种生产试验（3 500株/亩组），9点汇总8增1减，平均亩产547.9kg，比对照浚单18增产10.9%，居9个参试品种第7位。

栽培技术要点：①适宜在河南省6月上中旬麦后直播，一般地力每亩密度3 500~4 000株，高水肥地每亩种植4 200株。②由于苗期生长发育较快，在田间管理上要做到及早间定苗，及时进行中耕除草，治虫等工作。③加强前期水肥供应，一般在播后38d施入全部追肥，以氮肥为主，配合磷、钾肥，每亩40~45kg。④注意中后期的玉米螟的防治工作，喷药或呋喃丹丢心均可，进行两次防治，效果较好。

适宜地区：河南省各地种植。

九十、先玉738

审定编号：豫审玉2010002

品种来源：PH8JV×PHN5A

特征特性：夏播生育期101d。株型半紧凑，全株叶片21片，株高280~301cm，穗位高100~108cm。幼苗叶鞘紫色，第一叶尖端圆到匙形，第四叶叶缘浅紫色。雄穗分枝数4~7个，雄穗颖片绿色，花药紫色，花丝绿色。果穗圆筒形，穗长18.1~18.5cm，穗粗4.8~4.9cm，穗行数15.9行，行粒数35.2~36.7粒。红轴，黄粒、半马齿型，千粒重275.5~337.1g，出籽率88.7%~88.8%。2009年农业部农产品质量监督检验测试中心（郑州）对该品种多点套袋果穗籽粒混合样品品质分析：粗蛋白质10.30%，粗脂肪4.17%，粗淀粉73.67%，赖氨酸0.299%，容重780g/L。籽粒品质达到普通玉米国标1级；淀粉发酵工业用玉米国标2级；饲料用玉米国标1级。2009年河南农业大学植保学院人工接种抗性鉴定：高抗矮花叶病（0.0%）、大斑病（1级），抗小斑病（3级），中抗弯孢菌叶斑病（5级）、茎腐病（12.6%），感瘤黑粉病（32.2%），中抗玉米螟（5级）。

产量表现：2008年河南省玉米品种区域试验（3 500株/亩2组），12点汇总10增2减，平均亩产614.3kg，比对照浚单18增产8.0%，差异极显著，居18个参试品种第4位。2009年续试（3 500株/亩2组），12点汇总8增4减，平均亩产539.6kg，比对照浚单18增产3.7%，差异不显著，居19个参试品种第11位。综合两年24点次试验，平均亩产577.0kg，比对照浚单18增产5.9%，增产点比率为

75.0%。2009年河南省玉米品种生产试验（3 500株/亩组），9点汇总全部增产，平均亩产551.4kg，比对照浚单18增产11.6%，居9个参试品种第5位。

栽培技术要点：①播期和密度：5月下旬麦垄套种和麦后直播，种植密度以每亩3 000～4 000株为宜。②田间管理：注意播种质量，及时间苗定苗和中耕除草，防治病虫害；按照配方施肥的原则进行肥水管理，磷肥钾肥和其他缺素肥料作为基肥一次施入，播种时每亩施5～10kg磷酸二铵作为种肥，氮肥按基肥、拔节肥和花粒肥三次施入，比例分别为总氮肥的30%、60%和30%。在前茬小麦施肥较为充足的情况下，也可以采用"一炮轰"的施肥方法。注意种肥隔离，防止烧苗。

适宜地区：河南省各地种植。

九十一、金裕58

审定编号：豫审玉2010003

品种来源：J059×LX9801

特征特性：夏播生育期98～100d。株型紧凑，全株叶片20～21片，株高283～308cm，穗位高114～123cm。幼苗叶鞘浅紫色，第一叶尖端圆到匙形，第四叶叶缘浅紫色。雄穗分枝数多，花药浅紫色，花丝浅紫色。果穗圆筒形，苞叶中，穗颈夹角小，穗长18.2～19.0cm，穗粗5.1cm，穗行数14～16行，行粒数34～35.1粒。白轴，黄白粒、半马齿型，千粒重327.8～408.1g，出籽率86.0%～86.9%。2009年农业部农产品质量监督检验测试中心（郑州）对该品种多点套袋果穗籽粒混合样品品质分析：粗蛋白质11.54%，粗脂肪3.59%，粗淀粉71.90%，赖氨酸0.322%，容重743g/L。籽粒品质达普通玉米国标1级，饲料玉米国标1级，淀粉发酵玉米国标3级。2009年河南农业大学植保学院人工接种抗性鉴定：高抗大斑病（1级）、矮花叶病（0.0%），中抗弯孢菌叶斑病（5级）、瘤黑粉病（8.1%）、小斑病（5级），感茎腐病（38.1%），高感玉米螟（9级）。

产量表现：2008年河南省玉米品种区域试验（3 500株/亩2组），12点汇总11增1减，平均亩产616.8kg，比对照浚单18增产8.4%，差异极显著，居18个参试品种第3位；2009年续试（3 500株/亩2组），12点汇总11增1减，平均亩产574.4kg，比对照浚单18增产10.3%，差异极显著，居19个参试品种第2位。综合两年24点次试验，平均亩产595.6kg，比对照浚单18增产9.3%，增产点比率91.7%。2009年河南省玉米品种生产试验（3 500株/亩组），9点汇总全部增产，平均亩产 569.8kg，比对照浚单 18 增产 15.4%，居 9 个参试品种第 1 位。

栽培技术要点：①播期和密度：5 月 25 日 ~ 6 月 15 日前播种，麦垄点种或夏直播均可。适宜密度 3 300 ~ 3 800 株/亩，高肥地 3 500 ~ 3 800 株/亩，丘陵岗地 3 300 ~ 3 500 株/亩。②田间管理：播种前种子包衣处理，防治地下害虫；施足底肥，并配施磷钾肥和锌肥；五叶定苗，苗期少施肥，大喇叭口期重施穗肥，抽雄期补施穗粒肥。③适时收获：活秆成熟，苞叶发黄 7 ~ 10d，籽粒乳线消失，黑层出现收获。

适宜地区：河南省各地种植。

九十二、金研 568

审定编号：豫审玉 2010005

品种来源：RX9976 × RX6690-7

特征特性：夏播生育期 100 ~ 101d。株型半紧凑，全株叶片 21 片，株高 275 ~ 283cm，穗位高 110 ~ 123cm。幼苗叶鞘浅紫色，第一叶尖端圆到匙形，第四叶叶缘浅紫色。雄穗分枝数中等，雄穗颖片浅紫色，花药黄色，花丝浅紫色。果穗中间形，穗长 17.6 ~ 18.3cm，穗粗 5.1cm，穗行数 14.1 ~ 14.5 行，行粒数 35.6 ~ 36.9 粒。白轴，黄白粒、半马齿型，千粒重 352.8 ~ 373.8g，出籽率 85.7% ~ 86.7%。2007 年农业部农产品质量监督检验测试中心（郑州）对该品种多点套袋果穗籽粒混合样品品质分析：粗蛋白质 11.28%，粗脂肪 4.05%，粗淀粉 71.65%，赖氨酸 0.333%，容重 737g/L。籽粒品质达到普通玉米国标 1 级；饲料用玉米国标 1 级。2008 年河北省农科院植保所人工接种抗性鉴定：高抗矮花叶病（3.3%），抗弯孢菌叶斑病（3 级），中抗大斑病（5 级），感小斑病（7 级）、瘤黑粉病（11.7%），高感茎腐病（57.9%），中抗玉米螟（5.0 级）。

产量表现：2007 年河南省玉米品种区域试验（3 500 株/亩 1 组），12 点汇总 9 增 3 减，平均亩产 546.7kg，比对照浚单 18 增产 3.7%，差异不显著，居 20 个参试品种第 11 位；2008 年续试（3 500 株/亩 1 组），12 点汇总 11 增 1 减，平均亩产 589.3kg，比对照浚单 18 增产 8.1%，差异极显著，居 18 个参试品种第 5 位。综合两年 24 点次试验，平均亩产 591.8kg，比对照浚单 18 增产 6.0%。2009 年河南省玉米品种生产试验（3 500 株/亩组），9 点汇总全部增产，平均亩产 554.6kg，比对照浚单 18 增产 12.2%，居 9 个参试品种第 4 位。

栽培技术要点：①播期和密度：适宜播种期为 6 月 15 日前，适宜密度每亩

3 500～4 000株。②田间管理：苗期注意防治蓟马、棉铃虫等害虫，保证苗齐苗壮；苗期少施肥，大喇叭口期重施肥，同时，用辛硫磷颗粒丢心，防治玉米螟。③适时收获：玉米籽粒乳线消失出现黑粉层后收获，以充分发挥该品种的高产潜力。

适宜地区：河南省各地种植。

九十三、济研94

审定编号：豫审玉2010006

品种来源：济7859×济529

特征特性：夏播生育期101～103d。株型紧凑，全株叶片22片，株高259～271cm，穗位高122～125cm。幼苗叶鞘浅紫色，第一叶尖端圆到匙形，第四叶叶缘绿色。雄穗分枝密，雄穗颖片绿色，花丝浅紫色。果穗中间形，穗长17.4～18.2cm，穗粗5.1～5.3cm，穗行数16行，行粒数38.3～39.0粒。红轴，黄粒、硬粒型，千粒重296.2g，出籽率86.9%～87.4%。2009年农业部农产品质量监督检验测试中心（郑州）对该品种多点套袋果穗籽粒混合样品品质分析：粗蛋白质11.12%，粗脂肪4.71%，粗淀粉71.55%，赖氨酸0.358%，容重774g/L。籽粒品质达到普通玉米国标1级；淀粉发酵工业用玉米国标3级；饲料用玉米国标1级。2009年河南农业大学植保学院人工接种抗性鉴定：高抗矮花叶病（0.0%），抗弯孢菌叶斑病（3级），感小斑病（7级）、茎腐病（39.3%）、瘤黑粉病（30.0%），高感大斑病（9级），抗玉米螟（3级）。

产量表现：2008年河南省玉米品种区域试验（3 500株/亩1组），12点汇总全部增产，平均亩产634.1kg，比对照浚单18增产9.1%，差异极显著，居18个参试品种第3位；2009年续试（3 500株/亩1组），10个试点全部增产，平均亩产594.4kg，比对照浚单18增产13.5%，差异极显著，居19个参试品种第2位。综合两年22点次试验，平均亩产616.1kg，比对照浚单18增产10.1%，增产点比率100%。2009年河南省玉米品种生产试验（3 500株/亩组），9点汇总全部增产，平均亩产551.2kg，比对照浚单18增产11.6%，居9个参试品种第6位。

栽培技术要点：①播期和密度：夏播为5月下旬至6月上旬，一般地块种植密度为3 300～3 500株/亩，高水肥地块种植密度为3 500～3 700株/亩。②田间管理：宽窄行或等行距种植；苗期注意防治地老虎、黏虫、金针虫、蓟马等害虫，大喇叭口期注意防治玉米螟；施肥方式可采用"一炮轰"或分期追肥，有条件的可施有机肥2 000kg/亩，注意配合施磷钾肥。③收获：玉米籽粒乳线消失出现黑粉层后收获，以充分发挥该品种的高产潜力。

适宜地区：河南省各地种植。

九十四、洛单668

审定编号：豫审玉2010007

品种来源：L971×L157

特征特性：夏播生育期100～102d。株型半紧凑，全株叶片20片，株高253～264cm，穗位高119cm。幼苗叶鞘浅紫色，第一叶尖端圆到匙形，第四叶叶缘浅紫色。雄穗分枝数中等，雄穗颖片绿色，花药浅紫色，花丝浅紫色。果穗中间形，穗长16.6～17cm，穗粗4.9～5.2cm，穗行数14～16行，行粒数36.9粒。白轴，黄粒、半马齿型，千粒重302.7～339g，出籽率88.9%～89.8%。2009年农业部农产品质量监督检验测试中心（郑州）对该品种多点套袋果穗籽粒混合样品品质分析：粗蛋白质9.65%，粗脂肪4.52%，粗淀粉72.77%，赖氨酸0.325%，容重726g/L。籽粒品质达到普通玉米国标1级；淀粉发酵工业用玉米国标2级；饲料用玉米国标2级。2009年河南农业大学植物保护学院人工接种抗性鉴定：高抗大斑病（1级），抗矮花叶病（5.9%），中抗小斑病（5级）、茎腐病（28.6%），感瘤黑粉病（17.4%）、弯孢菌叶斑病（7级），感玉米螟（7级）。

产量表现：2008年河南省玉米品种区域试验（3500株/亩1组），12点汇总11增1减，平均亩产647.1kg，比对照浚单18增产9.8%，差异极显著，居18个参试品种第2位；2009年续试（3500株/亩1组），10点汇总全部增产，平均亩产578.8kg，比对照浚单18增产10.5%，差异极显著，居19个参试品种第6位。综合两年22点次试验，平均亩产616.1kg，比对照浚单18增产10.1%，增产点比率为95.4%。2009年河南省玉米品种生产试验（3500株/亩组），9点汇总全部增产，平均亩产555kg，比对照浚单18增产12.4%，居9个参试品种第2位。

栽培技术要点：①播期和密度：适宜播期6月15日前，适宜密度3500株/亩。②田间管理：种子包衣防苗期病虫害，保证苗齐苗壮，中期丢毒土，防治玉米螟；苗期酌情施肥，中期重施穗肥，后期补施粒肥，科学调配水肥。③收获：玉米籽粒乳线消失出现黑色层时收获，以充分发挥品种的高产潜力。

适宜地区：河南省各地种植。

九十五、中种 8 号

审定编号：豫审玉 2010008

品种来源：CR2919 × CRE2

特征特性：夏播生育期 101d。株型半紧凑，全株叶片 20 片，株高 300cm，穗位高 125～131cm。芽鞘紫色。雄穗分枝中，花药浅紫色，花丝浅紫色，苞叶中。果穗筒形，穗长 18.6～19cm，穗粗 5.1～5.2cm，穗行数 14～16 行，行粒数 24.8～35.0 粒。白轴、黄粒、马齿型，千粒重 355.7～375.9g，出籽率 85.5%～86.4%。2007 年农业部农产品质量监督检验测试中心（郑州）对该品种多点套袋果穗籽粒混合样品品质分析：粗蛋白质 9.64%，粗脂肪 4.33%，粗淀粉 71.39%，赖氨酸 0.318%，容重 716g/L。籽粒品质达到普通玉米国标 1 级；饲料用玉米国标 2 级。2008 年河北省农科院植保所人工接种抗性鉴定：高抗矮花叶病（0.0%），中抗弯孢菌叶斑病（5 级）、茎腐病（11.9%）、小斑病（5 级），感瘤黑粉病（23.8%），高感大斑病（9 级），感玉米螟（8.0 级）。

产量表现：2007 年河南省玉米品种区域试验（3 500 株/亩 1 组），12 点汇总，10 增 2 减，平均亩产 550.0kg，比对照浚单 18 增产 4.4%，差异不显著，居 20 个参试品种第 9 位；2008 年续试（3 500 株/亩 1 组），12 点汇总，10 增 2 减，平均亩产 632.1kg，比对照浚单 18 增产 7.3%，差异极显著，居 18 个参试品种第 9 位。综合两年 24 点次试验，平均亩产 591.1kg，比对照浚单 18 增产 5.9%，增产点比率为 83.3%。2009 年河南省玉米品种生产试验（3 500 株/亩组），9 点汇总，全部增产，平均亩产 542.3kg，比对照浚单 18 增产 9.8%，居 9 个参试品种第 8 位。

栽培技术要点：①播期和密度：适期播种，播种时要求深浅一致，确保一播保全苗。建议种植密度 3 300～3 500 株/亩。②田间管理：适时中耕培土、施肥、灌水，大喇叭口期用呋喃丹丢心叶防治玉米螟。

适宜地区：河南省各地种植。

九十六、新科 19

审定编号：豫审玉 2010010

品种来源：K380 × H863

特征特性：夏播生育期 99～101d。株型紧凑，全株叶片 21 片，株高 285～292cm，穗位 117～119cm。幼苗叶鞘浅紫色，第一叶尖端椭圆形。雄穗分枝密，花药浅紫色，花丝深紫色，苞叶中。穗圆筒形，穗长 16.6cm，穗粗 5.2 ~ 5.5cm，穗行数 16.4 行，行粒数 33.1 ~ 33.5 粒。白轴，黄粒、半马齿型，千粒重 302.2 ~ 352.8g，出籽率 88.2% ~ 88.9%。2009 年农业部农产品质量监督检验测试中心（郑州）对该品种多点套袋果穗的籽粒混合样品品质分析：粗蛋白质 10.71%，粗脂肪 4.02%，粗淀粉 74.67%，赖氨酸 0.310%，容重 738g/L。籽粒品质达到普通玉米国标 1 级；淀粉发酵工业用玉米国标 2 级；饲料用玉米国标 1 级；高淀粉玉米部标 2 级。2008 年河北省农科院植保所人工接种抗性鉴定：高抗瘤黑粉病（0.0%）、矮花叶病（0.0%），中抗大斑病（5 级）、小斑病（5 级）、茎腐病（28.2%），感弯孢菌叶斑病（7 级），感玉米螟（8.7 级）。

产量表现：2008 年河南省玉米品种区域试验（4 000 株/亩 2 组），12 点汇总，11 增 1 减，平均亩产 699.0kg，比对照郑单 958 增产 7.7%，差异极显著，居 19 个参试品种第 2 位；2009 年续试（4 000 株/亩 2 组），11 点汇总，全部增产，平均亩产 591.4kg，比对照郑单 958 增产 8.7%，差异极显著，居 19 个参试品种第 2 位。综合两年 23 点次试验，平均亩产 647.5kg，比对照郑单 958 增产 8.1%，增产点比率为 95.7%。2009 年河南省玉米品种生产试验（4 000 株/亩组），9 点汇总全部增产，平均亩产 601.8kg，比对照郑单 958 增产 9.7%，居 10 个参试品种第 2 位。

栽培技术要点：①播期和密度：适宜夏直播，一般在 6 月 10 日左右播种，适宜种植密度 4 000 株/亩。②合理施肥：适当增施肥料，注意氮磷钾配合施用。施好基肥，重施攻穗期肥，酌施攻粒肥。③浇水和病虫防治：浇好第一水，保证一播全苗，重点浇好大喇叭口期至灌浆期的丰产水，及时防治地下害虫和玉米螟。

适宜地区：河南省各地种植。

九十七、新单 36

审定编号：豫审玉 2010011

品种来源：新 2386 × 新 6

特征特性：夏播生育期 97d。株型紧凑，全株叶片 21 片，株高 248 ~ 252cm，穗位高 103 ~ 107cm。芽鞘紫色，雄穗分枝 15 ~ 18 个，花药浅紫色，花丝青色，苞叶中。果穗筒形，穗长 16.2 ~ 16.9cm，穗粗 5.0 ~ 5.1cm，穗行数 14 ~ 16 行，行粒数 33 ~ 33.5 粒。粉红轴，黄粒、半马齿型，千粒重 343.6 ~ 348.3g，出籽率 89.6% ~ 90.4%。2007 年农业部农产品质量监督检验测试中心（郑州）对该品种多点套袋果穗的籽粒混合样品品质分析：粗蛋白质9.30%，粗脂肪4.39%，粗淀粉71.58%，赖氨酸0.333%，容重736g/L。籽粒品质达到普通玉米国标1级；饲料用玉米国标2级。2008年河南农业大学植保学院人工接种抗性鉴定：高抗大斑病（1级）、小斑病（1级）、矮花叶病（0.0%），中抗茎腐病（22.9%），感瘤黑粉病（21.0%），高感弯孢菌叶斑病（9级），感玉米螟（8级）。

产量表现：2007年河南省玉米品种区域试验（4 000株/亩1组），10点汇总，8增2减，平均亩产603.6kg，比对照郑单958增产3.4%，差异不显著，居18个参试品种第8位；2008年续试（4 000株/亩1组），10点汇总，8增2减，平均亩产605.1kg，比对照郑单958增产3.8%，差异不显著，居19个参试品种第10位。综合两年20点次试验，平均亩产604.4kg，比对照郑单958增产3.6%，增产点比率为80.0%。2009年河南省玉米品种生产试验（4 000株/亩组），9点汇总全部增产，平均亩产592kg，比对照郑单958增产7.9%，居9个参试品种第7位。

栽培技术要点：①播期和密度：6月10日前播种，亩密度4 000株。②田间管理：苗期用杀虫剂防治蓟马、蚜虫、黏虫、棉铃虫，确保苗壮；苗期或播种时少施肥，大喇叭口期重施攻穗肥。同时，用杀虫颗粒剂丢心，防治玉米螟。③收获：玉米籽粒乳线消失，底部出现黑色层后收获，以充分发挥该品种的高产潜力。

适宜地区：河南省各地种植。

九十八、郑单538

审定编号：豫审玉2010012

品种来源：郑A88×郑T22

特征特性：夏播生育期98d。株型紧凑，全株叶片21片，株高288～309cm，穗位高114～116cm。幼苗绿色，芽鞘紫色，长势健壮根系发达，茎秆坚韧。雄穗分枝中，花药浅紫色。花丝浅紫色，苞叶中。穗圆筒形，穗长16.4～17.2cm，穗粗5.0～5.2cm，穗行数17.0～17.1，行粒数34.1～34.5粒。白轴，黄粒、半马齿型，千粒重277.2～331.4g，出籽率88.4%～88.8%。2009年农业部农产品质量监督检验测试中心（郑州）对该品种多点套袋果穗的籽粒混合样品品质分析：粗蛋白质10.65%，粗脂肪3.51%，粗淀粉75.54%，赖氨酸0.344%，容重748g/L。籽粒品质达到普通玉米国标1级；淀粉发酵工业用玉米国标1级；饲料用玉米国标1级；高淀粉玉米部标2级。2008年河南农业大学植保学院人工接种抗性鉴定：高抗大斑病（1级），抗弯孢菌叶斑病（3级），中抗茎腐病

（25.5%），感小斑病（7级）、瘤黑粉病（21.0%）、矮花叶病（42.1%），高感玉米螟（9级）。

产量表现：2008年河南省玉米品种区域试验（4 000株/亩2组），12点汇总全部增产，平均亩产704.6kg，比对照郑单958增产8.6%，差异极显著，居19个参试品种第1位；2009年续试（4 000株/亩1组），11点汇总全部增产，平均亩产608.8kg，比对照郑单958增产10.5%，差异极显著，居19个参试品种第1位。综合两年23点次试验，平均亩产658.8kg，比对照郑单958增产9.4%，增产点比率为100%。2009年河南省玉米品种生产试验（4 000株/亩组），9点汇总全部增产，平均亩产600.5kg，比对照郑单958增产9.5%，居10个参试品种第3位。

栽培技术要点：①播期与密度：适宜在河南省6月上中旬麦后直播，一般地力每亩密度4 000～4 200株，高水肥地每亩种植4 500株左右。②田间管理：苗期生长发育较快，要做到及早间定苗；加强前期水肥供应，一般在播后35d施入全部追肥，以氮肥为主，配合磷、钾肥，每亩30～40kg；中后期喷药或呋喃丹丢心防治玉米螟。

适宜地区：河南省各地种植。

九十九、丹福6号

审定编号：豫审玉2010013

品种来源：SN36×SN8-7

特征特性：夏播生育期96d。株型半紧凑，全株叶片21片，株高240cm，穗位高103～106cm。幼苗叶鞘紫红色，第一叶尖端椭圆，第四叶叶缘绿色。雄穗分枝数中等，雄穗颖片绿偏紫，花药黄色，花丝紫红色。果穗圆筒形，穗长16.7～16.9cm，穗粗4.9～5.0cm，穗行数14.7～15.8行，行粒数35～36粒。红轴，黄粒、马齿型，千粒重288.3～309.1g，出籽率89.1%～89.5%。2007年农业部农产品质量监督测试中心（郑州）对该品种多点套袋果穗的籽粒混合样品品质分析：粗蛋白质8.97%，粗脂肪4.46%，粗淀粉74.46%，赖氨酸0.284%，容重734g/L。籽粒品质达到普通玉米国标1级；淀粉发酵工业用玉米国标1级；饲料用玉米国标3级；高淀粉玉米部标2级。2008年河北省农科院植保所人工接种抗性鉴定：高抗矮花叶病（0.0%），中抗大斑病（5级）、小斑病（5级）、弯孢菌叶斑病（3级），高感瘤黑粉病（70.0%），感茎腐病（39.5%），感玉米螟（8.0级）。

产量表现：2007年河南省玉米品种区域试验（4 000株/亩2组），12点汇总9

增3减，平均亩产560.1kg，比对照郑单958增产1.5%，差异不显著，居18个参试品种第10位；2008年续试（4 000株/亩1组），10点汇总9增1减，平均亩产617.1kg，比对照郑单958增产5.9%，差异极显著，居19个参试品种第7位。综合两年22点次试验，平均亩产586.0kg，比对照郑单958增产3.5%，增产点比率81.8%。2009年河南省玉米品种生产试验（4 000株/亩组），9点汇总全部增产，平均亩产597.3kg，比对照郑单958增产8.9%，居10个参试品种第5位。

栽培技术要点：①播期与密度：6月15日前播种，适合麦垄套种或夏直播，适宜种植密度3 800~4 200株/亩。②田间管理：种子包衣，足墒播种，确保一播全苗；宽窄行种植，宽行80cm，窄行40cm；三叶期间苗，五叶期定苗，适当蹲苗；分期施肥，苗期施肥以氮、磷、钾复合肥为主，苗期氮肥占氮肥总量的30%左右，磷、钾肥全部施入，大喇叭口期，亩施尿素40kg。

适宜地区：河南省各地种植。

一〇〇、秀青77-9

审定编号：豫审玉2010014

品种来源：SS301×C7-43

特征特性：夏播生育期98~102d。株型紧凑，全株叶片21片，株高259~262cm，穗位高107~113cm。幼苗叶鞘紫红色，第一叶尖端椭圆形，第四叶叶缘浅红色。雄穗分枝数中等，雄穗颖片浅紫色，花药红色，花丝绿色。果穗圆筒—中间形，穗长17.4~18.7cm，穗粗4.7~4.9cm，穗行数13.7~14.2，行粒数33.9~37粒。白轴，黄粒、半马型，千粒重326.1~356.6g，出籽率88%~88.4%。2009年农业部农产品质量监督检验测试中心（郑州）对该品种多点套袋果穗的籽粒混合样品品质分析：粗蛋白质10.16%，粗脂肪4.16%，粗淀粉75.43%，赖氨酸0.310%，容重726g/L。籽粒品质达到普通玉米国标1级；淀粉发酵工业用玉米国标1级；饲料用玉米国标1级；高淀粉玉米部标2级。2009年河南农业大学植保学院人工接种抗性鉴定：高抗大斑病（5级）、矮花叶病（0.0%），中抗弯孢菌叶斑病（5级），感小斑病（7级）、茎腐病（33.0%），高感瘤黑粉病（40.0%），中抗玉米螟（5级）。

产量表现：2008年河南省玉米品种区域试验（4 000株/亩1组），10点汇总全部增产，平均亩产618.9kg，比对照郑单958增产6.2%，差异极显著，居19个参试品种第4位；2009年续试（4 000株/亩2组），11点汇总10增1减，平均亩产577.7kg，比对照郑单958增产6.2%差异显著，居19个参试品种第 7 位。综合两年 21 点次试验，平均亩产 597.4kg，比对照郑单 958 增产 6.2%，增产点比率 95.2%。2009 年河南省玉米品种生产试验（4 000 株/亩组），9 点汇总全部增产，平均亩产 592.9kg，比对照郑单 958 增产 8.1%，居 10 个参试品种第 6 位。

栽培技术要点：①播期和密度：6 月 10 日前播种，每亩密度 3 500 ~ 4 000 株。②田间管理：用玉米专用包衣剂对种子进行药剂处理，苗期注意防治蓟马、棉铃虫等虫害；苗期少施肥，大喇叭口期重施肥，同时，用辛硫磷颗粒剂丢心，防治玉米螟和蚜虫。③适时收获：玉米籽粒乳线消失出现黑粉层后收获，以充分发挥该品种的高产潜力。

适宜地区：河南省各地种植。

一〇一、濮玉 5 号

审定编号：豫审玉 2010015

品种来源：Z2219 × H72

特征特性：夏播生育期 97 ~ 100d。株型半紧凑，全株叶片 20 片，株高 254 ~ 276cm，穗位高 111 ~ 112cm。幼苗叶鞘浅紫色，第一叶尖端圆到匙形，第四叶叶缘浅紫色。雄穗分枝数中等，雄穗颖片浅紫色，花药紫色，花丝浅紫色。苞叶长，果穗圆筒形，穗长 16.8 ~ 18.9cm，穗粗 4.9 ~ 5.0cm，穗行数 15.3 ~ 15.6 行，行粒数 34.8 ~ 35.8 粒。白轴，黄粒、半马齿型，千粒重 329.4 ~ 346.3g，出籽率 88.8% ~ 89.1%。2009 年农业部农产品质量监督检验测试中心（郑州）对该品种多点套袋果穗的籽粒混合样品品质分析：粗蛋白质 10.54%，粗脂肪 4.80%，粗淀粉 72.39%，赖氨酸 0.352%，容重 748g/L。籽粒品质达到普通玉米国标 1 级；淀粉发酵工业用玉米国标 2 级；饲料用玉米国标 1 级；高淀粉玉米部标 3 级。2008 年河南农业大学植保学院人工接种抗性鉴定：高抗大斑病（1 级）、矮花叶病（0.0%）、中抗弯孢菌叶斑病（5 级），感小斑病（7 级）、瘤黑粉病（32.7%）、茎腐病（37.1%），中抗玉米螟（6 级）。

产量表现：2008 年河南省玉米品种区域试验（4 000 株/亩 1 组），10 点汇总全部增产，平均亩产 622.6kg，比对照郑单 958 增产 6.8%，差异极显著，居 19 个参试品种第 1 位；2009 年续试（4 000 株/亩 1 组），11 点汇总，10 增 1 减，平均亩产 606.8kg，比对照郑单 958 增产 10.1%，差异极显著，居 19 个参试品种第 2 位。综合两年 22 点次试验，平均亩产 614.3kg，比对照郑单 958 增产 8.5%，增产点比率为 95.2%。2009 年河南省玉米品种生产试验（4 000 株/亩组），9 点汇总全部增产，平均亩产 591.1kg，比对照郑单 958 增产 7.8%，居 10 个参试品种第 8 位。

栽培技术要点：①播期和密度：夏播于 6 月 12 日前，种植密度为每亩 4 000 株。②田间管理：播种前进行种子处理，保证苗齐、苗匀、苗壮；沟施氮、磷、钾复合肥 15 ~ 20kg/亩做底肥，4 ~ 6 片展开叶时追施尿素 10 ~ 15kg/亩，12 ~ 13 片展开叶施尿素 20 ~ 25kg/亩；苗期用菊酯类或有机磷类农药防治虫害，玉米大喇叭口期，玉米心叶中丢施呋喃丹等有机磷颗粒剂，防治玉米螟和蚜虫危害。

适宜地区：河南省各地种植。

一〇二、漯玉 336

审定编号：豫审玉 2010016

品种来源：R2005 × 昌 7-2

特征特性：夏播生育期 96 ~ 100d。株型紧凑，全株叶片 22 片，株高 250 ~ 268cm，穗位高 115 ~ 120cm。幼苗叶鞘深紫色，第一叶尖端圆到匙形，第四叶叶缘浅紫色。雄穗分枝数多，雄穗颖片浅紫色，花药浅紫色，花丝浅紫色。果穗圆筒—中间形，穗长 16.1 ~ 16.7cm，穗粗 4.8 ~ 4.9cm，穗行数 14.2 ~ 14.5 行，行粒数 36.4 ~ 38.2 粒。白轴，黄粒、硬粒型，千粒重 305 ~ 317.9g，出籽率 89.3% ~ 89.8%。2009 年农业部农产品质量监督检验测试中心（郑州）对该品种多点套袋果穗的籽粒混合样品品质分析：粗蛋白质 10.16%，粗脂肪 4.03%，粗淀粉 74.13%，赖氨酸 0.307%，容重 747g/L。籽粒品质达到普通玉米国标 1 级；淀粉发酵工业用玉米国标 2 级；饲料用玉米国标 1 级；高淀粉玉米部标 2 级。2009 年河南农业大学植保学院人工接种抗性鉴定：高抗大斑病（1 级）、矮花叶病（0.0%），抗小斑病（3 级）、瘤黑粉病（4.4%），中抗弯孢菌叶斑病（5 级），高感茎腐病（44.4%），高感玉米螟（9 级）。

产量表现：2007 年河南省玉米品种区域试验（4 000 株/亩 1 组），10 点汇总，8 增 2 减，平均亩产 612.kg，比对照郑单 958 增产 4.9%，差异不显著，居 18 个参试品种第 3 位；2008 年续试（4 000 株/亩 3 组），10 点汇总，7 增 3 减，平均亩产 595.1kg，比对照郑单 958 增产 2.0%，差异不显著，居 19 个参试品种第 11 位；2009 年续试（4 000 株/亩 3 组），10 点汇总，9 增 1 减，平均亩产 584.2kg，比对照郑单 958 增产 7.9%，差异极显著，居 19 个参试品种第 4 位。综合 3 年 30 点次试验，平均亩产 597.1kg，比对照郑单 958 增产 4.9%，增产点比率为 80%。2008 年河南省玉米品种生产试验（4 000 株/亩 1 组），9 点汇总全部增产，平均亩产 625.6kg，比对照郑单 958 增产 7.3%，居 9 个参试品种第 5 位；2009 年续试（4 000 株/亩组），9 点汇总全部增产，平均亩产 599.4kg，比对照郑单 958 增产 9.3%，居 10 个参试品种第 4 位；两年平均亩产 612.5kg，比对照郑单 958 增产 8.3%。

栽培技术要点：①适时早播、合理密植：夏播宜在 6 月上旬，最迟不超过 6 月 15 日播种；种植密度为每亩 4 000 株。②田间管理：40% 乙莠玉米除草剂作土壤封闭处理，防除杂草危害；间定苗要去弱留壮，确保留苗密度；8 叶期亩施尿素 10kg；12 叶期施穗肥 30kg；大喇叭口期亩用呋喃丹 1.5 ~ 2kg 撒入心叶，防治玉米螟兼治蚜虫。

适宜地区：河南省各地种植。

一〇三、新单 33

审定编号：豫审玉 2010017

品种来源：新 F26 × 新 6

特征特性：夏播生育期 97 ~ 101d。株型紧凑，全株叶片 21 片，株高 245 ~ 276cm，穗位高 105 ~ 120cm。雄穗分枝 15 ~ 18 个，花药黄色，花丝红色。果穗筒形，穗长 16.2 ~ 16.9cm，穗粗 4.8 ~ 5.0cm，穗行数 14 ~ 16 行，行粒数 32.8 ~ 34.6 粒。白轴，黄粒、半马齿型，千粒重 300.9 ~ 332g，出籽率 90.2%。2009 年农业部农产品质量监督检验测试中心（郑州）对该品种多点套袋果穗的籽粒混合样品品质分析：粗蛋白质 9.86%，粗脂肪 4.18%，粗淀粉 73.29%，赖氨酸 0.312%，容重 736g/L。籽粒品质达到普通玉米国标 1 级；淀粉发酵工业用玉米国标 2 级；饲料用玉米国标 2 级；高淀粉玉米部标 3 级。2008 年河南农业大学植保学院人工接种抗性鉴定：高抗大斑病（1 级），抗弯孢菌叶斑病（3 级），中抗小斑病（5 级）、瘤黑粉病（7.2%）、茎腐病（18.4%）、矮花叶病（25.0%），中抗玉米螟（6.0 级）。

产量表现：2007 年河南省玉米品种区域试验（4 000 株/亩 1 组），12 点汇总，9 增 3 减，平均亩产 570.7kg，比对照郑单 958 增产 3.4%，差异不显著，居 18 个参试品种第 6 位；2008 年续试（4 000 株/亩 3 组），10 点汇总，6 增 4 减，平均亩产 597.8kg，比对照郑单 958 增产 2.5%，差异不显著，居 19 个参试品种第 10 位；2009 年续试（4 000 株/亩 3 组），10 点汇总，9 增 1 减，平均亩产 584.0kg，比对照郑单 958 增产 7.9%，差异极显著，居 19 个参试品种第 5 位。综合 3 年 32 点次试验，平均亩产 583.3kg，比对照郑单 958 增产 4.6%，增产点比率为75%。2008年河南省玉米品种生产试验（4 000株/亩2组），9点汇总全部增产，平均亩产633.5kg，比对照郑单958增产6.5%；2009年续试（4 000株/亩组），9点汇总全部增产，平均亩产588.5kg，比对照郑单958增产7.3%。两年平均亩产611kg，比对照郑单958增产6.9%。

栽培技术要点：①播期和密度：6月10日前种完，密度4 000株/亩。②田间管理：苗期用杀虫剂防治蓟马、蚜虫、黏虫、棉铃虫，确保苗壮；苗期或播种时少施肥，大喇叭口期重施攻穗肥。同时，用杀虫颗粒剂丢心，防止玉米螟。③收获：玉米籽粒乳线消失，底部出现黑色层后收获，充分发挥该品种的高产潜力。

适宜地区：河南省各地种植。

一〇四、浚研158

审定编号：豫审玉2010018

品种来源：L12 × FL209

特征特性：夏播生育期98～101d。株型紧凑，全株叶片20片，株高256～260cm，穗位高113～120cm。芽鞘浅紫色。雄穗分枝中，花药黄色，花丝绿色，苞叶中。穗长15.6～17.0cm，穗粗4.7～4.9cm，穗行数14.2行，行粒数33.7～35.2粒。穗筒形，红轴，黄粒、半硬粒型，千粒重316.2～337.2g，出籽率89.3%～89.5%。2009年农业部农产品质量监督检验测试中心（郑州）对该品种多点套袋果穗的籽粒混合样品质分析：粗蛋白质9.19%，粗脂肪4.91%，粗淀粉74.80%，赖氨酸0.312%，容重758g/L。籽粒品质达到普通玉米国标1级；淀粉发酵工业用玉米国标2级；饲料用玉米国标2级；高淀粉玉米部标3级。2009年河南农业大学植保学院人工接种抗性鉴定：高抗大斑病（1级）、矮花叶病（0.0%），中抗小斑病（5级）、弯孢菌叶斑病（5级），感瘤黑粉病（22.1%）、茎腐病（34.2%），高感玉米螟（9级）。

产量表现：2008年河南省玉米品种区域试验（4 500株/亩2组），10点汇总，9增1减，平均亩产679.6kg，比对照郑单958增产6.7%，显著差异，居18个参试品种第3位；2009年续试（4 500株/亩2组），11点汇总，10增1减，平均亩产596.9kg，比对照郑单958增产5.7%，显著差异，居20个参试品种第9位。综合两年21点次试验，平均亩产636.3kg，比对照郑单958增产6.2%，增产点比率为90.5%。2009年河南省玉米品种生产试验（4 500株/亩组），10点汇总全部增产，平均亩产591.2kg，比对照郑单958增产8.2%，居11个参试品种第9位。

栽培技术要点：①播期与密度：最佳播种期在6月15号以前；中等以上肥

力田块种植，适宜密度 4 500株/亩。②田间管理：足肥足墒下种，保证全苗；及时定苗，确保苗齐、苗匀、苗壮、苗足；施肥以氮肥为主，配合增施磷钾肥，拔节期和大喇叭口期两次追施为宜；苞叶发黄后推迟 7～10d 或籽粒出现黑色层后收获。

适宜地区：河南省各地种植。

一〇五、豫禾858

审定编号：豫审玉 2010019

品种来源：872×547

特征特性：夏播生育期98～101d。株型紧凑，全株叶片20片，株高264～267cm，穗位高113～119cm。芽鞘浅紫色，雄穗分枝中，花药黄色，花丝绿色，苞叶适中。穗呈筒形，穗长15.6～17.1cm，穗粗5.1cm，穗行数14.5～14.8行，行粒数32.9～33.9粒。白轴，黄粒、半马齿型，千粒重324.2～362.5g，出籽率87.9%～88.1%。2009年经农业部农产品质量监督检验测试中心（郑州）对该品种多点套袋果穗的籽粒混合样品品质分析：粗蛋白质10.87%，粗脂肪5.54%，粗淀粉71.98%，赖氨酸0.326%，容重736g/L。籽粒品质达到普通玉米国标1级，淀粉发酵工业用玉米国标3级，饲用玉米国标1级。2009年经河南农业大学植保学院鉴人工接种抗性鉴定：高抗大斑病（1级）、矮花叶病（0.0%），中抗小斑病（5级），感茎腐病（37.5%）、瘤黑粉病（13.0%），高感弯孢菌叶斑病（9级），抗玉米螟（1级）。

产量表现：2008年河南省玉米品种区域试验（4 500株/亩2组），10点汇总，9增1平，平均亩产691.3kg，比对照郑单958增产8.6%，极显著水平，居18个参试品种第1位；2009年续试（4 500株/亩2组），11点汇总全部增产，平均亩产613.6kg，比对照郑单958增产8.7%，极显著水平，居20个参试品种第2位。综合两年21点次试验，平均亩产650.6kg，比对照种郑单958增产8.6%，增产比率95.2%。2009年河南省玉米品种生产试验（4 500株/亩组），10点汇总全部增产，平均亩产596.9kg，比对照郑单958增产9.3%，居11个参试品种第4位。

栽培技术要点：①播期和密度：6月15日前播种，每亩种植4 500株。②田间管理：基肥以农家肥为主，酌情施苗肥，重施攻穗肥，补施攻粒肥；种子包衣防治蓟马、地老虎等地下害虫；大喇叭口期用颗粒杀虫剂丢心，防治玉米螟虫。③适时收获：玉米籽粒灌浆乳线消失或籽粒尖端出现黑色层时收获，以充分发挥该品种的增产潜力。

适宜地区：河南省各地种植。

一〇六、中禾 8 号

审定编号：豫审玉 2010020

品种来源：3558×CH785

特征特性：夏播生育期 95 ~ 101d。株型紧凑，全株叶片 22 片，株高 277 ~ 283cm，穗位高 112 ~ 119cm。幼苗叶鞘浅紫色，第一叶尖端圆到匙形，第四叶叶缘浅紫色。雄穗分枝数较少，花药浅紫色，花丝绿色，苞叶中。果穗中间—圆筒形，穗长 16.5 ~ 16.9cm，穗粗 4.9 ~ 5.0cm，穗行数 15.6，行粒数 32.5 ~ 32.7 粒。白轴，黄粒、半马齿型，千粒重 324.2 ~ 327.4g，出籽率 89.6% ~ 89.9%。2009 年农业部农产品质量监督检验测试中心（郑州）对该品种多点套袋果穗的籽粒混合样品品质分析：粗蛋白质 9.79%，粗脂肪 4.49%，粗淀粉 72.38%，赖氨酸 0.322%，容重 741g/L。籽粒品质达到普通玉米 1 等级国标；淀粉发酵工业用玉米 2 等级国标；饲料用玉米 2 等级国标；高淀粉玉米 3 等级部标。2009 年河南农业大学植保学院人工接种抗性鉴定：高抗大斑病（1 级），抗茎腐病（8.3%），中抗矮花叶病（16.7%）、小斑病（5 级），高感弯孢菌叶斑病（9 级）、瘤黑粉病（40.2%），抗玉米螟（3 级）。

产量表现：2008 年河南省玉米品种区域试验（4 500 株/亩 1 组），11 点汇总，9 增 2 减，平均亩产 668.0kg，比对照郑单 958 增产 4.1%，差异不显著，居 18 个参试品种第 7 位；2009 年续试（4 500 株/亩 1 组），11 点汇总全部增产，平均亩产 573.8kg，比对照郑单 958 增产 5.2%，差异显著，居 20 个参试品种第 6 位。综合两年 22 点次试验，平均亩产 620.9kg，比对照郑单 958 增产 4.6%，增产点比率为 90.9%。2009 年河南省玉米品种生产试验（4 500 株/亩组），10 点汇总全部增产，平均亩产 593.4kg，比对照郑单 958 增产 8.7%，居 11 个参试品种第 8 位。

栽培技术要点：①播期和密度：一般种植密度为 4 500 株/亩。夏播种植不晚于 6 月 13 日。②田间管理：播种前应进行种子处理晒种；采取土壤封闭的方法进行化学除草；玉米大喇叭口期，在玉米心叶中丢施带毒颗粒剂，可有效地防治玉米螟和蚜虫危害。③生理成熟时适时收获：在全田果穗籽粒基部出现黑色层或乳线消失为最佳收获期。

适宜地区：河南省各地种植。

一〇七、俊达001

审定编号：豫审玉 2010023

品种来源：LN521 × LN659

特征特性：夏播生育期 98 ~ 100d。株型紧凑，全株叶片 21 片，株高 265 ~ 277cm，穗位高 126cm。幼苗叶鞘浅紫色，第一叶尖端圆到匙形，第四叶叶缘绿色。雄穗分枝数中等，雄穗颖片绿色，花药浅紫色，花丝浅紫色。果穗粗筒形，穗长 15.7 ~ 16.3cm，穗粗 5.1 ~ 5.2cm，穗行数 15.3 ~ 15.8 行，行粒数 33.5 ~ 34.1 粒。白轴、黄粒、马齿型，千粒重 303.7 ~ 316.7g，出籽率 88.1% ~ 89%。2009 年农业部农产品质量监督检验测试中心（郑州）对该品种多点套袋果穗的籽粒混合样品品质分析：粗蛋白质 10.3%，粗脂肪 5.42%，粗淀粉 70.76%，赖氨酸 0.334%，容重 716g/L。籽粒品质达到普通玉米国标 2 级；淀粉发酵工业用玉米国标 3 级；饲料用玉米国标 1 级。2009 年河南农业大学植保学院人工接种抗性鉴定：高抗大斑病（1 级）、矮花叶病（0.0%）、瘤黑粉病（0.0%），抗茎腐病（8.5%），中抗小斑病（5 级）、弯孢菌叶斑病（5 级）、中抗玉米螟（5级）。

产量表现：2008 年河南省玉米品种区域试验（4 500株/亩2 组），10 点汇总全部增产，平均亩产 679.6kg，比对照郑单 958 增产 6.7%，差异显著，居 18 个参试品种第 4 位；2009 年续试（4 500株/亩2 组），11 点汇总全部增产，平均亩产 609.4kg，比对照郑单 958 增产 8.0%，差异显著，居 20 个参试品种第 4 位。综合两年 21 点次试验，平均亩产 642.8kg，比对照郑单 958 增 7.3%，增产点比率为 100%。2009 年河南省玉米品种生产试验（4 500株/亩组），10 点汇总全部增产，平均亩产 595.2kg，比对照郑单 958 增产 9%，居 11 个参试品种第 6 位。

栽培技术要点：①播期和密度：6 月 15 日前抢时早播，适宜种植密度 4 000 ~ 4 500株/亩。②田间管理：前期注意蹲苗；苗期亩施氮、磷、钾复合肥 40kg，大喇叭口期亩追尿素 40kg，大喇叭口期用颗粒剂丢心防治玉米螟。

适宜地区：河南省各地种植。

一〇八、郑韩9号

审定编号：豫审玉 2010024

品种来源：ZHX19 × ZHX30

特征特性：夏播生育期 98d。株型紧凑，全株叶片 21 片，株高 267cm，穗位高110～120cm。雄花分枝多，花药黄色，花丝浅紫色，苞叶适中。果穗圆筒形，穗长15.8～16.7cm，穗粗4.7～4.9cm，穗行数13.9～15.8行，行粒数34.2～35.3粒。白轴，黄粒、半马齿型，千粒重295.4～333.9g，出籽率89.4%。2009年农业部农产品质量监督检验测试中心（郑州）对该品种多点套袋果穗的籽粒混合样品品质分析：粗蛋白质9.89%，粗脂肪4.18%，粗淀粉73.06%，赖氨酸0.323%，容重737g/L。籽粒品质达到普通玉米国标1级；淀粉发酵工业用玉米国标1级；饲料用玉米国标2级；高淀粉玉米部标3级。2009年河南农业大学植保学院人工接种抗性鉴定：高抗大斑病（1级）、矮花叶病（0.0%），中抗小斑病（5级）、弯孢菌叶斑病（5级）、瘤黑粉病（8.6%），感茎腐病（35.0%），高抗玉米螟（1级）。

产量表现：2008年河南省玉米品种区域试验（4 500株/亩1组），11点汇总，8增3减，平均亩产668.3kg，比对照郑单958增产4.1%，差异不显著，居18个参试品种第6位；2009年续试（4 500株/亩1组），11点汇总，10增1减，平均亩产577.4kg，比对照郑单958增产5.9%，差异显著，居20个参试品种第4位。综合两年22点次试验，平均亩产622.9kg，比对照郑单958增产4.9%，增产点比率为81.8%。2009年河南省玉米品种生产试验（4 500株/亩组），10点汇总全部增产，平均亩产604.6kg，比对照郑单958增产10.7%，居11个参试品种第1位。

栽培技术要点：①合理密植：中等水肥地亩留苗4 200株左右，高水肥地亩留苗不超过4 800株。②适时早播：夏播种植播期不晚于6月10日。③科学施肥：施足基肥，一般亩施优质农家肥1 500kg。播种时亩施三元复合肥30kg；轻施苗肥，以氮肥为主，在四叶期至拔节期亩施尿素8～10kg，大喇叭口期重施穗肥，亩施尿素15～20kg。④适时收获：在全田果穗苞叶70%变黄、籽粒基部出现黑色层时为最佳收获期。

适宜地区：河南省各地种植。

一〇九、金骆驼335

审定编号：豫审玉2010026

亲本组合：金158×昌7-2

特征特性：夏播生育期98～102d。株型紧凑，全株叶片21片，株高255～279cm，穗位高115～131cm。芽鞘紫色，雄穗分枝密，花药浅紫色，花丝浅紫色，苞叶中。穗中间-筒形，穗长15.9～16.3cm，穗粗4.8～4.9cm，穗行数

15.2～15.5，行粒数32.5～34.0粒。白轴，黄粒、半马齿型，千粒重312.0～316.7g，出籽率88.8%～90.0%。2007年农业部农产品质量监督检验测试中心（郑州）对该品种多点套袋果穗的籽粒混合样品品质分析：粗蛋白质9.39%，粗脂肪4.50%，粗淀粉73.11%，赖氨酸0.310%，容重757g/L。籽粒品质达到普通玉米国标1级；饲料用玉米国标2级，高淀粉玉米部标3级。2009年河南农业大学植保学院人工接种抗性鉴定：高抗大斑病（1级）、矮花叶病（0%）、中抗小斑病（3级）、弯孢菌叶斑病（5级）、茎腐病（26.9%），感瘤黑粉病（33.4%），高抗玉米螟（1级）。

产量表现：2007年河南省玉米品种区域试验（4 500株/亩2组），10点汇总，8增2减，平均亩产597.4kg，比对照郑单958增产6.0%，差异不显著，居15个参试品种第1位；2008年续试（4 500株/亩1组），11点汇总，3增8减，平均亩产629.4kg，比对照郑单958减产2.0%，差异不显著，居18个参试品种第14位；2009年续试（4 500株/亩1组），11点汇总，10增1减，平均亩产580.2kg，比对照郑单958增产6.4%，差异显著，居20个参试品种第3位。综合3年32点次的试验，平均亩产602.5kg，比对照郑单958增产3.1%，增产点比率为65.6%。2008年河南省玉米品种生产试验（4 500株/亩2组），8点汇总全部增产，平均亩产647kg，比对照郑单958增产7.4%，居7个参试品种第3位；2009年续试（4 500株/亩组），10点汇总，9增1减，平均亩产566.9kg，比对照郑单958增产3.8%，居11个参试品种第10位。两年平均亩产604.8kg，比对照郑单958增产5.5%。

栽培技术要点：①播期与密度：适宜在河南省5月下旬麦垄套种或麦后直播，一般地力每亩密度4 000～4 500株，高水肥地每亩种植4 500～5 000株。②田间管理：由于苗期生长发育较快，在田间管理上要做到及早间定苗；加强前期水肥供应，一般在播后35d施入全部追肥，以氮肥为主，配合磷、钾肥，每亩30～40kg。

适宜地区：河南省各地种植。

一一〇、喜玉18

审定编号：豫审玉2012001

品种来源：JC02×JC07

特征特性：夏播生育期99～101d。株型半紧凑，全株总叶片22左右，株高267～305cm，穗位高123～137cm。幼苗叶鞘浅紫色，叶片深绿色，成株上部叶片上冲，下部叶片半平展。雄穗分枝中等，花药紫色，花丝浅紫色。穗中间形，穗长 16.6 ~ 17.1cm，穗粗 5.0 ~ 5.5cm，穗行数 14 ~ 16.6 行，行粒数 36.1 ~ 37.2 粒。穗轴白色，籽粒黄色、马齿型，千粒重 274.1 ~ 325.6g，出籽率 86.5% ~ 89.3%。2009/2011 年河南农业大学植物保护学院抗病虫接种鉴定：感茎腐病（33.11%）/中抗茎腐病（20.7%），高抗矮花叶病（0.0%）/中抗矮花叶病（28.4%），感瘤黑粉病（18.64%）/高感瘤黑粉病（63.7%），高抗大斑病（1 级）/中抗大斑病（5 级），抗小斑病（3 级）/感小斑病（7 级），抗弯孢菌叶斑病（3 级）/中抗弯孢菌叶斑病（5 级），感玉米螟（7 级）/中抗玉米螟（5 级）。2009 年农业部农产品质量监督检验测试中心（郑州）检测：粗淀粉 70.61%，粗脂肪 4.11%，粗蛋白质 11.71%，赖氨酸 0.326%，容重 712g/L。

产量表现：2008 年河南省玉米品种区域试验（3 500 株/亩 1 组），12 点汇总，10 点增产 2 点减产，平均亩产 634.1kg，比对照浚单 18 增产 7.6%，差异极显著，居 18 个参试品种第 6 位；2009 年续试，12 点汇总，12 点增产，平均亩产 564.4kg，比浚单 18 增产 8.4%，差异极显著，居 19 个参试品种第 4 位。2010 年河南省生产试验（3 500 株/亩组），8 点汇总，8 点增产，平均亩产 540.5kg，比对照浚单 18 增产 10.1%，居 11 个参试品种第 7 位。

栽培技术要点：①播期和密度：麦垄套种宜在麦收前 7 ~ 10d 播种，夏直播宜在 6 月 15 日前；每亩宜种植 3 500 株左右。②田间管理：壮秆防倒，于大喇叭口期前及时喷施玉米矮壮素，以降低株高，防止倒伏；科学施肥，播后 25d 亩施尿素 20kg，40d 时再施 40kg；田间观察有卷叶现象时，要及时浇水，尤其要浇好拔节水、抽雄水和灌浆水；防治害虫，玉米抽雄前于大喇叭口期用辛硫磷颗粒杀虫剂丢心，防治玉米螟，兼治蚜虫。③适时收获：玉米籽粒乳线消失或籽粒尖端出现黑色层时收获，以充分发挥该品种的增产潜力。

适宜地区：河南省各地推广种植。

一一一、先科 338

审定编号：豫审玉 2012002

品种来源：邓 316 × 邓 286

特征特性：夏播生育期 93 ~ 101d。株型紧凑，全株叶片 19 片左右。株高 265 ~ 294cm，穗位高 104 ~ 117cm。幼苗叶鞘紫色，第一叶尖端卵圆形，叶色浓绿。雄穗分枝中等，花药黄色，花丝紫色。果穗圆筒形，穗长 15.2 ~ 15.6cm，穗粗 5.1 ~ 5.2cm。穗行数 12 ~ 16 行，行粒数 32.5 ~ 35 粒。穗轴白色，籽粒黄色、半马齿型，千粒重 296.7～336g，出籽率 86.5%～87.7%。2010/2011 年河南农业大学植物保护学院抗病虫接种鉴定：中抗茎腐病（17.4%）/感茎腐病（34.8%），感矮花叶病（43.5%）/高感矮花叶病（80%），感瘤黑粉病（32.0%）/中抗瘤黑粉病（10%），抗大斑病（3 级）/抗大斑病（3 级），抗小斑病（3 级）/中抗小斑病（5 级），中抗弯孢菌叶斑病（5 级）/抗弯孢菌叶斑病（3 级），中抗玉米螟（5 级）/感玉米螟（7 级）。2009/2010 年农业部农产品质量监督检验测试中心（郑州）检测：粗淀粉 71.67%/粗淀粉 72.94%，粗脂肪 4.61%/粗脂肪 5.03%，粗蛋白质 11.12%/粗蛋白质 10.72%，赖氨酸 0.320%/赖氨酸 0.274%，容重 740g/L/容重 738g/L。

产量表现：2009 年河南省玉米品种区域试验（3 500 株/亩 2 组），12 点汇总，12 点增产，平均亩产 571.2kg，比对照浚单 18 增产 9.7%，差异极显著，居 19 个参试品种第 3 位；2010 年续试，12 点汇总，12 增产，平均亩产 595.5kg，比对照郑单 958 增产 9.1%，差异极显著，居 10 个参试品种第 4 位。2010 年河南省生产试验（4 000 株/亩组），11 点汇总，11 点增产，平均亩产 581.9kg，比对照郑单 958 增产 10.6%，居 9 个参试品种第 2 位。

栽培技术要点：①播期和密度：夏播于 6 月 10 日前播种，密度 3 500 株/亩。②田间管理：精细整地，达到垄面平整，上虚下实；科学施肥、及时浇水，稳施基肥，轻施苗肥，重施穗肥，补施粒肥，做到旱能浇、涝能排，及时浇好三水；及时间定苗，确保苗齐、苗壮；防治害虫，苗期注意防治蓟马、蚜虫、地老虎等害虫，大喇叭口期用辛硫磷颗粒剂丢心，防治玉米螟。③适时收获：玉米收获期以籽粒背部乳线消失，出现黑粉层为最佳时期，以充分发挥该品种的高产潜力。

适宜地区：河南省各地推广种植。

一一二、许科 328

审定编号：豫审玉 2012003

品种来源：XG5853×昌 7-2 选

特征特性：夏播生育期 97～102d。株型半紧凑，株高 249～257cm，穗位高 108～114cm。芽鞘紫色。雄穗多分枝，花药绿色，花丝浅紫色，苞叶中。穗长 17.0～17.6cm，穗粗 5.0～5.4cm。穗行数 14～16 行，行粒数 35.1～36.5 粒。穗轴红色，籽粒黄色、硬粒，千粒重 320.4～337.8g，出籽率 88.6%～89.3%。2008/2011 年河南农业大学植物保护学院抗病虫接种鉴定：中抗茎腐病

（15.22%）/中抗茎腐病（22.7%;），抗矮花叶病（11.11%）/中抗矮花叶病（17.4%），感瘤黑粉病（23.34%）/感瘤黑粉病（17.5%），高抗大斑病（1级）/抗大斑病（3级），中抗小斑病（5级）/抗小斑病（3级），抗弯孢菌叶斑病（3级）/中抗弯孢菌叶斑病（5级），中抗玉米螟（5级）/高抗玉米螟（1级）。2009年农业部农产品质量监督检验测试中心（郑州）检测：粗淀粉72.27%，粗脂肪3.88%，粗蛋白质11.18%，赖氨酸0.343%，容重740g/L。

产量表现：2008年河南省玉米品种区域试验（3 500株/亩1组），12点汇总，11点增产1点减产，平均亩产618.4kg，比对照浚单18增产4.9%，差异显著，居18个参试品种第12位；2009年续试，10点汇总，10点增产，平均亩产577.1kg，比对照浚单18增产10.2%，差异极显著，居19个参试品种第7位。2010年河南省生产试验（3 500株/亩），8点汇总，8点增产，平均亩产539.5kg，比对照浚单18增产9.9%，居11个参试品种第8位。

栽培技术要点：①播期和密度：5月25日~6月10日播种，每亩种植3 500株左右。②田间管理：科学施肥，浇好三水，即拔节水、孕穗水和灌浆水；3叶间苗，5叶定苗，苗期注意防止蓟马、蚜虫、地老虎；大喇叭口期用颗粒杀虫剂丢心，防治玉米螟虫。③适时收获：玉米籽粒乳线消失或籽粒尖端出现黑色层时收获，以充分发挥该品种的增产潜力。

适宜地区：河南省各地推广种植。

一一三、宛玉868

审定编号：豫审玉2012004

品种来源：L852×L313

特征特性：夏播生育期99~105d。株型半紧凑，全株总叶片数20~21片，株高244~284cm，穗位高121~125cm。叶色深绿，叶鞘浅紫色，第一叶尖端卵圆形。雄穗分枝13~15个，雄穗颖片微紫，花药浅紫色，花丝绿色。果穗筒形，穗长18.4~19cm，穗粗4.6~4.7cm，穗行数12~14行，行粒数39.4~40.6粒。穗轴红色，籽粒黄色、半马齿型，千粒重336.5~367.1g，出籽率86.4%~87.5%。2008/2011年河南农业大学植物保护学院抗病虫接种鉴定：抗茎腐病（6.25%）/高抗茎腐病（4.4%），高抗矮花叶病（0.0%）/高抗矮花叶病（0.0%），高感瘤黑粉病（48.57%）/感瘤黑粉病（37.2%），高抗大斑病（1级）/中抗大斑病（5级），中抗小斑病（5级）/中抗小斑病（5级），抗弯孢菌叶斑病（3级）/中抗弯孢菌叶斑病（5级），感玉米螟（7级）/抗玉米螟（3

级）。2009 年农业部农产品质量监督检验测试中心（郑州）检测：粗淀粉 71.9%，粗脂肪 4.65%，粗蛋白质 11.33%，赖氨酸 0.348%，容重 748g/L。

产量表现：2008 年河南省玉米品种区域试验（3 500株/亩1 组），12 点汇总，10 点增产2 点减产，平均亩产 622.3kg，比对照浚单 18 增产 5.6%，差异显著，居 18 个参试品种第 11 位；2009 年续试，10 点汇总，9 点增产1 点减产，平均亩产 564.7kg，比对照浚单 18 增产 7.8%，差异极显著，居 19 个参试品种第 12 位。2010 年河南省生产试验（3 500株/亩组），8 点汇总，8 点增产，平均亩产 542.9kg，比对照浚单 18 增产 10.6%，居 11 个参试品种第 6 位。

栽培技术要点：①播期和密度：5 月 25 日~6 月 10 日播种，密度 3 500株/亩。②田间管理：注意足墒播种，提高播种质量，及时间、定苗，中耕除草；科学施肥，浇好三水，即拔节水、孕穗水和灌浆水；苗期注意防止蓟马、蚜虫、地老虎；大喇叭口期用颗粒杀虫剂丢心，防治玉米螟虫。③适时收获：玉米籽粒胚乳线消失或籽粒尖端出现黑色层时收获，以充分发挥该品种的高产潜力。

适宜地区：河南省各地推广种植。

一一四、先玉808

审定编号：豫审玉 2012005

品种来源：PHTEF×PHRKB

特征特性：夏播生育期98~102d。株型半紧凑，全株叶片数20~21 片，株高 305.5~324cm，穗位高 121.5~124cm。叶片绿色，芽鞘浅紫色，第一叶尖端圆形，第四叶叶缘紫红色。雄穗分枝数少，雄穗颖片绿色，花药浅紫色，花丝浅紫色。果穗中间形，穗长 18.4~19.2cm，穗粗 4.6~4.7cm，穗行数 14~16 行，行粒数 31.5~34.4 粒。穗轴红色，籽粒黄色、半马齿型，千粒重 312.1~362.7g，出籽率 87.3%~88.8%。2009/2010 年河南农业大学植物保护学院抗病虫接种鉴定：高抗茎腐病（4.11%）/高抗茎腐病（0.0%），抗矮花叶病（13%）/感矮花叶病（33.3%），抗瘤黑粉病（5%）/高抗瘤黑粉病（3.6%），抗大斑病（3 级）/中抗大斑病（5 级），感小斑病（7 级）/抗小斑病（3 级），中抗弯孢菌叶斑病（5 级）/高抗弯孢菌叶斑病（1 级），高抗玉米螟（1 级）/感玉米螟（7 级）。2009/2010 年农业部农产品质量监督检验测试中心（郑州）检测：粗淀粉 74.86%/粗淀粉 73.65%，粗脂肪 3.98%/粗脂肪 4.07%，粗蛋白质 10.09%/粗蛋白质 10.58%，赖氨酸 0.332%/赖氨酸 0.303%，容重 750g/L/容重 750g/L。

产量表现：2009 年河南省玉米品种区域试验（4 000 株/亩 1 组），11 点汇总，7 点增产 4 点减产，平均亩产 572.7kg，比对照郑单 958 增产 4.0%，差异不显著，居 19 个参试品种第 10 位；2010 年续试，12 点汇总，11 点增产 1 点减产，平均亩产 593.6kg，比对照郑单 958 增产 8.5%，差异极显著，居 20 个参试品种第 4 位。2011 年河南省生产试验（4 000 株/亩组），11 点汇总，10 点增产 1 点减产，平均亩产 513.5kg，比对照郑单 958 增产 6.8%，居 7 个参试品种第 1 位。

栽培技术要点：①播期和密度：5 月下旬麦垄套种或麦后直播，密度以 4 000 株/亩为宜。②田间管理：注意播种质量，及时间苗定苗和中耕除草；在大喇叭口期注意玉米螟虫的防治；按照配方施肥的原则进行肥水管理，在前茬小麦施肥较为充足的情况下，也可以采用"一炮轰"的施肥方法，注意种、肥隔离，防止烧苗。③适时收获：玉米籽粒乳线消失或籽粒尖端出现黑色层时收获，以充分发挥该品种的增产潜力。

适宜地区：河南省各地推广种植。

一一五、囤玉 061

审定编号：豫审玉 2012006

品种来源：J1812×9801

特征特性：夏播生育期 95～99d。株型紧凑，全株叶片 20 左右，株高 257～286cm，穗位高 106～116cm。幼苗叶鞘浅紫色，叶片深绿色，成株上部叶片上冲，下部叶片平展。雄穗分枝中等，花药浅紫色，花丝绿色。穗圆锥形，穗长 16.6～17.4cm，穗粗 5.0～5.2cm，穗行数 12～16 行，行粒数 34.5～34.7 粒。穗轴白色，籽粒黄白色、半马齿型，千粒重 300.3～352.9g，出籽率 86.9%～87.8%。2009/2011 年河南农业大学植物保护学院抗病虫接种鉴定：感茎腐病（39.23%）/中抗茎腐病（21.7%），高抗矮花叶病（0.0%）/高感矮花叶病（100%），感瘤黑粉病（13.52%）/感瘤黑粉病（15%），高抗大斑病（1 级）/抗大斑病（3 级），抗小斑病（3 级）/高抗小斑病（1 级），中抗弯孢菌叶斑病（5 级）/抗弯孢菌叶斑病（3 级），高抗玉米螟（1 级）/感玉米螟（7 级）。2009/2010 年农业部农产品质量监督检验测试中心（郑州）检测：粗淀粉 73.39%/粗淀粉 72.28%，粗脂肪 4.47%/粗脂肪 3.73%，粗蛋白质 10.63%/粗蛋白质 11.30%，赖氨酸 0.348%/赖氨酸 0.286%，容重 718g/L/容重 735g/L。

产量表现：2009 年河南省玉米品种区试试验（4 000 株/亩 1 组），11 点汇总，10 点增产 1 点减产，平均亩产 606.4kg，比对照郑单 958 增产 10.1%，差异极显著，居19个参试品种第3位；2010年续试，12点汇总，12点增产，平均亩产588.6kg，比对照郑单958增产7.5%，差异极显著，居20个参试品种第7位。2010年河南省生产试验（4 000株/亩组），11点汇总，11点增产，平均亩产578.0kg，比对照郑单958增产9.8%，居9个参试品种第4位。

栽培技术要点：①播期和密度：麦垄套种宜在麦收前7～10d播种，夏直播宜在6月上旬，每亩种植4 000株左右。②田间管理：壮秆防倒，于大喇叭口期前及时喷施玉米矮壮素，以降低株高，防止倒伏；科学施肥，播后20d亩施复合肥20kg，40d时追施尿素40kg；田间观察有卷叶现象时，要及时浇水，尤其要浇好拔节水、抽雄水和灌浆水；防治害虫，玉米抽雄前于大喇叭口期用辛硫磷颗粒剂丢心或用4.5%高效氯氰菊酯乳剂或50%辛硫磷乳油心叶喷雾进行防治玉米螟，兼治蚜虫。③适时收获：玉米籽粒乳线消失或籽粒尖端出现黑色层时收获，以充分发挥该品种的增产潜力。

适宜地区：河南省各地推广种植。

一一六、新玉998

审定编号：豫审玉2012007

品种来源：68-1×6108-3

特征特性：夏播生育期95～100d。株型紧凑，全株总叶片数20～21片，株高244～260cm，穗位高97～99cm。叶色淡绿，叶鞘绿色，第一叶尖端卵圆形。雄穗分枝7～12个，雄穗颖片绿色，花药黄，花丝浅紫色。果穗近筒形，穗长16.7～17cm，穗粗4.9～5.0cm，穗行数12～16行，行粒数34.6～35.4粒。穗轴白色，籽粒黄色、半马齿型，千粒重333.5～364.2g，出籽率87.7%～89.3%。2009/2010年河南农业大学植物保护学院抗病虫接种鉴定：中抗茎腐病（17.41%）/中抗茎腐病（13.3%），抗矮花叶病（5.6%）/中抗矮花叶病（16.7%），中抗瘤黑粉病（5.46%）/高抗瘤黑粉病（0.0%），高抗大斑病（1级）/感大斑病（7级），中抗小斑病（5级）/抗小斑病（3级），感弯孢菌叶斑病（7级）/高感弯孢菌叶斑病（9级），高感玉米螟（9级）/感玉米螟（7级）。2009/2010年农业部农产品质量监督检验测试中心（郑州）检测：粗淀粉73.91%/粗淀粉73.67%，粗脂肪4.48%/粗脂肪4.40%，粗蛋白质10.50%/粗蛋白质9.50%，赖氨酸0.306%/赖氨酸0.257%，容重750g/L/容重742g/L。

产量表现：2009年河南省玉米品种区域试验（4 000株/亩3组），10点汇总，9点增产1点减产，平均亩产591.4kg，比对照郑单958增产9.3%，差异极显著，居 19 个参试品种第 2 位；2010 年续试，12 点汇总，11 点增产 1 点减产，平均亩产 584.8kg，比对照郑单 958 增产 7.1%，差异极显著，居 20 个参试品种第 12 位。2010 年河南省生产试验（4 000 株/亩组），13 点汇总，11 点增产 2 点减产，平均亩产 578.0kg，比对照郑单 958 增产 5.8%，居 9 个参试品种第 8 位；2011 年河南省生产试验（4 000 株/亩组），11 点汇总，9 点增产 2 点减产，平均亩产 510.2kg，比对照郑单 958 增产 6.1%，居 7 个参试品种第 2 位。

栽培技术要点：①播期和密度：5 月 25 日~6 月 20 日播种，密度 4 000 株/亩左右。②田间管理：科学播种，使用包衣种子播种或播种前用药剂拌种，足墒下种，保证一播全苗；科学施肥，采取分期施肥方式，苗期少施，大喇叭口期重施，每亩施尿素 50kg 左右，同时，注意氮、磷、钾肥的搭配；浇好三水，即拔节水、孕穗水和灌浆水；病虫防治，苗期注意防止蓟马、蚜虫、地老虎；大喇叭口期用颗粒杀虫剂丢心，防治玉米螟虫。③适时收获：适宜在玉米籽粒乳线消失，黑色层出现后收获，大约苞叶变黄后 10d，推迟收获可进一步提高产量。

适宜地区：河南省各地推广种植。

一一七、濮玉 7 号

审定编号：豫审玉 2012008

品种来源：7965×昌 72

特征特性：夏播生育期 98~101d。株型紧凑，全株总叶片数 20~21 片，株高 277~296cm，穗位高 105.5~121cm。叶色深绿，叶鞘微红，第一叶尖端卵圆形。雄穗分枝 9~13 个，雄穗颖片微红，花药黄，花丝青绿。果穗筒形，穗长 17.3~18cm，穗粗 4.6~4.8cm，穗行数 12~16 行，行粒数 33.1~35 粒。穗轴白色，籽粒黄色、半马齿型，千粒重 302.5~339.9g，出籽率 85%~88.4%。2010/2011 年河南农业大学植物保护学院抗病虫接种性鉴定：中抗茎腐病（26.7%）/高抗茎腐病（0.0%），高抗矮花叶病（0.0%）/高感矮花叶病（91.3%），感瘤黑粉病（26.7%）/感瘤黑粉病（10.5%），高抗大斑病（1级）/高抗大斑病（1 级），抗小斑病（3 级）/中抗小斑病（5 级），抗弯孢菌叶斑病（3 级）/中抗弯孢菌叶斑病（5 级），高感玉米螟（9 级）/感玉米螟（7级）。2009/2010 年农业部农产品质量监督检验测试中心（郑州）检测：粗淀粉 73.27%/粗淀粉 73.01%，粗脂肪 4.36%/粗脂肪 4.16%，粗蛋白质 9.80%/粗蛋白质 11.20%，赖氨酸 0.306%/赖氨酸 0.319%，容重 748g/L/容重 740g/L。

产量表现：2009 年河南省玉米品种区域试验（4 500 株/亩 1 组），11 点汇总，11点增产，平均亩产581.4kg，比对照郑单958增产6.7%，差异显著，居20个参试品种第2位；2010年续试，12点汇总，12点增产，平均亩产612.5kg，比对照郑单958增产7.1%，差异极显著，居20个参试品种第5位。2011年河南省生产试验（4 500株/亩组），11点汇总，8点增产3点减产，平均亩产504.3kg，比对照郑单958增产3.4%，居5个参试品种第1位。

栽培技术要点：①播期和密度：5月25日~6月10日播种，密度4 200~4 500株/亩。②田间管理：科学施肥，浇好三水，即拔节水、孕穗水和灌浆水；采取土壤封闭的方法进行化学除草；使用种子包衣技术和茎叶处理的方法防治病虫危害，苗期注意防治蓟马、蚜虫、地老虎；大喇叭口期用颗粒杀虫剂丢心，防治玉米螟虫。③适时收获：在全田果穗苞叶70%变黄、籽粒基部出现黑色层时为最佳收获期，以充分发挥该品种的增产潜力。

适宜地区：河南省各地推广种植。

一一八、洛玉818

审定编号：豫审玉2012009

品种来源：L2135×ZK02-1

特征特性：夏播生育期94~101d。株型紧凑，全株总叶片数20片，株高257~280cm，穗位高108~116cm。叶鞘浅紫，第一叶尖端圆到匙形。雄穗分枝多，雄穗颖片绿色，花药黄色，花丝绿色略带紫。果穗筒形，穗长16~16.1cm，穗粗4.8~5.0cm，穗行数14~16行，行粒数31.8~34.5粒。穗轴白色，籽粒黄色、半马齿型，千粒重290.5~318.9g，出籽率89.6%~90.4%。2009/2010年河南农业大学植物保护学院抗病虫接种鉴定：中抗茎腐病（12.87%）/抗茎腐病（7.4%），高抗矮花叶病（0.0%）/高感矮花叶病（77.8%），中抗瘤黑粉病（8.79%）/感瘤黑粉病（35.5%），高抗大斑病（1级）/中抗大斑病（5级），中抗小斑病（5级）/抗小斑病（3级），感弯孢菌叶斑病（7级）/感弯孢菌叶斑病（7级），感玉米螟（7级）/抗玉米螟（3级）。2009/2010年农业部农产品质量监督检验测试中心（郑州）检测：粗淀粉71.72%/粗淀粉71.37%，粗脂肪4.33%/粗脂肪4.68%，粗蛋白质10.72%/粗蛋白质10.42%，赖氨酸0.361%/赖氨酸0.289%，容重692g/L/容重702g/L。

产量表现：2009年河南省玉米品种区域试验（4 500株/亩2组），11点汇总，11点增产，平均亩产617.2kg，比对照郑单958增产9.3%，差异极显著，居10个参试品种第1位；2010年续试，12点汇总，12点增产，平均亩产

591.8kg，比对照郑单 958 增产 8.6%，差异极显著，居 10 个参试品种第 2 位。2010 年河南省生产试验（4 500 株/亩组），11 点汇总，11 点增产，平均亩产 572kg，比对照郑单 958 增产 8.6%，居 8 个参试品种第 2 位。

栽培技术要点：①播期和密度：适宜 5 月上旬播种，密度为 4 000 ~ 4 500 株/亩。②田间管理：出苗前后注意防治地下害虫，苗期注意防治蓟马、甜菜夜蛾等害虫，大喇叭口期防治玉米螟、棉铃虫等害虫；苗期注意蹲苗，此后注意浇好拔节水、孕穗水和灌浆水；施肥应注意前期重施磷肥、钾肥和其他微肥，大喇叭口期重施 N 肥，后期轻施灌浆肥。③适时收获：玉米籽粒乳线消失或籽粒尖端出现黑色层时收获，以充分发挥该品种的增产潜力。

适宜地区：河南省各地推广种植。

一一九、农禾518

审定编号：豫审玉 2012010

品种来源：Z635 × H22

特征特性：夏播生育期 97 ~ 102d。株型半紧凑，全株总叶片数 19 ~ 20 片，株高 282 ~ 290cm，穗位高 106 ~ 112.5cm。芽鞘浅紫色，第一叶尖端卵圆形。雄穗分枝 5 ~ 8 个，雄穗颖片浅紫，花药黄，花丝青绿。果穗筒形，穗长 14.8 ~ 15.9cm，穗粗 4.9 ~ 5.0cm，穗行数 16 ~ 20 行，行粒数 28.5 ~ 31.6 粒。穗轴红色，籽粒黄色、半马齿型，千粒重 292 ~ 329.3g，出籽率 88.2% ~ 89%。2009/2010 年河南农业大学植物保护学院抗病虫接种鉴定：抗茎腐病（3.33%）/高抗茎腐病（0.0%），高抗矮花叶病（0.0%）/高感矮花叶病（75.0%），感瘤黑粉病（26.08%）/感瘤黑粉病（29.6%），高抗大斑病（1 级）/抗大斑病（3 级），感小斑病（7 级）/中抗小斑病（5 级），感弯孢菌叶斑病（7 级）/高抗弯孢菌叶斑病（1 级），高抗玉米螟（1 级）/感玉米螟（7 级）。2009/2010 年农业部农产品质量监督检验测试中心（郑州）检测：粗淀粉 72.78%/粗淀粉 72.71%，粗脂肪 4.75%/粗脂肪 4.64%，粗蛋白质 10.19%/粗蛋白质 10.85%，赖氨酸 0.360%/赖氨酸 0.375%，容重 755g/L/容重 767g/L。

产量表现：2009 年河南省玉米品种区域试验（5 000 株亩 1 组），12 点汇总，11 点增产 1 点减产，平均亩产 617.9kg，比对照郑单 958 增产 7.2%，差异极显著，居 17 个参试品种第 1 位；2010 年续试，12 点汇总，12 点增产，平均亩产 601.5kg，比对照郑单 958 增产 10.2%，差异极显著，居 16 个参试品种第 1 位。2011 年河南省生产试验（5 000 株/亩组），11 点汇总，11 点增产，平均亩产 514.7kg，比对照郑单 958 增产 6.7%，居 7 个参试品种第 2 位。

栽培技术要点：①播期和密度：6 月 15 日以前播种，密度 3 800～4 500 株/亩。②田间管理：科学施肥，浇好三水，即拔节水、孕穗水和灌浆水；苗期注意防治蓟马、蚜虫、地老虎；大喇叭口期用颗粒杀虫剂丢心，防治玉米螟虫。③适时收获：玉米籽粒乳线消失或籽粒尖端出现黑色层时收获，以充分发挥该品种的增产潜力。

适宜地区：河南省各地推广种植。

一二〇、豫龙 1 号

审定编号：豫审玉 2012011

品种来源：R78×W28

特征特性：夏播生育期 98～101.5d。株型紧凑，全株叶片数 10～20 片，株高 258～279cm，穗位高 100～110cm。幼苗绿色，芽鞘紫色。雄穗分枝中，花药浅紫色。花丝绿色，苞叶中。穗圆筒形，穗长 15.0～16.5cm，穗粗 4.8～4.9cm，穗行数 14～16 行，行粒数 26.9～29.3 粒。穗轴红色，籽粒黄粒、半马齿型，千粒重 318.2～353.9g，出籽率 88%～88.9%。2009/2010 年河南农业大学植物保护学院抗病虫接种鉴定：高抗茎腐病（0.0%）/抗茎腐病（6.3%），高感矮花叶病（100%）/高抗矮花叶病（0.0%），感瘤黑粉病（35.14%）/抗瘤黑粉病（4.3%），高抗大斑病（1 级）/抗大斑病（3 级），中抗小斑病（5级）/抗小斑病（3 级），中抗弯孢菌叶斑病（5 级）/高抗弯孢菌叶斑病（1级），高感玉米螟（9 级）/中抗玉米螟（5 级）。2009/2010 年农业部农产品质量监督检验测试中心（郑州）检测：粗淀粉 73.61%/粗淀粉 74.56%，粗脂肪 4.13%/粗脂肪 3.63%，粗蛋白质 9.16%/粗蛋白质 10.09%，赖氨酸 0.324%/赖氨酸 0.317%，容重 736g/L/容重 736g/L。

产量表现：2009 年河南省玉米品种区域试验（5 000 株/亩1 组），12 点汇总，11 点增产 1 点减产，平均亩产 612.5kg，比对照郑单 958 增产 6.3%，差异显著，居 17 个参试品种第 2 位；2010 年续试，12 点汇总，12 点增产，平均亩产 581.8kg，比郑单 958 增产 6.6%，差异极显著，居 16 个参试品种第 4 位。2011 年河南省生产试验（5 000 株/亩组），11 点汇总，10 点增产 1 点减产，平均亩产 511.7kg，比对照郑单 958 增产 6.1%，居 7 个参试品种第 3 位。

栽培技术要点：①播期和密度：6 月上中旬麦后直播，中等水肥地亩留苗 4 500 株左右，高水肥地亩留苗不超过 5 000 株。②田间管理：水肥管理，合理配施氮、磷、钾肥料，施足基肥；播种时亩施三元复合肥（≥45%）30kg；加强前期水肥供应，一般在播后35d施入全部追肥，以氮肥为主，配合磷、钾肥；苗期生长发育较快，要做到及早间定苗，及时进行中耕除草；病虫害防治，注意中后期玉米螟的防治工作，喷药或颗粒杀虫剂丢心均可。③适时收获：在全田果穗苞叶70%变黄、籽粒基部出现黑色层时为最佳收获期。

适宜地区：河南省各地推广种植。

一二一、中单868

审定编号：豫审玉2012012

品种来源：H59×昌7-2

特征特性：夏播生育期98~102d。株型半紧凑，全株叶片数21片左右，株高265.5~275cm，穗位高112~120cm。叶色深绿，叶鞘绿色，第一叶尖端卵圆型。雄穗分枝8~12个，花药浅紫色，花丝浅紫色。果穗筒锥形，穗长14.9~17cm，穗粗4.7~4.9cm，穗行数14~16行，行粒数29.6~33.9粒。穗轴白色，籽粒黄色、半马齿型，千粒重280.4~317.9g，出籽率87.7%~90.3%。2009/2010年河南农业大学植物保护学院抗病虫接种鉴定：中抗茎腐病（6.7%）/抗茎腐病（7.7%），抗矮花叶病（5.3%）/抗矮花叶病（8.7%），感瘤黑粉病（5.73%）/感瘤黑粉病（13.6%），高抗大斑病（1级）/抗大斑病（3级），高感小斑病（9级）/感小斑病（7级），中抗弯孢菌叶斑病（5级）/高抗弯孢菌叶斑病（1级），高感玉米螟（9级）/感玉米螟（7级）。2009/2010年农业部农产品质量监督检验测试中心（郑州）检测：粗淀粉74%/粗淀粉75.20%，粗脂肪4.32%/粗脂肪3.98%，粗蛋白质10.20%/粗蛋白质10.15%，赖氨酸0.304%/赖氨酸0.279%，容重751g/L容重770g/L。

产量表现：2009年河南省玉米品种区域试验（5 000株/亩1组），12点汇总，9点增产3点减产，平均亩产593.4kg，比对照郑单958增产3.0%，差异不显著，居17个参试品种第6位；2010年续试，12点汇总，9点增产3点减产，平均亩产564.5kg，比对照郑单958增产3.4%，差异不显著，居16个参试品种第9位。2011年河南省生产试验（5 000株/亩组），11点汇总，11点增产，平均亩产507.1kg，比对照郑单958增产5.1%，居7个参试品种第4位。

栽培技术要点：①播期和密度：播种期6月上中旬，适宜密度4 500~5 000株/亩。②田间管理：科学施肥；浇好三水，即拔节水、孕穗水、灌浆水；苗期注意防治蓟马、蚜虫、地老虎；大喇叭口期用颗粒杀虫剂丢心，防治玉米螟虫。③适时收获：籽粒乳线消失或籽粒尖端黑色层出现后收获。

适宜地区：河南省各地推广种植。

一二二、鼎鑫95

审定编号：豫审玉2012013

品种来源：TS001×L302

特征特性：夏播生育期98～102d。株型紧凑，全株叶片数20片；株高260～315cm，穗位106～128cm。叶色浓绿，幼苗第一叶尖端为圆到匙形，芽鞘紫色。雄穗分枝5～10个，花药黄色，花丝浅紫色。果穗中间形，穗长14.3～15.2cm，穗粗4.8～5.0cm。穗行数15.8～18行，行粒数28.9～30.5粒，穗轴红色，籽粒黄色、半马齿型，千粒重290.3～321.3g，出籽率88.8%～89.8%。2009/2010年河南农业大学植物保护学院抗病虫接种鉴定：感茎腐病（30.75%）/抗茎腐病（7.2%），高抗矮花叶病（4.6%）/感矮花叶病（33.3%），中抗瘤黑粉病（9.17%）/感瘤黑粉病（35.7%），高抗大斑病（1级）/高抗大斑病（1级），中抗小斑病（5级）/抗小斑病（3级），中抗弯孢菌叶斑病（5级）/抗弯孢菌叶斑病（3级），高抗玉米螟（1级）/抗玉米螟（3级）。2009/2010年农业部农产品质量监督检验测试中心（郑州）检测：粗淀粉75.57%/粗淀粉75.94%，粗脂肪3.50%/粗脂肪4.14%，粗蛋白质9.63%/粗蛋白质9.05%，赖氨酸0.318%/赖氨酸0.305%，容重742g/L/容重764g/L。

产量表现：2009年河南省玉米品种区域试验（5 000株/亩1组），12点汇总，10点增产2点减产，平均亩产608.1kg，比对照郑单958增产5.5%，差异显著，居17个参试品种第3位；2010年续试，12点汇总，9点增产3点减产，平均亩产570.0kg，比对照郑单958增产4.4%，差异不显著，居16个参试品种第8位。2011年河南省生产试验（5 000株/亩组），11点汇总，7点增产4点减产，平均亩产491.9kg，比对照郑单958增产2.0%，居7个参试品种第6位。

栽培技术要点：①播期和密度：6月上中旬麦后直播，一般地力密度4 000～4 500株/亩，高水肥地种植4 500～5 000株/亩。②田间管理：播后及时浇蒙头水，保证一播全苗，合理配施氮、磷、钾肥料；轻施苗肥，以氮肥为主，在四叶期至拔节期亩施尿素8～10kg，大喇叭口期重施穗肥，亩施尿素15～20kg，复合肥30kg；苗期注意防治蓟马和地下害虫，大喇叭口期用颗粒杀虫剂丢心防治玉米螟。③适时收获：玉米籽粒乳线消失或籽粒尖端出现黑色层时收获，以充分发挥该品种的增产潜力。

适宜地区：河南省各地推广种植。

一二三、源玉8号

审定编号：豫审玉2012014

品种来源：J121×J120

特征特性：夏播生育期97~101d。株型紧凑，全株总叶片数19~20片，株高251.5~266cm，穗位高114~116cm。叶片绿色，叶鞘浅紫，第一叶尖端圆到匙形。雄穗分枝8~12个，雄穗颖片青色，花药黄色，花丝浅紫色。果穗筒形，穗长15.1~16.4cm，穗粗4.8~4.9cm，穗行数12~16行，行粒数31.9~32.8粒。穗轴白色，籽粒黄色、半马齿型，千粒重280.3~321.2g，出籽率88.6%~90.1%。2009/2010年河南农业大学植物保护学院抗病虫人工接种鉴定：中抗茎腐病（11.11%）/高抗茎腐病（0.0%），高抗矮花叶病（0.0%）/感矮花叶病（33.3%），中抗瘤黑粉病（7%）/感瘤黑粉病（17.2%），高抗大斑病（1级）/抗大斑病（3级），中抗小斑病（5级）/抗小斑病（3级），感弯孢菌叶斑病（7级）/抗弯苞菌叶斑病（3级），高抗玉米螟（1级）/感玉米螟（7级）。2009/2010年农业部农产品质量监督检验测试中心（郑州）检测：粗淀粉76.22%/粗淀粉75.59%，粗脂肪4.4%/粗脂肪4.31%，粗蛋白质8.77%/粗蛋白质9.21%，赖氨酸0.31%/赖氨酸0.273%，容重740g/L/容重732g/L。

产量表现：2009年河南省玉米品种区域试验（5 000株/亩1组），12点汇总，10点增产2点减产，平均亩产605.1kg，比对照郑单958增产5.0%，差异不显著，居17个参试品种第4位；2010年续试，12点汇总，11点增产1点减产，平均亩产587.3kg，比对照郑单958增产7.6%，差异极显著，居16个参试品种第3位。2011年河南省生产试验（5 000株/亩组），11点汇总，10点增产1点减产，平均亩产518.1kg，比对照郑单958增产7.4%，居7个参试品种第1位。

栽培技术要点：①播期和密度：播期6月5~20日，密度4 000~4 500株/亩。②田间管理：播种前每亩施复合肥40kg做底肥，喇叭口期每亩追施尿素30kg；或播种前亩施缓释肥50kg，喇叭口期喷施叶面肥；遇干旱及时浇水；播种前用种衣剂包衣防治地下害虫，喇叭口期用辛硫磷颗粒剂丢心防治玉米螟。③适时收获：玉米籽粒乳线消失或籽粒尖端黑色层出现后收获。

适宜地区：河南各地夏播种植。

一二四、弘玉 9 号

审定编号：豫审玉 2012015

品种来源：弘 58351×黄 9312

特征特性：夏播生育期 98～101.5d。株型紧凑，全株总叶片数 20 片，株高 261～296cm，穗位高 103～120cm。叶鞘浅紫，第一叶尖端卵圆形。雄穗分枝多，雄穗颖片微紫，花药浅紫，花丝浅紫。果穗筒形，穗长 14.9～15.4cm，穗粗 4.8～5.0cm，穗行数 14～16 行，行粒数 30.4～32 粒。穗轴白色，籽粒黄色、半马齿型，千粒重 296.1～335.4g，出籽率 86.4%～87.4%。2009/2010 年河南农业大学植物保护学院抗病虫接种鉴定：中抗茎腐病（16.67%）/高感茎腐病（46.4%），高抗矮花叶病（0.0%）/中抗矮花叶病（19.1%），高抗瘤黑粉病（0.0%）/抗瘤黑粉病（3.1%），高抗大斑病（1 级）/高抗大斑病（1 级），感小斑病（7 级）/高抗小斑病（1 级），中抗弯孢菌叶斑病（5 级）/感弯孢菌叶斑病（7 级），抗玉米螟（3 级）/中抗玉米螟（5 级）。2009/2010 年农业部农产品质量监督检验测试中心（郑州）检测：粗淀粉 73.50%/粗淀粉 71.59%，粗脂肪 3.83%/粗脂肪 5.06%，粗蛋白质 10.42%/粗蛋白质 10.48%，赖氨酸 0.317%/赖氨酸 0.315%，容重 720g/L/容重 738g/L。

产量表现：2009 年河南省玉米品种区域试验（5 000 株/亩 2 组），12 点汇总，9 点增产 3 点减产，平均亩产 584.6kg，比对照郑单 958 增产 3.2%，差异不显著，居 17 个参试品种第 6 位；2010 年续试，12 点汇总，12 点增产，平均亩产 611.1kg，比对照郑单 958 增产 6.3%，差异极显著，居 16 个参试品种第 6 位。2011 年河南省生产试验（5 000 株/亩组），11 点汇总，9 点增产 2 点减产，平均亩产 518.4kg，比对照郑单 958 增产 6.0%，居 8 个参试品种第 1 位。

栽培技术要点：①播期和密度：5 月 25 日～6 月 15 日播种，中等地力每亩 4 000 株左右，高水肥地每亩 4 500～5 000 株。②田间管理：科学施肥，施足底肥，或播后 35d 左右施入追肥，以氮肥为主，配合磷、钾肥；浇好拔节水、孕穗水和灌浆水；大喇叭口期用颗粒杀虫剂丢心，防治玉米螟虫。③适时收获：玉米籽粒乳线消失或籽粒前端出现黑色层时收获，以充分发挥该品种的增产潜力。

适宜地区：河南省各地推广种植。

一二五、鼎鑫918

审定编号：豫审玉2012016

品种来源：L113×F302

特征特性：夏播生育期98～101d。株型半紧凑，全株21片叶。幼苗第一叶尖端为圆到匙形，芽鞘紫色。株高283～296cm，穗位高115～126cm。雄穗分枝3～8个，花药黄色，花丝浅紫色。果穗圆筒形，穗长14.9～15.8cm，穗粗4.8～5.0cm。穗行数14～18行，行粒数31.6～33.7粒，穗轴红色，籽粒黄色、半马齿型，千粒重260.8～303.1g，出籽率87.1%～88.4%。2009/2010年河南农业大学植物保护学院抗病虫接种鉴定：中抗茎腐病（15.22%）/中抗茎腐病（19.4%），高抗矮花叶病（0.0%）/高感矮花叶病（90.3%），感瘤黑粉病（36.24%）/抗瘤黑粉病（3.3%），高抗大斑病（1级）/中抗大斑病（5级），中抗小斑病（5级）/高抗小斑病（1级），抗弯孢菌叶斑病（3级）/中抗弯孢菌叶斑病（5级），高抗玉米螟（1级）/感玉米螟（7级）。2009/2010年农业部农产品质量监督检验测试中心（郑州）检测：粗淀粉73.52%/粗淀粉74.71%，粗脂肪4.08%/粗脂肪3.36%，粗蛋白质10.46%/粗蛋白质10.49%，赖氨酸0.344%/赖氨酸0.289%，容重763g/L/容重766g/L。

产量表现：2009年河南省玉米品种区域试验（5 000株/亩3组），12点汇总，12点增产，平均亩产582.3kg，比对照郑单958增产9.6%，差异极显著，居17个参试品种第1位；2010年续试，12点汇总，12点增产，平均亩产581.4kg，比对照郑单958增产8.6%，差异极显著，居16个参试品种第2位。2011年河南省生产试验（5 000株/亩组），11点汇总，8点增产3点减产，平均亩产510.0kg，比对照郑单958增产4.3%，居8个参试品种第2位。

栽培技术要点：①播期和密度：6月上中旬麦后直播，一般地力密度4 000～4 500株/亩，高水肥地种植4 500～5 000株/亩。②田间管理：播后及时浇蒙头水，保证一播全苗，合理配施氮、磷、钾肥料；轻施苗肥，以氮肥为主，在四叶期至拔节期亩施尿素8～10kg，大喇叭口期重施穗肥，亩施尿素15～20kg，复合肥30kg；苗期注意防治蓟马和地下害虫，大喇叭口期用颗粒杀虫剂丢心防治玉米螟。③适时收获：玉米籽粒乳线消失或籽粒尖端出现黑色层时收获，以充分发挥该品种的增产潜力。

适宜地区：河南省各地推广种植。

一二六、富友16

引种编号：豫引玉2009002

品种来源：G3×南4

审定情况：2006年通过河北省审定，审定编号冀审玉2006022。

特征特性：该品种生育期101d。株型半紧凑，株高237.5cm，穗位高101.5cm。果穗筒形，穗长17.1cm，穗粗5.2cm，穗行数16.3，行粒数33.6。有秃尖，红轴，黄粒、半马齿型，出籽率88.9%，千粒重341.3g，品质一般。田间倒伏16.4%，倒折0.2%。田间小斑病1~5级，茎腐病0.6%，瘤黑粉病0.5%。

品质测定：籽粒粗蛋白10.71%，粗脂肪4.80%，粗淀粉72.33%，赖氨酸0.319%。抗性鉴定：高抗瘤黑粉病，抗大斑病，中抗小斑病、弯孢菌叶斑病、茎腐病、矮花叶病、玉米螟。

产量表现：2007年引种试验（3500株/亩组），平均亩产589.7kg，比对照浚单18增产8.4%；2008年续试，平均亩产622.8kg，比对照浚单18增产9.7%。2007—2008两年平均亩产606.2kg，比对照浚单18增产9.1%。

引种区域：全省各地引进种植。

一二七、联创3号

引种编号：豫引玉2009003

品种来源：CT08/CT609。CT08是以国外杂交种与掖478杂交后代连续自交选育而成；CT609是以丹340/52106为基础材料，连续自交选育而成。

审定情况：2006年通过山东省审定，审定编号鲁农审2006014

特征特性：该品种生育期99d。株型半紧凑，株高253.5cm，穗位高116.7cm。果穗筒形，穗长17.2cm，穗粗4.9cm，穗行数15.7，行粒数36.3。秃尖轻，红轴，黄粒、半马齿型，出籽率90.0%，千粒重322.1g，品质中。田间倒伏3.4%，倒折0.3%。田间小斑病3级，茎腐病1.0%，瘤黑粉病0.2%。

品质测定：籽粒粗蛋白11.10%，粗脂肪3.70%，粗淀粉70.80%，赖氨酸0.23%。抗性鉴定：高抗瘤黑粉病，中抗茎腐病，抗小斑病、大斑病，高感弯孢菌叶斑病。

产量表现：2007年河南省引种试验（3500株/亩组），平均亩产593.7kg，比对照浚单18增产9.2%；2008年续试，平均亩产615.5kg，比对照浚单18增产8.4%。2007—2008两年平均产量604.6kg，比对照浚单18增产8.8%。

引种区域：河南省各地引进种植。

一二八、蠡玉21

引种编号：豫引玉2009004

品种来源：系石家庄蠡玉科技开发有限公司1997年以618为母本，H59851为父本组配而成的玉米单交种（618×H59851）。

审定情况：2005年通过陕西省审定，审定编号陕审玉2005015

特征特性：该品种生育期99d。株型半紧凑，株高232.3cm，穗位高88cm。果穗筒形，穗长18.1cm，穗粗5.3cm，穗行数15.5，行粒数37。秃尖轻，白轴、黄粒、马齿型，出籽率90.0%，千粒重354.3g，品质中。田间倒伏4.1%，倒折0.1%，田间小斑病1~5级，茎腐病1.2%，瘤黑粉病0.6%。

品质测定：籽粒粗蛋白10.3%，粗脂肪4.9%，粗淀粉66.0%，赖氨酸0.29%；抗性鉴定：抗茎腐病，中感大斑病。

产量表现：2007年河南省引种试验（3500株/亩组），平均亩产554.4kg，比对照浚单18增产1.9%；2008年续试，平均亩产634.9kg，比对照浚单18增产11.8%。2007—2008两年平均亩产594.6kg，比对照浚单18增产7.0%。

引种区域：河南省各地引进种植。

一二九、郑单035

引种编号：豫引玉2009005

品种来源：系河南省农业科学院粮食作物研究所用H05×五黄桂，于2002年育成的杂交玉米新品种。

审定情况：2006年通过安徽省审定，审定编号皖品审06050544

特征特性：该品种生育期101d。株型平展，株高262.5cm，穗位高113.9cm。穗长17cm，穗粗5.4cm，穗行数15.5，行粒数33.5。秃尖1.2cm，红轴、黄粒、半马齿型，出籽率87.3%，千粒重361.4g，品质一般。田间倒伏5.9%，倒折0.0%，田间小斑病1~5级，茎腐病0.6%，瘤黑粉病0.4%。

品质测定：籽粒粗蛋白11.11%，粗脂肪4.04%，粗淀粉72.22%，赖氨酸0.32%。抗性鉴定：高抗小斑病、茎腐病、玉米螟，抗大斑病、矮花叶病、弯孢菌叶斑病，中抗瘤黑粉病。

产量表现：2007年河南省引种试验（3500株/亩组），平均亩产539kg，比对照浚单18增产4.5%；2008年续试，平均亩产601kg，比对照浚单18增产

5.9%。2007—2008两年平均亩产569.9kg，比对照浚单18增产5.2%。

引种区域：河南省各地引进种植。

一三〇、济丰96

引种编号：豫引玉2009006

品种来源：8233/昌7-2。8233是以8112与107杂交后选株连续自交选育而成；昌7-2是河南省安阳农科所选育的自交系。

审定情况：2006年通过山东省审定，审定编号鲁农审2006007

特征特性：该品种生育期100d。株型紧凑，株高247.7cm，穗位高108.5cm。穗长16.2cm，穗粗5.0cm，穗行数15.5，行粒数34。黄粒、白轴、半马齿型，出籽率90.9%，千粒重317.9g，品质中。田间倒伏11.2%，倒折1.7%。田间小斑病1级，茎腐病0.5%，瘤黑粉病0.3%。

品质测定：籽粒粗蛋白10.2%，粗脂肪4.3%，粗淀粉72.5%，赖氨酸0.27%。抗病性接种鉴定：高抗矮花叶病、瘤黑粉病，中抗大斑病、小斑病，高感茎腐病、弯孢菌叶斑病。

产量表现：2007年河南省引种试验（4 000株/亩组），平均亩产561.0kg，比对照郑单958增产3.4%；2008年续试，平均亩产622.8kg，比对照郑单958增产3.7%。2007—2008两年平均亩产591.8kg，比对照郑单958增产3.5%。

引种区域：全河南各地引进种植。

一三一、源申213

引种编号：豫引玉2009007

品种来源：Y243×Y246

审定情况：2007年通过安徽省审定，审定编号皖品审07050576

特征特性：该品种生育期101d。株型半紧凑，株高250.3cm，穗位高121.6cm。穗长16.2cm，穗粗5.1cm，穗行数15.7，行粒数32.4。白轴、黄粒、半马齿型，出籽率90.9%，千粒重333.2g，品质中。田间倒伏13.1%，倒折0.9%。田间小斑病1~3级，茎腐病0.5%，瘤黑粉病0.3%。

品质测定：籽粒粗蛋白9.46%，粗脂肪4.82%，粗淀粉73.89%，赖氨酸0.310%。抗病性接种鉴定：高抗小斑病、矮花叶病，抗弯孢菌叶斑病，中抗茎腐病、玉米螟，感瘤黑粉病。

产量表现：2007年河南省引种试验（4 000株/亩组），平均亩产574.7kg，比对照郑单 958 增产 7.3%；2008 年续试，平均亩产 627.6kg，比对照郑单 958 增产 4.5%。2007—2008 两年平均亩产 601.1kg，比对照郑单 958 增产 5.8%。

引种区域：河南省各地引进种植。

一三二、滑丰 8 号

引种编号：豫引玉 2009008

审定情况：2006 年通过河北省审定，审定编号冀审玉 2006012

特征特性：该品种生育期 101d。株型紧凑，株高 258.3cm，穗位高 121.8cm。穗长 15.3cm，穗粗 5.3cm，穗行数 17.1 行，行粒数 32.1。白轴，黄粒、半马齿型，出籽率 88.6%，千粒重 306.8g，品质中。田间倒伏 6.5%，倒折 1.7%。田间小斑病 1～3 级，茎腐病 0.9%，瘤黑粉病 0.4%。

品质测定：籽粒粗蛋白 8.62%，粗脂肪 4.30%，粗淀粉 73.50%，赖氨酸 0.29%。抗病性接种鉴定：高抗矮花叶病，抗大斑病，中抗茎腐病、弯孢菌叶斑病、瘤黑粉病，感小斑病，中抗玉米螟。

产量表现：2007 年河南省引种试验（4 000 株/亩组），平均亩产 583kg，比对照郑单 958 增产 8.8%；2008 年续试，平均亩产 630.3kg，比对照郑单 958 增产 4.9%。2007—2008 两年平均亩产 606.6kg，比对照郑单 958 增产 6.7%。

引种区域：河南省各地引进种植。

一三三、丰玉 4 号

引种编号：豫引玉 2009009

审定情况：2006 年通过河北省审定，审定编号冀审玉 2006016

特征特性：该品种生育期 101d。株型半紧凑，株高 244cm，穗位高 108.4cm。穗长 16cm，穗粗 4.9cm，穗行数 14.4，行粒数 35.8。白轴，黄粒、半马齿型，出籽率 90.8%，千粒重 311.5g，品质中。田间倒伏 11.2%，倒折 1.0%，空秆率 2.1%；田间小斑病 1～3 级，茎腐病 0.9%，瘤黑粉病 0.4%。

品质测定：籽粒粗蛋白质 8.9%，粗脂肪 4.2%，粗淀粉 73.78%，赖氨酸 0.30%。抗病性接种鉴定：高抗矮花叶病，抗大斑病、小斑病，中抗茎腐病、弯孢菌叶斑病，感瘤黑粉病，感玉米螟。

产量表现：2007 年河南省引种试验（4 000 株/亩组），平均亩产 566.0kg，比对照郑单 958 增产 4.3%；2008 年续试，平均亩产 630.3kg，比对照郑单 958 增产 4.9%。2007—2008 两年平均亩产 597.5kg，比对照郑单 958 增产 4.6%。

引种区域：河南省各地引进种植。

一三四、隆平 206

引种编号：豫引玉 2009010

审定情况：2007 年通过安徽省审定，审定编号皖品审 07050572

特征特性：该品种生育期 101d。株型紧凑，株高 259.6cm，穗位高 112.7cm。穗长 14.7cm，穗粗 5.4cm，穗行数 15.8 行，行粒数 32.2。白轴，黄粒、半马齿型，出籽率 91.1%，千粒重 366.8g，品质中。田间倒伏 12.5%，倒折 0.2%。田间小斑病 1 级，茎腐病 0.5%，瘤黑粉病 0.2%。

品质测定：籽粒粗蛋白 9.12%，粗脂肪 3.65%，粗淀粉 76.2%，赖氨酸 0.278%。抗病性接种鉴定：高抗矮花叶病，抗弯孢菌叶斑病、茎腐病，中抗小斑病、瘤黑粉病、玉米螟。

产量表现：2007 年河南省引种试验（4 000 株/亩组），平均亩产 546.5kg，比对照郑单 958 增产 0.7%；2008 年续试，平均亩产 636.8kg，比对照郑单 958 增产 6%。2007—2008 两年平均亩产 591.6kg，比对照郑单 958 增产 3.5%。

引种区域：河南省开封、商丘、周口以外地区引进种植。

一三五、奥玉 3816

审定编号：豫审玉 2013001

品种来源：以自选系 OSL285 为母本，昌 7~2 为父本组配而成的单交种。

特征特性：夏播生育期 98~105d。株型半紧凑，全株总叶片数 20~21 片，株高 264~276cm，穗位高 113~119cm。叶色深绿，叶鞘绿色，第一叶尖端圆形。雄穗分枝 9~13 个，雄穗颖片浅紫色，花药浅紫色，花丝紫色。果穗筒形，穗长 16~17cm，秃尖长 0.5cm，穗粗 5.2cm，穗行数 15~18 行，行粒数 34~37.1 粒。穗轴白色，籽粒黄色、半马齿型，千粒重 275~329.9g，出籽率 89.7%，田间倒折率 2.3%。2010 年河南农业大学植保学院人工接种鉴定：中抗大斑病（5 级），抗小斑病（3 级），抗弯孢菌叶斑病（3 级），中抗茎腐病（5 级），感瘤黑粉病（7 级），中抗玉米螟（5 级）。2011 年河南农业大学植保学院人工接种鉴定：高抗大斑病（1 级），中抗小斑病（5 级），中抗弯孢菌叶斑病（5 级），高抗茎腐病（1 级），抗瘤黑粉病（3 级），感玉米螟（7 级）。2010 年农业部农产品质量监督检验测试中心（郑州）品质检测：粗蛋白质 10.37%，粗脂肪 4.99%，粗淀粉 70.23%，赖氨酸 0.326%，容重 726g/L。2011 年农业部农产品质量监督检验测试中心（郑州）品质检测：粗蛋白质10.5%，粗脂肪5.01%，粗淀粉71.94%，赖氨酸0.32%，容重729g/L。

产量表现：2010年河南省玉米新品种区域试验（4 000株/亩2组），12点汇总，8点增产4点减产，平均亩产551.6kg，比对照郑单958增产4.8%，差异不显著，居20个参试品种第12位；2011年续试，9点汇总，9点增产，平均亩产527.9kg，比对照郑单958增产7.4%，差异极显著，居13个参试品种第3位。2012年河南省玉米品种生产试验（4 000株/亩组），11点汇总，10点增产1点减产，平均亩产743.5kg，比对照郑单958增产3.6%，居4个参试品种第2位。

栽培技术要点：①播期和密度：夏播在6月15日前播种，密度4 000～4 200株/亩。②田间管理：亩施农家肥2 000～3 000kg或氮、磷、钾三元复合肥30kg做基肥，大喇叭口期每亩追施尿素18kg左右；在幼苗长到3～5片时，进行间苗、定苗；等行距种植，单株留苗；苗期注意防止蓟马、蚜虫、地老虎；大喇叭口期用颗粒杀虫剂丢心，防治玉米螟虫。③适时收获：玉米籽粒乳线消失或籽粒尖端出现黑色层时收获，以充分发挥该品种的增产潜力。

适宜区域：河南省各地推广种植。

一三六、浚5268

审定编号：豫审玉2013002

品种来源：以自交系7922变为母本，自交系H75为父本组配而成的单交种。

特征特性：夏播生育期98～103d。株型半紧凑，全株总叶片数20～21片，株高275～285cm，穗位高110～120cm。叶色浅绿，叶鞘微红，第一叶尖端卵圆形。雄穗分枝10～15个，雄穗颖片微红，花药浅紫色，花丝浅紫色。果穗锥形，穗长17.4～18.2cm，秃尖长0.4cm，穗粗5.0cm，穗行数12～18行，行粒数35.3粒。穗轴白色、籽粒黄色，半马齿型，千粒重366.8g，出籽率89.4%，田间倒折率1.8%。2011年河南农业大学植物保护学院抗病虫接种鉴定：高感大斑病（9级），感小斑病（7级），抗弯孢菌叶斑病（3级），抗矮花叶病（3级），高抗茎腐病（1级），抗瘤黑粉病（3级），高感玉米螟（9级）。2012年河南农业大学植物保护学院抗病虫接种鉴定：感大斑病（7级），中抗小斑病（5级），抗弯孢菌叶斑病（3级），感矮花叶病（7级），中抗茎腐病（5级），高抗瘤黑粉病（1级），感玉米螟（7级）。2010年农业部农产品质量监督检验测试中心（郑州）品质检测：粗蛋白质9.43%，粗脂肪3.96%，粗淀粉75.18%，赖氨酸0.295%，容重739g/L。2011年农业部农产品质量监督检验测试中心（郑州）

品质检测：粗蛋白质8.98%，粗脂肪3.78%，粗淀粉76.72%，赖氨酸0.28%，容重724g/L。

产量表现：2010年河南省玉米新品种区域试验（4 000株/亩1组），12点汇总，12点增产，平均亩产609.4kg，比对照郑单958增产11.4%，差异极显著，居20个参试品种第1位；2011年续试，9点汇总，9点增产，平均亩产538.2kg，比对照郑单958增产10.8%，差异极显著，居14个参试品种第1位。2012年河南省玉米品种生产试验（4 000株/亩组），11点汇总，9点增产2点减产，平均亩产746.0kg，比对照郑单958增产4.0%，居4个参试品种第1位。

栽培技术要点：①播期和密度：6月15日前播种，种植密度3 800～4 200株/亩。②田间管理：科学施肥，浇好三水，即拔节水、孕穗水和灌浆水；苗期注意防止蓟马、蚜虫、地老虎；大喇叭口期用颗粒杀虫剂丢心，防治玉米螟虫。③适时收获：玉米籽粒乳线消失或籽粒尖端出现黑色层时收获，以充分发挥该品种的增产潜力。

适宜区域：河南省各地推广种植。

一三七、博奥268

审定编号：豫审玉2013003

品种来源：以自选系419为母本，自选系817为父本组配而成的单交种。

特征特性：夏播生育期97～100d。株型紧凑，全株总叶片数20片，株高259～280cm，穗位高113～116cm。叶色深绿，叶鞘微红，第一叶尖端卵圆形。雄穗分枝8个，花药浅紫，花丝紫色。果穗中间形，穗长17cm，秃尖长0.5cm，穗粗5.0cm，穗行数14～16行，行粒数35.8粒。穗轴白色，籽粒黄色、半马齿型，千粒重342.9g，出籽率88.8%，田间倒折率1.3%。2009年河南农业大学植保学院人工接种抗性鉴定：高感大斑病（9级），感小斑病（7级），高感弯孢菌叶斑病（9级），高抗矮花叶病（1级），中抗茎腐病（5级），中抗瘤黑粉病（5级），感玉米螟（7级）；2012年河南农业大学植保学院人工接种抗性鉴定：抗大斑病（3级），高抗小斑病（1级），中抗弯孢菌叶斑病（5级），高抗矮花叶病（1级），高抗茎腐病（1级），中抗瘤黑粉病（5级），感玉米螟（7级）。2009年农业部农产品质量监督检验测试中心（郑州）品质检测：粗蛋白质11.56%，粗脂肪4.44%，粗淀粉72.73%，赖氨酸0.308%，容重740g/L。

产量表现：2008年河南省玉米新品种区域试验（4 000株/亩3组），10点汇总，8点增产2点减产，平均亩产604.6kg，比对照郑单958增产3.6%，差异不显著，居 19 个参试品种第 8 位；2009 年续试，10 点汇总，9 点增产 1 点减产，平均亩产 573.1kg，比郑单 958 增产 5.9%，差异显著，居 19 个参试品种第 11 位。2010 年河南省玉米品种生产试验（4 000 株/亩组），13 点汇总全部增产，平均亩产 567.9kg，比对照郑单 958 增产 6.5%，居 10 个参试品种第 9 位。

栽培技术要点：

①播期和密度：6 月 15 日前播种，种植密度4 000株/亩。②田间管理：基肥以农家肥为主，科学施肥；苗期控制灌水，中后期结合施肥用水；注意防治地下害虫和玉米螟。③适时收获：玉米籽粒乳线消失或籽粒尖端出现黑色层时收获，以充分发挥该品种的增产潜力。

适宜区域：河南省各地推广种植。

一三八、良硕88

审定编号：豫审玉 2013004

品种来源：以自选系 T06 为母本，自选系 P05 为父本组配而成的单交种。

特征特性：夏播生育期 98～103d。株型紧凑，全株总叶片数 20 片，株高 265～273cm，穗位高 102～107cm。叶色浅绿，叶鞘浅紫色，第一叶尖端卵圆形。雄穗分枝 5～8 个，雄穗颖片微红，花药浅紫色，花丝浅紫色。果穗柱形，穗长 17.7cm，秃尖长 0.7cm，穗粗 5.0cm，穗行数 12～16 行，行粒数 34.8 粒。穗轴红色，籽粒黄色、半马齿型，千粒重 330～405g，出籽率 88.8%，田间倒折率 2.0%。2010 年河南省农业大学植保学院人工接种鉴定：抗大斑病（3 级），中抗小斑病（5 级），高抗弯孢菌叶斑病（1 级），高感矮花叶病（9 级），中抗茎腐病（5 级），抗瘤黑粉病（3 级），感玉米螟（7 级）；2011 年河南省农业大学植保学院人工接种鉴定：抗大斑病（3 级），中抗小斑病（5 级），高抗弯孢菌叶斑病（1 级），高感矮花叶病（9 级），中抗茎腐病（5 级），中抗瘤黑粉病（5 级），感玉米螟（7 级）。2010 年农业部农产品质量监督检验测试中心（郑州）品质检测：粗蛋白质 9.68%，粗脂肪 4.50%，粗淀粉 74.19%，赖氨酸 0.264%，容重 762g/L；2011 年农业部农产品质量监督检验测试中心（郑州）品质检测：粗蛋白质9.44%，粗脂肪 3.68%，粗淀粉 74.53%，赖氨酸0.32%，容重 713g/L。

产量表现：2010 年河南省玉米新品种区域试验（4 000株/亩2 组），12 点汇总，12 点增产，平均亩产 558.1kg，比对照郑单 958 平均增产6.0%，差异显著，居 20 个参试品种第 8 位；2011 年续试，9 点汇总，9 点增产，平均亩产

536.6kg，比郑单 958 增产 9.2%，居 13 个参试品种第 1 位。2012 年河南省玉米新品种生产试验（4 000 株/亩组），11 点汇总，7 点增产 4 点减产，平均亩产 729.1kg，比对照郑单 958 增产 1.6%，居 4 个参试品种第 3 位。

栽培技术要点：①播期和密度：6 月 5～25 日播种，种植密度 4 000 株/亩。②田间管理：科学施肥，浇好三水，即拔节水、孕穗水和灌浆水；苗期注意防止蓟马、蚜虫、地老虎；大喇叭口期用颗粒杀虫剂丢心，防治玉米螟虫。③适时收获：玉米籽粒乳线消失或籽粒尖端出现黑色层时收获，以充分发挥该品种的增产潜力。

适宜区域：河南省各地推广种植。

一三九、圣瑞 999

审定编号：豫审玉 2013005

品种来源：以自选系圣 68 为母本，以圣 62 为父本组配而成的单交种

特征特性：河南夏播生育期 98～102d。株型紧凑，全株总叶片数 19～21 片，株高 240～250cm，穗位高 99～107cm。叶片绿色，叶鞘浅紫，第一叶尖端圆到匙形。雄穗分枝 6～10 个，花药黄色，花丝浅紫，果穗锥形。穗长 15.6～16.7cm，秃尖长 0.6cm，穗粗 4.9cm，穗行数 12～16 行，行粒数 36.0 粒，千粒重 367.0g，籽粒黄色、半马齿型，穗轴白色，出籽率 89.8%，田间倒折率 0.5%。2010 年河南农业大学植保学院人工接种鉴定：感大斑病（7 级），高抗小斑病（1 级）、抗弯孢菌叶斑病（3 级），高感矮花叶病（9 级），高抗茎腐病（1 级），高抗瘤黑粉病（1 级）、中抗玉米螟（5 级）；2011 年河南农业大学植保学院人工接种鉴定：高抗大斑病（1 级），高抗小斑病（1 级）、感弯孢菌叶斑病（7 级），中抗矮花叶病（5 级），抗茎腐病（5 级），抗瘤黑粉病（3 级），高感玉米螟（9 级）。2010 年农业部农产品质量监督检验测试中心（郑州）品质检测：粗蛋白质 9.80%，粗脂肪 4.51%，粗淀粉 72.92%，赖氨酸 0.270%，容重 744g/L；2011 年农业部农产品质量监督检验测试中心（郑州）品质检测：粗蛋白质 9.32%，粗脂肪 4.46%，粗淀粉 74.32%，赖氨酸 0.30%，容重 732g/L。

产量表现：2010 年河南省玉米新品种区域试验（4 500 株/亩 1 组），12 点汇总，12 点增产，平均亩产 608.2kg，比对照郑单 958 增产 6.3%，差异极显著，居 20 个参试品种第 7 位；2011 年续试，9 点汇总，8 点增产 1 点减产，平均亩产为 528.9kg，比对照郑单 958 增产 7.1%，差异极显著，居 20 个参试品种第 2 位。2012 年河南省玉米新品种生产试验（4 500 株/亩组），11 点汇总，11 点增

产，平均亩产为742.9kg，比对照郑单958增产6.8%，差异极显著，居7个参试品种第3位。

栽培技术要点：①播期和密度：播期6月5～20日，种植密度4 500株/亩。②田间管理：播种前亩施复合肥40kg做底肥，喇叭口期每亩追施尿素30kg，或播种前亩施缓释肥50kg，喇叭口期喷施叶面肥，遇干旱及时浇水，播种前用种衣剂包衣防治地下害虫，大喇叭口期用辛硫磷颗粒剂丢心防治玉米螟。③适时收获：籽粒尖端黑色层出现后收获。

适宜区域：河南省各地推广种植。

一四〇、秀青74-9

审定编号：豫审玉2013006

品种来源：以自选系X09为母本，昌7-2为父本组配而成的单交种。

特征特性：夏播生育期99～103d。株型半紧凑，全株总叶片数20～21片，株高253～261.6cm，穗位高114～121.0cm。叶色深绿，叶鞘紫色，第一叶尖端椭圆形。雄穗分枝9～13个，雄穗颖片微红，花药黄，花丝青绿。果穗筒形，穗长16.0cm，秃尖长0.8cm，穗粗5.2cm，穗行数14～16行，行粒数34.5粒。穗轴白色，籽粒黄色、半马齿型，千粒重347.8g，出籽率88.9%，田间倒折率0.7%。2010年河南农业大学植保学院人工接种鉴定：中抗大斑病（5级），抗小斑病（3级），抗弯孢菌叶斑病（3级），中抗矮花叶病（5级），抗茎腐病（3级），感瘤黑粉病（7级），感玉米螟（7级）；2011年河南农业大学植保学院人工接种鉴定：高抗大斑病（1级），中抗小斑病（5级），抗弯孢菌叶斑病（5级），高感矮花叶病（9级），高抗茎腐病（1级），抗瘤黑粉病（3级），抗玉米螟（3级）。2010年农业部农产品质量监督检验测试中心（郑州）品质检测：粗蛋白质10.01%，粗脂肪4.40%，粗淀粉74.14%，赖氨酸0.269%，容重748g/L；2011年农业部农产品质量监督检验测试中心（郑州）品质检测：粗蛋白质9.04%，粗脂肪4.34%，粗淀粉76.06%，赖氨酸0.28%，容重729g/L。

产量表现：2010年河南省玉米新品种区域试验（4 500株/亩1组），12点汇总，11点增产1点减产，平均亩产611.8kg，比对照郑单958增产6.9%，差异极显著，居20个参试品种第6位；2011年续试，9点汇总，7点增产2点减产，平均亩产523.2kg，比对照郑单958增产5.9%，差异极显著，居20个参试品种第6位。2012年河南省玉米品种生产试验（4 500株/亩组），11点汇总，10点增产1点减产，平均亩产731.0kg，比对照郑单958增产5.1%，居7个参试品种第 5 位。

栽培技术要点：①播期和密度：5 月 25 日～6 月 10 日播种，种植密度 4 500 株/亩。②田间管理：科学施肥，浇好三水，即拔节水、孕穗水和灌浆水；苗期注意防治粗缩病；大喇叭口期用颗粒杀虫剂丢心，防治玉米螟虫和蚜虫。③适时收获：玉米籽粒乳线消失或籽粒尖端出现黑色层时收获。

适宜区域：河南省各地推广种植。

一四一、豫安 3 号

审定编号：豫审玉 2013007

品种来源：以自选系 PA63 为母本，自选系 PA23 为父本组配而成的单交种。

特征特性：夏播生育期 98～101d。株型紧凑，全株总叶片数 18～19 片，株高 250～261cm，穗位高 105～114cm。叶色深绿，叶鞘微红，第一叶尖端椭圆形。雄穗分枝 5～7 个，雄穗颖片微红，花药黄色，花丝浅紫色。果穗筒形，穗长 19.6cm，秃尖长 0.5cm，穗粗 5.0cm，穗行数 14～16 行，行粒数 31.6～36.8 粒。穗轴红色，籽粒黄色、半马齿型，千粒重 275.2～342.7g，出籽率 89.3%，田间倒折率 1.4%。2010 年河南农业大学植保学院人工接种鉴定：中抗大斑病（5 级），抗小斑病（3 级），感弯孢菌叶斑病（7 级），高感矮花叶病（9 级），高抗茎腐病（1 级），高感瘤黑粉病（9 级），中抗玉米螟（5 级）；2011 年河南农业大学植保学院人工接种鉴定：中抗大斑病（5 级），中抗小斑病（5 级），抗弯孢菌叶斑病（3 级），高抗矮花叶病（1 级），抗茎腐病（3 级），中抗瘤黑粉病（5 级），感玉米螟（7 级）。2010 年农业部农产品质量监督检验测试中心（郑州）品质检测：粗蛋白质 10.05%，粗脂肪 3.97%，粗淀粉 73.81%，赖氨酸 0.307%，容重 754g/L；2011 年农业部农产品质量监督检验测试中心（郑州）品质检测：粗蛋白质 9.35%，粗脂肪 4.34%，粗淀粉 73.88%，赖氨酸 0.30%，容重 750g/L。

产量表现：2010 年河南省玉米新品种区域试验（4 500 株/亩1 组），12 点汇总，12 点增产，平均亩产 617.9kg，比对照郑单 958 增产 8.0%，差异极显著，居 20 个参试品种第 2 位；2011 年续试，9 点汇总，7 点增产 2 点减产，平均亩产为 515.7kg，比对照郑单 958 增产 4.4%，差异显著，居 20 个参试品种第 8 位。2012 年河南省玉米新品种生产试验（4 500 株/亩组），11 点汇总，11 点增产，平均亩产 759.7kg，比对照郑单 958 增产 9.2%，居 8 个参试品种第 1 位。

栽培技术要点：①播期和密度：6 月上中旬麦后直播，中等水肥地 4 000 株/

亩，高水肥地不超过 4 500 株/亩。②田间管理：科学施肥，浇好三水，即拔节水、孕穗水和灌浆水；苗期注意防止蓟马、蚜虫、地老虎；大喇叭口期用颗粒杀虫剂丢心，防治玉米螟虫。③适时收获：玉米籽粒乳线消失或籽粒尖端出现黑色层时收获，以充分发挥该品种的增产潜力。

适宜区域：河南省各地推广种植。

一四二、怀玉 208

审定编号：豫审玉 2013008

品种来源：以自选系 HT112 为母本，自选系 H2172 为父本组配而成的单交种。

特征特性：夏播生育期 98～104d。株型半紧凑，全株总叶片数 20 片，株高 276cm 左右，穗位高 116～121cm。叶色浓绿，苞叶长度适中，芽鞘浅紫色。雄穗分枝 13 个，花药黄色，花丝浅紫色。果穗锥形，穗轴白色，穗长 17.1cm，秃尖长 0.5cm，穗粗 4.9cm，穗行数 12～16 行，行粒数 35.9 粒。籽粒黄色、半马齿型，千粒重 345.7g，出籽率 89.0%，田间倒折率 1.35%。2010 年河南农业大学植保学院人工接种鉴定：高抗大斑病（1 级），抗小斑病（3 级），抗弯孢菌叶斑病（3 级），高抗矮花叶病（1 级），高抗茎腐病（1 级），高感瘤黑粉病（9 级），中抗玉米螟（5 级）；2011 年河南农业大学植保学院人工接种鉴定：高抗大斑病（1 级），中抗小斑病（5 级），抗弯孢菌叶斑病（3 级），高感矮花叶病（9 级），高抗茎腐病（1 级），感瘤黑粉病（7 级），感玉米螟（7 级）。2010 年农业部农产品质量监督检验测试中心（郑州）品质检测：粗蛋白质 10.31%，粗脂肪 4.48%，粗淀粉 73.44%，赖氨酸 0.276%，容重 762g/L；2011 年农业部农产品质量监督检验测试中心（郑州）品质检测：粗蛋白质 10.33%，粗脂肪 4.68%，粗淀粉 75.89%，赖氨酸 0.30%，容重 757g/L。

产量表现：2010 年河南省玉米新品种区域试验（4 500 株/亩 3 组），12 点汇总，11 点增产 1 点减产，平均亩产 608.7kg，比对照郑单 958 增产 8.6%，差异极显著，居 20 个参试品种第 1 位；2011 年续试，9 点汇总，8 点增产 1 点减产，平均亩产 528.3kg，比对照郑单 958 增产 7.3%，差异极显著，居 20 个参试品种第 4 位。2012 年河南省玉米新品种生产试验（4 500 株/亩组），11 点汇总，11 点增产，平均亩产 742.4kg，比郑单 958 增产 6.7%，居 8 个参试品种第 4 位。

栽培技术要点：①播期和密度：5 月 25 日～6 月 10 日播种，密度 4 500 株/亩左右。②田间管理：科学施肥，种肥每亩可施复合肥 7.5～10kg，大喇叭口前期每亩追施尿素 30~40kg；浇好三水，即拔节水、孕穗水和灌浆水；注意防治玉米螟。③适时收获：玉米籽粒乳线消失或籽粒尖端出现黑色层时收获，以充分发挥该品种的增产潜力。

适宜区域：河南省各地推广种植。

一四三、新单 38

审定编号：豫审玉 2013009

品种来源：自选系新 4 白改做母本，新 6/敦系 3 做父本杂交育成的单交种

特征特性：夏播生育期 98~102d。株型紧凑，全株总叶片数 20 片，株高 261~267cm，穗位高 105~113cm。叶色深绿，叶鞘微红，第一叶尖端卵圆形。雄穗分枝 15 个，花药黄色，花丝微红。果穗筒形，穗长 16.1~19.3cm，秃尖长 0.5cm，穗粗 5.0cm，穗行数 14.7 行，行粒数 35.3 粒；穗轴白色，籽粒黄色、半马齿型，千粒重 351.7g，出籽率 88.9%，田间倒折率 1.2%。2010 年河南农业大学植保学院人工接种鉴定：中抗大斑病（5 级）、抗小斑病（3 级），高抗弯孢菌叶斑病（1 级），高感矮花叶病（9 级），抗茎腐病（3 级），高感瘤黑粉病（9 级），感玉米螟（7 级）；2011 年河南农业大学植保学院人工接种鉴定：抗大斑病（3 级），抗小斑病（3 级），抗弯孢菌叶斑病（3 级），高感矮花叶病（9 级），中抗茎腐病（5 级），抗瘤黑粉病（3 级），感玉米螟（7 级）。2010 年农业部农产品质量监督检验测试中心（郑州）品质检测：粗蛋白质 10.04%，粗脂肪 3.77%，粗淀粉 74.33%，赖氨酸 0.284%，容重 738g/L；2011 年农业部农产品质量监督检验测试中心（郑州）品质检测：粗蛋白质 10.02%，粗脂肪 3.89%，粗淀粉 74.26%，赖氨酸 0.32%，容重 727g/L。

产量表现：2010 年河南省玉米新品种区域试验（4 500 株/亩 2 组），12 点汇总，11 点增产 1 点减产，平均亩产 605.3kg，比对照郑单 958 增产 8.0%，差异极显著，居 20 个参试品种第 2 位；2011 年续试，9 点汇总，9 点增产，平均亩产为 539.8kg，比对照郑单 958 增产 9.6%，差异极显著，居 20 个参试品种第 1 位。2012 年河南省玉米新品种生产试验（4 500 株/亩组），11 点汇总，11 点增产，平均亩产 754.1kg，比对照郑单 958 增产 8.4%，居 8 个参试品种第 2 位。

栽培技术要点：①播期和密度：6 月 1~15 日播种，种植密度 4 500 株/亩；宜采用 60cm×60cm 等行距或 80cm×40cm 宽窄行种植方式。②田间管理：播后及时浇蒙头水，保证一播全苗。采用分次施肥法，即播后 30d 施总追肥量的 40%，播后 45d 施总追肥量的 60%；苗期注意防治蓟马和地下害虫，大喇叭口

期用杀虫颗粒剂丢心防治玉米螟。③适时收获：玉米籽粒乳线消失或籽粒尖端出现黑色层时收获，以充分发挥该品种的增产潜力。

适宜区域：河南省各地推广种植。

一四四、邵单8号

审定编号：豫审玉2013010

品种来源：以自选系邵9803为母本，自选系济582为父本组配而成的单交种。

特征特性：夏播生育期98～102d。株型紧凑，全株总叶片数19～20片，株高241～250cm，穗位高98～110cm。叶色绿色，叶鞘微红，第一叶尖端卵圆形。雄穗分枝10～14个，雄穗颖片微红，花药黄，花丝青绿。果穗筒形，穗长16.1～17.3cm，秃尖长0.6cm，穗粗5.0cm，穗行数14～16行，行粒数35粒。穗轴白色，籽粒黄色、半马齿型，千粒重298～357.3g，出籽率89.4%，田间倒折率3.7%。2011年河南省农业大学植保学院人工接种鉴定：高抗大斑病（1级）、中抗小斑病（5级）、中抗弯孢菌叶斑病（5级）、高抗矮花叶病（1级），中抗茎腐病（5级）、抗瘤黑粉病（3级）、感玉米螟（7级）；2012年河南省农业大学植保学院人工接种鉴定：中抗大斑病（5级）、中抗小斑病（5级）、感弯孢菌叶斑病（7级）、抗矮花叶病（3级）、感茎腐病（7级）、中抗瘤黑粉病（5级）、感玉米螟（7级）。2010年农业部农产品质量监督检验测试中心（郑州）品质检测：粗蛋白质9.74%，粗脂肪4.65%，粗淀粉72.89%，赖氨酸0.323%，容重738g/L；2011年农业部农产品质量监督检验测试中心（郑州）品质检测：粗蛋白质10.06%，粗脂肪4.68%，粗淀粉73.39%，赖氨酸0.32%，容重718g/L。

产量表现：2010年河南省玉米新品种区域试验（4 500株/亩1组），12点汇总，12点增产，平均亩产613.2kg，比对照郑单958增产7.2%，差异极显著，居20个试验品种第4位；2011年续试，9点汇总，8点增产1点减产，平均亩产522.5kg，比对照郑单958增产5.6%，差异极显著，居20个参试品种第7位。2012河南省玉米新品种生产试验（4 500株/亩组），11点汇总，7点增产4点减产，平均亩产723.5kg，比对照郑单958增产4%，居8个参试品种第6位。

栽培技术要点：①播期和密度：5月25日～6月10日播种，种植密度4 500株/亩。②田间管理：科学施肥，浇好三水，即拔节水、孕穗水和灌浆水；苗期注意防治蓟马、蚜虫、地老虎；大喇叭口期用颗粒杀虫剂丢心，防治玉米螟虫。

③适时收获：玉米籽粒乳线消失或籽粒尖端出现黑色层时收获，以充分发挥该品种的增产潜力。

适宜区域：河南省各地推广种植。

一四五、宝玉168

审定编号：豫审玉2013011

品种来源：以自选系802为母本，自选系6107A-2为父本组配而成的单交种。

特征特性：夏播生育期97~103d。株型紧凑，全株总叶片数19~20片，株高231~244cm，穗位高93~103cm。叶色浓绿，叶鞘绿色，第一叶尖端圆形。雄穗分枝9~13个，雄穗颖片绿色，花药黄，花丝青绿。苞叶长度适中。果穗中间型，穗长15~17cm，秃尖长0.5cm，穗粗4.9cm，穗行数12~16行，行粒数30~34粒。穗轴白色，籽粒黄色、半马齿型，千粒重288.7~353.8g，出籽率89.6%，田间倒折率1.7%。2010年河南农业大学植保学院人工接种鉴定：抗大斑病（3级），抗小斑病（3级），感弯孢菌叶斑病（7级），中抗矮花叶病（5级），感茎腐病（7级），抗瘤黑粉病（3级），抗玉米螟（3级）；2012年河南农业大学植保学院人工接种鉴定：抗大斑病（3级），中抗小斑病（5级），中抗弯孢菌叶斑病（5级），中抗矮花叶病（5级）、感茎腐病（7级），中抗瘤黑粉病（5级），高感玉米螟（9级）。2010年农业部农产品质量监督检验测试中心（郑州）品质检测：粗蛋白质9.67%，粗脂肪4.34%，粗淀粉73.43%，赖氨酸0.277%，容重757g/L；2011年农业部农产品质量监督检验测试中心（郑州）品质检测：粗蛋白质9.38%，粗脂肪4.13%，粗淀粉75.30%，赖氨酸0.30%，容重741g/L。

产量表现：2010年河南省玉米新品种区域试验（5 000株/亩3组），12点汇总，12点增产，平均亩产582.9kg，比对照郑单958增产8.9%，差异极显著，居16个参试品种第1位；2011年续试，9点汇总，9点增产，平均亩产528.4kg，比对照郑单958增产11.5%，居19个参试品种第1位。2012年河南省玉米新品种生产试验（5 000株/亩组），11点汇总，10点增产1点减产，平均亩产718.0kg，比对照郑单958增产7.2%，居5个参试品种第1位。

栽培技术要点：①播期和密度：5月25日~6月15日播种，种植密度5 000株/亩左右。②田间管理：科学施肥，浇好三水，即拔节水、孕穗水和灌浆水；苗期注意防治蓟马、蚜虫、地老虎；大喇叭口期用颗粒杀虫剂丢心，防治玉米螟虫。③适时收获：玉米籽粒乳线消失或籽粒尖端出现黑色层时收获，以充分发挥该品种的增产潜力。

适宜区域：河南省各地推广种植。

一四六、隆玉369

审定编号：豫审玉2013012

品种来源：以自选系KC1585为母本，自选系C昌740为父本组配而成的单交种。

特征特性：夏播生育期98~104d。株型紧凑，全株总叶片数21片，株高263.7~317cm，穗位高115.9~143cm。叶色深绿，叶鞘绿色，第一叶尖端卵圆形。雄穗分枝8~10个，雄穗颖片绿色，花药黄色，花丝青绿。果穗筒形，穗长15.5cm，秃尖长0.8cm，穗粗4.8cm，穗行数12~18行，行粒数31.8粒，秃尖长0.8cm。穗轴白色，籽粒黄色、半马齿型，千粒重290.4g，出籽率89.2%，田间倒折率0.8%。2009年河南农业大学植保学院人工接种鉴定：高抗大斑病（1级），中抗小斑病（5级），感弯孢菌叶斑病（7级），高抗矮花叶病（1级），高抗茎腐病（1级），中抗瘤黑粉病（5级），感玉米螟（7级）；2010年河南农业大学植保学院人工接种鉴定：高抗大斑病（1级），抗小斑病（3级），抗弯孢菌叶斑病（3级），中抗矮花叶病（5级），中抗茎腐病（5级），感瘤黑粉病（7级），感玉米螟（7级）。2009年农业部农产品质量监督检验测试中心（郑州）品质检测：粗蛋白质11.04%，粗脂肪4.31%，粗淀粉72.37%，赖氨酸0.362%，容重760g/L；2010年农业部农产品质量监督检验测试中心（郑州）品质检测：粗蛋白质9.98%，粗脂肪4.24%，粗淀粉74.49%，赖氨酸0.305%，容重772g/L。

产量表现：2009年河南省玉米新品种区域试验（5 000株/亩2组），12点汇总，9点增产3点减产，平均亩产587.1kg，比对照郑单958增产3.6%，差异不显著，居17个参试品种第5位；2010年续试，12点汇总，12点增产，平均亩产611.8kg，比对照郑单958增产6.4%，差异极显著，居16个参试品种第5位。2012年河南省玉米新品种生产试验（5 000株/亩组），11点汇总，10点增产1点减产，平均亩产696.7kg，比对照郑单958增产4.0%，居5个参试品种第3位。

栽培技术要点：①播期和密度：6月15日以前播种，种植密度5 000株/亩。②田间管理：科学施肥，浇好三水，即拔节水、孕穗水和灌浆水；苗期注意防治蓟马、蚜虫、地老虎；注意通过种子包衣等措施防治瘤黑粉病，大喇叭口期使用"康宽"等药剂防治玉米螟。③适时收获：玉米籽粒乳线消失或籽粒尖端出现黑色层时收获，以充分发挥该品种的增产潜力。

适宜区域：河南省各地推广种植。

一四七、嵩玉619

审定编号：豫审玉2013013

品种来源：以自选系6B为母本，自选系Sx102为父本组配而成的单交种。

特征特性：夏播生育期97~102d。株型紧凑，全株总叶片数19~20片，株高282~299cm，穗位高101~113cm。叶色浅绿，叶鞘紫色，第一叶尖端卵圆形。雄穗分枝8~16个，雄穗颖片微红，花药黄，花丝青绿。果穗筒形，穗长17.1cm，穗粗4.4cm，穗行数14~18行，行粒数32.4粒。穗轴红色，籽粒黄色、半马齿型，千粒重266.5~321.4g，出籽率88.5%，田间倒折率6.7%。2010年河南农业大学植保学院人工接种鉴定：高抗大斑病（1级），高抗小斑病（1级），抗弯孢菌叶斑病（3级），高抗矮花叶病（1级），抗茎腐病（3级），高抗瘤黑粉病（1级），中抗玉米螟（5级）；2011年河南农业大学植保学院人工接种鉴定：抗大斑病（3级），高抗小斑病（1级），抗弯孢菌叶斑病（3级），中抗茎腐病（5级），抗瘤黑粉病（3级），高感玉米螟（9级）。2010年农业部农产品质量监督检验测试中心（郑州）品质检测：粗蛋白质9.73%，粗脂肪4.46%，粗淀粉73.15%，赖氨酸0.284%，容重782g/L；2011年农业部农产品质量监督检验测试中心（郑州）品质检测：粗蛋白质9.46%，粗脂肪4.40%，粗淀粉76.67%，赖氨酸0.29%，容重772g/L。

产量表现：2010年河南省玉米新品种区域试验（5 000株/亩3组），12点汇总，11点增产1点减产，平均亩产561.2kg，比对照郑单958增产4.8%，差异不显著，居16个参试品种第6位；2011年续试，9点汇总，9点增产，平均亩产526.5kg，比对照郑单958增产11.1%，居20个参试品种第2位。2012年河南省玉米新品种生产试验（5 000株/亩组），11点汇总，8点增产3点减产，平均亩产696.3kg，比对照郑单958增产4.0%，居5个参试品种第4位。

栽培技术要点：①播期和密度：春播4月20日左右播种，夏播6月15日前播种。种植密度5 000株/亩。②田间管理：科学施肥，以氮肥为主，增施磷钾肥；浇好三水，即拔节水、孕穗水和灌浆水；苗期注意防治蓟马、蚜虫、地老虎；大喇叭口期用颗粒杀虫剂丢心，防治玉米螟。③适期收获：苞叶发黄后，再推迟7～10d，观察籽粒黑色层形成和乳线消失后收获。

适宜区域：河南省各地推广种植。

一四八、德单121

审定编号：豫审玉2013014

品种来源：以自选系HG58为母本，T昌7-2为父本组配而成的单交种。

特征特性：夏播生育期97～103d。株型半紧凑，全株总叶片数20～21片，株高253.7～263cm，穗位高101.6～114cm。幼苗叶鞘紫色，成株茎绿色，叶片深绿色。雄穗分枝数15～20个，花药黄色，花丝紫色。苞叶长度适中。果穗圆筒形，穗长15～16.6cm，秃尖长0.4cm，穗粗4.6cm，穗行数14.5行，行粒数34.8粒。穗轴红色，籽粒橘红色、半马齿型，千粒重254～316g，出籽率90.1%，田间倒折率4.0%。2010年河南农业大学植保学院人工接种鉴定：高抗大斑病（1级），抗小斑病（3级），中抗弯孢菌叶斑病（5级），高抗矮花叶病（1级），中抗茎腐病（5级）、高感瘤黑粉病（9级），抗玉米螟（3级）；2012年河南农业大学植保学院人工接种鉴定：中抗大斑病（5级），抗小斑病（3级），中抗弯孢菌叶斑病（5级），中抗矮花叶病（5级），抗茎腐病（7级），感瘤黑粉病（7级），感玉米螟（7级）。2010年农业部农产品质量监督检验测试中心（郑州）品质检测：粗蛋白质10.04%，粗脂肪4.70%，粗淀粉73.57%，赖氨酸0.291%，容重768g/L；2011年农业部农产品质量监督检验测试中心（郑州）品质检测：粗蛋白质9.71%，粗脂肪4.93%，粗淀粉75.14%，赖氨酸0.30%，容重762g/L。

产量表现：2010年河南省玉米新品种区域试验（5 000株/亩1组），12点汇总，11点增产1点减产，平均亩产577.2kg，比对照郑单958增产5.7%，差异显著，居16个参试品种第5位；2011年续试，9点汇总，8点增产1点减产，平均亩产505.1kg，比对照郑单958增产6.6%，居19个参试品种第5位。2012年河南省玉米新品种生产试验（5 000株/亩组），11点汇总，10点增产1点减产，平均亩产698.2kg，比对照郑单958增产4.2%，居5个参试品种第2位。

栽培技术要点：①播期与播量：适宜麦垄套种或麦后直播，种植密度5 000株/亩。②田间管理：田间管理应注重播种质量，及时间苗、定苗和中耕锄草，及时防治病虫害；按照配方施肥的原则进行水肥管理，磷钾肥和微肥作为底肥一次性施入，氮肥按叶龄分期施肥，重施拔节肥，约占总肥量的60%，大喇叭口期施入孕穗肥，约占总肥量的40%；在底肥充足的情况下，也可采用"一炮轰"

的施肥方法。③适时收获：玉米籽粒乳线消失或籽粒尖端出现黑色层时收获，以充分发挥该品种的增产潜力。

适宜区域：河南省各地推广种植。

一四九、农华101

审定编号：国审玉 2010008

品种来源：NH60×S121

特征特性：在东华北地区出苗至成熟 128d，与郑单 958 相当，需有效积温 2 750℃左右。在黄淮海地区出苗至成熟 100d，与郑单 958 相当。幼苗叶鞘浅紫色，叶片绿色，叶缘浅紫色，花药浅紫色，花丝浅紫色，颖壳浅紫色。株型紧凑，株高 296cm，穗位高 101cm，成株叶片数 20～21 片。果穗长筒形，穗长 18cm，穗行数 16～18 行，穗轴红色，籽粒黄色、马齿型，百粒重 36.7g。经丹东农业科学院和吉林省农业科学院植物保护研究所接种鉴定，抗灰斑病，中抗丝黑穗病、茎腐病、弯孢菌叶斑病和玉米螟，感大斑病。经河北省农林科学院植物保护研究所接种鉴定，中抗矮花叶病，感大斑病、小斑病、瘤黑粉病、茎腐病、弯孢菌叶斑病和玉米螟，高感褐斑病和南方锈病。经农业部谷物及制品质量监督检验测试中心（哈尔滨）品质测定，籽粒容重 738g/L，粗蛋白质含量 10.90%，粗脂肪含量 3.48%，粗淀粉含量 71.35%，赖氨酸含量 0.32%。经农业部谷物品质监督检验测试中心（北京）品质测定，籽粒容重 768g/L，粗蛋白质含量 10.36%，粗脂肪含量 3.10%，粗淀粉含量 72.49%，赖氨酸含量 0.30%。

产量表现：2008—2009 年参加东华北春玉米品种区域试验，两年平均亩产 775.5kg，比对照郑单 958 增产 7.5%；2009 年生产试验，平均亩产 780.6kg，比对照郑单 958 增产 5.1%。2008—2009 年参加黄淮海夏玉米品种区域试验，两年平均亩产 652.8kg，比对照郑单 958 增产 5.4%。2009 年生产试验，平均亩产 611.0kg，比对照郑单 958 增产 4.2%。

栽培技术要点：在中等肥力以上地块栽培，东华北地区每亩适宜密度 4 000 株左右，注意防治大斑病；黄淮海地区每亩适宜密度 4 500 株左右，注意防止倒伏（折），褐斑病、南方锈病、大斑病重发区慎用。

审定意见：该品种符合国家玉米品种审定标准，通过审定。适宜在北京、天津、河北北部、山西中晚熟区、辽宁中晚熟区、吉林晚熟区、内蒙古赤峰地区、陕西延安地区春播种植，山东、河南（不含驻马店）、河北中南部、陕西关中灌区、安徽北部、山西运城地区夏播种植，注意防止倒伏（折）。

一五〇、登海605

审定编号：国审玉2010009

品种来源：DH351×DH382

特征特性：在黄淮海地区出苗至成熟101d，比郑单958晚1d，需有效积温2 550℃左右。幼苗叶鞘紫色，叶片绿色，叶缘绿带紫色，花药黄绿色，颖壳浅紫色。株型紧凑，株高259cm，穗位高99cm，成株叶片数19～20片。花丝浅紫色。果穗长筒形，穗长18cm，穗行数16～18行，穗轴红色，籽粒黄色、马齿型，百粒重34.4g。经河北省农林科学院植物保护研究所接种鉴定，高抗茎腐病，中抗玉米螟，感大斑病、小斑病、矮花叶病和弯孢菌叶斑病，高感瘤黑粉病、褐斑病和南方锈病。经农业部谷物品质监督检验测试中心（北京）品质测定，籽粒容重766g/L，粗蛋白含量9.35%，粗脂肪含量3.76%，粗淀粉含量73.40%，赖氨酸含量0.31%。

产量表现：2008—2009年参加黄淮海夏玉米品种区域试验，两年平均亩产659.0kg，比对照郑单958增产5.3%。2009年生产试验，平均亩产614.9kg，比对照郑单958增产5.5%。

栽培技术要点：在中等肥力以上地块栽培，每亩适宜密度4 000～4 500株，注意防治瘤黑粉病，褐斑病、南方锈病重发区慎用。

审定意见：该品种符合国家玉米品种审定标准，通过审定。适宜在山东、河南、河北中南部、安徽北部、山西运城地区夏播种植，注意防治瘤黑粉病，褐斑病、南方锈病重发区慎用。

一五一、蠡玉37

审定编号：国审玉2010010

品种来源：L5895×L292

特征特性：在黄淮海地区出苗至成熟101d，与郑单958相当，需有效积温2 550℃左右。幼苗叶鞘浅紫色，叶片绿色，叶缘绿色，花药浅紫色，花丝浅紫色，颖壳浅紫色。株型紧凑，株高268cm，穗位高112cm，成株叶片数19片。果穗长筒形，穗长18cm，穗行数14～16行，穗轴白色，籽粒黄色、半马齿型，百粒重33.2g。区试平均倒伏（折）率8.1%。经河北省农林科学院植物保护研究所接种鉴定，高抗矮花叶病，中抗大斑病和茎腐病，感小斑病、瘤黑粉病和弯孢菌叶斑病，高感褐斑病、南方锈病和玉米螟。经农业部谷物品质监督检验测试中心（北京）品质测定，籽粒容重750g/L，粗蛋白含量8.37%，粗脂肪含量3.25%，粗淀粉含量74.82%，赖氨酸含量0.28%。

产量表现：2008—2009年参加黄淮海夏玉米品种区域试验，两年平均亩产667.4kg，比对照郑单958增产7.5%。2009年生产试验，平均亩产624kg，比对照郑单958增产6.4%。

栽培技术要点：在中等肥力以上地块栽培，每亩适宜密度4 000～4 500株，注意防止倒伏（折），防治玉米螟，褐斑病、南方锈病重发区慎用。

审定意见：该品种符合国家玉米品种审定标准，通过审定。适宜在河北中南部、山东、河南、陕西关中灌区、江苏北部、安徽北部、山西运城地区夏播种植，注意防止倒伏（折），防治玉米螟，褐斑病、南方锈病重发区慎用。

一五二、登海6702

审定编号：国审玉2011009

品种来源：DH558×昌7-2

特征特性：在黄淮海地区出苗至成熟101d，比郑单958晚1d。幼苗叶鞘浅紫色，叶片绿色，叶缘绿色，雄穗分枝多且枝长，花药黄色，花丝浅紫色，颖壳绿色。株型紧凑，株高258cm，穗位高113cm，成株叶片数19～20片。果穗筒形，穗长17.2cm，穗行数14～16行，穗轴白色，籽粒黄色、马齿型，百粒重33.1g。平均倒伏（折）率5.3%。经河北省农林科学院植物保护所两年接种鉴定，中抗大斑病和小斑病，感茎腐病和玉米螟，高感弯孢菌叶斑病和瘤黑粉病。经农业部谷物品质监督检验测试中心（北京）品质测定，籽粒容重756g/L，粗蛋白质含量9.85%，粗脂肪含量4.11%，粗淀粉含量73.94%，赖氨酸含量0.29%。

产量表现：2009—2010年参加黄淮海夏玉米品种区域试验，两年平均亩产625.3kg，比对照郑单958增产4.1%。2010年生产试验，平均亩产593.7kg，比对照郑单958增产6.9%。

栽培技术要点：①在中等肥力以上地块种植。②适宜麦收后夏播。③每亩适宜密度4 000～4 500株。④注意防治病虫害，及时收获。

审定意见：该品种符合国家玉米品种审定标准，通过审定。适宜在山东、河北保定及以南地区、河南（平顶山和周口除外）、陕西关中灌区（咸阳除外）、安徽北部、江苏北部、山西运城地区夏播种植。注意防治茎腐病，瘤黑粉病和弯孢菌叶斑病高发区慎用。

一五三、德利农988

审定编号：国审玉2011010

品种来源：万73-1×明518

特征特性：在黄淮海地区出苗至成熟101d，比郑单958晚1d。幼苗叶鞘紫色，叶片绿色，叶缘绿色，雄穗分枝发达集中，花药浅紫色，花丝浅紫色，颖壳绿色。株型紧凑，株高280cm，穗位高120cm，成株叶片数20～21片。果穗长筒形，穗长17.7cm，穗行数14～16行，穗轴白色，籽粒黄色、半硬粒型，百粒重35.3g。平均倒伏（折）率6.6%。经河北省农林科学院植物保护研究所两年接种鉴定，中抗大斑病、茎腐病和弯孢菌叶斑病，感小斑病和玉米螟，高感瘤黑粉病。经农业部谷物品质监督检验测试中心（北京）品质测定，籽粒容重809g/L，粗蛋白质含量10.68%，粗脂肪含量4.1%，粗淀粉含量73.18%，赖氨酸含量0.29%。

产量表现：2009—2010年参加黄淮海夏玉米品种区域试验，两年平均亩产624.2kg，比对照郑单958增产4.0%。2010年生产试验，平均亩产591.3kg，比对照郑单958增产6.6%。

栽培技术要点：①在中等肥力以上地块种植。②适宜播种期6月上中旬。③每亩适宜密度4 000～4 500株。

审定意见：该品种符合国家玉米品种审定标准，通过审定。适宜在山东、河南（郑州和周口除外）、河北保定及以南地区（石家庄除外）、江苏北部、陕西关中灌区夏播种植。注意防止倒伏，瘤黑粉病高发区慎用。

一五四、中单909

审定编号：国审玉2011011

品种来源：郑58×HD568

特征特性：在黄淮海地区出苗至成熟101d，比郑单958晚1d。幼苗叶鞘紫色，叶片绿色，叶缘绿色，花药浅紫色，花丝浅紫色，颖壳浅紫色。株型紧凑，株高260cm，穗位高108cm，成株叶片数21片。果穗筒形，穗长17.9cm，穗行数14～16行，穗轴白色，籽粒黄色、半马齿型，百粒重33.9g。经河北省农林科学院植物保护研究所两年接种鉴定，中抗弯孢菌叶斑病，感大斑病、小斑病、茎腐病和玉米螟，高感瘤黑粉病。经农业部谷物品质监督检验测试中心（北京）品质测定，籽粒容重794g/L，粗蛋白质含量10.32%，粗脂肪含量3.46%，粗淀粉含量74.02%，赖氨酸含量0.29%。

产量表现：2009—2010年参加黄淮海夏玉米品种区域试验，两年平均亩产630.5kg，比对照增产5.1%。2010年生产试验，平均亩产581.9kg，比对照郑单958增产4.7%。

栽培技术要点：①在中等肥力以上地块种植。②适宜播种期6月上中旬。③每亩适宜密度4500~5000株。④注意防治病虫害，及时收获。

审定意见：该品种符合国家玉米品种审定标准，通过审定。适宜在河南、河北保定及以南地区、山东（滨州除外）、陕西关中灌区、山西运城、江苏北部、安徽北部（淮北市除外）夏播种植。瘤黑粉病高发区慎用。

一五五、屯玉808

审定编号：国审玉2011013

品种来源：T88×T172

特征特性：在黄淮海地区出苗至成熟101d，与郑单958相当。幼苗叶鞘浅紫色，叶片深绿色，叶缘浅紫色。花药浅紫色，花丝浅粉色，颖壳绿色。株型紧凑，株高253cm，穗位高110cm，成株叶片数20片。果穗筒形，穗长17.5cm，穗行数14~16行，穗轴白色，籽粒黄色、半马齿型，百粒重34.7g。经河北省农林科学院植物保护研究所两年接种鉴定，中抗小斑病和茎腐病，感大斑病、弯孢菌叶斑病、瘤黑粉病和玉米螟。经农业部谷物品质监督检验测试中心（北京）品质测定，籽粒容重791g/L，粗蛋白质含量11.22%，粗脂肪含量4.76%，粗淀粉含量70.13%，赖氨酸含量0.31%。

产量表现：2009—2010年参加黄淮海夏玉米品种区域试验，两年平均亩产620.9kg，比对照郑单958增产3.2%。2010年生产试验，平均亩产581.9kg，比对照郑单958增产4.6%。

栽培技术要点：①在中等肥力以上地块种植。②适宜播种期6月中旬。③每亩适宜密度4500~5000株。④后期注意防治玉米螟。

审定意见：该品种符合国家玉米品种审定标准，通过审定。适宜在河南、河北保定及以南地区（石家庄除外）、山东（烟台除外）、陕西关中灌区、山西运城地区夏播种植。注意防止倒伏。

一五六、禾盛糯 1512

审定编号：国审玉 2011023

品种来源：HBN558×EN6587

特征特性：在黄淮海地区出苗至采收期 79d 左右，比苏玉糯 2 号晚 3d。幼苗叶鞘紫色，叶片绿色，叶缘绿色。花药浅紫色，花丝红色。株型半紧凑，株高 247cm，穗位高 97cm，成株叶片数 19 片。果穗锥型，穗长 18.1cm，穗行数 12~14 行，穗轴白色，籽粒白色、糯质，百粒重（鲜籽粒）36.7g。经河北省农林科学院植物保护研究所两年接种鉴定，高抗茎腐病，中抗大斑病，感小斑病、弯孢菌叶斑病、瘤黑粉病和玉米螟，高感矮花叶病。经黄淮海鲜食糯玉米品种区域试验组织的专家品尝鉴定，达到部颁鲜食糯玉米二级标准。经郑州国家玉米改良分中心两年测定，支链淀粉占总淀粉含量的 98.6%，皮渣率 8.1%，达到部颁糯玉米标准（NY/T 524-2002）。

产量表现：2009—2010 年参加黄淮海鲜食糯玉米品种区域试验，两年平均亩产（鲜穗）849.0kg，比对照苏玉糯 2 号增产 15.9%。

栽培技术要点：①在中等肥力以上地块种植。②适宜播种期 6 月上中旬。③每亩适宜密度 3 500~4 000 株。④注意防治玉米螟，矮花叶病重发区慎用。⑤采用隔离种植，适时采收。

审定意见：该品种符合国家玉米品种审定标准，通过审定。适宜在北京、河北保定及以南地区、河南、山东中部和东部、安徽北部、陕西关中灌区作鲜食糯玉米夏播种植。注意防治玉米螟，矮花叶病高发区慎用。

一五七、美豫 5 号

审定编号：国审玉 2012009

品种来源：758×HC7

特征特性：东华北春玉米区出苗至成熟 127d，黄淮海夏玉米区出苗至成熟 99d，均比对照郑单 958 早 1d。幼苗叶鞘浅紫色，叶片绿色，叶缘浅紫色。花药浅紫色，花丝浅紫色，颖壳绿色。株型紧凑，株高 255~278cm，穗位 107~122cm，成株叶片数 20 片。果穗筒形，穗长 16.1~18.6cm，穗行数 16~18 行，穗轴白色，籽粒黄色、马齿型，百粒重 29.6~35.6g。黄淮海夏玉米区平均倒伏倒折 6.0%。经东华北春玉米区接种鉴定，抗大斑病、丝黑穗病，中抗弯孢叶斑病和茎腐病；经黄淮海夏玉米区接种鉴定，中抗小斑病，感大斑病、茎腐病和弯孢叶斑病，感玉米螟。经品质测定，籽粒容重 726～746g/L，粗蛋白质含量 8.81%～8.92%，粗脂肪含量 3.71%～4.78%，粗淀粉含量 73.90%～74.08%，赖氨酸含量 0.26%～0.3%。

产量表现：2010—2011 年参加东华北春玉米品种区域试验，两年平均亩产 757.8kg，比对照品种郑单 958 增产 4.5%；2011 年生产试验，平均亩产 772.3kg，比对照郑单 958 增产 7.5%。2010—2011 年参加黄淮海夏玉米品种区域试验，两年平均亩产 606.1kg，比对照品种郑单 958 增产 4.7%；2011 年生产试验，平均亩产 590.3kg，比对照郑单 958 增产 5.4%。

栽培技术要点：①中等肥力以上地块栽培，东华北春玉米区 4 月下旬播种，亩密度 4 000 株左右，黄淮海夏玉米区 5 月 25 日～6 月 15 日播种，亩密度 4 000～4 500 株，可宽窄行种植。②夏播区注意防倒伏。③注意防治茎腐病和弯孢叶斑病。

审定意见：该品种符合国家玉米品种审定标准，通过审定。适宜在吉林中晚熟区、山西中晚熟区、内蒙古通辽和赤峰地区、陕西延安地区春播种植；河南、河北保定及以南地区、山东、陕西关中灌区、山西运城、江苏北部、安徽北部地区夏播种植。

一五八、斯达 204

审定编号：国审玉 2012019

品种来源：S24A2×D13B1

特征特性：北方地区出苗至鲜穗采摘 79d，比对照甜单 21 早 2d，需有效积温 2 200℃左右。幼苗叶鞘绿色，叶片淡绿色，叶缘白色。花药黄色，花丝绿色，颖壳绿色。株型松散，株高 218cm，穗位 76cm，成株叶片数 19 片。果穗筒形，穗长 20cm，穗行数 14～16 行，穗轴白色，籽粒黄色、甜质型，百粒重（鲜籽粒）34.5g。经东华北区接种鉴定，中抗丝黑穗病，感大斑病；经黄淮海区接种鉴定，中抗小斑病，感茎腐病、矮花叶病，高感瘤黑粉病。还原糖含量 7.24%，水溶性糖含量 23.22%，达到甜玉米标准。

产量表现：2010—2011 年参加北方鲜食甜玉米品种区域试验，两年平均亩产鲜穗 799.4kg，比对照甜单 21 增产 11.0%。

栽培技术要点：①中等肥力以上地块栽培，春播 4 月中下旬播种，夏播 6 月中下旬播种，每亩密度 3 500～3 800 株。②东北、华北冷凉地区早春播种时注意预防大斑病和瘤黑粉病。③隔离种植，适时采收。

审定意见：该品种符合国家玉米品种审定标准，通过审定。适宜在北京、河北北部、内蒙古中东部、辽宁中晚熟区、吉林中晚熟区、黑龙江第一积温带、山西中熟区、新疆中部甜玉米春播区种植。天津、河南、山东、陕西、江苏北部、安徽北部作鲜食甜玉米品种夏播种植。

一五九、黎乐66

审定编号：国审玉2013007

品种来源：C28×CH05

特征特性：在黄淮海夏玉米区出苗至成熟102d，与对照郑单958相同。幼苗叶鞘浅紫色，叶片深绿色，叶缘绿色。花药紫色，花丝浅紫色，颖壳绿色。株型紧凑，株高270cm，穗位高108cm，成株叶片数20片。果穗筒形，穗长18cm，穗行数14行，穗轴白色，籽粒黄色、半马齿型，百粒重34.8g。接种鉴定，中抗小斑病，感茎腐病和大斑病，高感弯孢叶斑病、南方锈病、瘤黑粉病、粗缩病和玉米螟。经品质测定，籽粒容重780g/L，粗蛋白质含量9.22%，粗脂肪含量3.52%，粗淀粉含量74.91%，赖氨酸含量0.25%。

产量表现：2010—2012年参加黄淮海夏玉米品种区域试验，两年平均亩产663.5kg，比对照增产6.1%。2012年生产试验，平均亩产685.4kg，比对照郑单958增产6.3%。

栽培技术要点：①中等肥力以上地块栽培，播种期5月25日~6月15日，每亩种植密度4 000~4 500株。②注意防治茎腐病、大斑病、弯孢叶斑病及玉米螟，防倒伏。

审定意见：该品种符合国家玉米品种审定标准，通过审定。适宜在河南、山东、陕西关中灌区、江苏北部及山西南部夏播种植。粗缩病、瘤黑粉病高发区慎用。

一六〇、蠡玉86

审定编号：国审玉2013008

品种来源：L5895×L5012

特征特性：在黄淮海夏玉米区出苗至成熟102d，与对照郑单958相同。幼苗叶鞘浅紫色，叶缘绿色。花药浅紫色，花丝浅紫色。株型半紧凑，株高267cm，穗位114cm，全株叶片数19片。果穗长筒形，穗长18cm，穗行数16行，穗轴红色，籽粒黄色、半马齿型，百粒重34.1g。经接种鉴定，中抗大斑病、茎腐病，感小斑病，高感弯孢叶斑病、南方锈病、瘤黑粉病、粗缩病和玉米螟。经品质测定，籽粒容重 783g/L，粗蛋白质含量 9.11%，粗脂肪含量 3.31%，粗淀粉含量 74.94%，赖氨酸含量 0.25%。

产量表现：2010—2012 年参加黄淮海夏玉米品种区域试验，两年平均亩产 674.9kg，比对照郑单 958 增产 5.8%。2012 年生产试验，平均亩产 788.6kg，比对照郑单 958 增产 6.9%。

栽培技术要点：①中等肥力以上地块栽培，6 月中旬播种，亩种植密度 4 000~4 500 株。②注意防治小斑病、弯孢叶斑病和玉米螟，防倒伏。

审定意见：该品种符合国家玉米品种审定标准，通过审定。适宜在河南、山东、河北保定及以南地区、陕西关中灌区、江苏北部、安徽北部及山西南部夏播种植。粗缩病、瘤黑粉病高发区慎用。根据中华人民共和国农业部公告第 1877 号，该品种还适宜在吉林中晚熟区、天津、河北北部（唐山除外）、内蒙古赤峰和通辽、山西中晚熟区（晋东南除外）、陕西延安地区春播种植。

一六一、纯玉 958

审定编号：豫审玉 2014001

品种来源：自选系 CMSES 郑 58 × 自选系恢玉 72

特征特性：夏播生育期 96~103d。株型紧凑，全株总叶片数 18~20 片，株高 240~257cm，穗位高 100~110cm。叶色浅绿，芽鞘紫色，第一叶顶端匙形；雄穗分枝 11~13 个，雄穗颖片绿色，花药黄色。花丝红色。果穗筒形，穗轴白色，穗长 17.5cm，秃尖长 0.6cm，穗粗 4.8cm，穗行数 14~16 行，行粒数 38~40 粒，籽粒黄色，半马齿型，千粒重 330~350g，出籽率 90.0%，田间倒折率 2.9%。

抗性鉴定：2011 年河南农业大学植保系人工接种鉴定：抗大斑病（3 级），抗小斑病（3 级），中抗弯孢菌叶斑病（5 级），抗矮花叶病（3 级），抗茎腐病（3 级），抗瘤黑粉病（3 级），中抗玉米螟（5 级）。纯玉 958 在抗矮花叶病、小斑病、黑粉病和茎腐病方面优于郑单 958。试验田自然鉴定，纯玉 958 在抗倒、抗折及抗玉米青枯病方面优于郑单 958。

品质分析：2012 年农业部农产品质量监督检验测试中心（郑州）检测：粗蛋白质 9.98%，粗脂肪 3.42%，粗淀粉 73.52%，赖氨酸 0.31%。该品种籽粒粗蛋白质、粗淀粉和赖氨酸检测值优于郑单 958。

产量表现：2011 年河南省种子管理站在安阳、郑州、漯河、邓州和灵宝 5

个地点安排夏播生产试验，5 点平均亩产 524.87kg，比对照郑单 958（517.33kg）增产 1.46%。

适宜区域：河南各地推广种植。

栽培技术要点：

①播期和密度：6 月上旬麦收后足墒早播，一般地 3 700 ~ 4 000 株/亩，中等水肥地 4 000 ~ 4 500 株/亩，高水肥地 5 000 株/亩。②田间管理：科学施肥，浇好三水，即拔节水、孕穗水和灌浆水；该品种苗期发育较慢，重施磷钾提苗肥，增施拔节肥，苗期防治灰飞虱、蚜虫，大喇叭口期防治玉米螟。③适时收获：玉米籽粒乳腺消失或籽粒尖端出现黑色层时收获，以充分发挥该品种的增产潜力。

审定意见：该品种符合河南省玉米品种审定标准，通过审定。适宜河南省各地推广种植。

一六二、瑞玉588

审定编号：豫审玉 2014002

品种来源：以自选系 Z518 为母本，自选系 Z352 为父本组配而成的单交种。

特征特性：夏播生育期 98 ~ 103d。株型紧凑，全株总叶片数 19.7 ~ 20 片，株高 249 ~ 261.8cm，穗位高 104 ~ 118.4cm。叶色深绿，叶鞘绿色，第一叶尖端圆形。雄穗分枝 5 ~ 7 个，雄穗颖绿色，花药浅紫色，花丝浅紫色。果穗圆筒形，穗长 15.4 ~ 17.8cm，秃尖长 0.2 ~ 1.3cm，穗粗 4.7 ~ 5.0cm，穗行数 14 ~ 18 行，行粒数 33 ~ 36.2 粒；穗轴白色，籽粒黄色，半马齿粒型，千粒重 296.1 ~ 354.8g，出籽率 85.3% ~ 88.7%，田间倒折率 0.1% ~ 1.8%。

抗性鉴定：2011 年河南农业大学植保学院人工接种鉴定：高抗大斑病（1 级），抗小斑病（3 级），抗弯孢菌叶斑病（3 级），中抗茎腐病（5 级），中抗瘤黑粉病（5 级），感玉米螟（7 级），高感矮花叶病（9 级）；2012 年接种鉴定：感大斑病（7 级），抗小斑病（3 级），中抗弯孢菌叶斑病（5 级），中抗茎腐病（5 级），中抗瘤黑粉病（5 级），感玉米螟（7 级），高抗矮花叶病（1 级）。

品质分析：2012 年农业部农产品质量监督检验测试中心（郑州）检测：粗蛋白质 10.3%，粗脂肪 4.8%，粗淀粉 74.2%，赖氨酸 0.33%，容重 760g/L。

产量表现：2011 年河南省玉米品种区域试验（4 000 株/亩 1 组），9 点汇总，8 点增产 1 点减产，平均亩产 500.5kg，比对照郑单 958 增产 3.1%，差异显著，居 14 个参试品种第 4 位。2012 年续试（4 000 株/亩组），9 点汇总，6 点增产 3

点减产，平均亩产729.1kg，比对照郑单958增产2.7%，差异不显著，居17个参试品种第3位。2013年河南省玉米品种生产试验（4 000株/亩组），9点汇总，全部增产，平均亩产634.0kg，比对照郑单958增产5.4%，居3个参试品种第2位。

栽培技术要点：

①播期和密度：6月上中旬麦后直播，中等水肥地4 000株/亩，高水肥地不超过4 500株/亩。②田间管理：科学施肥，浇好三水，即拔节水、孕穗水和灌浆水；苗期注意防止蓟马、蚜虫、地老虎；大喇叭口期用颗粒杀虫剂丢芯，防治玉米螟虫。③适时收获：玉米籽粒乳腺消失或籽粒尖端出现黑色层时收获，以充分发挥该品种的增产潜力。

审定意见：该品种符合河南省玉米品种审定标准，通过审定。适宜河南各地推广种植。

一六三、金赛38

审定编号：豫审玉2014003

品种来源：以自选系J-10为母本，自选系J-5为父本组配而成的单交种。

特征特性：夏播生育期99~106d。株型半紧凑，全株总叶片数20.7~21片，株高274~300cm，穗位高112~126cm。叶色深绿，叶鞘紫红色，第一叶尖端圆形。雄穗分枝6~10个，雄穗颖微红色，花药浅紫色，花丝粉红色。果穗圆筒形，穗长16~16.4cm，秃尖长0.7~1.2cm，穗粗4.9~5.0cm，穗行数14~16行，行粒数34.3~36.1粒；穗轴红色，籽粒黄色，半马齿粒型，千粒重292~332.4g，出籽率85.7%~89.3%，田间倒折率0.2%~1.4%。

抗性鉴定：2011年河南农业大学植保学院人工接种鉴定：高感大斑病（9级），抗小斑病（3级），高抗弯孢菌叶斑病（1级），高抗茎腐病（1级），感瘤黑粉病（7级），高感玉米螟（9级），高抗矮花叶病（1级）；2012年鉴定：抗大斑病（3级），中抗小斑病（5级），高抗弯孢菌叶斑病（1级），中抗茎腐病（5级），高感瘤黑粉病（9级），高感玉米螟（9级），中抗矮花叶病（5级）。

品质分析：2011年农业部农产品质量监督检验测试中心（郑州）检测：粗蛋白质11.41%，粗脂肪3.73%，粗淀粉73.11%，赖氨酸0.35%；2012年检测：粗蛋白质14.5%，粗脂肪4.6%，粗淀粉68.1%，赖氨酸0.47%，容重767g/L。

产量表现：2011年河南省玉米品种区域试验（4 000株/亩2组），9点汇总，全部增产；平均亩产532.5kg，比对照郑单958增产8.3%，居13个参试品种第2位。2012年续试（4 000株/亩组），7点汇总，全部增产；平均亩产722.7kg，比对照郑单958增产1.8%，差异不显著，居17个参试品种第4位。

2013年河南省玉米品种生产试验（4 000株/亩组），9点汇总，全部增产；平均亩产641.6kg，比对照郑单958增产6.7%，居3个参试品种第1位。

栽培技术要点：

①播期和密度：6月上中旬麦后直播或套播均可，中等水肥地4 000株/亩，高水肥地不超过4 500株/亩。②田间管理：施肥方式可采用"一炮轰"或分期追肥两种方法："一炮轰"施肥应在玉米9～10叶时将所有肥料一次施入，分期施肥应在玉米7～8片叶时，施总施肥量的40%，玉米大喇叭口期施肥总量的60%。大喇叭口期注意防治玉米螟。③适时收获：玉米籽粒乳腺消失或籽粒尖端出现黑色层时收获，以充分发挥该品种的增产潜力。

审定意见：该品种符合河南省玉米品种审定标准，通过审定。适宜河南各地推广种植。

一六四、正玉10号

审定编号：豫审玉2014004

品种来源：以自选系ZH81为母本，昌7-2为父本组配而成的单交种。

特征特性：夏播生育期99～104d。株型紧凑，全株总叶片数19～19.4片，株高241～253cm，穗位高102～110.8cm。叶绿色，叶鞘绿色，第一叶尖端椭圆形；雄穗分枝12～14个，雄穗颖绿色，花药黄色，花丝浅紫色。果穗长筒形，穗长16.2～16.9cm，秃尖长0.3～0.5cm，穗粗5.0cm，穗行数14～16行，行粒数33.2～34.8粒；穗轴白色，籽粒黄色，半马齿粒型，千粒重281.6～339.4g，出籽率86.7%～90.4%，田间倒折率0.1%～6.9%。

抗性鉴定：2011年河南农业大学植保系人工接种鉴定：高抗大斑病（1级），中抗小斑病（5级），抗弯孢菌叶斑病（3级），中抗茎基腐病（5级），感瘤黑粉病（7级），中抗矮花叶病（5级），感玉米螟（7级）。2012年鉴定：高抗大斑病（1级），抗小斑病（3级），感弯孢菌叶斑病（7级），抗茎腐病（3级），高抗瘤黑粉病（1级），感玉米螟（7级），抗矮花叶病（3级）。

品质分析：2011年农业部农产品质量监督检验测试中心（郑州）检测：粗蛋白质9.1%，粗脂肪4.4%，粗淀粉75.8%，赖氨酸0.32%，容重731g/L。2012年检测：粗蛋白质9.6%，粗脂肪4.9%，粗淀粉74.1%，赖氨酸0.32%，容重771g/L。

产量表现：2011年河南省玉米品种区域试验（4 500株/亩2组），9点汇总，8点增产1点减产，平均亩产513.9kg，比对照郑单958增产4.3%，差异极显著，居20个参试品种第9位；2012年续试（4 500株/亩1组），平均亩产为760.2kg，比对照郑单958增产6.0%，差异极显著，居16个参试品种第6位。2013年河南省玉米新品种生产试验（4 500株/亩组）。10点汇总，全部增产，平均亩产621.7kg，比对照郑单958增产6.4%，居10个参试品种第3位。

栽培技术要点：

①播期和密度：6月上中旬麦后直播，中等水肥地4 000株/亩，高水肥地不超过4 500株/亩。②田间管理：科学施肥，浇好三水，即拔节水、孕穗水和灌浆水；苗期注意防止蓟马、蚜虫、地老虎；大喇叭口期用颗粒杀虫剂丢芯，防治玉米螟虫。③适时收获：玉米籽粒乳腺消失或籽粒尖端出现黑色层时收获，以充分发挥该品种的增产潜力 。

审定意见：该品种符合河南省玉米品种审定标准，通过审定。适宜河南各地推广种植。

一六五、郑单1002

审定编号：豫审玉2014005

品种来源：以自选系郑588为母本，自选系郑H71为父本组配而成的单交种。

特征特性：夏播生育期99～103d。株型紧凑，全株总叶片数18.8～19.2片，株高257～259cm，穗位高111～112.1cm。叶色深绿，叶鞘浅紫色，第一叶尖端椭圆形。雄穗分枝5～7个，雄穗颖片微红，花药黄色，花丝浅紫色。果穗短筒形，穗长14.6～16.9cm，秃尖长0.3～0.8cm，穗粗4.9～5.1cm，穗行数14～16行，行粒数30.9～33.8粒；穗轴白色，籽粒黄色，半马齿粒型，千粒重296.6～370.6g，出籽率88.3%～90.2%，田间倒折率0.7%～1.5%。

抗性鉴定：2011年河南农业大学植保学院人工接种鉴定：抗大斑病（3级），中抗小斑病（5级），高抗弯孢菌叶斑病（1级），高抗茎腐病（1级），抗瘤黑粉病（3级），感玉米螟（7级），高抗矮花叶病（1级）。2012年鉴定：抗大斑病（3级），高抗小斑病（1级），抗弯孢菌叶斑病（3级），感茎腐病（7

级），抗瘤黑粉病（3级），感玉米螟（7级），抗矮花叶病（3级）。

品质分析：2011年农业部农产品质量监督检验测试中心（郑州）检测：粗蛋白质9.4%，粗脂肪4.3%，粗淀粉76.0%，赖氨酸0.31%，容重728g/L；2012年检测：粗蛋白质9.2%，粗脂肪4.7%，粗淀粉73.9%，赖氨酸0.27%，容重762g/L。

产量表现：2011年河南省玉米品种区域试验（4 500株/亩2组），9点汇总，全部增产，平均亩产516.0kg，比对照郑单958增产4.8%，差异极显著，居20个参试品种第7位；2012年续试（4 500株/亩2组），9点汇总，6点增产3点减产，平均亩产为767.4kg，比对照郑单958增产3.1%，差异不显著，居16个参试品种第8位。2013年河南省玉米品种生产试验（4 500株/亩组），10点汇总，全部增产，平均亩产641.2kg，比对照郑单958增产9.6%，居10个参试品种第1位。

栽培技术要点：

①播期和密度：6月上中旬麦后直播，中等水肥地4 500株/亩，高水肥地不超过5 000株/亩。②田间管理：科学施肥，浇好三水，即拔节水、孕穗水和灌浆水；苗期注意防止蓟马、蚜虫、地老虎；大喇叭口期用颗粒杀虫剂丢芯，防治玉米螟虫。③适时收获：玉米籽粒乳腺消失或籽粒尖端出现黑色层时收获，以充分发挥该品种的增产潜力。

审定意见：该品种符合河南省玉米品种审定标准，通过审定。适宜河南各地推广种植。

一六六、豫单112

审定编号：豫审玉2014006

品种来源：以自选系L217为母本，自选系L119A为父本组配而成的单交种。

特征特性：夏播生育期99～103d。株型半紧凑，全株总叶片数19～20片，株高278～301cm，穗位高117～122cm。叶色深绿，叶鞘浅紫色，第一叶尖端椭圆形。雄穗分枝8～10个，雄穗颖片微红，花药浅紫色，花丝浅紫色。果穗长筒形，穗长16.9～17.4cm，秃尖长0.3～0.7cm，穗粗4.5～4.8cm，穗行数12～16行，行粒数36.1～36.6粒。穗轴红色，籽粒黄色，半马齿粒型，千粒重320.0～331.8g，出籽率88.0%～90.5%，田间倒折率0.7%～1.4%。

抗性鉴定：2012年河南农业大学植保学院人工接种鉴定：感大斑病（7

级），中抗小斑病（5级），高抗弯孢菌叶斑病（1级），高抗茎腐病（1级），高抗瘤黑粉病（1级），高抗矮花叶病（1级），高感玉米螟（9级）。2013年鉴定：抗大斑病（3级），高抗弯孢菌叶斑病（1级），感茎腐病（7级），中抗玉米螟（5级）。2013年河南科技学院鉴定：中抗小斑病（5级），高抗矮花叶病（病株率3.8），中抗瘤黑粉病（病株率7.0）。

品质分析：2013年农业部农产品质量监督检验测试中心（郑州）检测：粗蛋白质12.4%，粗脂肪4.0%，粗淀粉70.8%，赖氨酸0.33%，容重782g/L。

产量表现：2012年河南省玉米品种区域试验（4 500株/亩1组），9点汇总，8点增产1点减产，平均亩产774.6kg，比对照郑单958增产8.0%，差异极显著，居16个参试品种第2位；2013年续试（4 500株/亩1组），8点汇总，全部增产，平均亩产为669.0kg，比对照郑单958增产10.4%，差异极显著，居17个参试品种第2位。2013年河南省玉米新品种生产试验（4 500株/亩组），10点汇总，全部增产，平均亩产636.5kg，比对照郑单958增产9.1%，居10个参试品种第2位。

栽培技术要点：

①播期和密度：6月上中旬麦后直播，中等水肥地4 500株/亩，高水肥地不超过5 000株/亩。②田间管理：科学施肥，浇好三水，即拔节水、孕穗水和灌浆水；苗期适当蹲苗，注意防止蓟马、蚜虫、地老虎；大喇叭口期用颗粒杀虫剂丢芯，防治玉米螟虫。③适时收获：玉米籽粒乳腺消失或籽粒尖端出现黑色层时收获，以充分发挥该品种的增产潜力。

审定意见：该品种符合河南省玉米品种审定标准，通过审定。适宜河南各地推广种植。

一六七、秀青823

审定编号：豫审玉2014007

品种来源：以自选系X15为母本，自选系Q28为父本组配而成的单交种。

特征特性：夏播生育期100～104d。株型紧凑，全株总叶片数17～19片，株高274～287.3cm，穗位高108～118cm。叶色浅绿，叶鞘紫色，第一叶尖端卵圆形。雄穗分枝7～9个，雄穗颖片微红，花药黄色，花丝浅紫色；果穗长筒形，穗长18.2～19.2cm，秃尖长0.7～0.8cm，穗粗4.4～4.8cm，穗行数14～16行，行粒数32.2～34粒；穗轴红色，籽粒黄色，半马齿粒型，千粒重337.5～368.6g，出籽率85.7%～88.4%，田间倒折率0.2%～3.1%。

抗性鉴定：2012 年河南农业大学植保学院人工接种鉴定：抗大斑病（3级），高抗小斑病（1级），中抗弯孢菌叶斑病（5级），高抗茎腐病（1级），中抗瘤黑粉病（5级），高感玉米螟（9级），抗矮花叶病（3级）。2013 年鉴定：感大斑病（7级），抗弯孢菌叶斑病（3级），抗茎腐病（3级），感玉米螟（7级）。2013 年河南科技学院鉴定，抗小斑病（3级），高抗瘤黑粉病（病株率0.0），中抗矮花叶病（病株率27.6）。

品质分析：据 2013 年农业部农产品质量监督检验测试中心（郑州）检测：粗蛋白质 11.1%，粗脂肪 3.8%，粗淀粉 72.1%，赖氨酸 0.33%，容重 756g/L。

产量表现：2012 年河南省玉米品种区域试验（4 500株/亩 1组），9点汇总，8点增产1点减产，平均亩产 768.2kg，比对照郑单 958 增产 7.1%，差异极显著，居 16 个参试品种第 3 位；2013 年续试（4 500株/亩 1组），8点汇总，6点增产2点减产，平均亩产 640.9kg，比对照郑单 958 增产 5.8%，差异不显著，居 17 个参试品种第 9 位。2013 年河南省玉米品种生产试验（4 500株/亩组），10点汇总，9点增产1点减产，平均亩产 603.2kg，比对照郑单 958 增产 3.0%，居 10 个参试品种第 8 位。

栽培技术要点：

①播期和密度：5 月下旬至 6 月上中旬麦后直播，中等水肥地 4 000株/亩，高水肥地不超过 4 500株/亩。②田间管理：科学施肥；浇好三水，即拔节水、孕穗水和灌浆水；苗期注意防治粗缩病；大喇叭口期用颗粒杀虫剂丢芯，防治玉米螟虫和蚜虫。

③适时收获：玉米籽粒乳腺消失或籽粒尖端出现黑色层时收获，以充分发挥该品种的增产潜力。

审定意见：该品种符合河南省玉米品种审定标准，通过审定。适宜河南各地推广种植。

一六八、桥玉20

审定编号：豫审玉 2014008

品种来源：以自选系 M33 为母本，自选系 L5847 为父本组配而成的单交种。

特征特性：夏播生育期 99~104d。株型半紧凑，全株总叶片数 19~20 片，株高 287~298.7cm，穗位高 103~114.2cm。叶色浅绿，叶鞘紫色，第一叶尖端椭圆形。雄穗分枝 8.1 个，雄穗颖片青色，花药黄色，花丝青色；果穗长筒形，穗长 17.3~18.5cm，秃尖长 0.7~1.1 cm，穗粗 4.6~5.0cm，穗行数 14~20

行，行粒数30.5～32.2粒；穗轴白色，籽粒黄色，半硬粒型，千粒重349.7～354.6g，出籽率85.6%～88.5%，田间倒折率0.7%～1.3%。

抗性鉴定：2012年河南农业大学植保学院人工接种鉴定：感大斑病（7级），抗小斑病（3级），感弯孢菌叶斑病（7级），抗茎腐病（3级），抗瘤黑粉病（3级），感玉米螟（7级），抗矮花叶病（3级）。2013年鉴定：抗大斑病（3级），中抗弯孢菌叶斑病（5级），抗茎腐病（3级），中抗玉米螟（5级）。2013年河南科技学院鉴定，中抗小斑病（5级），感瘤黑粉病（病株率15.0），抗矮花叶病（病株率12.0）。

品质分析：据2013年农业部农产品质量监督检验测试中心（郑州）检测：粗蛋白质10.5%，粗脂肪4.3%，粗淀粉72.2%，赖氨酸0.30%，容重745g/L。

产量表现：2012年河南省玉米品种区域试验（4 500株/亩1组），平均亩产761.5kg，9点汇总，8点增产1点减产，比对照郑单958增产6.1%，差异极显著，居16个参试品种第5位。2013年续试（4 500株/亩3组），平均亩产613.9kg，7点汇总，6点增产1点减产，比对照郑单958增产6.2%，差异不显著，居17个参试品种第8位。2013年河南省玉米品种生产试验（4 500株/亩组），10点汇总，9点增产1点减产。平均亩产603.7kg，比对照郑单958增产3.4%，居10个参试品种第7位。

栽培技术要点：

①播期和密度：6月上中旬麦后直播，中等水肥地4 000株/亩，高水肥地不超过4 500株/亩。②田间管理：科学施肥，浇好三水，即拔节水、孕穗水和灌浆水；苗期注意防止蓟马、蚜虫、地老虎；大喇叭口期用颗粒杀虫剂丢芯，防治玉米螟虫。③适时收获：玉米籽粒乳腺消失或籽粒尖端出现黑色层时收获，以充分发挥该品种的增产潜力。

审定意见：该品种符合河南省玉米品种审定标准，通过审定。适宜河南各地推广种植。

一六九、豫单606

审定编号：豫审玉2014009

品种来源：以自选系豫A9241为母本，外引自交系新A3为父本组配而成的单交种。

特征特性：夏播生育期98～102d。株型半紧凑，全株总叶片数19～19.8片，株高282～294.1cm，穗位高104～115cm；叶色绿色，叶鞘浅紫色，第一叶尖端卵圆形；雄穗分枝 7~11 个，雄穗颖片绿色，花药黄色，花丝浅紫色；果穗筒形，穗长 16~16.7cm，秃尖长 0.6~0.7 cm，穗粗 4.7~5.2cm，穗行数 12~18 行，行粒数 31.5~35 粒；穗轴白色，籽粒黄红色，硬粒型，千粒重 298.9~359.1g，出籽率 86.9%~89.5%，田间倒折率 0.7%~2%。

抗性鉴定：2012 年河南农业大学植保学院人工接种鉴定：中抗大斑病（3级），高抗小斑病（1 级），高抗弯孢菌叶斑病（1 级），抗茎腐病（3 级），高抗瘤黑粉病（1 级），中抗玉米螟（5 级），感矮花叶病（7 级）。2013 年鉴定：感大斑病（7 级），高抗弯孢菌叶斑病（1 级），抗茎腐病（3 级），感玉米螟（7级）。2013 年河南科技学院鉴定，中抗小斑病（5 级），感瘤黑粉病（病株率15.5），中抗矮花叶病（病株率15.9）。

品质分析：据 2013 年农业部农产品质量监督检验测试中心（郑州）检测：粗蛋白质 11.5%，粗脂肪 4.4%，粗淀粉 69.2%，赖氨酸 0.34%，容重 769g/L。

产量表现：2012 年河南省玉米品种区域试验（4 500株/亩2组），平均亩产819.7kg，9 点汇总，8 点增产 1 点减产，比对照郑单 958 增产 10.2%，差异达极显著，居 16 个参试品种第 1 位。2013 年续试（4 500株/亩2组），平均亩产598.5kg，8 点汇总，7 点增产 1 点减产，比对照郑单 958 增产 8.77%，差异达极显著，居 17 个参试品种第 6 位。2013 年河南省玉米品种生产试验（4 500株/亩组），10 点汇总，9 点增产 1 点减产。平均亩产 611.0kg，比对照郑单 958 增产4.6%，居 10 个参试品种第 6 位。

栽培技术要点：

①播期和密度：适期早播，春播 4 月 15 日左右播种，夏播 6 月 10 日左右播种。合理密植，在河南中肥地一般适宜密度为 4 500 株/亩左右。②田间管理：科学施肥；浇好三水，即拔节水、孕穗水和灌浆水；苗期注意防治蓟马、蚜虫、地老虎；大喇叭口期用颗粒杀虫剂丢心防治玉米螟虫。③适时收获：适当延迟收获期，苞叶发黄后，再推迟 7~10d 收获，产量可增加 5%~10%。

审定意见：该品种符合河南省玉米品种审定标准，通过审定。适宜河南各地推广种植。

一七〇、奥玉116

审定编号：豫审玉 2014010

品种来源：以自选系 OLS296 为母本，自选系 OSL380 为父本组配而成的单交种。

特征特性：夏播生育期 99~102d。株型紧凑，全株总叶片数 18~19.5 片，株高 250~258.8cm，穗位高 98~105.1cm；叶色绿色，叶鞘紫色，第一叶尖端椭圆形；雄穗分枝 9~12 个，雄穗颖片微红，花药黄色，花丝紫色。果穗长筒形，穗长 17.8~18.7cm，秃尖长 0.6~0.9cm，穗粗 4.6~5.1cm，穗行数 14~16 行，行粒数 31.9~32.3 粒。穗轴白色，籽粒黄色，半硬粒型，千粒重 323.8~371.3g，出籽率 85.5%~89.7%，田间倒折率 0.6%~0.8%。

抗性鉴定：2012 年河南农业大学植保学院人工接种鉴定：抗大斑病（3级），高抗小斑病（1级），感弯孢菌叶斑病（7级），中抗茎腐病（5级），中抗瘤黑粉病（5级），高感玉米螟（9级），抗矮花叶病（3级）。2013 年鉴定：高感大斑病（9级），感弯孢菌叶斑病（7级），中抗茎腐病（5级），感玉米螟（7级）。2013 年河南科技学院鉴定，中抗小斑病（5级），高抗瘤黑粉病（病株率0.0），中抗矮花叶病（病株率26.3）。

品质分析：据 2013 年农业部农产品质量监督检验测试中心（郑州）检测：粗蛋白质 10.8%，粗脂肪 4.6%，粗淀粉 70.0%，赖氨酸 0.32%，容重 758g/L。

产量表现：2012 年河南省玉米品种区域试验（4 500株/亩2组），9点汇总，8点增产1点减产，平均亩产 818.3kg，比对照郑单 958 增产 10.0%，差异极显著，居 16 个参试品种第 2 位；2013 年续试（4 500株/亩3组），7点汇总，5点增产2点减产，平均亩产 601.7kg，比对照郑单 958 增产 4.1%，差异不显著，居 17 个参试品种第 12 位。2013 年河南省玉米品种生产试验（4 500株/亩组），10点汇总，7点增产3点减产，平均亩产 598.1kg，比对照郑单 958 增产 2.6%，居 10 个参试品种第 9 位。

栽培技术要点：

①播期和密度：河南夏播在 6 月 20 日前采用等行距或宽窄行种植，密度控制在 4 500株/亩以下。②田间管理：播种时要造墒播种或播种后浇蒙头水，出苗后结合墒情适时浇水。种子包衣，苗期注意防治蓟马、棉铃虫、玉米螟等害虫，保证苗齐苗壮。苗期少施肥，大喇叭口期重施肥，同时用辛硫磷颗粒丢芯，防治玉米螟。突出抓好中前期田间管理以达到夺取稳产高产的目的。③适时收获：玉米籽粒乳线消失出现黑粉层后收获，充分发挥该品种的高产潜力。

审定意见：该品种符合河南省玉米品种审定标准，通过审定。适宜河南各地推广种植。

一七一、泰禾6号

审定编号：豫审玉 2014011

品种来源：以自选系 H6702 为母本，自选系 C228 为父本组配而成的单交种。

特征特性：夏播生育期 99～102d。株型紧凑，全株总叶片数 19～20.4 片，株高 244～260cm，穗位高 99～109cm。叶色绿色，叶鞘浅紫色，第一叶尖端匙形。雄穗分枝 10.5 个，雄穗颖片绿色，花药黄色，花丝浅紫色；果穗长筒形，穗长 16.5～17.3cm，秃尖长 0.3～0.6cm，穗粗 4.8～5.1cm，穗行数 12～16 行，行粒数 33.3～35.7 粒。穗轴白色，籽粒黄色，半马齿粒型，千粒重 304.2～341.6g，出籽率 87%～90.1%，田间倒折率 2.2%～3%。

抗性鉴定：2012 年河南农业大学植保学院人工接种鉴定：中抗大斑病（5级），高抗小斑病（1级），高感弯孢菌叶斑病（9级），中抗茎腐病（5级），中抗瘤黑粉病（5级），高感玉米螟（9级），高抗矮花叶病（1级）。2013 年河南鉴定：中抗大斑病（5级），中抗弯孢菌叶斑病（5级），感茎腐病（7级），感玉米螟（7级）。2013 年河南科技学院鉴定，中抗小斑病（5级），中抗瘤黑粉病（病株率9.6），高抗矮花叶病（病株率3.0）。

品质分析：据 2013 年农业部农产品质量监督检验测试中心（郑州）检测：粗蛋白质 10.3%，粗脂肪 4.7%，粗淀粉 72.6%，赖氨酸 0.30%，容重 758g/L。

产量表现：2012 年河南省玉米品种区域试验（4 500株/亩2组），9 点汇总，7 点增产 2 点减产，平均亩产 782.6kg，比对照郑单 958 增产 5.2%，差异极显著，居 16 个参试品种第 6 位；2013 年续试（4 500株/亩2组），8 点汇总，7 点增产 1 点减产，平均亩产 582.0kg，比对照郑单 958 增产 5.8%，差异显著，居 17 个参试品种第 8 位。2013 年河南省玉米品种生产试验（4 500株/亩组），10 点汇总，9 点增产 1 点减产，平均亩产 620.3kg，比对照郑单 958 增产 5.9%，居 10 个参试品种第 4 位。

栽培技术要点：

①播期和密度：春播 4 月 20 日左右播种，夏播 6 月 15 日前播种。种植密度 4 000～4 500株/亩。②田间管理：科学施肥，以氮肥为主，增施磷钾肥；浇好三水，即拔节水、孕穗水和灌浆水；苗期注意防止蓟马、蚜虫、地老虎；大喇叭口期用颗粒杀虫剂丢芯，防治玉米螟虫。③适时收获：玉米籽粒乳腺消失或籽粒尖端出现黑色层时收获，以充分发挥该品种的增产潜力。

审定意见：该品种符合河南省玉米品种审定标准，通过审定。适宜河南各地推广种植。

一七二、玉迪216

审定编号：豫审玉2014012

品种来源：以自选系H35-12为母本，自选系Z08为父本组配而成的单交种。

特征特性：夏播生育期98~103d。株型紧凑，全株总叶片数18.2~20片，株高275~277cm，穗位高103~110.7cm。叶色绿色，叶鞘紫色，第一叶尖端椭圆形。雄穗分枝6~12个，雄穗颖片青色，花药浅紫色，花丝浅紫色。果穗圆筒形，穗长17.2~20.1cm，秃尖长0.7~0.9cm，穗粗4.4~4.6cm，穗行数12~16行，行粒数30~31.9粒；穗轴红色，籽粒黄色，半马齿粒型，千粒重352~379.2g，出籽率86.4%~89.2%，田间倒折率0.1%~0.4%。

抗性鉴定：2012年河南农业大学植保学院人工接种鉴定：抗大斑病（3级），中抗小斑病（5级），高抗弯孢菌叶斑病（1级），中抗茎腐病（5级），高抗瘤黑粉病（1级），感玉米螟（7级），抗矮花叶病（3级）。2013年鉴定：中抗大斑病（5级），抗弯孢菌叶斑病（3级），抗茎腐病（3级），感玉米螟（7级）。2013年河南科技学院鉴定，中抗小斑病（5级）抗瘤黑粉病（病株率3.6），中抗矮花叶病（病株率26.3）。

品质分析：据2013年农业部农产品质量监督检验测试中心（郑州）检测：粗蛋白质11.0%，粗脂肪4.6%，粗淀粉73.3%，赖氨酸0.32%，容重776g/L。

产量表现：2012年河南省玉米品种区域试验（5 000株/亩组），9点汇总，8点增产1点减产，平均亩产747.3kg，比对照郑单958增产5.6%，差异显著，居14个参试品种第3位。2013年续试，7点汇总，全部增产，平均亩产664.5kg，比对照郑单958增产12.0%，差异极显著，居20个参试品种第4位。

2013年河南省玉米品种生产试验（5 000株/亩组），10点汇总，全部增产，平均亩产625.5kg，比对照郑单958增产6.8%，居4个参试品种第1位。

栽培技术要点：

①播期和密度：夏播适宜6月15日前，尽量早下种。适宜密度，中等肥力4 500株/亩，超高水肥地块可增至5 000株/亩。②田间管理：尽量早播，及早定苗，及时中耕除草、治虫。每亩施氮肥30kg做为底肥，大喇叭口期及时浇水、追肥（每亩追复合肥25kg）、丢芯防虫，中后期及时防治蚜虫。待苞叶变黄、乳线消失后方可收获。③适时收获：该品种属于坚秆玉米，待玉米在棵上彻底脱水

后，适合机械收获。

审定意见：该品种符合河南省玉米品种审定标准，通过审定。适宜河南省各地推广种植。

一七三、怀玉 5288

审定编号：豫审玉 2014013

品种来源：以自选系 HX113 为母本，自选系 H7298 为父本组配而成的单交种。

特征特性：夏播生育期 97～103 天。株型半紧凑，全株总叶片数 19.4～19.5 片，株高 283～289cm，穗位高 110.9～114cm。叶色绿色，叶鞘紫色，第一叶尖端匙形。雄穗分枝 15 个，雄穗颖片绿色，花药浅紫色，花丝浅紫色。果穗圆筒形，穗长 13.6～15.4cm，秃尖长 0.4～0.8cm，穗粗 4.7～5.0cm，穗行数 14～18 行，行粒数 28.6～31.5 粒。穗轴红色，籽粒黄色，半马齿粒型，千粒重 274～341.7g，出籽率 85.9%～87.1%，田间倒折率 0.7%～1.4%。

抗性鉴定：2012 年河南农业大学植保学院人工接种鉴定：中抗大斑病（5级），中抗小斑病（5 级），抗弯孢菌叶斑病（3 级），中抗茎腐病（5 级），中抗瘤黑粉病（5 级），高抗玉米螟（1 级），高感矮花叶病（9 级）。2013 年鉴定：中抗大斑病（5 级），感小斑病（7 级），中抗弯孢菌叶斑病（5 级），中抗茎腐病（5 级），中抗瘤黑粉病（5 级），中抗矮花叶病（5 级），中抗玉米螟（5级）。

品质分析：据 2011 年农业部农产品质量监督检验测试中心（郑州）检测：粗蛋白质 10.7%，粗脂肪 4.5%，粗淀粉 74.0%，赖氨酸 0.31%，容重 768g/L。据 2013 年检测：粗蛋白质 11.5%，粗脂肪 4.2%，粗淀粉 72.7%，赖氨酸 0.28%，容重 796g/L。

产量表现：2011 年河南省玉米品种区域试验（5 000 株/亩组），9 点汇总，全部增产；平均亩产 513.6kg，比对照郑单 958 增产 8.3%，居 19 个参试品种第 4 位。2012 年续试，9 点汇总，8 点增产 1 点减产；平均亩产 756.3kg，比对照郑单 958 增产 6.8%，差异极显著，居 14 个参试品种第 2 位。2013 年河南省玉米品种生产试验（5 000 株/亩组），10 点汇总，全部增产；平均亩产 615.3kg，比对照郑单 958 增产 5.2%，居 4 个参试品种第二位。

栽培技术要点：

①播期和密度：5 月 25 日～6 月 10 日麦后直播，中等水肥地 4 500 株/亩，

高水肥地不超过 5 000 株/亩。②田间管理：科学施肥，种肥每亩可施复合肥 7.5 ~ 10kg，大喇叭口前期每亩追施尿素 30 ~ 40kg；浇好三水，即拔节水、孕穗水和灌浆水；注意防治玉米螟。③适时收获：玉米籽粒乳腺消失或籽粒尖端出现黑色层时收获，以充分发挥该品种的增产潜力。

审定意见：该品种符合河南省玉米品种审定标准，通过审定。适宜河南各地推广种植。

第四章　玉米生长发育特点

玉米根、茎、叶、穗等器官着生部位是有一定关系的，各个器官的形态特征、生育特性及其相互之间的关系，又有其自身特点和一定规律。

第一节　玉米根、茎、叶的生长

一、根的生长

（一）根的种类

玉米根系和其他禾谷类作物一样，是须根系，由胚根和节根组成。

1. 胚根

胚根（初生胚根、种子根）是在种子胚胎发育时形成的，大约在受精 10d 后由胚柄分化而成。胚根只有一条，在种子萌动发芽时，首先突破胚根鞘而伸出。胚根伸出后，迅速生长，垂直深入土壤深处，可长达 20～40cm。

2. 节根

着生在茎的节间居间分生组织基部。生在地下茎节上的称为地下节根（次生根）；生在地上茎节上的称为地上节根（气生根、支持根、支柱根）。节根在植物学上称为不定根。

在胚根伸出 1～3d 后，在中胚轴基部、盾片（内子叶）节的上面长出 3～7 条幼根（次生胚根），这层根实际上为玉米的第一层节根。但是由于这层根生理功能与胚根相似，故在栽培学上将这层根与胚根一起合称为初生根，而不把它计算为第一层节根。初生根陆续生出许多侧根和根毛，因而共同形成密集的初生根系。初生根系的作用，主要是在幼苗刚出土的最初二三周内，负担吸收与供应幼苗所必需的养分和水分。当节根系形成以后，初生根系的生理活动能力就逐渐减弱，这时幼苗生长所需要的养分和水分，就主要依靠节根系吸收供应。

当玉米幼苗长出 2～3 片叶时，在着生第一片完全叶的节间基部开始发生第一层（按其顺序为第二层）节根。这一层根，由于发生在靠近胚芽鞘节上，有人又称它为胚芽鞘根。在胚芽鞘节与盾片节之间的节间为中胚轴，在栽培上称为根茎或地中茎。在种子发芽时，中胚轴伸长，推动幼芽出土；当它伸到地表下一定距离时停止伸长。播种浅时，中胚轴变短；播种深时，中胚轴变长，这种自动调节作用，可使节根位置处于较适宜的土层中。

第一层节根的数目，大多数是 4 条，也有 5~6 条的，一直向下延伸。以后，随着茎节的形成及加粗，节根即不断发生。节根的出现是按照向上的次序进行的，即在下部的根形成之后，上层才能依次产生新根，它们在茎节上呈现一层一层轮生的节根根系。节根层数依品种及水、肥、密等条件而异，一般为 6~9 层，多者可达 10 层以上。地下节根 4~7 层，地上节根 2~3 层或更多些（亦有没有的）。节根条数，地面以下的自下而上逐层增加，地面以上的又有逐层减少的趋势，其总根数在 50~120 条。根的长度是自下而上逐层减少，根的粗度是自下而上逐层增加的，最上层又有逐层减少的趋势。根层间距离自下而上逐渐加长。入土情况，地上节根开始在空气中生长而后入土，它入土浅，入土角度陡，形如支柱，故有气生根和支柱根之称。地下节根入土深，最初呈水平分布，向四周伸长，而后垂直向下。

地上节根比地下节根粗壮坚韧，具有色素，表皮角质化，后壁组织特别发达，入土前在根尖端常分泌黏液，入土后才产生分枝和根毛，起到吸收根的作用。节根是玉米的主体根系，分枝多，根毛密。一株玉米根的总长度可达 1~2 公里，这就使植株在耕作层中构成了一个强大而密集的节根根系。

（二）根的生理功能

玉米根系具有吸收营养、水分、支持植株和合成的作用。吸收矿质营养和水分是通过根毛来进行的。被玉米根系吸收的无机盐，一部分通过导管输送到植株各部分，另一部分就在根部合成复杂的有机物质。

（三）根的生长与其他器官的关系

玉米根系的生长和地上部分的生长是相适应的关系。根系生长较好，能保证地上部各器官也相应地繁茂茁壮；地上部生长良好又能为根系发育获得充分的有机养分，根系也相应比较发达。因此，地下部分与地上部生长的相互关系是玉米有机体内平衡协调的关系。

二、玉米茎的生长

茎的形态与生理功能

玉米茎秆上有许多节，每节生长一片叶子，茎节数目与叶片数目相应地变化在 8~40 节内。位于地面以下的茎节数目一般 3~7 节，多者达 8~9 节，而地面以上的茎节数可达 6~30 节。品种茎秆总节数多变化在 18~25 节内，一般来说，晚熟高秆类型，节间数目多，早熟矮秆类型，节间数目少。玉米茎秆多汁，髓部充实而疏松，富有水分和营养物质。玉米的维管束没有形成层，不能进行次生增粗生长，但它可以借助初步增粗分生组织进行初生增粗生长，使茎加粗。通常这种初生增粗生长，可以在几个节间同时进行。玉米茎秆功能很多，其茎中的维管束是植株根与叶、花、果穗之间的运输管道，它除担负水分和养分的运输外，还有支持茎秆的作用。茎能支撑叶片，使之在空中均匀分布，便于吸收阳光和二氧化碳更好地进行光合作用。茎秆还是贮藏养料器官，后期可将部分养分转运到籽粒中去，这对产量的形成具有一定的意义。茎秆还具有向光性和负向地性，当植株倒伏时，又能够弯曲向上生长，使植株重立起来，减少损失。茎又是果穗发生和产品的支持器官，茎秆生长好坏与产量关系密切。玉米茎秆的坚固性及其抗倒伏能力，取决于内在结构和外部压力，当植株上部的重量和所受的外力超过茎秆所能承受的压力时，便发生倒伏。

三、玉米叶的生长

（一）叶的形态特征

玉米叶着生在茎的节上，呈互生排列。全叶可分为叶鞘、叶片、叶舌 3 部分。叶鞘紧包着节间，其长度在植株的下部比节间长，而上部的比节间短；叶鞘肥厚坚硬，有保护茎秆和贮藏养分的作用。叶片着生于叶鞘顶部的叶环之上，是光合作用的重要器官；叶片中央纵贯一条主脉（中脉、中肋），主脉两侧平行分布着许多侧脉；叶片边缘常有波状皱纹，这是因为在叶子的边缘上薄壁组织生长快所造成的，这种波状皱褶可增加对光的吸收面，有避免风害折断叶部的作用；玉米多数叶片的正面有茸毛，只有基部第 1~5 片叶（早熟品种少，晚熟品种多）是光滑无毛的，这一特性可作为判断玉米叶位的参考。玉米叶舌（亦有无叶舌的品种）着生于叶鞘与叶片交接处，紧贴茎秆，有防止雨水、病菌、害虫侵入叶鞘内侧的作用。玉米叶片向上斜挺，并像漏斗一样包住茎秆，可以很好地利用雨水，促进气生根的发育，并可湿润植株周围的土壤，对穴施肥料有利。

在表皮内部为叶肉组织，由薄壁细胞组成。叶内维管束有特别发达的维管束鞘，维管束鞘细胞内含有许多特殊化的叶绿体，这是与稻麦作物显著不同的重要特点。因此，维管束鞘内有无叶绿体，是 C4 和 C3 植物的重要区别之一。

玉米一生主茎出现的叶片数目因品种而不同，早熟品种叶片少，晚熟品种叶片多，变幅在 8 ~ 40 片，一般在 13 ~ 25 片。每一品种的叶片数是相对稳定的，在同一地区很少因栽培年份等条件的不同而发生很大的变化，这是因为玉米叶片数是在雄穗生长锥开始伸长前逐渐分化形成的，从遗传性上来说是非常保守的，因此性状也相对稳定。但是，如果条件改变，则玉米叶片数也就表现减少或增加。如有的品种在春播时的叶片数就比夏播时期相对多一点。但如播种过早，叶数又有减少的趋势。

（二）叶的生长

玉米最初的 5 片叶子（晚熟种 6 ~ 7 片叶）是在种子胚胎发育时形成的，故称胚叶。第一片叶子通常是圆的，而以后各叶片是尖的，每一叶片形成后其长度和宽度继续增加。据观察，一个主茎总叶数为 20 片的杂交种，大约在第十二片叶全展开时，所有叶片的面积大小已经形成，只是第十二片叶以上的叶片尚未展开而已。按此推断，也就是全展开叶片占总叶片 60% 时，各叶面积已经定局，这个时期约在雌穗小花分化期前后，即在大喇叭口期左右，因此，要使玉米中上部叶片长得宽大一些，就必须在大喇叭口期以前拔节期以后加强管理，创造良好营养条件。玉米进入开花末期，根系干物质基本停止积累，这一时期植株基部叶片不断地衰老死亡，因此，根系生长和它生命活动能量的供应，就要由较上节位叶片来代替。玉米开花授粉末期和果穗籽粒形成期，植株的下部叶片死亡而其余叶片光合产物积累于茎秆的比例呈现上下部位大、中部小的趋势，即是靠近果穗的中部叶片同化的 C14 光合产物，在茎秆积累少，而距离果穗愈远的叶片，在茎秆的积累愈多，其原因主要与靠近果穗叶片将其光和产物直接供应果穗有关。

第二节　玉米开花结实

玉米是雌雄同株异花作物，依靠风力传粉，天然杂交率一般为 95% 左右，故为异花授粉作物。

一、玉米的花序

（一）雄花序

玉米雄花序又称雄穗，属圆锥花序，着生于茎秆顶部。雄穗主轴与茎秆相连并向四周分出若干分枝，分枝数目因品种而不同，一般有 15 ~ 25 个，多的达 40 个左右。雄穗主轴较粗，周围着生 4 ~ 11 行成对排列的小穗，分枝较细，通常仅生 2 行成对排列的小穗。每个雄小穗有 2 朵小花。每对雄小穗中，一为有柄小穗位于上方，一为无柄小穗位于下方。每个雄小穗基部两侧各着生一个颖片（护颖），两颖片间生长两朵雄性小花。每朵雄性小花，由一片内稃（内颖），一片外稃（外颖）及 3 个雄蕊组成。雄蕊的花丝顶端着生花药。雄蕊未成熟时花丝甚短，成熟时，外颖张开，花丝伸长，使花药露出颖片外面，散出花粉，即为开花。发育正常的雄穗可产生大量的花粉粒。据观察，每一个雄穗有 2 000 ~ 4 000 朵小花，每朵小花有 3 个花药，每一花药大约产生 2 500 粒花粉，一个雄穗花序能产生 1 500 万 ~ 3 000 万个花粉粒。玉米能产生如此大量的花粉粒，是完全符合异花授粉的生物学特性的。玉米雄穗抽出后 2 ~ 5d，开始开花，亦有边抽穗边开花的。有的抽出后 7d 才开始开花。开花的顺序是从主轴中上部开始，然后向上向下同时进行。各分枝的小花开放顺序与主轴相同，按分枝顺序说，则上中部的分枝先开放，然后向上和向下部的分枝开放。雄穗开始开花后，一般第 2 ~ 5d 为盛花期，但也有第 3 ~ 6d 为盛花期的。

玉米雄穗开花与温度、湿度关系密切。据观察，自开花始期至末期，以 20 ~ 28℃开花最多，占开花 46% ~ 68%，温度低于 18℃或高于 38℃时，雄花不开放。开花最适宜的相对湿度为 65% ~ 90%。玉米在温度、湿度适宜的条件下，雄穗全昼夜内均有花朵开放，一般上午开花最多，午后开花显著减少，夜间更少。一般以 7 ~ 11 时开花最盛，其中，尤以 7 ~ 9 时开花最多。

（二）雌花序

雌花序又称雌穗，为肉穗花序，受精结实后即为果穗。雌穗由叶腋中的腋芽发育而成，着生于穗柄的顶端。玉米除上部 4 ~ 6 节外，全部叶腋中都形成腋芽。一般推广品种基部 4 ~ 5 节的腋芽不发育或形成分蘖，位置稍高的腋芽停留在分化的早期阶段，只有最上部 1 ~ 2 个腋芽正常发育形成果穗。玉米茎秆上腋芽这一分化规律表明，玉米形成多果穗的潜力是很大的。玉米高产栽培的任务，除选有多穗品种外，必须进一步研究雌穗发育的规律，在栽培上创造良好的环境条件（营养、水分、光照等），促进更多的腋芽发育成为果穗，以发挥玉米的高产潜力。

由上述可知，玉米的果穗即为变态的侧茎。果穗柄为短缩的茎秆，节数随品种而异。各节生一变态叶，叶片已退化，仅有叶鞘称为苞叶，包着果穗，起保护作用。苞叶数目因品种而不同，通常和穗柄节间数目相等。苞叶的长短因种性而不同，以长短适宜包严果穗为好。有些品种在苞叶上仍长出小的叶片，称为剑叶，对光合、防虫有一定作用，但对授粉颇有影响。在变形叶的叶腋中也和主茎一样，能形成腋芽，当条件有利时，腋芽形成第二级果穗。

果穗在茎秆上着生位置的高低，因品种和栽培条件而不同，以高度适中者为宜，这样便于机械化收获。过高容易倒伏，过低容易引起霉烂和兽害。

果穗的穗轴由侧茎顶芽形成。穗轴肥大，呈白色或红色。穗轴的粗细因品种而不同，以细轴者为好，一般其重量占果穗总重量的 20% ~ 25%。穗轴中部充满髓质，有很多维管束分布在边缘的厚膜组织中。穗轴节很密，每节着生两个无柄小穗，成对排列成行，每小穗内有两朵小花，上花结实，下花退化（亦有两朵小花皆能结实的，如甜玉米品种），故果穗上的籽粒行数常呈偶数。但有时成对的小穗由于发育不良缺去一个或一个小穗内两朵小花都能发育结实，因而粒行不成偶数或粒行不整齐。每穗籽粒行数一般为 12 ~ 18 行，亦有 8 ~ 30 行不等的。粒行数多的具有丰产的特性。粒行数的多少因品种而不同，但也与栽培条件有关。通常每个果穗有 200 ~ 800 粒或更多些，一个中等大小的果穗有 300 ~ 500 个籽粒。一般生长期较长的晚熟种，每穗粒数比生长期较短的早熟种多。栽培条件对每穗粒数也有很大的影响。果穗的每行籽粒数有 15 ~ 70 粒不等，亦因品种和栽培条件而异。

每一雌小穗的基部两侧各着生一个革质的短而稍宽的颖片（护颖），其中一个退化的小花，仅留有膜质的内、外稃（颖）和退化的雌、雄蕊痕迹，另一个结实小花，其中，包括内外稃（颖）和一个雌蕊及退化的雄蕊。雌蕊由子房、花柱和柱头所组成。通常将花柱和柱头总称为"花丝"。

雌穗一般比同株雄穗抽出稍晚，晚者可达 5 ~ 6d。雌穗"花丝"开始抽出苞叶，为雌穗开花（吐丝），一般比同株雄穗开始开花晚 2 ~ 3d，亦有雌雄穗同时开花的。这决定于品种特性和肥、水、密度等条件。一般来说，穗柄短的品种比穗柄长的品种吐丝性好；苞叶短、苞尖松的品种比苞叶长、苞尖紧的品种吐丝性好；双果穗、多果穗的品种和自交系往往雌花早熟吐丝早。在干旱、缺肥或过密遮光的情况下，雌穗发育减慢，而雄穗的发育则较少受到影响，容易出现雌雄开花不协调的现象。在一个果穗上，由于各个小穗花着生部位和花丝伸长速度的不同，因而花丝伸出苞叶的时间也就有先后的差别。一般位于果穗基部往上 1/3 处的小花先吐丝然后向上向下伸展，顶部小花的花丝最晚吐出苞叶。所以，有些品种，和自交系的果穗顶部花丝，吐出苞叶时，已是大田群体植株的散粉末期，容易出现粉源不足得不到授粉，造成"秃顶"现象。有些长果穗长苞叶的品种，虽然基部的小花成熟较早，但由于它的花丝需要伸得很长才能露出苞叶，因而实际上往往是最晚吐丝的，而且花丝生活力因在苞叶内长期伸长而削弱，因而也常常由于授粉不良而造成果穗基部缺粒。这一切表明，玉米开花后期加强人工辅助授粉，是减少秃顶缺粒增加粒数的有效措施。一个果穗从第一条花丝露出苞叶到全部花丝吐出，一般需 5 ~ 7d。花丝长度一般为 15 ~ 30cm，如果长期得不到受精，可一直伸长到 50cm 左右。花丝在受精以后停止伸长，2 ~ 3d 变褐枯萎。

二、授粉与籽粒的形成

玉米开花时，胚珠中的胚囊和花药中的花粉粒都已成熟，雄穗花药破裂散出大量的花粉。微风时，花粉只能散落在植株周围 1m 多的范围内，风大时花粉可散落在 500 ~ 1 000m 的地方。花粉借助风力传到花丝上的过程称为散粉。花粉发芽形成花粉管进入子房达到胚囊，放出两个精子，一个精子与卵细胞结合，形成合子，将来发育成种子的胚；与此同时，另一个精子与两个极核中的一个结合再与另一个极核融合成一个"胚乳细胞核"，将来发育成胚乳。

据研究，给花丝授以大量花粉，还能促进花粉粒的萌发和花粉管的伸长。所以，实施人工辅助授粉和多量花粉授粉，是提高玉米结实率的有效措施之一。雌穗受精后花丝凋萎，即转入以籽粒形成为中心的时期。种子形成过程大致分 4 个时期：籽粒形成期、乳熟期、蜡熟期和完熟期。

1. 籽粒形成期

吐丝后 14 ~ 17d，果穗和籽粒体积增大，籽粒呈胶囊状，胚乳呈清水状，胚进入分化形成期，籽粒水分很多，干物质积累少。吐丝后 10d，果穗长度已达正常大小，粗度已达成熟期的 88%，胚和胚乳已能分开。吐丝后 14d，籽粒体积达成熟期体积的 74.1%，粒重只有 5.5% 左右。据测定，籽粒水分变动在 70% ~ 90%，处于水分增长阶段。

2. 乳熟期

自吐丝后 15 ~ 18d 起到 34 ~ 37d 止，为期 20d，此期胚乳开始为乳状，后变成糯糊状。进入此期末，果穗粗度、籽粒和胚的体积都最大，籽粒增重迅速，约达成熟期的 60% ~ 70%，是籽粒形成的重要阶段。籽粒含水量变动在 40% ~ 70%，处于水分平稳阶段。授粉后半个月左右，胚已具有发芽能力。授粉后 35d 乳熟末期的种子，发芽率可达 95%，出苗率也较高，说明在必要时玉米种子适当早收是可以发芽的。

3. 蜡熟期

自吐丝后 35 ~ 37d 起到 49d 以上，为期 10 ~ 15d，此期籽粒处于缩水阶段，籽粒水分由 40% 减少到 20%，果穗粗度和籽粒体积略有减少，胚乳由糊状变为蜡状。籽粒内干物质积累还继续增加，而速度减慢，但无明显终止期。

4. 完熟期

籽粒变硬，指甲不易划破，具有光泽，呈现品种特征。

三、玉米种子的形态结构

玉米的种子实质上就是果实（颖果），但在生产上习惯称之为种子。它具有多样的形态、大小和色泽。有的种子近于圆形，顶部平滑，如硬粒型玉米；有的扁平，顶部凹陷，如马齿型玉米；有的表面皱缩，如甜质型玉米；也有粒型椭圆，顶尖，形似米粒，如爆裂型玉米等。种子大小有很大差别，一般千粒重为200～350g，最小的只有50g，最大的可达400g以上。通常马齿型比硬粒型种子千粒重大。种子的颜色有黄、白、紫、红、花斑等色，我国栽培品种种子最常见的为黄色与白色两种。带色的种子含有较多的维生素，营养价值较高。每个干果穗的种子重占果穗重的百分比（籽粒出产率）因品种而不同，一般是75%～85%。每个刚收获的鲜果穗上的风干种子重占鲜果穗的百分比，因成熟度而异，一般在50%～70%。

玉米的种子是由种皮、胚乳和胚3个主要部分组成。

1. 种皮

系由子房壁发育而成的果皮和内珠发育而成的种皮所构成。果皮与种皮紧密相连不易区分，习惯上均称为种皮。种皮主要由纤维素组成。表面光滑，一般无色，包围整个种子，具有保护内含物的作用，占种子总重量的6%～8%。

2. 胚乳

位于种皮内，占种子总重量的80%～85%。胚乳的最外层为单层细胞所构成，由于细胞充满着含多量蛋白质的糊粉粒，所以称糊粉层。糊粉层下面的胚乳，有粉质和角质的区别。粉质胚乳结构疏松，不透明，含淀粉量多而蛋白质少。角质胚乳因淀粉粒之间充满蛋白质和胶体状的碳水化合物，使胚乳组织紧密，呈半透明状，并且蛋白质含量较多。胚乳的结构和蛋白质的含量与分布，是玉米分类上的依据之一。如硬粒型玉米种子角质胚乳分布在四周，粉质胚乳在中央；马齿型玉米种子，角质胚乳分布在两侧，顶部和中央则分布着粉质胚乳。

3. 胚

位于种子一侧（向果穗顶部一侧）的基部，较大，占种子总重量的10%～15%。胚实质上就是尚未成长的幼小植株。胚由胚芽、胚轴、胚根、子叶（盾片）所组成。胚的上端为胚芽。胚芽的外面有一胚芽鞘，胚芽鞘为顶端有一小孔的空锥体，有保护幼芽出土的作用。胚芽鞘内包裹着几个普通的叶原基（一般为 5 片，多的有 6~7 片）和茎叶的顶端分生组织（生长锥），将来发育成茎叶。胚的下端为胚根，胚根外包着胚根鞘，胚根鞘在幼胚中连接着胚柄。胚芽与胚根之间由胚轴相连。在胚轴上，向胚乳的一面生有一片大子叶（内子叶。外子叶退化）紧贴胚乳，在种子萌发时有吸收胚乳养料的作用，这一片特殊的内子叶特称为盾片。胚轴在盾片节与胚芽鞘节之间的节间部分常称为中胚轴。

第五章 玉米生长的环境条件

第一节 玉米生长发育对温度的需求

玉米原产于中南美洲热带地区，在系统发育的过程中形成了喜温的特性，整个生育期间都要求较高的温度。玉米在各个生育时期，对温度的要求有所不同。玉米种子一般在 6～7℃ 时，可开始发芽，但发芽极为缓慢，容易受到土壤中有害微生物的侵染而霉烂。到 10～12℃ 时发芽较为适宜，25～35℃ 时发芽最快。为了做到既要早播又不误农时，还要避免因过早播种引起烂种缺苗，一般当土壤表层 5～10cm 温度稳定在 10～12℃ 时，作为春玉米播种的适宜时期。玉米出苗的快慢，在适宜的土壤水分和通气良好的情况下，主要受温度的影响较大。据研究，一般在 10～12℃ 时，播种后 18～20d 出苗；在 15～18℃，8～10d 出苗；在 20℃ 时 5～6d 就可以出苗。玉米苗期遇到 2～3℃ 的霜冻，幼苗就会受到伤害，但如及时加强管理，植株在短期内恢复生长，对产量不致有显著的影响。春玉米出苗后，幼苗随着温度上升而逐渐生长。当日平均温度达到 18℃ 以上时，植株开始拔节，并以较快的速度生长。在一定范围内，温度愈高生长愈快。日本学者佐藤（1984）认为：玉米幼穗形成前每出生一片叶需 65℃ 积温，幼穗形成后每出生一片叶需要 90℃ 积温。玉米抽雄、开花期要求日平均温度达 26～27℃，此时是玉米一生中要求温度较高的时期，在温度高于 35℃、空气相对湿度接近 30% 的高温干燥气候条件下，花粉（含 60% 的水分）常因迅速失水而干枯，同时花丝也容易枯萎，因而常造成受精不完全，产生缺粒现象。及时灌水，进行人工辅助授粉，可以减轻这种损失。玉米籽粒形成和灌浆期间，仍然要求有较高的温度，以促进同化作用。在籽粒乳熟以后，要求温度逐渐降低，有利于营养物质向籽粒运转和积累。在籽粒灌浆、成熟这段时期，要求日平均温度保持在 20～24℃，如温度低于 16℃ 或超过 25℃，会影响淀粉酶的活动，使养分的运转和积累不能正常进行，造成结实不饱满。

玉米有时还发生"高温迫熟"现象，就是当玉米进入灌浆期后，遭受高温影响，营养物质运转和积累受到阻碍，籽粒迅速失水，未进入完熟期就被迫停止成熟，以致籽粒皱缩不饱满。千粒重降低，严重影响产量。玉米易受秋霜危害，大多数品种遇到3℃的低温，即完全停止生长，影响成熟和产量。如遇到−3℃的低温，果穗未充分成熟而含水又高的籽粒会丧失发芽力。这种籽粒不宜留作种用，贮存时也容易变坏。因此，在生长季节短的高寒山区栽培玉米时，应注意这一问题。

第二节　玉米生长发育对光照的需求

玉米虽属短日照作物，但不典型，在长日照（18h）的情况下仍能开花结实。玉米是高光效的高产作物，要达到高产，就需要较多的光合产物，即要求光合强度高、光合面积大和光合时间长。生产实践证明，如果玉米种植密度过大，或阴天较多，即使玉米种在土壤肥沃和水分充足的土地上，由于株间阴蔽，阳光不足，体内有机养分缺乏，会使植株软弱，空秆率增加，严重地降低产量。据报道，国外有在田间设置阳光反射器，扩大光合面积，增强光合生产率，可以显著地提高产量。为此，在栽培技术上，解决通风透光获取较充足的光照，是保证玉米丰产的必要条件。

此外，玉米对光的质量也有不同的反应。在专门的光谱试验室内测定的结果表明：玉米雌穗在蓝色光和白色光中发育最快；在红色光中发育相当迟缓；而雄穗在红色光中发育并不慢。在绿色光中，玉米整个生长发育都极度缓慢。可见光谱成分对玉米生长发育的影响是很大的。

第三节　玉米生产的土壤条件

一、土壤条件

（一）土层深厚，结构良好

玉米根层密，数量大，垂直深度可达1m以下，水平分布1m左右，在土壤中形成一个强大而密集的根系。玉米根数的多少、分布状况、活性大小与土层深厚有密切关系。土层深厚，指活土层要深，心土层和底土层要厚。活土层即熟化的耕作层，土壤疏松，大小孔隙比例适当，水、肥、气、热各因素相互协调，利于根系生长。活土层以下要有较厚而紧实的心土层和底土层，土壤渗水保水性能好，不仅抗自然灾害能力强，而且能满足玉米对水分养分的要求，达到旱涝高产稳产。土层过薄，会限制根系的垂直生长，肥水供应失调，产量不高。一般来说，整个土层厚度最少应保持在80cm以上，以利于玉米生长。

（二）疏松通气

土壤疏松通气，利于根系下扎。据研究认为，适于玉米生长的土壤紧实度，在壤质和肥力中等的土壤容重在$1.0 \sim 1.2g/cm^3$。据报道，土壤容重与玉米产量呈负相关，相关系数 r 为 $-0.427 \sim -0.796$。土壤压实减产的主要原因，是由于根系生长不良。

据研究，玉米对土壤空气十分敏感。如在土壤缺少氧气的情况下，高粱、大豆、甜玉米及饲用矮玉米产量分别下降25%、35%、65%及75%。玉米和棉花一样，是需要土壤通气性好、空气容量多的作物。玉米最适土壤空气容重约为30%，小麦仅为15%~20%。土壤空气中的含氧量10%~15%最适合玉米根系生长。通气不良，玉米吸收各种养分的功能，按下列次序降低，K > Ca > Mg > N > P；通气后玉米对各种养分的吸收能力，按下列次序增加，K > N > Ca > Mg > P，说明通气良好的土壤可提高氮肥肥效。故在播前深耕整地，生长期间加强中耕，雨季注意排涝，以增加土壤空气的供应，保证根系对氧的需要。

（三）耕层有机质和速效养分高

在玉米生育过程中，提高土壤养分的供应能力，是获得高产的物质基础，玉米吸收的养分主要来自土壤和肥料。据试验，以施用 N、P、K 肥料的玉米产量为100，则不施肥料的玉米产量为60%~80%，说明玉米所需养分的3/5~4/5是依靠土壤供应，1/5~2/5 来自肥料。各地高产稳产田土壤分析资料说明，耕层有机质和速效性养分含量较高，耕层有机质含量在1.5%~2%，速效性氮和磷约在30mg/kg，速效性钾150mg/kg，都比一般大田高1~2倍，能形成较多的水稳性团粒结构。如油黑土的水稳性团粒结构，都在30%以上。由于土壤潜在肥力大，比例适当，养分转化快，速效性养分高，并能持续均衡性供应，因此，在玉米生育过程中，不出现脱肥和早衰。

据测定，玉米根系伤流液中含氮量，熟化土壤比熟化不良的土壤高得多。前者每100ml 伤流液中有68.6~89.6mg氮，后者只有36.8~44.8mg氮。在肥力高的熟化土壤上，玉米根系伤流液中含氮量浓度高，且有2/3 的氮是有机态氮。土壤中氮的供应充足，地上部和地下部的生长才能获得足够的营养物质。

土壤的供肥能力，视有机肥料多少而定，增施有机肥料，既能分解供给作物养分，又可不断地培肥土壤，为玉米持续高产创造条件。

从土壤化学成分看，土壤的含盐量和酸碱度（pH 值）对玉米生长发育有很大影响。一般说来，对 pH 值的适应范围为 5～8，但适宜的 pH 值为 6.5～7.0，接近中性反应。据测定，土壤 pH 值在 7 时，光合生产率为 22.8g/（$m^2 \cdot d$），在 4 时仅为 9.1g/（$m^2 \cdot d$）。玉米与高粱、黍子、向日葵、甜菜相比，耐碱能力差。在盐分中，以氯离子对玉米危害较大。有人在汾河灌区调查，苗期耐盐力最差，拔节孕穗期较强。在苗期 0～15cm 的土层中全盐量在 0.25%，氯离子在 0.032% 时生长正常，全盐量达到 0.41%，氯离子在 0.061% 时，玉米就受抑制，生长不良；全盐量达 0.68%，氯离子 0.083% 时，就严重受抑制接近枯萎。因此，盐碱较重的土壤，必须进行改良。

（四）土壤渗水保水性能好

各地玉米高产田，由于土壤熟化土层深厚，有机质含量丰富，水稳性团粒较多，耕层以下较紧实，因此，熟化土层渗水快，心土层保水性能好，所在表层以下常呈潮润状态，具有较强的抗旱能力。

高产单位的共同经验是狠抓土、肥、水的基本建设，不断改善生产条件，改良土壤，使之沙黏适中，大小孔隙比例适中，深耕加厚活土层，提高土壤渗吸能力，力争蓄水多。增施有机肥，改良土壤，增强持水能力，才能为玉米丰产创造一个良好的、保水排水强的土壤条件。

此外，玉米高产田还具有土性温暖、稳温性能较强的特点；有益微生物活动旺盛，其总量较一般地多出 2 倍，并在微生物群落中固氮菌、磷细菌、氨化菌占较大优势；土质油酥，耕性好，不仅宜耕期较长，而且作业效率高、质量好，便于机械化作业。

二、深耕改土是玉米丰产的基础

高产稳产田特点是具有疏松软绵、上虚下实的海绵状土体构造。因此，在深耕改土的农田建设中，根据本地区的生产特点和群众改土经验，采取以下方法建成高产稳产的丰产田。

（一）深耕改土的原则和方法

深耕对调节水、肥、气、热有明显效果，活土层加厚，总孔隙度增加，利于透水蓄水。土壤含水量显著增加，早春地温回升快，利于早播和壮苗。

深耕利于玉米根系的垂直生长。据山西农学院和山西农业科学院在大寨的调查，18.5～40cm 土层内，深耕地玉米根系总量较一般地高 75.9%，地上部生长良好，穗大产量高。玉米地深耕都有不同程度的增产作用，一般为 10%～30%。

黏土质地细，结构紧密，通气性差，排水不良，耕性差，不利于玉米出苗和根系发育。

沙质土壤则由于沙粒多，结构松散，保水保肥力差，易脱肥缺水而影响玉米生长。因此，泥沙比例可调剂成三成泥七成沙的壤性土。一般以上粗下细，上沙下壤较好。这种质地，既透水透气，又保水保肥，玉米生长良好。

在农田建设中要注意对生土进行改良。在播前除多耕多耙，使土块达一定碎度外，要重施有机肥，并应根据必要与可能实行秸秆还田，以逐步提高土壤的有效肥力。

（二）玉米的整地技术

单作春玉米地应在前茬收获后，及时灭茬进行秋深耕或耙茬深松。深耕对玉米根系发育和增产都有良好作用。深耕使土壤有较长的熟化时间，提高土壤肥力。耕后及时耙耢保墒。如是黏土地，水利条件较好，深耕后可在结冻前灌足底墒水，可使土壤下沉，通过冻融交替熟化土壤，早春进行镇压耙耢保墒。前茬腾地晚，来不及冬深耕，应尽早春耕，随耕随耙，防止跑墒。晚耕不仅熟化时间短，而春季气温上升快，风多风大跑墒严重，影响播种出苗。无灌水条件的旱地，春季应多次耙耢保墒，使土壤细碎无坷垃，上虚下实，利于全苗。如播前遇雨，也可浅耕并及时耙耢保墒，趁墒播种。

山区和丘陵地区，可挖丰产坑或丰产沟，局部深耕集中施肥，蓄水保墒，改良土壤，既有利于抗旱保苗，又有利于促根深，壮苗壮秆，抗风防倒。

三、玉米高产耕作技术

耕地与整地的目的在于改善耕层的土壤结构，恢复土壤肥力，覆盖残茬和杂草，减少病虫害，为玉米生长发育创造良好土壤条件。

合理的土壤耕作是保证玉米播种质量，达到苗全、苗齐、苗匀、苗壮的先决条件。合理的耕地整地使耕层深厚、土质疏松，透气性和排水性良好，蓄水、保水、供肥能力强。土温稳定，从而增强抵抗旱、涝害的能力，有利于玉米根系和植株的生长发育，提高玉米产量。

（一）深耕的作用

可打破长期浅耕造成的犁底层，使耕层加深，保蓄水分，可增强抗旱涝能力。活土层加厚，孔隙度增大，容重减少。黑龙江省20世纪70年代采用深松耕法，土壤透水性、透气性和蓄水量提高，从而改善了土壤的物理性状，促进了有机养分的分解和无机养分的释放，不仅提高了肥料的利用效果，而且还能减少或抑制杂草、病虫害的发生和发展，改善了玉米根系的分布，促进玉米生长发育。

（二）耕地整地技术

1. 前茬处理

耕地前的前茬处理称为灭茬，它是保证耕作质量，保墒除草的重要步骤。玉米前茬作物为玉米、高粱的，可先用圆盘耙浅耙 1～2 遍，将其切碎，然后耕地。亦可用畜力浅耕或人工刨茬，然后再进行秋耕。前茬为大豆、小麦，因根茬较小，可直接耕作翻埋。若秋季来不及进行秋耕，应先灭茬保墒，接纳雨雪，第二年春季及时耕翻整地，准备播种。

2. 耕地技术

（1）翻耕起垄　一般伏、秋翻好于春翻，须每隔 2～3 年深翻 1 次。翻地深度以 20～23cm 为宜，翻耙、起垄连续作业。

（2）旋耕起垄　其特点是一次作业土层不乱，土壤活化好，耕地质量好，地板干净，旱地农业应大力推广。

（3）耙茬起垄　麦茬种玉米，不宜深翻、应原茬起垄或耙茬起垄，耙茬深度 12～15cm，不重耙，不漏耙。耙茬地种玉米不但地温高、发苗快，而且降低作业成本。生产实践证明，秋耙好于春耙，做到耙耢结合，达到播种状态。

（4）深松起垄　先松原垄沟施入底肥，再破原垄台合新垄，及时镇压。

3. 整地技术

精细整地，减少水分蒸发，保住底墒，是早春整地技术的关键所在。

根据土壤墒情和耙地时间，确定耙深。一般轻耙为 8～10cm，重耙为 12～15cm。耙耢后达到上虚下实、耙平、耙碎、耙透、耕层内无大土块，每平方米耕层内，直径为 5～10cm 的土块不得超过 5 个，沿播种垂直方向，在 4m 宽的地面高低差不超过 3cm，不漏耙、不拖堆。

早春耢、耙、压是保墒保苗的有效措施。在 3 月上中旬，冻融交替时期，进行拖、耢整地，其目的是拖平地表缝隙，减少土壤水分蒸发，将细土填入地表缝隙，地表被细碎的土覆盖，一般可使表层土壤湿度增加 3%～5%。耙、压的目的在于破碎土块，压实耕层，具有保墒提墒作用，利于全苗。

在没有进行秋耕的地块，可早春顶浆打垄。当早春化冻深达一犁土时（4 月上中旬），结合深施有机肥和无机肥，顶浆打垄，最好是先耙茬后起垄，然后及时镇压。

不论秋耕或春耕，应做到随翻随耙，干旱地块应秋翻秋耙耢，达到播种状态，耙地作业时应掌握适宜土壤水分。若上年 8～10 月降水量不足 130mm，当年四月雨量不足25mm，气温偏高时，可实行"三三轮耕法"，即每年平翻1/3，深松1/3，原垄种1/3，三年轮耕一次，平翻打破三角区，深松解决犁底层，部分原垄种有利于抓苗，达到既保苗又疏松土壤的效果。

4. 垄作耕法

垄作耕法是提高地温，防旱抗涝栽培的一种耕作方式。一般于秋耕后或早春在已耕地上顶浆起垄，也可破旧垄为新垄，耕种同时进行。

垄作耕法，地表呈凹凸状，地表面积比平地一般增加33%，因此，受光面积大，吸收热量多，利于玉米早播和幼苗生长。在一昼夜内，垄作地温高于平作的时间有16~18个小时，低于平作的有6个小时，这对玉米的光合作用和营养物质的积累与变化，促进玉米的生长发育十分有利。

在多雨的季节，垄作比平作便于排水；干旱时，还可用垄沟灌水，又利于集中施肥。促进土壤熟化和养分分解，增加熟土层厚度，有利于玉米根系发育和产量提高。

第四节　玉米肥水管理

一、玉米的矿质营养与施肥

玉米是高产作物，植株高大，茎叶繁茂，需肥量较大。特别是中晚熟品种，因生育期长，产量较高，需肥量就更大。只有了解玉米不同生育时期的营养生理特性和各种养分相互之间的作用关系，正确地掌握玉米所需要的养分种类和数量，及时地施用适量的所需养分，才能获得高产。

合理施肥，是提高玉米产量和改善其品质的重要措施之一。保证供给玉米所需要的各种养分，又要增加土壤肥力，才能不断地夺取高产。合理施肥，必须认识玉米吸收营养的特性，土壤供肥能力以及其他外界条件对施肥的影响。目前，各地玉米产量水平高低相差较大。分析其原因，除受品种、熟期、积温和密度影响外，土壤基础肥力高低和施肥水平不同是最重要的影响因素之一。在土壤相同的条件下，施入农家肥和化肥的数量不同，其产量有一定的差异。

为使植株正常生长发育，生产上应做到氮、磷、钾合理搭配使用，避免片面强调多施某一种肥料。近几年来，由于高产地块产量的不断提高，微量元素在玉米产量形成中起着重要作用。特别是应该增加锌肥施入量，当土壤缺锌时，玉米苗期生育阶段，出现花白叶病，如不及时采取补救或补救措施不当时，会影响产量。

此外，如何经济合理施肥，提高肥料利用率，既保证玉米获得高产，又要保证肥料都发挥作用，而获得较大的经济效益，是当前玉米栽培中十分重要的问题。

二、玉米合理施肥的生理基础

玉米进行正常的生长发育所必需的矿质元素有20多种，如氮、硫、磷、钾、钙、镁、铁、锰、铜、锌、硼、钼等矿质元素和碳、氢、氧3种非矿质元素等。其中，氮、磷、钾为大量元素，中量元素有硫、钙、镁。而铁、锰、铜、锌、硼、钼等元素，需要量很少，称为微量元素。

各种矿质元素都存在土壤中，但含量有所不同。一般土壤中硫、钙、镁以及各种微量元素并不十分缺乏，而氮、磷、钾因需要量大，土壤中的自然供给量，往往不能满足玉米生长的需要，所以必须通过施肥来弥补土壤天然肥力的不足。在各种必需元素中，一旦缺少其中任何一种，都会引起玉米生理生态方面的抑制作用，表现出各种特殊反应。因此，只有了解各种矿质营养元素对玉米生理功能所起的作用，才能有效地和合理地施用各种肥料。

（一）氮、磷、钾的生理作用

1. 氮

玉米对氮的需要量比其他任何元素要多。氮是组成玉米蛋白质、酶、叶绿素、核酸、磷脂以及某些激素的重要组成成分，对玉米植株的生长发育起到重要作用。

玉米吸收氮素的特点，一般在苗期吸收铵态氮（NH_4^+）比例高，抽雄以后吸收硝态氮（NO_3^-）的比例增大。当吸收铵态氮时，其他阳离子（K^+、Ca^{2+}、Mg^{2+}等）的吸收被降低，而对阴离子吸收，特别是对 PO_4^{3-} 有利。吸收硝态氮时则相反。玉米根系吸收的铵态氮，可以直接与有机酸化合形成氨基酸，参与蛋白质合成。吸收的硝态氮，植株不能直接利用，要将硝态氮还原成氨（NH_3），再与有机酸化合形成氨基酸。

氮对玉米叶片生长有着重要作用。氮作为种肥或早期追施，对单株叶数影响不大，而对单株总叶面积增加影响显著。

玉米氮素亏缺，影响生长发育和降低生理功能。据山东农业大学溶液培养试验（1992），缺氮比全素苗期植株，株高降低52.4%，绿叶面积减少82.1%，节根条数减少38.7%，地上干重减少77.9%，地下干重减少56.2%，冠/根比降低

49.5%。缺氮比全素植株叶绿素 a 和 b 的含量减少 72.0%，达 1%的显著水平，但 a/b 比值变化不大。单叶光合速率缺氮比全素降低 87.5%，达 1%的显著水平。叶中氨基酸的总量，全素为 206.2mg/g，缺氮为 78.4mg/g，缺氮减少 62%，其中，17 种氨基酸除半胱氨酸比全素增加 4.8%外，其余 16 种氨基酸缺氮比全素低 18.7% ~70.3%。

玉米缺氮的特征是株型细瘦，叶色黄绿，首先是下部老叶从叶尖开始变黄，然后沿中脉伸展呈楔（V）形，叶边缘仍为绿色，最后整个叶片变黄干枯。这是因为缺氮时，氮素从下部老叶转运到上部正在生长的幼叶和其他器官中去的缘故。缺氮还会引起雌穗形成延迟，或雌穗不能发育，或穗小粒少产量降低。如能及早发现和及时追施速效氮肥，可以消除或减轻这种不良现象。

2. 磷

玉米需要的磷比氮少得多，但对玉米发育却很重要。磷可使玉米植株体内氮素和糖分的转化良好；加强根系发育；还可使玉米雌穗受精良好，结实饱满。

玉米缺磷，幼苗根系减弱，生长缓慢，叶色紫红；开花期缺磷，花丝抽出延迟，雌穗受精不完全，形成发育不良、粒行不整齐的果穗；后期缺磷，果穗成熟期延迟。在缺磷的土壤上增施磷肥作基肥和种肥，能使植株发育正常，增产显著。

3. 钾

钾对玉米正常的生长发育起重要作用。钾可促进碳水化合物的合成和运转，使机械组织发育良好，厚角组织发达，提高抗倒伏的能力。而且钾对玉米雌穗的发育有促进作用，可增加单株果穗数，尤其对多果穗品种效果更为显著。

玉米缺钾，生长缓慢，叶片黄绿或黄色，叶边缘及叶尖干枯呈灼烧状是其突出的标志。严重缺钾时，生长停滞，节间缩短，植株矮小，果穗发育不良或出现秃尖，籽粒淀粉含量降低、千粒重减轻，容易倒伏。如果土壤缺钾，必须重视钾肥的增施。

总之，氮、磷、钾三要素对玉米生长发育的作用，既有各自的独特生理作用，又有彼此相互制约的机能，但有时却相辅相成。在玉米生育过程中，某种元素的缺乏或过多，都会导致玉米生长发育不良或减产。因此，生产上必须重视三要素合理的配合施用，同时，还必须因地制宜地适期适量地施用。

（二）微量元素的生理作用

1. 硼

硼素的缺乏常出现在碱性反应的土壤上，在酸性土壤上施用石灰过多，也可以引起硼的"诱发性缺乏"。由花岗岩发育的红壤土含硼量极低，这些地区施用硼肥效果较好。硼可做基肥使用，每亩用量 0.1～0.25kg。或者用 0.01%～0.05%溶液浸种 12～24h，也可作叶面喷施，浓度为 0.1%～0.2%。据研究，玉米施用硼肥可以显著提高植株生长素的含量及其氧化酶的活性，并加速果穗的形成。

2. 锌

缺锌多发生在 pH 值 >6 的石灰性土壤上。锌是植物体色氨酸合成酶的组分，能催化丝氨酸与吲哚乙酸形成色氨酸。而色氨酸又是生长素（IAA）合成的前体物质。所以，缺锌时 IAA 合成受阻，植株矮小。另外，锌还与植物体内多种酶的结构与活性有关。据水土保持生物土壤研究所试验，施硫酸锌亩产 337.9kg，比对照的 285.9kg 增产 18.2%。锌肥可做基肥和种肥施用，每亩施用硫酸锌 0.38～1.5kg，常用量每亩 0.65kg；浸种处理时，可用浓度 0.02%～0.05%的硫酸锌溶液浸 12～24h；根外施肥常用浓度为 0.05%～0.1%，在苗高 5 寸时午后日落前进行喷施。施锌肥可加速玉米发育 5～12d，并使开花期以后呼吸作用减弱，有利于干物质积累。

3. 锰

缺锰多发生在轻质的石灰性土壤上，而且 pH 值一般大于 6.5。我国北方黄河流域以及南方过量施用石灰的酸性土壤，都可能是施锰的有效地区。锰肥作基肥常用量，每亩施硫酸锰 1～2.5kg；浸种时可用 0.05%～0.1%硫酸锰溶液，浸 12～24h，种子与溶液比例为 1:1.5；根外追肥可用 0.05%～0.1%的硫酸锰溶液，视植株大小，于黄昏前每亩喷施 25～50kg。

此外，对缺钼、铜、镁、铁、钴的地块，适时适量的施用，对玉米生理过程，有刺激酶的活性和提高产量等作用。

（三）玉米对主要矿质营养元素的需要和吸收

1. 氮、磷、钾等营养元素在玉米各器官中的分布

由氮、磷、钾等营养元素形成的有机物质，在各器官的分布是：蛋白质和脂肪以籽粒中最多，其次是茎叶，穗轴最少；纤维素以茎、叶和穗轴中最多，籽粒中最少；淀粉以籽粒中最多，苞叶和根部次之，茎、叶、穗轴中最少；灰分，以根叶中最多。各种有机物质，以纤维素、无氮浸出物最多，蛋白质次之，脂肪更次之。

由于各种有机物质在玉米各器官的分布不同，因而各器官中氮、磷、钾的含量也不同。根据试验分析，氮素在茎、叶、籽粒中含量最高，比在根、穗轴、苞

叶、雄花中的高出一倍多。玉米在生长过程中，从土壤中吸取来的氮素营养，主要先在叶中进行光合作用，同化成为简单的含氮有抗物质，当籽粒形成的时候，积聚在叶中的含氮有机物质，向籽粒内转运，以复合蛋白质的形式贮存起来。据哈依（Hay R. E, 1953）的研究，由营养部分转入籽粒的氮量中有60%是由叶转入的，26%是由茎转入的，12%是由苞叶转入的，还有2%是由果穗转入的。在籽粒中有57%的氮是由营养部分转入的，占成熟种子总氮量的60%。因此，籽粒中还有40%的氮量是取自根及土壤中的。磷在茎和籽粒中含量最高，在根和其他器官中含量较低。在玉米植株中，通常磷的存在大部分是有机态的，但在出苗后磷供给过剩时，部分磷以无机态的形式积聚在植株内。钾素在根、籽粒和叶中含量较高，其他器官则较低。钾在植物中完全呈游离状态存在，在植物生活中的作用是多方面的，对碳水化合物的合成和转移有重要关系，同时，对氮素代谢也是不可缺少的成分。钾素较多时，进入植株体内的氮较多，形成蛋白质也多。钾与蛋白质在植物体内的分布大体上是一致的。例如，生长点、形成层等是蛋白质分布较多的部位，也是钾离子存在较多的地方。

氮、磷、钾在玉米各器官中的分布和比例随着营养条件、生育时期、品种特性等的不同，可能有些变化，但这种变化是很微小的。

钙、镁和其他微量元素，在玉米植株各器官中含量不多。玉米叶中含钙约为干物质重的0.3%、含镁约0.25%。在茎中含钙约为干物质重的0.1%，含镁约为0.09%。在籽粒中含钙约为干物质的0.01%，含镁约为0.08%。

2. 玉米籽粒产量与氮、磷、钾数量的比例关系

玉米是高产作物，需肥较多，一般规律是随着产量的提高，吸收到植株体内的营养数量也增多。一生中吸收的养分以氮为最多，钾次之，磷较少。据部分国内外分析资料，玉米生长期吸收氮、磷、钾的数量和比例不尽一致。这是因为营养元素的吸收量受土壤、肥料、气候、玉米生育状况等很多因素的影响。因此，上述资料只能看出玉米吸肥的大致趋势，供生产上施肥时参考。如将上述资料加以平均，则可看出，每生产100kg玉米籽粒则吸收纯氮需3.43kg，五氧化二磷需1.23kg，氧化钾需3.26kg，氮、磷、钾的比例为3:1:2.8。

对玉米施用氮肥，增产效果显著。据前华北农科所试验，亩施纯氮2kg，亩产213kg；施纯氮4kg，亩产236.7kg；施纯氮6kg，亩产253.3kg，分别比对照（不施肥）亩产129.1kg的每亩增产83.9kg、107.6kg和124.0kg，最高的增产近一倍。主要原因是玉米生长发育中需氮量大，而一般土壤中含氮量低，施用的农家肥料中含氮也少。据测定，华北土壤含氮量在0.06%～0.08%，一般土杂肥

中含氮在 0.2% ~0.3%，这就形成了玉米生产中增产与氮肥不足的矛盾，因而增施氮肥后，增产效果特别显著。

玉米对钾的需要量也较大，但据分析，华北土壤和农家肥料中含钾较多，除在特别缺钾的土壤上或丰产栽培时，需要补施钾肥外，在目前一般产量情况下，可以不必单独施用钾肥。

玉米需磷较少，但一般土壤中可供利用的有效磷量较低，农家肥料中含磷量也不多，因此，要获得玉米高产，需要考虑补施磷肥的问题。玉米吸收养分需要一定的氮、磷比，如磷素缺乏就会限制对氮素的吸收。在高产栽培中，应以施氮为主，注意磷、钾的配合，才能提高增产效果。根据国内研究，土壤有效磷 10mg/kg 以下，施磷增产效果最好，20mg/kg 增产效果比较明显，30mg/kg 有增产效果，高达 45mg/kg 还有一定增产作用。

3. 玉米各生育时期对氮、磷、钾三要素的吸收

玉米不同生育时期，吸收氮、磷、钾的速度和数量是不同，一般来说，幼苗期生长慢，植株小，吸收的养分少。拔节至开花期生长很快，此时正值雌、雄穗形成发育时期，吸收养分速度快，数量多，是玉米需要营养的关键时期。在此时供给充足的营养物质，能够促进穗多、穗大。生育后期，吸收速度逐渐缓慢，吸收量也少。

根据对玉米各生育时期吸收氮、磷、钾情况的分析研究表明：氮在各生育时期吸收量，从占干物质重的数量来看，以苗期最多，随着植株的生长则逐渐下降。累进吸收量，在全生育期中则逐渐上升，进入拔节孕穗期后吸收量迅速增长。

春玉米吸收氮量的高峰来得晚，也比较平稳。拔节孕穗期的累进量为 34.35%，到抽穗开花期为 53.30%，也就是说，从拔节到开花的 46d 中，氮的吸收量占总吸收量的 51.16%，平均每天吸收量为 1.1%。灌浆成熟期吸收速度渐慢，43d 的吸收量占总吸收量的 46.7%，平均每天的吸收量为 1.08%。因此，除要追施拔节肥和重施穗肥外，还要重施粒肥，才能满足后期对肥料的要求，以获得高产。

磷在玉米各生育期的吸收量，占干物质重的数量比较平稳，累进吸收量逐渐上升，至拔节孕穗期末为 46.16%，抽穗开花期为 64.98%，授粉以后到成熟，磷的吸收量还占 35.02%。所以，春玉米除在播种时施用磷肥外，抽雄前适当追施磷肥亦有增产效果。

钾在玉米各生育时期的吸收量，以幼苗期占干物质重最大（占 3.35%），随

植株生长迅速下降。累进吸收量，在拔节以后迅速上升，至抽穗开花已达顶点，在灌浆至成熟期因植株内钾素外渗到土壤中去，所以缓慢下降。

总之，玉米各生育期对氮、磷、钾的吸收量，在抽穗开花期达到高峰。全生育期对三要素的吸收量，以氮最高、钾次之，磷较少。因此，玉米施肥，必须以增施氮肥为主，相应配合磷、钾肥。

三、玉米施肥技术

培肥地力是玉米高产稳产的基础。根据日本浦野等人报道，在连作玉米地块，不要连续单施化肥，特别是不要连续单施硫酸铵酸性氮素化肥，最好以有机肥为主配合施用化肥，效果好。有机肥用量必须逐年增加，施入量大于支出量，地才能越种越肥，产量才能逐年提高。另据美国报道，由于采用玉米秸秆全部还田，有的再增加一部分有机肥料，高产玉米的农场，土壤肥力高，有机质含量丰富，一般土壤有机质含量4% ~5%。创纪录的公顷产玉米籽粒21 225kg的高产地块，土壤有机质含量达到8.5%。我国华北土壤，一般有机质含量偏低，中低产地块有机质含量仅在1%以下，高产地块1% ~2%。

（一）施肥的一般原则

各地丰产经验证明，玉米施肥应掌握"基肥为主，种肥、追肥为辅；有机肥为主，化肥为辅；基肥、磷钾肥早施，追肥分期施"等原则。施肥量应根据产量指标、地力基础、肥料质量、肥料利用率、密度、品种等因素灵活运用。

（二）玉米的施肥量

玉米形成一定的产量，需要从土壤和肥料中吸收相应的养分，产量越高，需肥越多。在一定的范围内，玉米的产量随着施肥量的增加而提高。在当前大面积生产上，施肥量不足仍然是限制玉米单产提高的重要因素。生产实践表明，玉米由低产变高产，走高投入，高产出、低消耗和高效益的路子是行之有效的。当然，这并不意味着施肥越多越好。当投入量小于产出量时就要减少施肥量。

玉米的施肥量应根据玉米的需肥规律、产量水平、土壤供肥能力、肥料养分含量、肥料利用率、气候条件变化等多因素考虑。

（三）配方施肥技术

科学地施用肥料与玉米的高产、优质、高效有着极为密切的关系。任何优良品种和先进的栽培技术，如果没有以科学的施肥为基础，其高产、优质、高效就不能充分发挥。配方施肥技术是近年来大力推广的科学施肥技术，取得了明显的节肥增产、节支增收，增肥增产增收的效果，取得了较好的经济效益、生态效益和社会效益。

所谓配方施肥是指综合运用现代农业科技成果，根据作物需肥规律、土壤供肥性能与肥料效应，在以有机肥为基础的条件下，提出相应的氮、磷、钾和微量元素肥料的适宜用量、比例、体积的施肥技术。配方施肥的特点是产前测定土壤基础肥力状况，根据目标产量确定肥料用量及比例，从而实现经济施肥、合理施肥。玉米配方施肥方法很多，在生产中常用的有氮、磷比例法、目标产量法。

1. 氮、磷、钾比例配方法

此种方法是根据田间试验和生产经验相结合的一种综合估算配方法。氮、磷最佳配比田间试验，为开展玉米配方施肥奠定了基础。黑龙江省通过多年多点试验，基本查清了各类土壤中玉米施用氮、磷化肥的最佳比例。一般黑土和沙土氮、磷比例为2∶1或1∶1，碳酸盐黑钙土为1∶1或1∶1.5，白浆土为1.5∶1或2∶1，河淤土和冲积土为1∶1或2∶1。

氮、磷比例配方的具体做法如下。

（1）应用土壤普查结果，按地块划分的等级（土壤中有效氮、磷、钾含量），计算土壤养分含量。

（2）应用多年玉米肥料试验资料和生产经验估算出氮、磷、钾的利用率和施肥量。

（3）根据氮、磷、钾配比田间实验资料，找出当地玉米施肥的最佳氮、磷、钾的比例，再计算出氮、磷、钾的实际用量。

2. 目标产量配方法（地力减差法）

此法主要依据土壤、肥料两方面供给玉米养分的原理计算肥料的用量。目标产量（计划产量）确定后，根据养分情况确定施肥用量。具体做法如下。

（1）空白产量 玉米在不施肥的条件下，所得的产量为空白产量。其养分全部来自于土壤。

（2）计划产量减去空白产量后，增加的产量就是施用化肥所得到的产量。

（3）根据玉米施用化肥当年利用率和施用氮、磷、钾比例计算氮、磷、钾化肥的施用量。

（四）施肥技术

1. 施足基肥

基肥又称底肥，播种前施入，应以有机肥料为主，化肥为辅。基肥的主要作用是培肥地力，疏松土壤，缓慢释放养分，供给玉米幼苗期和生育后期生长发育的需要。

北方春播玉米地区，随秋耕或冬耕施入基肥，可以促进肥料分解，春季只要春耙即可播种，这样能减少土壤水分蒸发，保蓄水分，提高肥效。

有机肥主要有畜禽粪便、杂草堆肥、秸秆沤肥以及各类土杂肥等。肥效时间长，有机质含量高，含有氮、磷、钾和各种微量元素。种植豆科绿肥，也是解决玉米基肥的重要来源。绿肥中含有机质多，能改良土壤结构，氮的含量又比磷钾多；适合玉米的营养要求。因此，不论休闲地种植绿肥或玉米地套种绿肥，均对第二年玉米有显著的增产效果。有机肥做基肥时，最好与磷肥一起堆沤，施用前再掺入氮肥，减少土壤对磷的固定。氮、磷混合施用，以磷固氮，可以减少氮素的挥发损失，提高肥效。

常用化肥有尿素、碳酸氢铵、磷酸二铵、过磷酸钙、硫酸钾、氯化钾等。化学肥料的养分含量高，发挥肥效快。在大型的国营农场机械作业以及有秋耕和春耕习惯的地区，常在冬、春季耕作时给玉米施用有机肥和秸秆还田时配合施用化肥作为基肥。

基肥施用方法要因地制宜。主要有撒施、条施和穴施3种方法。基肥充足时可以撒施后耕翻入土，或大部分撒施小部分集中施。如肥料不足，可全部沟施或穴施。"施肥一大片，不如一条线（沟施），一条线不如一个蛋（穴施）"，群众的语言生动地说明了集中施肥的增产效果。

2. 用好种肥

在播种时施在种子附近或随种子同时施入，供给种子发芽和幼苗生长发育的所需的肥料，称为种肥。有些地方也叫口肥、盖粪、窝肥。施用种肥以速效化肥为主，也有施用腐熟农家肥的。

氮素化肥种类和形态很多，因其性质和含量不同，对种子发芽和幼苗生长有不同的影响。有的适宜作种肥，有的不适宜作种肥，应在了解肥料性质后选择使用。就含氮形态来说，固体的硝态氮肥和铵态氮肥，只要用量合适，施用方法恰当，作种肥施用安全可行。硝态氮肥和铵态氮肥均容易被玉米根系吸收，并被土壤胶体吸附，适量的铵态氮对玉米无害。各地生产实践证明，磷酸二铵做种肥比较安全，碳酸氢铵、尿素作种肥时，必须与种子保持10cm以上的距离，避免烧苗。

在玉米播种时配合施用磷肥和钾肥有显著的增产效果。根据试验，在中等氮元素水平条件下，增施钾肥或磷、钾肥，比单施氮肥分别增产11.6%和17.0%。表明氮、磷、钾肥料配合施用效果更好。种肥施用数量应根据土壤肥力、基肥用量而定。在施用基肥较多的情况下，可以少施或不施用种肥；反之，可以多施种肥。种肥宜穴施或条施，施用化肥应使其与种子隔离或与土壤混合，预防烧伤种子。

3. 追肥的施用

玉米是需肥较多和吸肥较集中的作物，出苗后单靠基肥和种肥，还不能满足拔节孕穗和生育后期的需要。

我国北方各地农民群众，对玉米合理追肥都有着丰富的经验，如"头遍追肥一尺高，二遍追肥正齐腰，三遍追肥出毛毛"、"三看"（看天、看地、看苗）、"三攻"（攻秆、攻穗、攻粒）、"单株管理"和"吃偏饭"等，这在一定条件下，概括了玉米的追肥技术。

按照玉米不同生育时期追施的肥料，可分为苗肥、拔节肥、穗肥和粒肥4种。

苗肥是指从出苗至拔节前追施的肥料。这一时期处于雄穗生长锥未伸长期。拔节肥，是指拔节至拔节后 10d 左右至抽雄前追拖的肥料。这一时期处于雄穗生长锥伸长期至雌穗生长锥伸长期前为茎叶迅速生长时期。穗肥，是指拔节后 10d 左右至抽雄穗期前追施的肥料，此期为雌穗分化形成的主要时期。粒肥，是指雌、雄穗处于开花受精到籽粒形成期，进行追肥以增加粒重。现将这四次追肥分述于下。

（1）苗肥 凡是套种或抢茬播种没有施底肥的玉米，定苗后要抓紧追施有机肥料。追施有机肥料，既发苗又稳长。对弱苗必须实行"单株管理"，给三类苗追施"捉苗肥"，可用"打肥水针"的办法，或用稀人粪尿偏攻弱苗，使它们能迅速生长，赶上一般植株高度，才能保证大面积上株株整齐健壮，平衡增产。

（2）拔节肥 拔节肥能促进中上部叶片的增大，增加光合叶面积，延长下部叶片的光合作用的时期，为促根、壮秆、增穗打好基础。玉米进入拔节期以后，营养体生长加快，雄穗分化正在进行，雌穗分化将要开始，对营养物质要求日渐迫切，故及时追施拔节肥，一般均能获得增产效果。拔节肥的施用量，要根据土壤、底肥和苗情等情况来决定。在地力肥，底肥足，植株生长健壮的条件下，要适当控制追肥数量，追肥的时间也应晚些；在土地瘠薄，底肥少，植株生长瘦弱的情况下，应当适当多施和早施。

拔节肥以施速效氮肥为主，但在磷肥和钾肥施用有效的土壤上，可酌量追施一部分磷、钾肥。据中国农业科学院试验，用氮、磷之比 1：1 的混合肥料追施拔节肥，增产效果显著。

（3）穗肥 穗肥是指在雌穗生长锥伸长期至雄穗抽出前追施的肥料。此时正处于雌穗小穗、小花分化期，营养体生长速度最快，雌雄穗分化形成处于盛期，需水需肥最多，是决定果穗大小、籽粒多少的关键时期。这时重施穗肥，肥水齐攻，既能满足穗分化的肥水需要，又能提高中上部叶片的光合生产率，使运入果穗的养分多，粒多而饱满，产量提高。

各地很多玉米丰产经验和试验证明，只要苗期生长正常的情况下，重施穗肥都能获得显著的增产效果。特别在化肥不足的情况下，一次集中追施穗肥，增产效果显著。

在土壤较肥沃、施基肥和种肥的情况下，如果追肥数量不多，集中施用穗肥的效果很好。如据河北农林科学院试验，每公顷用150kg硫酸铵作苗肥，每公顷产3 132kg，用作穗肥（抽雄穗前）的，每公顷产3 741kg，每公顷增产609kg。又如，以每公顷用硫酸铵270kg一次作为穗肥施用，比定苗后施180kg、抽穗前施90kg两次追肥的增产358.5kg，比定苗后90kg、抽穗前180kg两次追施的增产153.75kg。

如前期幼苗生长正常，追肥数量多，品种生育期长，以分期追肥重施穗肥的增产效果好，穗肥可占追肥总量的60%~70%，拔节肥可占20%~30%。

（4）粒肥　根据春玉米的需肥规律，在生育后期适时适量地增施以氮肥为主氮磷配合的粒肥，是春玉米丰产的重要环节。为了防止春玉米后期脱肥，在抽雄后至开花授粉前，可结合浇水，追施攻粒肥；粒肥用量不宜过多，约占追肥总量的10%。攻粒肥要适期早施，因雌穗受精后籽粒中有机物质的积累，在前期速度较快，因而早施比晚施效果大。在前期施肥不多，玉米生长较弱时，施攻粒肥能发挥玉米的增产潜力。施粒肥的主要作用是防止叶片早衰，提高光合效率，促进粒多、粒重、获得高产。

另外，在玉米抽雄开花以后，可以根外喷施磷肥，以茎叶吸收达到营养目的，对促进养分向籽粒运输，增加粒重有明显的作用。一般用0.4%~0.5%的磷酸二氢钾水溶液或用3%~4%的过磷酸钙澄清浸出液，每公顷用量1 200~1 500kg，喷于茎叶上，效果显著。

据国外报道，给玉米施用二氧化碳（CO_2），可提高玉米产量。方法是在玉米田间，以1m左右等距施放0.4536kg重的二氧化碳干冰，玉米产量可提高1/3以上。也可在田间间歇地喷CO_2亦有增产效果，这种办法，除在高额丰产田里经分析确认为CO_2不足时可以考虑外，在一般产量情况下，CO_2尚不是限制产量提高的主要因素。

（五）提高肥料利用率的途径

肥料利用率是指当季作物吸收营养元素的数量占施入土壤中肥料营养元素总

量的百分数。在一般情况下，肥料利用率愈高，肥料的损失就愈小。肥料利用率因肥料品种、配比、施肥量、土壤肥力、施用方法和作物种类等的不同而有很大差异。2007 年，中国农业大学对全国 16 个省 2 637 户农户的调查表明，目前，我国玉米氮、磷、钾肥的平均使用量分别是 N（15 ± 8.3）kg/亩、P_2O_5（4.1 ± 4.1）kg/亩和 K_2O（2.7 ± 3.9）kg/亩。我国氮素的利用效率很低，仅有 26.1%。

1. 提高肥料利用率的途径

选择高效肥料品种，周年一体化施肥运筹，改进施肥技术。

①化肥与有机肥结合，重视秸秆还田。

②氮、磷、钾等肥料平衡施用。

③化肥施用量合理：玉米形成一定的产量，需要从土壤和肥料中吸收相应的养分，产量越高，需肥量越多。玉米合理的施肥量，应根据玉米需肥规律、产量水平、土壤供肥能力、肥料养分含量和利用率等多种因素全面考虑。

④改善栽培环境：缓解环境限制因子和其他栽培因子对玉米产量的影响，如水、热等环境因子与及时防治病虫草害等。

⑤ 肥料施用与肥料吸收规律相吻合，与高产群体质量的调控目的相吻合。改"一炮轰"为分次施肥，最好采用轻施苗肥、重施穗肥和补施粒肥的"三攻"追肥法。

⑥改地面撒施为深施，减少肥料的挥发、浪费。

⑦施用硝化或反硝化抑制剂等。

2. 研制新型肥料

①缓/控释肥料：最大的特点是养分释放尽可能与作物吸收同步，简化施肥技术，实现一次性施肥满足作物整个生长期的需要。肥料损失少，利用率高，环境友好。

②功能性新肥料：主要包括保水型多功能肥料、调控作物根系纵深发展的肥料、提高抗倒伏功能的肥料、无机营养元素取代有机杀虫（菌）剂的环境友好型肥料、除草型肥料、作物品质改良肥料等。

四、玉米对水分的要求

玉米是需水较多的作物，从种子发芽，出苗到成熟的整个生育期间，除了苗期应适当控制土壤水分进行蹲苗外，自拔节至成熟，都必须适当地满足玉米对水分的要求，才能使其正常地生长发育。因此，必须根据降水情况和墒情，及时灌溉或排水，使玉米各个生育阶段处在一个适宜的土壤水分条件下，再配合其他栽培技术措施，才能获得玉米的高产稳产。我国3亿多亩玉米中，约有1亿多亩为灌溉玉米。应根据玉米的需水特点和需水指标，科学地制订灌水定额，推广节水灌溉技术，提高水分利用率，实现玉米的高产量和高效益。

（一）玉米的需水规律

玉米全生育期每公顷需水量为3 000 ~ 5 400m³，而不同生育时期对水分的要求不同，由于不同生育时期的植株大小和田间覆盖状况不同，所以叶面蒸腾量和棵间蒸发量的比例变化很大。生育前期植株矮小，地面覆盖不严，田间水分的消耗主要是棵间蒸发，生育中、后期植株较大，由于封行，地面覆盖较好，土壤水分的消耗则以叶面蒸腾为主。在整个生育过程中，应尽量减少棵间蒸发，以减少土壤水分的无益消耗。玉米整个生育期内，水分的消耗因土壤、气候条件和栽培技术有很大的变动。

1. 播种出苗期

玉米从播种发芽到出苗，需水量少，占总需水量的3.1% ~ 6.1%。玉米播种后，需要吸取本身绝对干重的48% ~ 50%的水分，才能膨胀发芽。如果土壤墒情不好，即使勉强膨胀发芽，也往往因顶土出苗力弱而造成严重缺苗；如果土壤水分过多，通气性不良，种子容易霉烂也会造成缺苗，在低温情况下更为严重。据试验结果，玉米播种期土壤田间持水量为41%，没有出苗；田间持水量为48%时，出苗率为10%；田间持水量为56%时，出苗率为60%；田间持水量为63%时，出苗率为90%；田间持水量为70%时，出苗率高达97%；而土壤田间持水量为78%时，出苗率反而下降到90%。因此，播种时，耕层土壤必须保持在田间持水量的60% ~ 70%，才能保证良好的出苗。

2. 幼苗期

玉米在出苗到拔节的幼苗期间，植株矮小，生长缓慢，叶面蒸腾量较少，所以耗水量也不大，占总需水量的17.8% ~ 15.6%。这时的生长中心是根系，为了使根系发育良好，并向纵深伸展，必须保持在表土层疏松干燥和下层土比较湿润的状况，如果上层土壤水分过多，根系分布在耕作层之内反不利于培育壮苗。因此，这一阶段应控制土壤水分在田间持水量的60%左右，可以为玉米蹲苗创造良好的条件，对促进很系发育、茎秆增粗、减轻倒伏和提高产量都起一定作用。

3. 拔节孕穗期

玉米植株开始拔节以后，生长进入旺盛阶段。这个时期茎和叶的增长量很大，雌雄穗不断分化和形成，干物质积累增加。这一阶段是玉米由营养生长进入营养生长与生殖生长并进时期，植株各方面的生理活动机能逐渐加强。同时，这一时期气温还不断升高，叶面蒸腾强烈。因此，玉米对水分的要求比较高，占总需水量的29.6%～23.4%。特别是抽雄前半个月左右，雄穗已经形成，雌穗正加速小穗、小花分化，对水分条件的要求更高。这时如果水分供应不足，就会引起小穗、小花数目减少，因而也就减少了果穗上籽粒的数量。同时，还会造成"卡脖旱"，延迟抽雄授粉，降低结实率而影响产量。据试验，抽雄期因干旱而造成的减产可高达20%以上，尤其是干旱造成植株较长时间萎蔫后，即使再浇水，也不能弥补产量的损失。因为水是光合作用重要原料之一，水分不足，不但会影响有机物质的合成，而且干旱高温条件，能使植株体温升高，呼吸作用增强，反而消耗了已积累的养分。所以，浇水除了溶解肥料施于根部吸收保证养分运转外，还能加强植株的蒸腾作用，使体内热量随叶面蒸腾而散失，起到调节植株体温的作用。这一阶段土壤水分以保持田间持水量的70%～80%为宜。

4. 抽穗开花期

玉米抽穗开花期，对土壤水分十分敏感，如水分不足，气温升高，空气干燥，抽出的雄穗在三两天内就会"晒花"，甚至有的雄穗不能抽出，或抽出的时间延长，造成严重的减产，甚或颗粒无收。这一时期，玉米植株的新陈代谢最为旺盛，对水分的要求达到它一生的最高峰，称为玉米需水的"临界期"。这时需水量因抽穗到开花的时间短，所占总需水量的比率比较低，为13.8%～2.8%；但从每日每亩需水量的绝对值来说，却很高，达到 $3.69～3.32 \text{m}^3/$ 亩。因此，这一阶段土壤水分以保持田间持水量的80%为最好。

5. 灌浆成熟期

玉米进入灌浆和蜡熟的生育后期时，仍然需要相当多的水分，才能满足生长发育的需要。这时需水量占总需水量的31.5%～19.2%，这期间是产量形成的主要阶段，需要有充足的水分作为溶媒，才能保证把茎、叶中所积累的营养物质顺利地运转到籽粒中去。所以，这时土壤水分状况比起生育前期更具有重要的生理意义。灌浆以后即进入成熟阶段，籽粒基本定型，植株细胞分裂和生理活动逐渐减弱，这时主要是进入干燥脱水过程，但仍需一定的水分，占总需水量的4%～10%来维持植株的生命，保证籽粒最终成熟。

（二）影响玉米需水量的因素

玉米需水量的多少变化幅度很大，因为影响玉米需水量的因素是比较复杂的，常因品种、气候因素和栽培条件的改变而影响着玉米棵间蒸发和叶面蒸腾，从而使需水量发生变化。

根据各种影响玉米需水量的因素来看，玉米需水量的变化，主要是内在和外在因素综合影响的结果。要以最低的需水量获得最高的产量，必须充分掌握玉米品种特性和在生育期间的环境条件变化的情况，针对一切有利于保蓄水分的因素，运用一系列有效的农业技术措施，并结合灌溉排水来克服不利因素，以充分满足玉米整个生育期对水分的需要，尽量减少对水分的无益消耗，达到经济用水、合理用水、提高产量的目的。

（三）玉米合理灌溉技术

玉米所需要的水分，在自然条件下主要是靠降水供给。但是，我国各玉米产区的降水量相差悬殊，南方和西南山地丘陵，一般年降水量多在 1 000mm 以上，而且季节间分布比较均匀，对玉米生长发育有利；西北内陆玉米区降水量极少，降水较多的地区也仅有 200mm 左右；黄淮平原春、夏播玉米区，一般年降水量在 500~600mm，较多的年份能达到 700~800mm，但由于季节上分布不均匀，当玉米生育期间需水较多的时期，往往发生的季节性干旱；东北、华北等玉米产区，年降水量为 400~700mm，基本上能满足玉米正常生长的需要。但出现季节性干旱时，玉米产量会受很大影响。因此，降水少或干旱不雨或雨季分布不匀的地区，必须进行灌溉来弥补降水的不足，才能满足玉米生长发育对水分的需要。但是灌溉时还要讲求灌溉效益，以最少量的水取得生产上的最大效果。这就需要正确掌握玉米的灌溉技术，保证适时、适量地满足玉米不同生育阶段对水分的要求，达到经济用水，是提高玉米单产的重要手段。

（四）不同生育时期的灌溉作用

一是玉米播种期灌水。玉米适期播种，达到苗齐、苗匀、苗全、苗壮，是实现高产稳产的第一关。玉米种子发芽和出苗最适宜的土壤水分，一般在土壤田间持水量的70%左右。根据实验，玉米播种时土壤田间持水量为40%时，出苗比较困难。所以，玉米播种前适量灌溉，创造适宜的土壤墒情，是玉米保全苗的重要措施。

北方春玉米区冬前耕翻整地后一般不进行灌溉，春季气候干旱，春玉米播种时则需要灌溉，做到足墒下种。

二是玉米苗期灌水。玉米幼苗期的需水特点是：植株矮小、生长缓慢、叶面积小，蒸腾量不大，耗水量较少。这一阶段降水量与需水量基本持平，加上底墒完全可以满足幼苗对水分的要求。因此，苗期控制土壤墒情进行"蹲苗"抗旱锻炼，可以促进根系向纵深发展，扩大肥水的吸收范围，不但能使幼苗生长健壮，而且增强玉米生育中、后期植株的抗旱、抗倒伏能力。所以，苗期除了底墒不足而需要及时浇水外，在一般情况下，土壤水分以保持田间持水量的60%左右为宜。

三是玉米拔节孕穗期灌水。玉米拔节以后雌穗开始分化，茎叶生长迅速，开始积累大量干物质，叶面蒸腾也在逐渐增大，要求有充足的水分和养分。这一时期应该使土壤田间持水量保持在70%以上，使玉米群体形成适宜的绿色叶面积，提高光合生产率，生产更多的干物质。据陕西省水科所试验，春玉米该时期生长时间占全生育期的20%左右，需水量占总耗水量的25%左右。由于拔节孕穗期耗水量的增加，这个阶段的降水量往往不能满足玉米需水的要求，进行人工灌溉是解决降水与需水矛盾获得增产的重要措施。抽雄以前半月左右，正是雌穗的小穗、小花分化时期，要求较多的水分，要适时适量灌溉，促使茎叶生长茂盛，加速雌雄穗分化进程，如天气干旱出现了"卡脖旱"，会使雄穗不能抽出或使雌、雄穗出现的时间间隔延长，不能正常授粉，这对于玉米产量会发生严重影响。

四是玉米抽穗开花期灌水。玉米雄穗抽出后，茎叶增长即渐趋停止，进入开花、授粉、结实阶段。玉米抽穗开花期植株体内新陈代谢过程旺盛，对水分的反应极为敏感，加上气温高，空气干燥，使叶面积蒸腾和地面蒸发加大，需水达到最高峰。这一时期土壤田间持水量应保持在75%～80%。据陕西省水科所试验，春玉米抽穗开花约占全生育期的10%，需水量却占总耗水量的31.6%，一昼夜每亩要耗水 $4m^3$。如果这一时期土壤墒情不好，天气干旱，就会缩短花粉的寿命，推迟雌穗吐丝的时间，授粉受精条件恶化，不孕花数量增加，甚至造成"晒花"，导致严重减产。农谚"干花不灌，减产一半"，说明了这时灌水的重要性。据调查，花期灌水，一般增产幅度11%～29%，平均增产12.5%。

五是玉米成熟期灌水。玉米受精后，经过灌浆、乳熟、蜡熟达到完熟，从灌浆到乳熟末期仍是玉米需水的重要时期。这个时期干旱对产量的影响，仅次于抽雄期。因此，农民有"春旱不算旱，秋旱减一半"的谚语。这一时期田间持水量应该保持在75%左右。玉米从灌浆起，茎叶积累的营养物质主要通过水分作媒介向籽粒中输送，需要大量水分，才能保证营养运转的顺利进行。玉米进入蜡熟期以后，由于气温逐渐下降，日照时间缩短，地面蒸发减弱，植株逐渐衰老，耗水量也逐渐减少。根据试验，春玉米这阶段约占全生育期的30%，需水量仅占总耗水量的22%左右，一昼夜每亩耗水仅为 $2～3m^3$。实践证明，这期间维持土壤水分在田间持水量的70%，可避免植株的过早衰老枯黄，以保证养分源源不断向籽粒输送，使籽粒充实饱满，增加千粒重，达到高产的目的。

（五）玉米不同生育时期的灌水量

玉米各个时期的灌水量（即阶段灌水量），应根据该时期土壤计划层深度和灌溉前土壤水分状况来确定。每次灌水量与灌前土壤贮水量之和，不能超过土壤计划层内持水量的范围。否则，土壤水分过多，会影响通气性，或在多余的水量渗透到地下，抬高地下水位，引起土壤次生盐渍化，对玉米生长不利。

（六）灌溉方式

随着科学技术的发展，20世纪90年代以来各地大力推广节水灌溉技术，以取代长期以来沿用的耗水较多的淹灌法和漫灌法。节水灌溉方法主要有畦灌、沟灌、管灌、喷灌和渗灌等。

1. 畦灌

是高产玉米采用最多的一种灌溉方法。它是利用渠沟将灌溉水引入田间，水分借重力和毛细管作用浸润土壤，渗入耕层，供玉米根系吸收利用。在自流灌溉区畦长为30~100m，宽要与农机具作业相适应，多为2~3m。畦灌区适宜地面坡降在0.001%~0.003%内。据试验，畦灌比漫灌（淹灌）节水30%左右；采用小畦灌溉比大畦灌溉又节约用水10%左右。

2. 沟灌

是在玉米行间开沟引水，通过毛细管作用浸润沟侧，渗至沟底土壤。沟灌适宜地面坡度为0.003%~0.008%。沟宽60~70cm，灌水沟长度30~50m，最多不超过100m。与畦灌相比，可以保持土壤结构，不形成土壤板结，减少田间蒸发，避免深层渗漏。

3. 管灌

管道灌溉是20世纪90年代大力推广的实用灌溉技术，主要用于井灌区。采用预制塑料软管在田间铺设暗管，将管子一端直接连在水泵的出水口，另一端延伸到玉米畦田远段，将灌溉水顺沟（垄）引入田间，减少畦灌的渠系渗漏。灌水时随时挪动管道的出水端头，边浇边退，适时适量灌溉，缩短灌水周期，有明显的节水增效的效果。

4. 喷灌

是利用专门的压力设备，将灌溉水通过田间管道和喷头喷向空中，使水分散成雾状细小水珠，类似于降雨散落在玉米叶片和地表。其优点如下。

（1）节约用水　喷灌不产生深层渗漏和地表径流，灌水均匀，并可根据玉米需水情况，灵活调节喷水强度，提高水分利用率。据试验，喷灌比地面灌溉节约用水30%~50%，如果用在保水力差的砂质土壤，节约用水达70%~80%，喷灌比畦灌也减少用水量30%以上。

（2）省地保土　喷灌可以减少畦灌的地面沟渠设施，节约农地10%；将化肥或农药溶于喷灌水滴，能提高肥效和药效，还减轻劳动强度。喷灌可实现三无田（无埂、无渠、无沟），土地利用率可提高到97%，节水55%～60%，提高肥料利用率10%以上。

（3）移动方便　采用可移动式喷灌系统，喷头为中压或低压，体积较小，一般轻型移动喷灌机组动力为2.2～5.0kW，每小时流量为12～20m³，控制灌溉面积2～3hm²。

（4）提高产量　喷灌调节农田小气候，改善光照、温度、空气和土壤水分状况，为玉米创造良好的生态环境。

5. 渗灌

渗灌是迄今为止最节水的灌溉技术。它是在机械压力下，以橡塑共混渗水细管在田间移动，管壁上布满许多肉眼看不见的细小弯曲渗水微孔，在低压力（0.02MPa）条件下，水分通过微孔缓慢渗入植物根区，为作物吸水利用。它的优点是：节约水源，提高水分利用效率，比沟灌节水50%～80%，比喷灌节水40%；使用压力低，节约能耗，比畦灌节能70%～80%，比喷灌节能60%～83%；减少蒸发，保温性能好，并降低植物生长过程中空气湿度；充分利用水分和养分，疏松土壤，有利于植物生长。

第六章　杂交种子生产技术

玉米杂交种子的质量是保证玉米高产、稳产的关键。种子质量包括纯度、发芽率、水分、净度四项指标，其中纯度最重要，其次是发芽率。在重视种子质量的同时，也应重视杂交制种产量的提高，以保证玉米杂交种的推广速度，提高制种农户和种子生产单位的经济效益，巩固制种基地，保证供求平衡。

一、制种基地的选择与配置

适宜的种子生产基地是保证种子生产成功的基础。在玉米制种生产实践中，若制种基地选择不当则会给种子生产基地和种子经营企业造成经济损失。选择制种基地通常需要考虑以下主要因素。

1. 温度

温度是玉米自交系生长发育和成熟的保证，不同自交系全生育期对温度的要求以及对温度的敏感程度不同。温度条件一般用当地的无霜期或活动积温指标与所生产的杂交组合对温度的需求进行衡量。因此，选择基地首先要衡量当地温度条件能否满足制种杂交组合的需求，而且必须保证能够在80%的年份达到这一要求。

一般在温度有保证的条件下，多选择春播并尽量与当地温度条件相吻合，以最大限度地利用当地光热资源，确保所生产的种子产量高、品质好且收购成本低。

2. 降雨

玉米制种生育期内必须有水浇条件，降水量或灌溉能力也是影响玉米制种的一个重要条件。适宜玉米生长的年降水量为400~700mm，且要分布均匀。

3. 病虫害

病虫害的发生与制种区域或制种地块的小气候密切相关。以病害为例，在高温多雨的区域或低洼易涝地、滩地、沿河两岸的制种地块是玉米大、小斑病易发重发地，在比较冷凉的地区极易发生玉米丝黑穗病。因此，选择制种基地时必须考虑和重视病虫害的发生情况，应有计划地将易感组合安排在适宜区域或地块，努力减少因病虫危害所造成的损失。

4. 社会经济因素

选择制种基地必须考虑当地的经济水平、产业结构、种植业结构，一般选择粮食作物比重比较高的地区，尽量避开城市近郊。此外，还要考虑农民积极性、交通运输条件等因素，以确保种子质量和降低生产成本。

5. 合理空间配置

合理的空间配置能够达到保证质量、降低成本、减少风险的目的。为便于基地管理、人力资源合理配置和降低成本，制种基地在空间上应适当集中，尤其是同一基地更要强调集中。为规避风险、增强预期，对面积较大的杂交组合要适度分散，以减少不确定性因素所造成的损失。同一母本的不同杂交组合不宜安排在同一制种基地村，特别是同一地块绝不能有同一母本的不同杂交组合生产制种，以防混杂；而将同一父本的不同杂交组合安排在同一隔离区内，可以降低隔离设置的成本。

6. 安全隔离

（1）自然屏障隔离　利用山岭、较大面积密度树林、村庄等自然屏障，防止外来玉米花粉侵入，达到隔离目的。

（2）空间隔离　制种田与异品种玉米田边界垂直空间隔离带不少于300m，以防外来花粉串杂，单交制种隔离不少于400m，双交制种隔离不少于300m，甜、糯玉米和白玉米隔离在400m以上，在多风地区，特别是隔离区设在其他玉米的下风处或地势低洼处时，应适当加大隔离区。

（3）时间隔离　根据当地自然条件调整制种玉米播期，制种玉米与其他玉米错期播种，一般春播玉米错期35～40d，夏播玉米错期25～30d。

（4）高秆作物隔离　制种田如无村庄、树林、河堤、山冈、沙丘等隔离条件，采用高秆作物隔离时隔离带宽度不少于50m。

（5）父本隔离　带用高秆父本在制种田四周种植30m的隔离带。

7. 隔离区数目及面积

配制玉米单交种需设置3个隔离区，即2个亲本自交系繁殖区和1个杂交制种区，配置三交种需设置3个亲本自交系，但在配制单交种及三交种时，隔离安全，母本去雄及时、彻底，而制种区的父本自交系也可以继续使用，只需3个隔离区即可。配制双交种需4个隔离区。

亲本繁殖区面积（亩）＝下年需种量（下年播种面积×每亩播种量）/当年亲本平均产量×种子合格率（%）

杂交制种区面积（亩）＝下年播种量（下年播种面积×每亩播种量）/当年亲本平均产量×母子行×种子合格率（%）

二、规范播种

1. 建立田间管理档案

对代繁企业、村、场的制种专业组分别进行技术培训，共同制定田间管理技术。播种前由代繁企业和基地村共同填写"制种农户花名册"，绘制详细到户的"田间种植图"，在图上将制种田逐块编号，播种后地块统一挂牌，标示农户姓名、地块编号、面积等，逐户建立"田间管理档案"。分发亲本种子，监督农户按要求的行比进行播种，播种后逐块地核实制种面积，并将播种情况的核实面积结果填入"田间管理档案"，并由基地负责人和农户签字。

2. 选用优质的亲本种子

要求亲本种子的纯度不低于99%，净度不低于99%，发芽率不低于95%。对陈旧种子及发芽率低于95%的种子，则要根据种子的发芽率及芽势加大播种量，以保证田间出苗率。播前进行人工粒选，剔除秕粒、破碎粒、瘪粒等有明显缺陷的种子，同时，选用玉米专用种衣剂包衣，种子包衣后晒种2~3d。

3. 适期播种

在我国北方春播区，当土壤5cm地温稳定通过10℃时即可播种，播种前精细整地，深耕细耙，使土壤细碎平整，上虚下实。结合整地施足基肥。基肥以腐熟农家肥为主，复合肥和磷肥为辅，根据留苗密度及种子发芽率和发芽势确定适宜的播种量。种肥不能直接接触种子，播种深度3~4cm，播种均匀，覆土严实，深浅一致。确保苗全、苗壮、苗匀，为以后的去杂、去雄提高纯度打下基础。严格错期播种，确保花期相遇，提高授粉结实率是玉米制种高产、保证纯度的关键。新组合在种植前应先采取花期试验来确定适宜该地区的播期间隔。

三、田间管理

1. 查苗、补苗

自交系繁殖田应在齐苗后及时查苗、补种或补栽。补栽苗应为播前的预种苗，以苗龄1~2片叶为好。制种田父本可补栽、补种，但母本不得进行查苗、补栽、补种。

2. 间苗与定苗

3叶期间苗，5叶期定苗，间、定苗时注意母本行应拔除特大苗、弱苗与小苗，父本行去掉畸形苗及杂苗，留大、中、小三种苗。

3. 合理施肥

轻施苗肥（定苗后依苗情及时追施偏心肥，尿素 3～5kg/亩），着重追施拔节肥（尿素 25kg/亩，磷酸二铵 10～15kg/亩），巧施穗肥（尿素 15kg/亩），沙壤土地补施花粒肥（尿素 5kg/亩）。施肥后如遇天旱应及时浇水。

4. 中耕除草，防治病虫害

要求玉米制种田在玉米整个生长发育期间无杂草，注意防止苗期草荒。苗期注意防治地老虎、蚜虫、蓟马、灰飞虱，7 月中旬及时防治玉米螟。授粉结束后喷洒杀虫剂与杀菌剂防治穗期病虫害。

5. 及时排灌

浇好"蒙头水"、孕穗水和灌浆水。喇叭口期严防干旱，遇涝要及时排水。

四、花期预测

玉米父母本花期相遇是杂交制种的关键，要根据父母本生育期长短，并结合当地气候条件，准确安排父母本播种时期。花期相遇是指母本的吐丝期与父本的散粉期相遇，如果双亲花期相同或母本花期比父本早 2～3d，父母本可同期播种，两亲本的花期相差在 5d 以上就需要调节播期，先播种花期较晚的亲本，隔一定天数再播另一亲本。如果母本吐丝盛期比父本散粉盛期早 2～3d，则是最理想的花期相遇，这是因为母本花丝的生活力一般可以保持 6～7d，吐丝后 1～3d 受精能力最强，而父本散粉时间较短，一般 4～5d，同时花粉在田间仅能存活数小时，因此，调节播期要掌握"宁可母等父，不要父等母"的原则。具体播种时期应根据亲本特性确定。

（一）花期不遇或相遇不良的原因

1. 播期调整不当

①应该进行错期播种而未错期播种，或不该错期播种而错期播种。

②新引进组合未进行本地小面积制种试验，因自然生态条件不同而造成花期不遇。

③错期时间偏长或偏短影响花期相遇。

2. 亲本种子纯度退化

杂交组合的亲本种子在生产上繁殖应用过程中，因机械混杂与生物学混杂进而导致其纯度退化，改变了原有的生育期。如仍按原生育期进行错期，也会导致花期相遇不良。

3. 不良环境条件的影响

因气候条件异常而影响亲本自交系的正常发育，特别是拔节至抽雄期间，如遇自然条件异常变化，均能影响玉米雌雄穗分化进程，从而造成花期不遇。

（二）花期的预测

1. 叶龄指数检查

叶龄指数 = 主茎展开叶片数/主茎总叶片数 × 100%。如果母本叶龄指数略大于父本叶龄指数，则预示花期相遇良好。如果父本叶龄指数大于母本叶龄指数，则父本发育较快，花期偏早，应采取相应措施以促进母本生长，抑制父本生长。

2. 叶片检查法

根据植株父母本总叶片数和父母本已出叶片数的多少判断花期是否相遇。在制种田中选择有代表性的父母本植株各 10 或 20 株，从 5 叶起，进行定点、定株观察记载父母本分别出现的可见叶片数和展开叶片数，定期对每株叶片数进行观察记载和必要的标记，以便观测与判断。判定方法如下。

父母本叶片数相同，如父本出现的叶片数比母本少 1～2 片叶则花期相遇良好；如父本已出的叶片数与母本已出的叶片数相同或超过母本叶片数，则表明父本早于母本，花期不能良好相遇，需要进行调节，控父促母，使其逐渐达到协调。

父母本叶片数不相同，应根据父母本总叶片数的差数进行反映。当母本总叶片数比父本叶片数多，如母本总叶片数是 24 片，父本总叶片数是 22 片，则父本已出叶片数比母本已出叶片数少 2 片，花期才能相遇良好。父本总叶片数比母本总叶片数多，如父本总叶片数比母本总叶片数多 2 片，或父母本已出叶片数相同，则花期可以相遇。根据实践经验，叶片检查法可用一个数学公式表示，若 $\triangle n - \triangle x =$（1，2）则花期相遇良好。$\triangle n$ 为父母本总叶片数的差数，$\triangle x$ 为观测父母本可见叶片数的差数，（1，2）为数字 1 到 2 之间任何数值。

3. 剥叶检查法

在父母本拔节后，选有代表性的植株，剥出未见叶片，根据未出叶片数来测定父母本花期是否相遇。该方法不需要事先知道父母本的总叶片数。如果母本未出叶片数比父本未出叶片数少 1～2 片，则父母本相遇良好。如母本未长出叶片数比父本未长出叶片数多或相等，则母本比父本晚；反之，父本未出叶比母本多 2 片，则父本比母本晚，父母本花期不遇。

4. 幼穗检查法

在父母本拔节后不同时期，随时可选有代表性的父母本植株，分别剥出未长出来的叶片，按父母本雄穗幼穗大小的比例关系进行衡量。在小穗分化期以前，母本幼穗大于父本幼穗 1/3、1/2 表明花期相遇；小穗分化期以后，母本幼穗大于父本 1 倍左右，花期可相遇，如相差过大则需进行调节。

（三）花期不遇的对策

1. 肥水促控

当制种田发现母本发育快，地力肥壮，底墒足时，则对母本采用控制灌水，中耕蹲苗，促旺转壮，同时，加强对父本的肥水管理，及时追肥、灌溉，促进其快发育。当遇到干旱天气，母本抗旱性差，叶片出现卷缩萎蔫，而父本抗旱性强，发育偏快时进行小水隔父本行灌水，并对母本追肥或喷施叶面肥进行调控。

2. 人工技术措施调节花期

当父本偏早时可在母本苞叶露尖时，剪除母本苞叶，剪除程度以不损伤雌穗穗轴为宜。或带叶去雄，一般带叶 3 片左右，可使母本早吐丝 3～5d。

当母本偏早时可采取剪花丝法，剪除程度以不伤害苞叶为宜，此法可延长授粉时间 3～5d。

五、严格去杂

去杂、去劣是玉米制种田保证纯度的一个重要环节，必须坚持早检查、早动手、严要求。不符合双亲典型性状的植株（穗）均为杂株（穗），要彻底去除。亲本去杂分苗期、拔节期、去雄前、收获脱粒前 4 个阶段进行。苗期去杂结合间苗、定苗，根据幼苗的长相、长势、叶鞘颜色、叶色、叶型、株型等典型性状拔除杂苗、劣苗、病苗及不能辨别真伪的怀疑苗。拔节期去杂和抽雄前去杂可根据株高、株型、叶色、叶型、叶片宽窄等去掉过旺苗、过弱苗、杂色苗。散粉前特别注意父本的去杂，在前几次去杂的基础上，在抽雄后未散粉前结合母本去雄进行，此期植株高大，不易鉴别，因此，要求按行逐株观察，尤其是父本行，除根据叶色、株型外，还可根据父本雄穗整体形状、分枝数量、分枝长短、分枝开张角度、护颖颜色、小花着生密度、花药颜色等严格去杂，确保种子纯度达到规定要求。母本果穗收获以后，应根据穗形、粒形、粒色、轴色等进行最后一次去杂，凡不符合要求的杂穗、病穗、嫩穗、发芽穗、虫蛀穗等一律剔除。

六、严格去雄

严格进行制种区母本去雄，以保证制种质量。必须固定专人负责，实际操作时贯彻"及时、彻底、干净"的原则。"及时"是指母本雄穗刚露出顶叶而尚未散粉时及时将其拔除，"彻底"是指将制种区所有母本的雄穗全部拔除，"干净"是指母本的每个雄穗不留分枝，要拔除干净。严格掌握母本去雄时间，以抽穗后散粉前去净为原则。整个制种田母本行中出现第一株雄穗抽出顶叶 1/3 且尚未散粉，即进入全田抽雄期。对母本雄穗露出顶叶即开始散粉的亲本，时间应再提前 2d。抽穗初期，可隔天去雄 1 次，抽雄盛期和后期必须每天 1 次，一般在 7～8 时进行，做到风雨无阻。当田间母本去雄量达 98% 时，或母本行花丝吐出率达 50% 以上时，应于次日对母本行中未抽雄穗和弱小植株进行 1 次彻底清除。抽出的雄穗要随时装包，并带出田间用土深埋，不得随意丢弃，以免母本花粉飞散导致人为自交，降低种子整体质量。

七、人工辅助授粉

当制种花期相遇不好或在开花期间气候条件不利于授粉时，进行人工辅助授粉对提高玉米制种产量和种子纯度的效果更加显著。当田间母本花丝吐出 20% 以上或 20% 以上父本开始散粉，即可进行人工辅助授粉。人工辅助授粉的时间一般在 9 时～11 时 30 分，待露水干后散粉最多时进行，阴天全天均可授粉。授粉时应做到边采边授或振动父本株散粉，人工辅助授粉应在玉米散粉期进行 4～5 次，以提高结实率。

八、割除父本

全田授粉结束后，应及时、彻底砍除父本植株。对于有早、中、晚苗的制种田，适时割除父本可以避免晚出未成熟的籽粒混入正常成熟种子中。基地工作人员要随时做好花检工作，按户建档，对花检不合格户可按标准分别予以降级或报废处理。

九、加速脱水

1. 站秆扒皮晾晒

一般在蜡熟初期进行，同一地块要集中在 1～2d 内将制种田母本果穗剥完，不同地块成熟度不同，可分期分批扒皮，分期分批收获，站秆扒皮持续时间一般在 15～20d。

2. 割秆扒皮晾晒

与站秆扒皮相似，其不同点在于剥苞叶的同时将穗位上的茎秆割掉，使剥开苞叶的果穗居于植株的最上端，以促进果穗脱水，但要严防低温霜冻。

3. 高茬晾晒

高茬晾晒是指在玉米种子进入完熟期时，根据植株的高度、强度，留 60 ~ 80cm 高茬，将掰下来的玉米果穗扒掉外部苞叶，用留下来的内苞叶将 3 ~ 5 个果穗系在一起挂于茬上晾晒。2 ~ 3d 转动 1 次，使每穗各面均匀脱水，直至达到标准水分为止。

4. 种子干燥

种子干燥方法可分为人工干燥和机械干燥。应掌握好适宜的温度和相对湿度、大气压力、介质流速，预先清选种子，保证烘干质量。不宜采用以传导方式加热的烘干机直接加热干燥（温度不易控制）。严格掌握烘干温度，以控制在 40 ~ 45℃ 为宜，采取间歇干燥，烘干机及时排潮，掌握好种子排湿的时间。

十、种子收获入库

种子成熟后在不影响下茬作物整地播种的前提下应尽量推迟收获期。以利于灌浆后熟，提高产量和籽粒品质。收获的果穗要做到单收、单晒、单存放，避免混杂。同时，注意防雨、防霉、防虫、防鼠，及时翻晒。晒干后（种子水分在13% 以下）拢堆盖严防雨。种子脱粒前，进行最后一次穗选去杂工作。将果穗全部运到脱粒机收购现场，分户摊捡，将霉、烂、杂、虫蛀严重（单穗虫蛀率达5% 以上）的果穗挑出，好穗按田间定级标准脱粒后分装入库。

第七章　玉米栽培技术

第一节　合理密植

一、合理密植的生理基础

玉米产量由每亩穗数、每穗粒数和粒重所组成。合理密植就是为了充分有效地利用光、水、气、热和养分，协调群体与个体的矛盾，调节穗数、粒数、粒重之间的关系，以充分利用光能和地力，最大限度地发挥农业措施的综合效益，达到穗多、穗大、粒多、粒重，提高产量。据佟屏亚等（1990）研究，密植在玉米增产诸因素中占20%～25%的作用。随着科学进步和生产条件的改善，特别是紧凑耐密、抗病高产杂交种的选育和推广，合理密植提高光能利用率，使玉米产量大幅度增长。玉米合理的群体结构，是根据当时当地的自然条件、生产条件和品种特性而确定的。所谓合理的群体结构即是群体与个体、地上部与地下部、营养器官与生殖器官、前期生长与后期生长都能比较健全而协调的发展，从而经济有效地利用光能和地力，促使穗多、穗大、粒多、粒饱，最后达到高产优质低成本的目的。

1. 玉米群体结构和指标

玉米群体结构是指群体的组成，群体的大小、空间排列分布及其发展动态，它代表群体的基本特性，又是产生各种不同影响的主要根源，所以群体结构是研究群体问题的重点，是合理密植的关键问题。玉米的籽粒产量一般称为经济产量，而把玉米一生中合成并积累的全部收获物称为生物产量。经济产量和生物产量的比值，称为经济产量系数。经济产量系数是玉米群体结构是否合理的指标之一。光合势、光合生产率（即净同化率）和经济产量系数三者的乘积最大时，籽粒产量最高，其群体结构也是合理的。在种植密度较稀时，光合生产率及经济产量系数虽较高，但每亩绿叶面积较小，全生育期光合势也较小，每亩籽粒产量不高；种植过密时，光合势大，但每亩叶面积过大，过分郁蔽，光合条件恶化，光合生产率下降，经济产量系数降低，所以籽粒产量也不高。

2. 玉米群体的光能利用

玉米是低光呼吸作物，在白天没有或基本没有光呼吸作用，只有夜间有暗呼吸，这样无谓的浪费少，干物质积累多，光合效率高，故又称高光效植物。它具有较低的二氧化碳补偿点，因而把低补偿点作为高光效的一个指标。在理论上说，玉米是高光效的高产作物，但现在还远没有充分发挥其增产潜力。玉米高产群体限制光能利用的原因主要有漏光损失、群体内光分布不合理以及不良的环境条件等。为了进一步提高玉米产量，提高玉米群体光能利用率是关键，目前，有以下途径：首先应该重视合理密植，协调群体与个体关系，达到群体增产；其次应不断选育理想型玉米，对春玉米来说，要求中秆大穗，穗位以上叶较直立，以下叶较平展，便于透光，雄穗小而花粉多，减少雄穗遮光面积，使叶片充分利用光能。此外，可用植株生长调节剂，延长玉米成熟期，每延长一天可增产3%左右；增施气体肥料，追施二氧化碳，提高田间二氧化碳浓度，可以提高光能利用。

二、玉米合理密植的原则

（一）合理密植的增产原因

玉米合理密植其所以能增产，就是妥善地解决了穗多、穗大、粒重三个因素之间的矛盾，增加了适量的绿色光合面积和根系吸收面积，充分利用了光、热、水和矿质营养，增加了同化物的实际积累，从而提高了产量。

1. 密植与穗数、粒数和粒重的关系

在密度过高时，玉米单株生产力随密度而递减，主要表现在穗粒数减少，千粒重降低；密度过稀时，单株生产力虽高，但总穗数过少，因此，产量不高。只有在适宜密度下，穗数、粒数和粒重的乘积达最大值时，才能获得高产。同时，还要注意种植方式，在密度相似的情况下，合理的种植方式具有一定的增产作用。

2. 密植与叶面积的关系

增加密度可增加每亩的叶面积，可减少漏光损失，提高叶片光合作用能力，生物产量增加。密度与每亩绿叶面积变化的关系很大。密度越稀，叶面积达最大值后，保持稳定时间越长，曲线比较平匀而稳定；密度越高，叶面积达到最大程度后，保持稳定时间越短，曲线的升降急剧而呈锐角。密度合适时产量较高。其叶面积的发展特点是叶面积达到最大值后，能稳定地保持一个相当长的时期，这时期的长短，因地区、栽培水平和品种等因素而转移。

玉米叶面积经历着一个由小到大的发展过程，到抽雄吐丝期达到最适叶面积的群体。如过早地达到最适叶面积，封垄早，发生阴蔽，到后期就因叶面积过大，对群体造成不利影响，如降低透光率影响株间光照，群体下部叶片常因光合积累等于或不足呼吸的值造成叶片早衰变黄枯死，光合面积显著下降等。有些丰产田的玉米，前期看起来长相好，但后期产量不高，主要在于中后期群体结构不合理。合理密植的叶面积，早期能发挥增加光合能力和物质积累的有利作用，又能减少后期叶面积过大，增加呼吸，消耗物质的不利作用，前后期生长比较协调。

3. 密植与光照强度的关系

玉米不仅喜光，而且是光合能力强和低光呼吸的高光效作物，因此，玉米一生中要求很高的光照条件。密度增加后，对光的反应十分突出，当玉米封行后，由于茎叶互相遮光，群体内光照强度显著降低。据原苏北农学院于抽穗末期 10 时，在玉米行间近地面处测定结果，每亩 2 000 株为 22 000m 烛光，3 000 株为 9 400m 烛光，4 000 株为 8 200m 烛光，6 000 株为 6 200m 烛光。这说明密度越高，光照强度越弱，必然影响到光合效率。合理密植，由于光合势增大，可弥补因净同化率降低所受的损失，仍能获得较高产量。

不同密度吸收光能是不一样的。密度与叶面积多少有关，而叶的着生角度及其面积是影响光能利用的主要因素，直立叶比平展叶更能利用散射光，不同密度反射光量也有差异。不同密度与种植方式，漏射光也不同，一般是随密度增加而减少。叶面积指数达 4 以上，群体漏光损失就不多了。因此，增加叶面积对提高光能利用是极为有利的。

（二）密植对玉米生长发育的影响

1. 密植与群体小气候的关系

不同密度引起群体内光、风、温、湿及二氧化碳浓度的不同变化。尤其在植株封行后，差异十分明显。原苏北农学院观察结果说明，密度愈高，玉米株间的温差愈小，白天的温度则越密越低。如 13 时测定，8 000 株密度的温度比 2 000 株低 2.2℃，而 5 000 株密度温度比 2 000 株低 0.97℃，但在早晨 4~5 时露地温度最低时，高密度比低密度反而略高，如 8 000 株的比其他密度较低的高 0.3~0.6℃，相对湿度随密度增加而增大。北方各省玉米生长盛期，正值雨季，行间湿度增加易感染大小斑病和茎腐病，而影响产量。但黑粉病有随密度增加而降低稳势。种植密度越大，耗水量越多，对土壤水分要求也愈高。

2. 密度对玉米各器官生长发育的影响

不同密度对玉米生长发育有明显的影响，随密度的增加而发育迟缓，抽雄吐丝日期一般延迟 2~6d，这是因遮阴较重光照减弱，影响光合作用致使同化产物减少造成的。对各器官的生长影响也大，根系随密度的增加单株根层、根数减少，生育后期尤为明显，根系密集层较浅，根系垂直分布和水平分布，随密度增加有缩小趋势。植株高度随密度增加而增高，由于光弱，茎秆细胞迅速延长生长，因此节间长度显著延长。密度过大时，拔节后节间伸长速度随密度增加而加快，到抽雄前节间伸长速度，随密度增加反而降低。一般以 4 000 株为最高，4 000 株以上以下都偏低。穗位高度与株高情况相似，一般随株高而增高。茎的粗度随密度增加而变细，过密时尤为明显。栽培密度增大后，植株表皮细胞较薄，表皮下机械组织内厚壁细胞和维管束周围的纤维细胞数目减少，细胞壁薄，而薄壁细胞增大，茎秆的机械组织坚韧性差，因而削弱了抗倒折能力，倒折率增加。密度增加后，单株叶面积减小，单位土地面积上叶面积增加，由于光照减低，单株叶面积光合作用能力降低，必然影响单位叶面积的干物质重量。因此，穗粒数减少，千粒重降低，千粒重降低比其他作物尤为严重。

（三）合理密植的原则及密植幅度

1. 合理密植的原则

合理密植是实现玉米高产、优质、高效的中心环节。影响玉米适宜密度的基本因素，是品种（内因）和生活条件（外因）。因此，合理密植的原则，就是根据内外因素确定适宜的密度，使群体与个体之间的矛盾趋向统一，使构成产量的穗数、粒数和粒重的乘积达最大值，以达提高单位面积产量的目的。

（1）密度与品种特性 密度与品种关系最为密切。在同一地区同样条件下，各品种株高、叶数和叶向有很大差异，所以同一地区的适宜密度又因品种而异。一般晚熟品种生长期长，植株高大，茎叶繁茂，单株生产力高，需要较大的个体营养面积，应适当稀些；反之，植株矮小的早熟品种，茎叶量较小，需要的个体营养面积也较小，可适当密些；而株型紧凑，叶片直立的品种可更密些。特别是 20 世纪 90 年代以来紧凑型玉米杂交种的推广，它和平展型玉米群体光分布特性差异很大，需根据品种特性确定适宜的密度，紧凑型玉米和平展型玉米每亩密度要相差 1 000~2 000 株。例如紧凑型掖单 4 号密度从每亩 3 000 株增至 7 000 株，穗粒重和千粒重均随密度的增加有规律地递减，但产量随密度的增加有规律地递增。每增 1 000 株，每亩增产 52.5kg；且高密度每亩 7 000 株亩产 689kg。平展型玉米唐抗 1 号穗粒重、千粒重均随密度增加而递减，亩产量以每亩 5 000 株处理为最高，达 462kg，超过 5 000 株产量降低。

（2）密度与肥水条件　玉米种植密度与土壤肥力、施肥水平以及土壤水分状况关系密切，总体原则是"肥地宜密，瘦地宜稀"，"水足地宜密，水少地宜稀"。一般地力较差和施肥水平较低，每亩株数应少些；反之，土壤肥力高，密度可以增大。因为肥力高，较小的营养面积，即可满足个体需要。根据各地研究和实践证明，在提高肥水条件的基础上，适当增加株数，有明显的增产效果。据中国农业科学院作物研究所春播晚熟品种试验，高肥区密度 2 500 株比对照每亩 2 000 株增产 17.7kg；少肥区每亩 2 500 株比对照 2 000 株，每亩减产 17.4kg。生产水平越高，适宜密度越大。如在良好栽培条件下，每亩 3 000 株产量最高，每亩 2 000 株以下及 4 000 株以上，都显著减产。而同一品种在更高的栽培水平情况下，以 4 000 株产量最高，说明适宜密度随不同栽培水平而改变。密度加大后，每亩地上的绿叶面积随着增加，蒸腾量也有提高，耗水量也增加。据调查，密度越大，土壤含水量越低，密植后需水量也增多。

（3）密植与气候因素的关系　玉米的适宜密度，随温度、雨量、日照条件不同而异。短日照、气温高可促进发育，从出苗到抽穗所需日数就缩短；反之，生育期就延长。若北种南移，植株变矮，成熟提早，种植密度应该大些；反之，南种北移，发育延迟，植株长的比南方高大，密度宜稀一些。光照条件好的地区，留苗密度宜适当密些；光照条件差的地区，留苗密度适当稀些；同一地区，向阳山坡的玉米应比阴坡或平原的密度大些。总之，应根据不同气候条件、植株生育状况来确定适宜密度。

2. 玉米密植的适宜幅度

各地密植的适宜幅度，应根据当地的自然条件、土壤肥力及施肥水平、品种特性、栽培水平等确定。一般平展型粒用玉米，早熟种每公顷 60 000 ~ 70 000 株，中晚熟种 45 000 ~ 60 000 株。紧凑型粒用玉米中晚熟种每公顷 60 000 ~ 75 000 株。

三、密度与种植方式

各地研究结果表明，从种植密度和种植方式对产量作用来看，密度起主导作用。据中国农业科学院对春玉米密度及种植方式的研究，在等行距、宽行窄距、每穴双株及带状间作等五种方式，都是每亩 2 500 株产量高，并不因种植方式不同改变其适宜密度。在密度相同条件下，不同种植方式，对产量影响不大，一般增减幅度约 5%。

美国 7 个种植玉米州的试验站总结 39 年次试验结果指出，条栽玉米平均产量只比穴栽高 3%，在统计和经济上都是不显著的。在密度相同每穴株数不同的各种方式的试验中，我国报道每穴 1～4 株的差异较小，前苏联每穴 5 株，美国每穴 7 株以内差异不大，超过此限以上，才有较明显的减产趋势。

但生产实践证明，在密度增大时，配合适当的种植方式，更能发挥密植的增产效果。所以，在确定合理密植的同时，应考虑采取适宜的种植方式。

玉米种植方式多种多样，现在各地仍以等行距和宽窄行方式为主，介绍如下。

（一）等行距种植

这种方式是行距相等，株距随密度而有不同。其特点是植株在抽穗前，地上部叶片与地下部根系在田间均匀分布，能充分地利用养分和阳光；播种、定苗、中耕锄草和施肥培土都便于机械化操作。但在肥水高密度大的条件下，在生育后期行间郁蔽，光照条件差，光合作用效率低，群体与个体矛盾尖锐，影响进一步提高产量。据测定，等行距玉米穗部的光照强度，相当于自然光的 18.8%，植株反光相当自然反光的 3.7%，植株下部风速为 0.05m/s，中上部风速为0.17m/s。

（二）宽窄行种植（大垄双行栽培）

也称大小垄，宽窄行距一宽一窄，一般大行距 80～100cm，窄行距在 40～50cm，株距根据密度确定。其特点是植株在田间分布不匀，生育前期对光能和地力利用较差，但能调节玉米后期个体与群体间的矛盾，所以在高肥水高密度条件下，大小垄一般可增产 10%。在密度较小情况下，光照矛盾不突出，大小垄就无明显增产效果，有时反而会减产。据测定，大小垄种植的玉米，穗部光照强度相当于自然光的 62.5%，植株反光相当于自然反光的 60%，植株下部风速为0.39m/s，中上部为 0.27m/s。大小垄比等行距白天气温高 1.5～2.0℃，晚上低1.0～1.7℃，温差较大，利于干物质积累，产量较高。

除此之外，近年来提出的还有垄半空栽培法、大垄平台密植栽培技术等。

第二节　播种技术

一、播种前准备

（一）选用优良品种

我国北方地区，主要包括北方春玉米区、黄淮平原春、夏播玉米区和西北内陆玉米区等，玉米播种面积大，自然条件复杂，栽培制度各异，各地在选用良种时，应注意以下几个原则。

1. 根据栽培制度来确定适宜的良种

玉米在北方的耕作制度中，按其播期不同可分为春播、套种和夏播三种主要的生育类型。以北京为例，二年三熟的春玉米一般是4月中下旬播种，8月下旬9月上旬收获，需选用120d以上的晚熟种；三种三收中麦套玉米一般在5月中下旬播种，9月上中旬收获，需选用95～115d的中熟种；麦茬夏玉米一般在6月下旬播种，9月中下旬收获，需选用80～95d的早熟种。有些地方由于不了解不同的栽培制度需选用不同生育类型的玉米品种，致使生产遭受损失。如有的把适合春播的晚熟玉米品种于5月下旬套种在小麦行间，结果不仅耽误了适期播种小麦，而且由于后期低温，灌浆成熟不好，导致玉米减产。还有的把适合夏播的京早2号于5月中旬套种在小麦行间，结果玉米在与小麦共生期间就开始了雌雄穗分化而严重地减产。

2. 选用抗病品种

近年来，北方各地普遍发生玉米各种病害，其中，玉米叶斑病、茎腐病已成为玉米的主要病害。为了保证玉米高产稳产，选育和推广抗病品种，尤其是抗大、小斑病和茎腐病的品种是生产上迫切需要解决的问题。

3. 选用良种必须因地制宜

俗语说："一方土，一方种"，任何优良品种都是有地区性的和有条件的，并非良种万能。不同的品种或杂交种，对肥水的反应、抗旱、耐涝、抗病力、区域适应性、产量水平及品质等都是有差别的。选用良种时，必须根据其品种特点与适应范围，做到因地制宜，良种良法配套，才能获得丰产。例如，白单4号的增产潜力大，是个高产稳产的杂交种，在肥水条件好的地方，增产显著；但是，如果种在土壤瘠薄肥水条件差的地块，生长瘦弱，产量不高、甚至严重减产。为此，不论从外地引进或当地新选育的品种或杂交种，在大面积推广之前，必须在试种示范过程中，了解和掌握其生育特性，并总结出一套有针对性的栽培管理措施，才能发挥良种的增产作用。

（二）精选种子及种子处理

1. 精选种子

为了提高种子质量，在播种前应做好以下种子精选工作。根据玉米果穗和籽粒较大的特点，精选玉米种子可采取穗选和粒选等方法：穗选是在收获时进行，选择具有本品种特征、穗大、粒多、颜色鲜明、籽粒排列整齐的果穗留种。如系双果穗或多果穗品种，最好是选留植株上部果穗。据国外资料，上部果穗，具有发芽率高、染病率低等特点。

播种前将当选果穗顶部（3.3cm）和基部（一半1.67cm）的籽粒去掉，留中部籽粒作种用。生产实践证明，用果穗中部籽粒作种用能早熟、增产。因为果穗中部的花丝抽出和受精时间较早，籽粒充实饱满，酶的含量较多，特别是氧化酶多，播种后内部养分转化快，发芽出苗早，幼苗健壮。同时，中部籽粒整齐，便于精量机械化播种，有利于苗全、苗齐、植株生长整齐一致，减少空秆、倒伏，提高产量。

据国外试验，果穗不同部位种子的发芽率和染病率也不相同，以果穗中部的种子发芽率高，染病率最低，其幼苗对病害有很强的抵抗力；果穗基部种子次之；顶部最差。因此，播种时尽可能选用中部种子做种。

经过穗选及果穗去头去尾的种子，播种前最好再经过筛选和粒选，除去霉坏、破碎、混杂及遭受病虫危害的籽粒，以保证种子有较高的质量。

对选过的种子，特别是由外地调换来的良种，都要做好发芽试验。一般要求发芽率达到90%以上，如低于90%，要酌情增加播种量。

2. 种子处理

玉米在播种前，通过晒种、浸种和药剂拌种等方法，增强种子发芽势提高发芽率，并可减轻病虫为害，以达到苗早、苗齐、苗壮的目的。

（1）晒种 粒选后播种前进行。晒种能促进种子后熟，降低含水量，增强种子的生活力和发芽能力。试验证明，经晒种后，出苗率可提高13%～28%，提早出苗1～2d，并且能减轻玉米丝黑穗病的危害。方法是选晴天把种子摊在干燥向阳的地上或席上，连续晒2～3d，并要经常翻动种子。

（2）浸种 可增强种子的新陈代谢作用，提高种子生活力，促进种子吸水萌动，提高发芽势和发芽率，并使种子出苗快，出苗齐，对玉米苗全、苗壮和提高产量均有良好作用。方法如下。

用冷水浸种12～24h，温烫（两开对一凉或水温55～58℃）浸种6～12h，比干种子均有增产效果。在生产上，也有用腐熟人尿25kg对水25kg浸泡6h或用腐熟人尿15kg对水35kg浸12h，有肥育种子，提早出苗，促使苗齐、苗壮等作用，但必须随浸随种，不要过夜；还有用500倍磷酸二氢钾溶液浸种12h，有促进种子萌发，增强酶的活性等作用。

但必须注意，在土壤干旱又无灌溉条件的情况下，不宜浸种。因为浸时的种子胚芽已经萌动，播在干土中容易造成"回芽"（或叫烧芽），不能出苗，招致损失。

（3）药剂拌种　为了防治病害，在浸种后可用0.5%的硫酸铜拌种，可以减轻玉米黑粉病的发生，还可用20%萎锈灵拌种，用药量是种子量的1%，可防治玉米丝黑穗病。

对于地下害虫如金针虫、蝼蛄、蛴螬等，可用50%辛硫磷乳油，用药量为种子量的0.1%～0.2%，用水量为种子量的10%稀释后进行药剂拌种，或进行土壤药剂处理或用毒谷、毒饵等，随播种随撒在播种沟内，都有显著的防治效果。

种子包衣是一项种子处理的新技术，就是给种子裹上一层药剂。它是由杀虫剂、杀菌剂、复合肥料、微量元素、植物生长调节剂和成膜物质加工制成的，能够在种子播种后具有抗病、抗虫以及促进生根发芽的能力。拌种用量一般为种子量的1%～1.5%。包衣的方法有两种：一是机械包衣。由种子企业集中进行，适用于大批量种子处理。另一种是人工包衣。即在圆底容器中按药剂和种子比例，边加药边搅拌，使药液均匀地涂在种子表面。

二、播种

（一）适时早播的增产意义

春玉米适时早播是增产的重要经验。

（1）适时早播可以延长玉米生长期　充分利用光能地力，合成并积累更多的营养物质，满足雌、雄穗分化发育以及籽粒形成的需要。促进果穗充分发育，种子充实饱满，提高产量。

（2）适期早播　可做到抢墒播种，充分利用早春土壤水分，有利于种子吸水萌发，提高保苗率。

（3）可以减轻病虫危害　对玉米增产影响严重的害虫，苗期有地老虎、蝼蛄、金针虫、蛴螬等危害幼苗，造成玉米缺株；中后期有玉米螟危害茎叶和雌雄穗，导致减产。根据各地经验，适期早播可以在地下害虫发生以前发芽出苗，至虫害严重时，苗已长大，增强了抵抗力，因而减轻苗期虫害，保证全苗，同时，还可以避过或减轻中后期玉米螟危害。

春玉米适时早播还能够有效地减轻病害。因为玉米早播，在春季低温条件下，不利于黑粉病孢子发芽，可以减轻或避过玉米发病。

（4）可以增强抗倒伏能力　春玉米适当早播可使幼苗在低温和干旱环境条件下经过锻炼，地上部生长缓慢而根系发达，根群能向下深扎，为后期植株生长健壮打下基础，因而茎组织生长坚实，节间短粗，植株较矮，增强抗旱、耐涝和抗倒伏能力。

（5）可以避过不良气候的影响　尤其对高原山区玉米后期有秋霜危害的地方，更为重要。"春种晚一天，秋收晚十天"，晚熟与遭受霜害，使籽粒不能充分成熟而降低产量和品质。在干旱地区适当早播既有利于趁墒出苗，又可避过伏旱，使玉米授粉受精良好，获得丰产。但是过早播种，对玉米生长也不利，常因种子长期处在土壤低温条件下，发芽缓慢，容易引起霉烂或出苗不齐，有时还可能遇到晚霜危害，招致严重减产。

（二）春玉米的播期及播种技术

1. 播种期

春玉米的播种期，主要根据温度、墒情和品种特性来确定。

（1）温度　玉米在水分、空气条件基本满足的情况下，播后发芽出苗的快慢与温度有密切关系。在一定温度范围内，温度越高，发芽出苗就越快，反之就越慢。生产上当土壤表层 5~10cm 深处温度稳定在 8~10℃ 时开始播种为宜。播种过早、过晚，对春玉米生长都不利。

（2）墒情　玉米种子发芽，除要求有适宜的温度、空气外，还需要一定的水分，即需要吸收占种子绝对干重的 48%~50% 的水分，也就是说播种深度的土壤水分，达到田间持水量的 60%~70%，才能满足玉米种子发芽出苗的需要。因此，春季做好保墒工作，是保证玉米发芽出苗的重要措施。

（3）品种特性　我国各地玉米品种（包括杂交种）很多，各有适应不同气候条件的特性。由于玉米品种特性不同，各有其适宜的播种期。经验证明，必须按照品种特性来掌握播种期，才能使各个品种或杂交种在适宜的环境条件下生育良好。我国北方种植的早熟、中熟和晚熟三种玉米生育类型，生育期长的晚熟种一般适当早播，迟播则在生育后期会遇到低温或早霜，不能正常成熟，降低产量和品质；生育期较短的早、中熟种可适当晚播。

由上述可知，决定玉米适宜的播种期，必须根据当地当时的温度、墒情和品种特性，当然也与土质、地势和栽培制度有关，加以全面考虑，既要充分利用有效的生长季节和有利的环境条件，又要发挥品种的高产特性，既要使玉米丰产，也要为后茬作物创造增产条件，以达到全年丰收。

2. 播种技术

改进播种技术，提高播种质量，是达到苗全、苗齐、苗壮的重要措施。这就要求讲究播种方法，掌握适宜的播种量和播种深度。

（1）播种方法　我国北方玉米产区，由于各地气候条件不同，玉米的种植方式有垄作和平作两种。东北地区因为温度低，多采用垄作，以提高地温，华北地区雨量较少，分布又不均匀，采取平作，以利保墒。无论是垄作或平作，播种方法主要可分为以下几种。

人工播种。可保证播种质量，节省种子，便于集中施肥和田间管理等作业。在机械力量不足的情况下，可采用人工催芽或催芽坐水播种。据双城市玉米高产攻关课题组（1989）研究表明，比干籽坐水种能多得积温70℃左右，可提早成熟4d，增产6.6%。这是苗全、苗齐、苗匀、苗壮的有效措施。土壤底墒充足，含水量高于20%的地块可直接催芽播种。土壤含水量低于18%～20%时的地块，必须催芽坐水补墒播种。

机械播种。机械播种时能一次完成开沟、施肥、投药、播种、覆土、镇压、灭草等多种作业。可以做到播深一致、覆土均匀、缩短播期。

机械垄上播种是在耙茬起垄，或平翻起垄，或深松起垄，或有深翻基础的原垄上进行。均可采用单体播种机精量等距点播，播后及时镇压。播种时种子化肥同时播下，但注意做到种肥分层，以免产生"烧种"现象。

玉米也可以采用机械平播后起垄的方法播种，在平翻或耙茬整地的地块，利用精量点播机或48行谷物播种机等机引机具平播，播后镇压，苗期起垄。这可做到抢墒播种，播深一致，覆土均匀，深施肥料，缩短播期。

（2）播种量　因种子大小、种子生活力、种植密度、播种方法和栽培目的而不同。凡是种子大、种子生活力低和种植密度大时，播种量应适当增加；反之，应适当减少。一般机械点播每亩2～3kg。

（3）播种深度　玉米播种要求做到播深一致，覆土均匀。播种深度是根据土质、墒情和种子大小而定，一般以4～5cm为宜。如果土壤黏重、墒情好时，应适当浅些；土壤质地疏松，易于干燥的沙质土壤，应播种深些，可增加到6～8cm，但最深以不超过10cm为宜。

第三节　玉米田间管理技术

田间管理，是按照玉米的生长发育规律，针对各个生育阶段的特点，发挥人为的调控功能作用，运用水肥管理等措施进行的促控，满足玉米不同生育时期对水分养分的需要，使玉米生长发育按着自身规律以最佳的生物轨道运行，使玉米完成一个生命周期，是个连续不断地有序地向前发展，而不能逆转的过程。

玉米生育过程中，要克服不利自然环境条件，如低温、干旱、病虫、风、雹和杂草等自然灾害，充分利用和发挥良好环境条和技术要素的功能作用，避免缺株、空秕粒、秃尖、倒伏等不良现象，使个体与群体协调发展，充分发挥增产潜力，达到优质、高效的目的。

一、苗期管理

（一）苗期生长特点

玉米从播种到成熟，可划分为三个生长发育阶段，即苗期、穗期和花粒期，各个生育阶段，均有不同的生长中心和要求。苗期根系生长快，但茎叶生长缓慢。苗期地上部生育良好，根系也相应地发达，防止地上部茎叶徒长，是苗期管理的主要任务。苗期营养生长期，生产的干物质，全部用于营养器官（根、茎、叶）的建成。

该时期一切田间管理的耕作栽培措施，均要以促进根系生长、发育为主要目的，使玉米个体分布均匀，减少缺苗，达到苗全、苗齐、苗匀、苗壮的目的。根据春玉米早春生长处于春季低温、干旱特点，采取增温、保水措施，促进玉米早出苗、快发根、早起身，早期占领空间，有效地截获 5 月、6 月充足的光能，提早进行光合作用，产生足够的干物质为壮苗奠定物质基础。

（二）苗期管理措施

1. 查苗，补苗

玉米在播种出苗过程中，常由于种子发芽率低，施种肥不当"烧苗"，或因漏播、种子芽干或落干，坷垃压苗，以及地下害虫为害等原因，造成玉米缺苗。所以，玉米出苗后立即进行查苗补苗，补栽事先准备好的预备苗。补栽的苗，苗令 2~3 叶为宜，补栽时最好是在下午或阴天带土移栽，以利缓苗，提高成活率。移栽时，必须带土团，若土壤含水量低于 20% 时应坐水移栽。

玉米缺苗不很严重时，可采用借苗法，在四邻进行双株留苗。

2. 间苗，定苗

要根据品种、地力、肥水条件和栽培管理水平，确定合理的密植范围，先间苗后定苗，以保证每公顷密度。

适时进行间苗、定苗，可以避免幼苗拥挤，相互遮光，节省土壤养分和水分，以利于培育壮苗。间苗、定苗时间，一般在 3~4 片叶时进行为宜。由于玉米在三叶期前后，正处于"断奶"期，要求有良好的光照条件，以制造较多的营养物质，供幼苗生长。苗过于拥挤，争水争肥，导致减产。间苗，定苗时留壮苗，拔掉病苗、弱苗、杂苗。幼苗期丰产长相是：叶片宽大，根深、叶色浓绿，茎基发扁，生长敦实，可作为留苗依据。在春旱严重、虫害较重的地区，间苗可适当晚些。

对于补栽苗和三类苗的地块，及早追施"偏肥"，促其幼苗升级，使其长势尽早赶上一类苗。苗期发生地下害虫应及早防治。

间苗，定苗应在晴天下午进行。由于病苗、虫咬苗以及生长不良的苗，经中午日晒后易发生萎蔫，便于识别淘汰，故可留苗大小一致、株距均匀、茎基扁壮的苗。定苗后还要结合中耕除草，破除土壤板结，促进根系发育，达到壮苗早发的目的。

3. 深松或铲前蹚－犁

深松或铲前蹚—犁是促熟增产措施。原垄种地块，地板硬，不利于玉米根系发育，深松或铲前蹚—犁可疏松土壤，利于玉米根系发育，增加根重。根据试验表明，深松可平均提高地温 $1.0 \sim 1.5\,℃$，有利于土壤微生物的活动，促进土壤有机质分解，增加土壤养分；干旱时还可以切断土壤毛细管，减少水分蒸发，起防旱保墒作用。涝年、涝区也会起到散墒防涝作用。在做法上做到"一个重点，四个结合"，即以原垄种或翻得浅的地块为重点。四个结合是：一是出苗前深松和出苗后深松相结合，垄型一致时，可出苗前松，精量点播无垄型或平作地块，为防止豁苗可出苗后深松。二是雨前深松和雨后深松相结合。平、洼地块墒情好，可以雨前松，冈地干旱地块，可以雨后松。三是铲前松与铲后松相结合，缓解机械和畜力紧张状态。四是畜力和机械相结合，由于垄距、播法不一致，采取多种深松方法相结合，真正做到适地适松，取得较好效果。

二、穗期管理

（一）穗期生育特点

玉米穗期是指从拔节至抽雄期，这一时期生育特点是营养生长与生殖生长同时并进，干物质生产约90%用于营养器官，10%左右用于生殖器官的幼穗分化和形成。茎叶生长旺盛，雄穗、雌穗已先后开始分化。该时期是玉米一生中生长最快时期，需肥需水临界期，在保证肥水需求的条件下，并用化控（玉米健壮素等）措施，协调好营养生长和生殖生长的矛盾，确保中期稳健生长，既有较大的绿色光合面积，又有供给生殖生长的"养源"。玉米中低产区，应加强肥水管理，促进健壮生长，防止生育后期脱肥；玉米高产区、防止肥水供应过多，造成徒长，贪青晚熟。因此，合理运用肥水管理，来满足营养生长和生殖生长的需要，并使其协调发展使玉米获得高产。

（二）穗期管理措施

1. 除蘖

玉米拔节前，茎秆基部可以长出分蘖，但分蘖量少，既与品种特性有关，也和环境条件有密切的关系。一般当土壤肥沃，水肥充足，稀植早播时，其分蘖多，生长亦快。由于分蘖比主茎形成晚，不结穗或结穗小，且晚熟，并且与主茎争夺养分和水分，应及时除掉否则影响主茎的生长与发育。因此，必须随时检查发现分蘖立即除掉。

饲用玉米多具有分蘖结实特性，保留分蘖，以提高饲料产量和籽粒产量。

2. 叶面喷肥

玉米生育中后期，为延长功能叶片生育，防止后期脱肥，加速灌浆，增加粒重，促进早熟，可进行叶面喷肥。

（1）喷施磷酸二氢钾　此项措施是增磷钾的补救措施。一般浓度为0.05%～0.30%，可在玉米拔节至抽丝期，于叶面喷施。

（2）喷施锌肥　播种时没有施锌肥，而玉米生育过程中又出现缺锌症时，可用浓度0.2%～0.3%的硫酸锌溶液，每公顷用量375～480kg或1%的氨基酸锌肥（锌宝），喷叶面肥时可同时加入增产菌，每公顷用量0.15kg。

（3）喷施叶面宝　是一种新型广普叶面喷洒生长剂。其主要成分含氮≥1%，P_2O_5≥7%，K_2O≥2.5%，可在玉米开花前进行叶面喷施，每公顷用量75ml，加水900kg，此法能促进玉米提早成熟7d左右，增产13%。且有增强抗病能力与改善籽实品质的作用。

（4）喷施化肥　用磷酸二铵1kg，加50kg水浸泡12～14h（每小时搅拌1次），取上层清液加尿素1kg充分溶解后喷施，每公顷喷肥液450kg。

3. 植物生长调节剂

可促进玉米加快发育和提高灌浆速度，缩短灌浆时间，促进早熟。使用生长调节剂的种类，可因地制宜，根据当地习惯及使用后效果和经济效益灵活应用。

（1）玉米健壮素　是一种植物生长调节剂的复配剂，它具有被植物叶片吸收，进入体内调节生理功能，使叶形直立，且短而宽，叶片增厚叶色深，株形矮健节间短，根系发达，气生根多，发育加快，提早成熟，增产16%～35%。喷药适期，植株叶龄指数50～60（即玉米大喇叭口后，雄穗快抽出前这段时间），每公顷15支（每支30ml）对水225～300kg，喷于玉米植株上部叶片。玉米健壮素不能与其他农药化肥混合喷施，以防止药剂失效。喷药6h后，下小雨不需重喷，喷药后 4h 内遇大雨，可重新喷，药量减半。

（2）乙烯利　用乙烯利处理后的玉米株高和穗位高度降低，生育后期叶色浓绿，延长叶片功能期可提高产量，增产 8.4% ~ 18.5%。用药浓度为 800mg/L，喷洒时期以叶龄指数 65 为宜。

4. 防治虫害

主要是玉米螟，其次是蚜虫、黏虫、草地螟。玉米螟幼虫为害玉米顶部心叶和茎秆，影响营养物质合理分配，造成果穗发育不良而减产。因此，本着治早、治小、治了的原则搞好预测预报，抓住心叶末期及时防治。

三、花粒期管理

此期指从开花至成熟玉米生育后期的田间管理。

（一）花粒期生育特点

花粒期生育特点为生殖生长期，也称为产量形成期。干物质生产全部用于生殖生长，干物质积累速度逐渐降低，该时期的关键是保持较大的绿色光合面积，防止脱肥早衰，保持根系旺盛的代谢活力，增强吸肥、吸水能力，即地下部根系活而不死。地上部保持青秆绿叶，提高光合作用能力，供给"库"的需要。同时使"流"的功能增强，使"源"（叶、茎、鞘）贮藏物质顺畅地运往"库"，确保粒多、粒饱，同时，促进籽粒灌浆速度，在秋霜来临时安全成熟。

（二）花粒期管理措施

1. 隔行去雄

（1）促熟增产原因　去雄可减少雄穗养分消耗，满足雌穗生长发育对养分需要，从而增产。玉米是喜光作物，去雄后可以改善生育后期通风透光条件，有利于籽粒形成，此外，还可以减轻玉米螟的危害。

（2）去雄时间及注意事项　在玉米雄穗刚抽出 1/3，尚未散粉时进行。去雄过早，容易拔掉顶叶；过晚，如已开花散粉，失去作用。但去雄株数不要超过总数一半。边行 2 ~ 3 垄和小比例间作时不宜去雄，以免花粉不够影响授粉；高温、干旱或阴雨天较长时，不宜去雄；植株生育不整齐或缺株严重地块，不宜去雄，以免影响授粉。去雄时严防损伤功能叶片、折断茎叶。

2. 放秋垄

放秋垄可铲去杂草，减少水分和养分消耗，防止杂草结实，减少来年地里的杂草。疏松土壤，提高地温，旱时保墒，涝时散墒。其作用集中表现在促熟增产。一般 8 月上中旬玉米灌浆期进行，要浅铲，不伤根和严防茎叶折断。

3. 站秆扒皮晾晒

玉米蜡熟中期，籽粒有硬盖。用手掐不冒浆时进行。过早影响灌浆，过晚籽粒脱水慢，效果不良。

4. 晚期收获

晚期收获增产理论依据，晚收是为了延长"源"往"库"输送营养物质，提高籽实产量。一般情况下秋霜来临后都有 10～15d 晴好天气，有利于产量形成，也有利于子实脱水，干燥与贮藏，特别适合于活秆成熟的品种。据试验表明，在轻霜后延长收获 1d，提高产量 1%。

第四节　河南省夏玉米 800kg/亩高产创建技术规范

1. 品种选择

选用紧凑型、抗逆性强、适应性广的优质高产玉米新品种。

2. 播前准备

（1）选地及整地　所选高产创建示范区应达到一定生产规模，具有较好的工作基础和技术力量并具有示范作用，基层政府重视程度和农民参与热情均较高。示范区应为自然条件良好的玉米优势种植区域，所选地块应达到地块平整，土层深厚，土壤肥沃，通透性好，土壤有机质及速效养分含量较高，土壤物理性状好，地力中上，灌排条件良好。在常年条件下具有较高产量水平，综合利用各项栽培技术措施可达到亩产 800kg 的产量水平。

一般在小麦播种前进行深耕，建议 2～3 年深耕（松）1 次，耕深应达到30cm 以上。小麦收获后，免耕铁茬播种夏玉米。

（2）肥料准备及施肥　在秸秆还田的前提下，以施用氮肥（尿素）为主，并配合施用磷钾肥（磷酸二铵或过磷酸钙、硫酸钾）和优质农家肥。根据产量确定施肥量，一般高产田按每生产 100kg 籽粒需施用纯氮 3kg、五氧化二磷 1kg、氧化钾 2kg 计算。在肥料运筹上，轻施苗肥、重施大喇叭口肥、补追花粒肥，足量分次追施。产量目标为亩产 800kg 的地块，每亩需施纯氮 23～25kg、五氧化二磷 8～9kg、氧化钾 12～14kg（折合尿素 50～55kg、标准过磷酸钙 55～65kg、硫酸钾 25～29kg）。根据地力水平，高肥地取低限，中肥地取高限。另外，每亩需增施优质农家肥 1 000kg 左右。肥料分种肥、苗肥、穗肥和花粒肥 4 次施用。

（3）精选种子及种子处理　所选种子应为纯度≥98%、发芽率≥90%、净度≥98%、水分≤13%。

若购买的是未经包衣处理的种子，播前选择晴天进行摊开晾晒，并注意翻动、晒种均匀，以提高种子出苗率。对于包衣种子，则不用晒种。

种衣剂包衣处理可用高效低毒无公害的玉米种衣剂（如5.4%吡·戊玉米种衣剂），以防控苗期灰飞虱、蚜虫、粗缩病、丝黑穗病和纹枯病等；或用辛硫磷和毒死蜱等药剂拌种，以防治地老虎、金针虫、蝼蛄和蛴螬等地下害虫。

3. 精细播种

（1）播种时期　夏玉米适宜播期一般为6月5~10日，即推荐在小麦收获后及时播种。若采用麦垄套种，则应在麦收前3~4d套种玉米，以收麦时不出苗为宜。

（2）播种方式　麦垄套种，采用人工点播或半机械化手推套种机播种；麦收后抢茬直播，采用等行或宽窄行机械播种，播种要达到深浅一致。播后及时浇好"蒙头水"，确保墒情充足。种肥可于播种时随种子施用或播后苗前结合浇"蒙头水"顺行撒施氮肥总量的10%，以促进壮苗早发。

（3）播种量　一般2~3kg/亩，可根据品种特性和播种方式酌情增减。

4. 田间管理

（1）苗期管理

①及时间、定苗：幼苗3叶期间苗，5叶期定苗。间苗时，去弱苗和过大苗，留壮苗和匀苗；去病残苗，留健苗。定苗时可多留计划密度的5%左右，用于其后田间管理中拔除病株、弱株。紧凑中穗型品种适宜留苗密度为5 000~5 500株/亩，紧凑大穗型品种4 500~5 000株/亩。

②防除杂草：播种后，墒情好时每亩直接喷施40%乙阿合剂200~250ml，或每亩用33%二甲戊乐灵（施田补）乳油100ml+72%都尔乳油75ml，对水50kg进行封闭式喷雾。墒情差时，可于玉米幼苗3~5叶、杂草2~5叶期，每亩用4%玉农乐悬浮剂（烟嘧磺隆）100ml，对水50kg进行封闭式喷雾，也可在玉米7~8叶期使用灭生性除草剂20%百草枯（克芜踪）水剂定向喷雾或结合中耕进行人工除草。

③防治害虫：播种后出苗前，防治杂草的同时每亩可混合喷施辛硫磷乳油7克，杀死还田麦秸残留的棉铃虫、黏虫和蓟马等害虫；7d后，每亩再喷施氯氰菊酯乳油100ml+氧化乐果75ml，防治苗期黏虫和棉铃虫等害虫；定苗后，每亩喷施氯氟氰菊酯50ml+氧化乐果100ml的混合剂，预防田间害虫。注意用药顺序（菊酯类杀虫剂不能与除草剂混用，应先喷施除草剂，间隔7d后再喷施菊酯类杀虫剂，以提高药效。

④施肥：5 叶期或拔节期，将氮肥总量的 20% 与全部的磷、钾、锌肥和有机肥，沿幼苗一侧开沟均匀条施（深度 15～20cm），以促根壮苗。

（2）穗期管理

①追肥：大喇叭口期（叶龄指数 55%～60%，11～12 片叶展开），追施总氮量的 50%，条施或穴施，以促穗大粒多。

②防治玉米螟：小喇叭口期（第八至九叶展开），每亩用 1.5% 辛硫磷颗粒剂 0.25kg，掺细沙 7.5kg，混匀后撒入心叶，每株 1.5～2g，或每亩撒施杀螟丹颗粒剂 0.5kg，也可在玉米螟成虫盛发期用黑光灯进行诱杀。

（3）花粒期管理

①防治病害：可采用不同抗病性品种间、混作的种植方式，防治和降低病害发生率。后期易发生锈病、小斑病等病害。发病初期，用 25% 粉锈宁可湿性粉剂 1 000～1 500 倍液，或用 50% 多菌灵可湿性粉剂 500～1 000 倍液进行喷雾防治。灌浆期，每亩可用全能 80ml + 三唑酮 70 克 + 磷酸二氢钾 50 克的混合剂进行叶面喷施，防治田间红蜘蛛、锈病的发生和危害。

②补施粒肥：籽粒灌浆初期，追施总氮量的 20%，结合浇水撒施或条施，以提高后期叶片光合能力，延长叶片功能期，增加粒重。

5. 适时收获

于成熟期，即籽粒乳线消失、基部黑色层出现时进行收获。收获后要及时晾晒，以降低籽粒含水率（14% 以下）。

6. 其他注意事项

①秸秆还田：玉米收获后，严禁焚烧秸秆，应及时进行秸秆还田，以培肥地力。

②水分管理：夏玉米各生育阶段要保证水分供应。除苗期外，各生育阶段田间持水量降到 60% 以下时均应及时浇水，注意满足玉米在拔节、抽雄和灌浆时期对水分的需求。

③灾害应变措施

涝灾：玉米生长前期若遇涝害要及时排水，淹水时间不应超过 0.5d。生长后期对渍涝敏感性降低，淹水不得超过 1d。

雹灾：苗期遭遇雹灾应加强肥水管理，可于根部或根外追施速效氮肥，以促使其快速恢复，降低产量损失。若拔节后遭遇严重雹灾，应及时组织科技人员进行田间诊断，视灾害程度酌情采取相应措施。

风灾：小喇叭口期之前若遭遇大风而出现倒伏，可不采取措施，基本不影响产量。小喇叭口期后若遭遇大风而出现倒伏时，应及时将植株扶正，并浅培土，以促迎根系下扎，增强其抗倒伏能力，降低产量损失。

第五节　河南省夏玉米高产典型

2008 年 9 月 26 日，河南省浚县万亩玉米高产示范方经测产验收专家组按农业部玉米万亩高产测产办法进行现场验收，平均亩产达 831.4kg，创造了之前我国黄淮海夏玉米大面积高产纪录。该高产创建地点设在浚县钜桥镇，位于浚县西部，东经 114°17′，北纬 35°40′，年平均气温 13.7℃，日照充足，地势平坦，土壤肥沃，排灌方便，农民种粮积极性高，发展农业具有得天独厚的条件。从 2002 年起，以钜桥镇刘寨村为核心先后建立了百亩、千亩和 5 000 亩的连片玉米高产创建示范方。在示范区内大力推广玉米增产新技术，农民玉米种植水平大大提高，增产增效作用显著。2008 年，玉米高产创建示范面积进一步扩大。

按照农业部高产创建要求将面积扩大到 10 460 亩，涉及 6 个行政村。所采取的主要关键技术如下。

1. 品种选择

选用紧凑中大穗、抗逆性强的浚单系列玉米新品种。

2. 肥力基础

万亩示范区经过 10 多年的土壤配肥，地力基础较好，土壤肥沃，通透性好，耕层 20cm。土壤有机质含量 1.5% 以上、速效氮含量 80mg/kg 左右、速效磷 15~20mg/kg、速效钾 150mg/kg 以上。

3. 精细播种

（1）精选种子　所用种子由浚县农科所繁育，以确保种子质量，播前对种子认真挑选，保证大小均匀一致。播前对种子进行晾晒，并进行种子包衣。

（2）免耕直播　待 6 月 8 日小麦收获后，于 6 月 9 日播种夏玉米。示范基地全部采用麦后机械直播。机械播种省工、省时、播种速度快，但缺点是受麦秸影响，易造成播种行、株距不均，出现缺苗断垄现象。为解决这一问题，采用切碎秸秆至 5cm 左右，改高立茬为平茬，同时，适当加大播量，在多下种多留苗的基础上，实现苗足苗匀。采用宽窄行机播，宽行 80~85cm，窄行 40~45cm，株距 20cm，播种深浅一致，每穴 2~3 粒。播种后及时浇"蒙头水"，确保出苗整齐。小麦秸秆切碎还田覆盖地表，不仅不影响机械播种，而且还提高了机械播种质量，同时，可蓄水保墒，降低地温，利于种子出苗。

4. 种植密度

种植密度为5 000株/亩左右。幼苗 3 叶期间苗，5 叶期定苗，间定苗时去弱苗和过大苗，留壮苗和匀苗，去病残苗，留健苗；定苗时多留了计划密度的 5% 左右，用于其后田间管理中拔除病株和弱株。

5. 施肥技术

机械播种时，每亩随施尿素 7 ~ 10kg，种子与肥料相距 5cm 以上，以防烧苗。而未施种肥的地块则在玉米播种后浇"蒙头水"前亩施尿素 7 ~ 10kg，以促壮苗。浇水后 1 ~ 2d，喷洒除草剂以防治杂草。苗期，顺玉米行开沟施入三元复合肥撒可富（N∶P∶K 为 22∶8∶12）或中原尿基复合肥（N∶P∶K 为 23∶9∶8）40kg/亩。大喇叭口期，施入尿素 20kg/亩。玉米总施肥量为：纯氮 20 ~ 24kg、五氧化二磷 3 ~ 4kg、氧化钾 3 ~ 5kg。施肥时结合浇水，做到水肥结合，水肥不分家，以提高肥料利用率。

6. 水分管理

玉米生育期间及时灌水，根据土壤墒情，做到看天（即降雨）、看地（根据田间土壤墒情）、看苗（中午叶片的萎蔫状况）及时灌水；尤其注意浇好播种后的"蒙头水"，拔节水和抽雄、灌浆水，保证玉米全生育期不缺水。

7. 病虫草害防治

按照"预防为主，综合防治"的原则，以化学防治为主。

（1）杂草防除 浇"蒙头水"后，直接喷施 40% 乙阿合剂（0.3kg/亩）进行封闭式喷雾；出苗后于玉米 3 ~ 5 叶期，结合中耕进行人工除草。

（2）主要病虫防治

①苗期黏虫、蓟马和麦秆蝇的防治：播后出苗前，防治杂草时同时混合喷施乙酰甲胺磷（7g/亩），杀死还田麦秸残留的地老虎、棉铃虫、黏虫和蓟马等害虫；1 周以后，每亩再喷施氯氰菊酯农药 1 500ml + 氧化乐果 1 125ml，防治玉米苗期黏虫、地老虎等害虫；玉米定苗后，每亩喷施 1 次乙酰甲胺磷 100ml + 氧化乐果 100ml 混合剂，用于预防玉米田间害虫。

②玉米螟防治：小喇叭口（9 ~ 10 叶展开）和大喇叭口期，分别于心叶撒施杀螟丹颗粒剂 0.5kg/亩。

③锈病和其他病害防治：灌浆期，每亩叶面喷施全能 80ml + 三唑酮 70 克十磷酸二氢钾 50 克混合剂，防治田间红蜘蛛、锈病的发生和危害。

8. 适时收获

在玉米籽粒乳线消失、基部黑层出现时收获。示范基地田于 9 月 30 日收获。

第八章　特用玉米栽培技术

特用玉米具有较高的经济价值、营养价值或加工利用价值。由于其用途与加工要求均有不同，因此，在栽培过程中须注意根据不同种类玉米的用途制定相应的栽培技术。

一、甜玉米栽培技术

甜玉米是甜质型玉米的简称，是由普通型玉米发生基因突变，经长期分离选育而成的一个玉米亚种（类型）。根据控制基因的不同，甜玉米可分为3种类型：普通甜玉米、超甜玉米、加强甜玉米。

1. 选择品种

超甜玉米品种宜用作水果、蔬菜玉米上市，普通甜玉米品种宜用作罐头制品。

2. 严格隔离

甜玉米容易产生花粉直感现象，因此，要与其他玉米严格隔离种植，必须利用空间或障碍物进行隔离，隔离距离大于300m。也可采用错期播种，一般春播要间隔30d以上，夏播间隔20d以上。

3. 适时播种

甜玉米发芽需要的最适温度为32～36℃，在春季温度低时，发芽所需天数增加。地温13℃时，需18～20d发芽，15～18℃时需8～10d，20℃时只需5～6d。一般当气温稳定通过13℃，5cm地温达到11℃以上即可播种。

4. 科学用肥

每亩施用腐熟的有机肥1 000～1 500kg、尿素15～18kg、磷酸二铵30～40kg、氯化钾15～18kg作基肥，分别在拔节前有7～8可见叶片时与抽雄前10d左右，追施尿素5～10kg。

5. 适时间苗、定苗

4～5片叶间苗，6～7片叶定苗，每亩适宜密度4 000～5 000株。

6. 中耕除草

中耕除草具有提高地温、保蓄土壤水分和改善营养状况的作用，4～5片叶时进行浅中耕，一般为 3cm，7~8 片叶时深中耕 10cm 左右，拔节以后浅中耕 3cm。一般从拔节到抽雄前，结合中耕除草轻培土 2~3 次，以增强抗倒能力。

7. 清除分蘖

苗期玉米开始分蘖时及时掰除，尽量不触及主茎。

8. 病虫防治

①选择抗病品种。

②害虫防治：苗期的地下害虫主要是地老虎和蝼蛄。防治地老虎和蝼蛄，可把麦麸等饵料炒香，每亩用饵料 4~5kg，加入 90% 敌百虫的 30 倍水溶液 150ml，拌匀成毒饵，傍晚撒施，进行诱杀。或在幼虫 2 龄盛期，可用 80% 敌敌畏 1 500 倍液沿玉米行喷施。

心叶期和穗期的主要虫害是玉米螟，幼虫蛀入茎秆为害，造成茎秆或雄穗折断，钻入果穗为害籽粒，会大大降低商品性，尽量用赤眼蜂或白僵菌进行生物防治，决不能用残留期长的剧毒农药。

9. 适时收获

除了制种留作种子用的甜玉米要到籽粒完熟期收获外，做罐头、速冻和鲜果穗上市的甜玉米，都应在最适 "食味" 期（乳熟前期）采收。

不同品种、不同地点之间采收时间不同。在上海，普通甜玉米籽粒在授粉后 23d 采收；在江苏淮阴等地，在授粉后 17~21d 采收；在河南郑州等地，超甜玉米在授粉后 20~25d 采收。

10. 判断甜玉米适期采收的方法

（1）含水率法　含水率与甜玉米的食味有着密切的关系。由于甜玉米利用类型不同，对采收期籽粒中含水率的要求也不同，用做整粒罐头、整粒冷冻、粉末的要求含水率为 73%~76%；用做奶油型罐头的要求含水率为 68%~73%；带芯冷冻、青穗上市的要求含水率为 68%~72%。

（2）果皮强度法　用穿孔法测定果皮强度，以确定适宜采收期。果皮强度在授粉后不断增加，最佳质量果皮强度，整粒甜玉米为 240~280g、奶油型为 280~290g。

（3）有效积温法　普通甜玉米与超甜玉米的适宜采收期分别为，吐丝后有效积温达 270℃ 与 290~350℃。

二、糯玉米栽培技术

糯玉米籽粒中，含 70%~75% 的淀粉、10% 以上的蛋白质、4%~5% 的脂肪、2%的多种维生素，籽粒中蛋白质、维生素 A、维生素 B_1、维生素 B_2 均高于稻米。

1. 选用良种

选用适合当地自然和栽培条件的杂交种。根据市场要求搭配早、中、晚熟品种。

2. 隔离种植

参考甜玉米隔离技术。

3. 合理安排播期

根据市场与消费者需求，合理安排春播、夏播和秋播时间。

糯玉米播种的初始温度为气温稳定通过12℃，采用苗床棚架薄膜营养钵育苗，可以使播种期比露地提前 10～15d。

首期薄膜育苗移栽到大田后再覆膜促进壮苗早发。覆盖时间在移栽前 3～5d，以充分利用光能，增加移栽时地温，缩短缓苗期。首期播种以后，按照市场的需求，每隔 7～10d 再播种一批，最迟播期只要能保证采收期气温在 18℃ 以上即可。

4. 合理密植

糯玉米合理的种植密度与品种、肥水和气候有关。高秆、晚熟品种，每亩种植密度 3 000～3 500 株。矮秆、中早熟品种，每亩种植密度 4 000～4 500 株。肥力较高适宜密植，肥力较差适当稀植。在低纬度和高海拔地区，适当密植。

5. 科学施肥

糯玉米应增施有机肥，均衡施用氮、磷、钾肥。每亩施用充分腐熟的优质厩肥 2 500～3 000kg 与复合肥 30～40kg 作基肥。2～3 片全展叶时施尿素 15kg、氯化钾 20kg，在离苗 6～10cm 处开沟条施、施后覆土；8～9 片全展叶时轻追氮肥（尿素 10～15kg）；10～11 片全展叶时重施攻穗肥（尿素 40～50kg），并在追肥后及时浇水。

6. 去除分蘖，加强人工辅助授粉

在拔节前后应及时摘除无效分蘖，减少水分和营养消耗，促进茎秆粗壮，防止倒伏，增加产量。如遇到高温、刮风、下雨等不利气候条件，可视情况进行人工辅助授粉。

7. 适期采收

根据用途不同，适期采收。收获籽粒的，待籽粒完全成熟后收获；利用鲜果穗的，要在乳熟末期或蜡熟初期采收。

不同的品种最适采收期有差别，主要由"食味"来决定，一般春播以灌浆期气温在30℃左右，授粉后25～28d采收为宜；秋播以灌浆期气温20℃左右，授粉后35d左右采收期为宜。

三、爆裂玉米栽培技术

爆裂玉米是玉米种中的一个亚种，是专门用来制作爆玉米花的专用玉米。其爆裂能力受角质胚乳的相对比例控制。

1. 选择适宜品种

选择千粒重在130g左右、膨爆率不低于95%、膨爆倍数不低于25倍、抗逆好、产量高的品种。

2. 严格隔离

空间隔离参照甜玉米栽培技术，错期播种为：春播要求错期40d以上，夏播错期30d以上。

3. 精细整地

爆裂玉米籽粒较小，出苗较弱，对播种质量要求较高，且生育期较长，对养分需求量高。要重视基肥的施用，以有机肥为主，配合磷、钾肥和少部分速效氮肥，每亩有机肥施用量1 500～2 000kg、尿素10～15kg、磷酸二铵30～45kg、氯化钾15～20kg。土地耕翻后要精细整地，耙平耙匀。

4. 分期播种

爆裂玉米因遗传因素及不良环境条件的影响，易产生雌雄花脱节现象，雌穗遇不良的自然条件，吐丝时间要比雄穗抽雄晚20d左右，为保证爆裂玉米的正常授粉结实，提高籽粒产量，种植过程中可采用分期播种的方式，即在同一地块先播下80%种子，其余20%可等15d左右再播1次，以此协调花期。适宜种植密度为每亩3 800～4 000株。

5. 科学追肥

在3叶期定苗后，每亩追肥量为：拔节前追施尿素8～10kg，大喇叭口期追施尿素15～18kg、磷肥10～12kg、钾肥5～6kg。

6. 杂草防治

玉米出苗前，使用乙阿合剂300～400g，对水30～40kg喷洒地表，进行化学除草。玉米苗3～4叶期，结合施苗肥进行浅中耕。7～8叶期结合追施穗肥深中耕除草。

7. 害虫防治

爆裂玉米主要害虫有玉米螟、蚜虫、地老虎等。及早采用低毒高效农药进行化学防治，或利用天敌害虫进行生物防治。

8. 适时采收

爆裂玉米最佳采收期比普通玉米略迟。当苞叶干枯松散，籽粒变硬发亮时，即为完熟期，可进行收获。摘回果穗后，晾晒至籽粒含水量在 14% ~ 18% 时脱粒。

四、笋玉米栽培技术

笋玉米是指以采摘刚抽花丝而未受精的幼嫩果穗为目的的一类玉米。笋玉米包括专用型笋玉米、粮笋兼用型笋玉米、甜笋兼用型笋玉米。

1. 选用良种、分期播种

选用多穗、早熟、耐密植，笋形细长，产量高、品质好的品种。采用地膜覆盖、育苗移栽、品种搭配等手段分期播种，延长采收期。

2. 精细整地、合理密植

笋玉米发芽能力弱，对整地质量要求较高，要求土壤足墒、深耕、细耙，最好作畦种植，土壤干湿适宜，播种深度在 5cm 左右。春播可覆膜种植，夏播越早越好。每亩适宜密度为 4 000 ~ 5 000株。

3. 肥水管理

每亩施用有机肥 2 500 ~ 3 000kg 和磷酸二铵 40 ~ 50kg 做基肥，尿素 6 ~ 10kg 做种肥，拔节期追施尿素 20 ~ 30kg，遇到干旱要及时灌水。

4. 及时去雄

笋玉米的采收一般是雌穗抽丝前后几天，不需要授粉受精，应及时去雄，去雄时间在雄穗刚刚露出时进行。

5. 及时采笋

笋玉米品种在花柱伸出 1 ~ 3cm 时即可采收，每隔 1 ~ 2d 采 1 次笋，7 ~ 10d 内可把笋全部采完。采笋时应特别注意不撕坏叶片或伤及茎秆，收获的笋及时进行加工处理。

五、青贮玉米栽培技术

青贮玉米是指专门用于饲养家畜的玉米品种，按植株类型分为分枝多穗型和单秆大穗型，按其用途分为青贮专用型和粮饲兼用型。

1. 选地与整地

选择土层深厚、养分充足、疏松通气、保肥保水性能良好的壤土或沙质壤土。深翻深度 27～30cm，耕翻与施基肥同时进行，基肥每亩施用量为腐熟的有机肥料 3 000～5 000kg。在一些土壤水肥条件较好、土质较为松软的田地上，前茬收获后，对地面的残茬处理完后，可进行免耕播种。

2. 品种选用

由于栽培目的不同，青贮专用型玉米应选择生长旺盛、分蘖力强、株高、叶大、叶多、果穗既大又多，粗纤维含量较少，生育期在 100d 左右的品种。

3. 种子处理

选择成熟度好、粒大饱满、发芽率高、生活力强的种子。为了防治地下害虫，确保全苗壮苗，播前对种子进行浸种催芽或药剂拌种。

4. 种植密度

各地区应根据当地的地力、气候、品种等情况具体掌握种植密度。早熟平展型矮秆杂交种适宜密度每亩 4 000～4 500株，中早熟紧凑型杂交种适宜密度每亩 5 000～6 000株，中晚熟平展型中秆杂交种适宜密度每亩 3 500～4 000株，中晚熟紧凑型杂交种适宜密度每亩 4 000～5 000株。

5. 精细播种

当地温稳定在 8～10℃后可以播种，播种深度以 5～6cm 最为适宜。通常行距为 60～70cm，用青贮收割机收获的地块，行距应与收割机的收割宽幅配套，播种方法可采用穴播，也可条播。每亩种肥施用量为尿素 7.5～10kg、二铵 8～10kg、氯化钾 7.5～10kg，采取条施或穴施。

6. 苗期管理

当玉米叶片达到 2～3 片真叶时应该及时间苗，选留大小一致、叶片肥厚、茎秆扁而矮壮的苗，拔除病苗、弱苗和杂苗。在长出 5 片真叶时定苗，留苗密度视地力、品种特性等而定。

7. 中耕除草

在 6～7 片叶时结合追肥，中耕除草和培土。一般定苗后进行 2～3 次中耕除杂草。中耕一般控制在 3～4.5cm，避免伤根压苗。此时如发现仍有地下害虫，可用毒饵防除或喷洒 40% 乐果乳剂防治。

8. 追肥

分别在拔节与抽穗前进行追肥，每次每亩追施尿素 5～10kg。

9. 灌溉

有条件的地区视墒情适时灌溉，每次追肥后应立即浇 1 次水，干旱时浇水，保持土壤持水量 70% 左右。

10. 培土

玉米经过数次中耕除草、追肥、灌水后有部分玉米根裸露地面，且在生长发育期间长出气生根时，应进行培土，保证玉米从土壤中吸收足够的养分，并防止倒伏。

11. 收获

一般在蜡熟期或乳熟期收获，收获后及时切碎青贮。

六、优质蛋白玉米栽培技术

优质蛋白玉米，又称高赖氨酸玉米或高营养玉米，是指蛋白质组分中富含赖氨酸的特殊类型。

1. 种子处理

选择颗粒饱满，发芽率90%以上的健康种子，选择适宜的包衣剂拌种。

2. 隔离种植

主要采取空间隔离与障碍物隔离的方式，一般隔离距离不少于200m。

3. 一播全苗

精细整地，做到耕层土壤疏松、上虚下实。在当地日平均气温稳定在12℃以上时直播。在春季干旱地区，必须灌好底水、施足底肥。播种深度不宜过深，以3～5cm为宜。

4. 合理密植

种植密度要根据土、肥、水条件、品种特性及田间管理水平来确定。土质肥水条件较差的地块应适当稀植；土质肥水条件较好的地块和育苗移植地块，可适当密植，一般每亩种植密度为3 000～4 000株。

5. 科学施肥

每亩施用3 000～4 000kg有机肥、40～50kg玉米专用复合肥做底肥，拔节期每亩追施尿素10～12kg、硫酸钾8～10kg，大喇叭口期每亩追施尿素20～25kg。

6. 中耕培土

苗期应进行浅中耕，拔节时应结合追肥进行深中耕，并浅培土，一般耕深6～8cm。大喇叭口期追肥后浅中耕。

7. 防治病虫

苗期主要害虫为地老虎、蛴螬，成株期主要是玉米螟。应及早采用低毒高效农药进行化学防治，或利用天敌害虫进行生物防治。

8. 收获与贮藏

当果穗苞叶变黄，籽粒变硬，乳线消失至2/3处，可适时收获。收获后晾晒至籽粒含水量18%以下时脱粒，脱粒后再晾晒到水分降至14%以下时，入仓贮藏。

七、高油玉米栽培技术

高油玉米是一种籽粒含油量比普通玉米高50%以上的玉米类型。普通玉米的含油量一般4%～5%，而高油玉米含油量高达7%～10%，有的可达20%左右。

1. 选用适宜的品种

根据不同生态区特点选择适宜的品种。

2. 适期早播

高油玉米生育期较长，籽粒灌浆较慢，应适期早播。一般在麦收前7～10d进行麦田套作或麦收后铁茬直播，也可采用育苗移栽的方法种植。

3. 合理密植

高油玉米每亩适宜密度为4 000～4 500株。

4. 科学施肥

每亩施有机肥1 000～2 000kg、磷酸二铵15～18kg、尿素15～20kg、硫酸钾12～16kg、硫酸锌1～2kg，苗期追施尿素4～5kg，小喇叭口期追施尿素18～25kg。

5. 化学调控

高油玉米植株偏高，容易倒伏，需适当采取化学调控措施，根据化学调控剂种类，选择适宜的生长时期喷施。

6. 其他管理

等同于普通玉米栽培管理。

第九章　玉米主要病虫草害及其防治

第一节　玉米主要病害及其防治

一、苗期病害

（一）玉米苗期猝倒病

1. 症状

玉米播种后，种子在土壤中萌发前腐烂坏死或出土后长至 1～2cm 高时枯死。有的幼苗在出土后近地面处腐烂，病部呈水浸状，淡褐色，潮湿时长出白絮状菌丝体，病部以上叶片开始萎蔫，2～3d 后幼苗猝倒。

2. 发病规律

病菌以卵孢子随病残体（毛根组织）在土壤中越冬或越夏，成为翌年的初侵染源，条件适宜时病菌就会萌发菌丝直接侵入幼根、幼茎，产生孢子囊和游动孢子进行重复侵染。该病在低温（10～13℃）和土壤潮湿条件下容易发生、蔓延，病害发生程度与播种深度、土壤类型、种子成熟度、种皮的机械损伤和抗病性等因子有关，甜玉米比马齿型玉米较易感病。

3. 防治方法

（1）农业防治　从无病果穗上留种，适时播种，避免过早和低温多雨天气播种。播种时覆土不宜过厚，以利及早出苗，结合定苗拔除病苗，及时中耕锄草等农业防治措施，均有利于减少发病和减轻病情。

（2）药剂防治　种子特别是制种田的种子，可用 10% 适乐时水剂，每 50kg 种子用药 50～100ml 拌种，或用 5% 根宝拌种剂进行拌种。在田间出苗后发现有萎蔫病叶或个别凋萎病株时，开始喷药，药剂可选用：50% 多宁可湿性粉剂 600 倍液，72.2% 普力克水剂 500～800 倍液，58% 雷多米尔·锰锌可湿性粉剂 500 倍液，72% 克露可湿性粉剂 600 倍液，喷洒均匀。

（二）玉米苗枯病

1. 症状

玉米苗枯病先在种子的根和根尖处发生褐变，随后扩展到整个根系，根系变为黑褐色，根毛减少，无次生根，并向上蔓延至茎基部呈水浸状腐烂。叶鞘变褐撕裂，叶片变黄，叶缘呈焦枯状，心叶卷曲易折，后自下而上叶片逐渐干枯。无次生根的则死苗，有少量次生根的形成弱苗，危害轻的幼苗地上部无明显症状。一般在玉米2叶期至心叶期发病，开始在第一片叶和第二片叶的叶尖处发黄，并逐渐向叶片中部发展，严重时心叶逐渐青枯死亡。

2. 发病规律

病菌主要在病株残体或土壤中越冬，成为翌年的初侵染源。长期低温高湿有利于病害发生和流行。套种夏玉米或夏播玉米在播种后至发根期若遇高温干旱天气，又突然降中到大雨，雨后土壤易板结，特别是砂壤土更易板结，生长较弱的幼苗根系，在潮湿土壤内不透气极易感病。地头或低洼地段玉米苗枯病发生更重。

3. 防治方法

（1）农业防治　从无病果穗上留种，适时播种，避免过早或低温多雨天气播种。播种时要浅覆土，以加快田间出苗；结合定苗及早拔除病株，早春定苗后，应及时划锄，或中耕，以疏松土壤，促进根系生长。若土壤干旱时，应及时灌溉。

（2）药剂防治　药剂拌种每50kg玉米种子用10%适乐时水剂50~100ml拌种，或用5%根宝拌种剂拌种。田间出苗后发现有萎蔫病叶或个别病株时，应喷药防治，药剂可选用：0.1%S-诱抗素水剂2 000倍液加50%多菌灵可湿性粉剂500倍液，50%多宁或72%克露可湿性粉剂600倍液，58%雷多米尔·锰锌可湿性粉剂500倍液，喷洒均匀。

二、叶部病害

（一）玉米小斑病

玉米小斑病又名玉米蠕孢菌叶斑病、玉米斑点病。20世纪60年代，该病是从国外引进感病自交系以及国内感病品种和自交系的普遍推广造成的，其中，河北、河南、北京、天津、山东、广东、广西、山西、陕西、湖北等省（市、自治区）发生较重，特别是夏玉米，一般减产10%~20%，严重年份可达30%~40%。

1. 症状

玉米从苗期到成株期均可发生，但以抽雄灌浆期发生较重，对产量影响很大。该病主要危害叶部，叶部症状因品种抗病性不同而表现 3 种病斑类型：第一种类型病斑呈椭圆形或长方形，扩展受叶脉限制，黄褐色，有明显深褐色边缘；第二种类型，病斑呈椭圆形，扩展不受叶脉限制，无深褐色边缘，以上两种类型在有些玉米品种上，遇高温潮湿天气，病斑周围或两端会形成暗绿色的湿润区，是一种高感品种的表现类型；第三种类型，病斑为黄褐色，坏死斑点周围有明显黄绿色晕圈，是一种高抗表现类型，第一和第二种类型在高温、高湿环境下病斑上长出灰黑色霉状物，即病原菌的分生孢子梗和分子孢子。

2. 发病规律

病菌以菌丝体和分生孢子在田间玉米病残体上越冬，成为翌年发病的初侵染源。春季发病的新病株上产生的大量分生孢子借气流或雨水重复侵染。种子亦可带菌，春、夏玉米二季播种地区，夏玉米发病重而普遍，重者叶片可达枯焦程度。玉米小斑病的发生流行与品种抗病性和气候条件关系密切。在有菌源和感病品种条件下玉米小斑病能否发生与流行，主要取决于 7～8 月的降水量、降水次数和湿度等气候条件。降雨多、湿度大，病情发展快。凡重茬连作，地势低洼，排水不良，土质黏重，晚播，施肥不足，管理粗放，发病重；与花生、大豆等矮秆作物间作，适期早播，配方施肥等均能减轻其危害。

3. 防治方法

（1）选育和选用抗病品种　在推广抗病品种时，应注意品种合理布局和轮换使用。

（2）农业防治　田间发病的菌源主要来自本田的病株残体（初侵染菌源）和病株下部叶片病斑上新形成的分生孢子（再侵染菌源）。因此，玉米收获后要彻底清除田间的病株残体，及时翻耕。重病地实行两年以上轮作。生长季节要及时大面积摘除玉米底部病叶，可明显压低菌量，改变田间小气候，推迟病害的流行，一般防效可达 50% 左右。具体做法是：于 7 月下旬至 8 月上旬玉米抽穗前，田间病株率达 70% 以上，病斑仅发生在植株底部 2～3 片叶时，应在中到大雨前，及时打掉底部 2～3 片叶，集中携出田外深埋。加强栽培管理，施足基肥，增施有机肥，实行间作、套作，加强通风透光，降低田间湿度等措施都能减轻病情。

（3）药剂防治　制种田病重时可进行喷药防治，最好在大面积打底叶的基础上进行喷药效果会更好。药剂可选用：75% 百菌清可湿性粉剂 500 倍液，52%

克菌宝可湿性粉剂 600 倍液，50% 多菌灵可湿性粉剂或 70% 甲基硫菌灵可湿性粉剂 500 倍液，50% 苯菌灵可湿性粉剂 800 倍液，应在发病初期喷雾防治，隔 7～10d 喷 1 次，灌浆后停止用药。

（二）玉米大斑病

1. 症状

玉米大斑病主要侵染叶片、叶鞘和苞叶。典型病斑呈长梭形或椭圆形，灰绿色或茶褐色，病斑颇大，大小为（1～3）cm×（3～15）cm，上生黑色霉状物，即病菌的分生孢子梗及分生孢子。一般先从下部叶片开始发生，随后向植株上部叶片发展，潮湿条件下，病斑迅速发展，互相汇合，叶片大量枯死。玉米品种抗病性不同，叶片上的症状亦有明显差异。最常见的症状是病叶呈萎蔫状，是多基因遗传抗性现象，病斑上孢子量大，或病斑周围组织坏死，后期在叶鞘和果穗的苞叶病斑上可长出黑色霉层；另一种症状是叶面病斑呈黄绿色，边缘黄褐色，即使条件合适，病斑不坏死，为显性单基因（Ht）遗传抗性，又可分 Ht1 与 Ht2 两种。病菌除侵染玉米外，还能侵染高粱和苏丹草。

2. 发病规律

病菌以菌丝和分生孢子在病残体上越冬，为翌年发病的初侵染源。分生孢子借气流传播，重复侵染。玉米大斑病的发生和流行，除具备菌源和感病品种外，主要决定于温度和湿度是否适宜。大斑病菌分生孢子适宜生长的温度为 21～22℃。当气温在 18～27℃、空气相对湿度 90% 以上时易暴发流行，如气温高于30℃且降雨少则对病害有抑制作用。因此，7～8 月的气温高低和降雨多少等是影响发病轻重的重要因素。另外，发病早晚与产量损失也密切相关，发病早，尤其是玉米雌穗吐丝前发病产量损失最大，而在蜡熟期后发病则产量损失就较小。

3. 防治方法

防治玉米大斑病应采取以抗病品种为主，减少病菌来源，增施磷钾肥，适期播种等综合措施进行防治。

（1）选用抗病品种

（2）农业防治　搞好田间卫生，彻底清除残株病叶，玉米收获后及时翻耕土地，是减少初侵菌原的有效措施。实行大面积轮作，既有利于玉米生长发育，也能减少田间菌量积累。此外，根据玉米大斑病在植株上先从底部叶片开始发病，逐渐向上部叶片扩展蔓延的发病特点，可采取大面积早期摘除底部病叶的措施，以压低田间初期菌原。增施基肥，适期追肥，增施腐熟的有机肥和磷钾肥，及时中耕除草，促使植株健壮生长，提高抗病力。

（3）药剂防治　自交系或制种玉米和高产田可喷药防治。应在发病初期喷药，药剂可选用：50%苯菌灵可湿性粉剂 800 倍液，52%克菌宝可湿性粉剂 600 倍液，62.5%安太保可湿性粉剂 500 倍液，隔 7d 喷 1 次，连喷 2～3 次。

（三）玉米弯孢菌叶斑病

玉米弯孢菌叶斑病又称螺霉病或黑霉病，是我国近几年来发生的一种新病害。

1. 症状

主要危害叶片，发病初期病斑小（1～2mm），为淡黄色透明点，随后病斑扩大呈圆形或椭圆形，病斑中央乳白色，边缘有深褐色环，外围有黄色晕圈，直径 2～7mm。高感品种全株叶片密布病斑，有时病斑互相汇合，叶片局部或全部枯死。

2. 发病规律

病菌以菌丝和分生孢子在病残体上越冬，玉米秸秆垛、田间和堆肥中的病残体均为翌年发病的初侵染源。据观察，该病发病高峰期是 8 月中下旬，高温、高湿天气有利于病害发生。病菌孢子生长温度为 9～38℃，在 25～30℃条件下，人工诱发病害潜育期短，仅 3～5d。连续降雨有利于该病的快速流行。玉米种植过密、偏施氮肥、管理粗放、低洼积水和连作地块发病重。

3. 防治方法

选用适宜当地种植的抗病品种，清除田间病株残体，减少初侵染源。发病初期喷药，药剂可选用：75%百菌清可湿性粉剂 800 倍液、52%克菌宝或 80%炭疽福美可湿性粉剂 600 倍液、50%多菌灵悬浮剂或 50%福美双可湿性粉剂 500 倍液。

（四）玉米褐斑病

1. 症状

该病是玉米中后期病害，喇叭口末期始见发病，抽穗期至乳熟期为发病高峰期。主要危害叶片、叶鞘和茎。潮湿地块还危害果穗苞叶，出现黄褐色长圆形至圆形小斑点，常从叶片基部开始，逐渐扩大到叶片主脉或叶鞘上，形成许多椭圆形的淡黄色、紫褐色或稍呈紫色的小斑，直径 1mm 左右，通常密集，纵行排列，在叶片上出现横带状。以后病组织逐渐变成褐色至赤褐色，并汇合成大而不规则斑块，后期在病斑上出现疱状突起，并有黄褐色粉状物，是病菌的休眠孢子（囊）。

2. 发病规律

病菌以休眠孢子（囊）在病残组织里或土壤中越冬，翌年在潮湿条件下萌发产生大量游动孢子，游动孢子在玉米叶表面水滴中移动，常于喇叭口内侵害玉米幼嫩组织，产生休眠孢子（囊），形成再侵染。由于玉米褐斑病菌的游动孢子是在白天数小时内侵入寄主组织，夜晚黑暗下不侵染，因而形成叶部组织的感染和未感染呈黄绿交互带。休眠孢子囊需要叶片上有水滴和较高的温度（23～30℃）时才能萌发。休眠孢子（囊）在干燥的土壤和病残组织中可以存活3年以上。品种间对该病的抗性差异不明显。该病在我国南方发生较重，北方则在7～8月雨季发生较多。

3. 防治方法

（1）农业防治　收获后清除病株残体，配合深翻耕地，以减少侵染来源；及时排除田间积水，控制发病条件；施足基肥，适时追肥，及时中耕除草，促进植株健壮生长，提高抗病能力。

（2）药剂防治　发病前喷80%代森锌可湿性粉剂300倍液。发病初期喷52%克菌宝可湿性粉剂或20%萎锈灵乳油600倍液，或在玉米10～13叶期喷20%粉锈宁乳油3 000倍液，也可用34%卫福1：133比例拌种。

（五）玉米矮花叶病

玉米矮花叶病在我国辽宁、河北、山西、四川、河南、北京、天津、甘肃、山东、陕西、内蒙古、浙江、广东、江苏、新疆等地均有发生，但在西北、华北地区一些省的平原地区发病较重，华东地区也有加重趋势，流行年份可造成大面积严重减产，是玉米生产上的重要病害之一。

1. 症状

苗期和成株期均可感病。苗期感病，在幼叶基部现花叶斑驳（如种子带毒，幼苗子叶就显斑驳症状），逐渐沿叶脉扩展形成明显的黄绿相间的狭窄失绿条纹斑，成株期感病新叶上最为明显。病情加重时，叶绿素减少，叶色变黄，组织变硬，质脆易折，从叶尖叶缘开始逐渐出现紫红色条纹，最后干枯。病株黄化瘦小，生长缓慢，轻病株无条纹而多斑驳，也有不同程度矮化，故称玉米矮花叶病。植株近成熟时，感病叶片变黄部分多转为褐色，也有转为红色或紫色的。病株早期受害，可严重矮化，病株多半不能抽穗而提早枯死，少数能抽穗的果穗细小，籽粒小而秕，或果穗不结实，有时一个节上生几个雌穗。由于受害时间不同，植株呈现不同程度的节间缩短，受害晚的，只有上部的节间缩短；早期感病的可使玉米根茎腐烂，过早死亡。另外，不同品种种子带毒力也不同。

2. 发病规律

玉米矮花叶病不能在干枯的病残体内及土壤中越冬存活。主要在多年生禾本科杂草上越冬。该病毒寄主范围很广，除玉米外还有谷子、糜子、白草、牛鞭草、蟋蟀草、狗尾草、稗草、画眉草和马唐等。田间主要初侵染源是种子带毒，不同品种种子带毒力也不相同，带毒率为 0.05%～2.2%。玉米矮花叶病毒的传播媒介是蚜虫，如玉米蚜、棉蚜、麦二叉蚜、粟缢管蚜和桃蚜等，蚜虫在带毒越冬寄主上吸毒后，迁飞到玉米上取食，在田间进行再侵染传播。另外，人工摩擦汁液也可传毒。病害的流行和危害程度，与品种、毒源、介体，栽培条件和气象因素密切相关。感病品种、气候干旱、夏玉米播期晚、地边杂草多、传毒昆虫多、沙质或瘠薄土壤以及管理粗放等均有利于发病。

3. 防治方法

（1）选用抗病品种　选用抗病品种是防治玉米矮花叶病的根本途径。

（2）农业防治　早播是重要的避病增产措施，尤其是夏玉米早播防病效果最好。结合间苗、定苗及时拔除病株，彻底清除田间杂草，消灭带毒寄主，减少侵染源。及时中耕，注意水肥管理，提高玉米抗病性。

（3）药剂防治　及时防治蚜虫是防治玉米矮花叶病的重要措施，玉米苗期要及时彻底治蚜，消灭初次侵染来源。麦收前后，有翅蚜大量繁殖迁飞，这时春玉米已到生长中后期，夏玉米正值幼苗期，一旦被侵染危害很重。因此，在小麦乳熟期，麦蚜迁移危害盛期应及时喷药彻底治蚜。药剂可选用：25%辟蚜雾水分散粒剂 1 000～1 500 倍液，10% 吡虫啉可湿性粉剂或 25% 阿克泰水分散粒剂 4 000～5 000 倍液，3% 啶虫脒乳油 1 500 倍液，喷洒均匀。

（六）玉米粗缩病

玉米粗缩病又名黑条矮缩病、万年青、生姜玉米。我国河北、河南、山东、北京、天津、辽宁、甘肃、新疆等地发生普遍，危害严重，已成为玉米生产上重要病害之一。

1. 症状

苗期和成株期均可受害。幼苗被害，叶色浓绿，根系少，苗矮不长，类似生姜叶片。成株期感病，植株下部膨大，节间缩短，植株矮化、粗壮，叶色浓绿，叶背主脉上产生长短不等的蜡状隆起，称为脉突。病株不抽雄穗或不孕，根和茎部的维管束肿大。后期感染的病株，表现植株上部节间缩短，雄穗花轴缩短，果穗短小，结实少。

2. 发病规律

该病毒由灰飞虱传播。冬季气温偏暖，早春温度回升早，有利于灰飞虱越冬和繁殖，发病重。播种早，杂草多，传毒昆虫量大，带毒率高，病害发生就重，播种晚，发病轻。春、夏季高温干旱天气有利于灰飞虱的发生，因此病害易蔓延流行。品种间抗病性有明显差异。另外，水肥不足，有机肥施入偏少，植株生长不良，免疫力减弱，也有利于发病。

3. 防治方法

（1）选用抗病或耐病品种　不同类型单交种间抗病性有差异，硬粒玉米比马齿型单交种较抗病。

（2）农业防治　调整播种期，避开灰飞虱迁飞高峰期，以减轻玉米粗缩病发生程度，可采用春玉米提前播种，套种玉米推迟播种，扩大夏直播玉米面积。播种前整地灭茬，清除沟渠、地头杂草，及时中耕除草，拔除病苗，加强肥水管理，促进植株健壮生长，提高免疫力，均可减轻病害。

（3）药剂防治　及时防治灰飞虱是减轻玉米粗缩病的技术关键，应在玉米齐苗后或 3 ~ 4 叶期喷药防治，防治灰飞虱可选用：3% 啶虫脒或 48% 毒死蜱乳油 1 000 ~ 1 500 倍液，10% 吡虫啉可湿性粉剂 4 000 ~ 5 000 倍液。防治病毒病，可用 1.8% 菌克毒克（宁南霉素）水剂 250 倍液或 3.6% 克毒灵水剂 500 倍液喷雾，同时，还可喷洒 0.1% S-诱抗素水剂 2 000 倍溶液加 0.1% 福施壮水分散粒剂 800 倍液或 0.5% 氨基寡糖素水剂 800 倍液，可增加植株免疫力，提高抗病能力，促进根系生长。

（七）玉米锈病

玉米锈病包括普通锈病、南方锈病、热带锈病和秆锈病 4 种。我国玉米主要产区均有发生，以普通锈病发生居多，该病主要在玉米生长后期发生，一般危害性不大，但在有的自交系和杂交种上也可严重发病，使叶片提早枯死，造成较重的损失。

1. 症状

主要侵染叶片。发病初期，在叶片的两侧散生或聚生孢子堆，孢子堆隆起呈球形或长形，黄棕色或红棕色，后期在植株成熟时变为黑褐色，并产生冬孢子，严重时叶片和叶鞘褪绿或枯死。

2. 发病规律

冬孢子在春天萌发，形成壁薄、无色的担子及担孢子。担孢子发芽侵入酢浆草（木酸模）的叶片，在叶片表面形成性孢子器和性孢子，在酢浆草叶片下表面形成锈孢子，在锈子腔内的锈孢子靠风传播，侵染玉米叶片，在侵染点上产生夏孢子，并可重复产生。夏孢子在温暖地区越冬，为翌年的初侵染源。该病需在适温（25℃左右）、高湿（空气相对湿度 100%）的条件下才会发生和流行，我国东北和华北地区一般在8月中下旬发生蔓延，如降雨多，可提前发病。

3. 防治方法

（1）农业防治　玉米锈病是一种气流传播病害，防治上必须采用抗病品种为主，发病区应更换抗病品种。适期播种，合理密植，避免偏施氮肥，搭配使用磷、钾肥。

（2）药剂防治　应在发病初期喷药，药剂可选用：80%福星乳油8 000倍液，25%粉锈宁可湿性粉剂1 000~1 500倍液，65%代森锌可湿性粉剂500倍液，也可喷洒0.2波美度石硫合剂。

（八）玉米圆斑病

1. 症状

病菌主要侵染果穗、叶片、苞叶，叶鞘也可受害。果穗受害后引起穗腐，先从穗顶或穗基部的苞叶上发病，向果穗内部扩展，受害玉米籽粒和穗轴变黑凹陷，致果穗变形弯曲，籽粒变黑、干瘪，后期籽粒表面和苞叶上长满黑色霉层，即病菌的分生孢子梗和分生孢子。

叶片上病斑散生，初为水浸状、淡绿黄色小斑点，扩大后呈圆形斑，有同心轮纹，中央淡褐色，边缘褐色，具黄绿色晕圈，大小为（3~13）mm×（3~5）mm。有时出现长条线形病斑，大小为（10~30）mm×（1~3）mm。病斑上着生黑色霉层，苞叶和叶鞘上病斑呈褐色，圆形，表面也密生黑色霉层。

我国玉米圆斑病有3个生理小种：生理小种1号，在人工培养基上的菌落呈黑色，气生菌丝少，孢子量多。生理小种2号的菌落呈灰黑色，气生菌丝多，孢子量少。生理小种3号，分生孢子形态弯形多于直形。1号生理小种侵染果穗，引起穗腐，呈暗黑色，在叶片上形成圆斑，田间致病力最强，具有专化致病性，是我国各地的优势种。2号小种形成穗腐，呈灰黑色，在叶片上为长条线形斑，致病力较弱，且无寄主专化性。3号小种侵染叶片后，产生圆形和线形斑，在制种田对某些自交系有致病性，但在田间危害较轻。

2. 发病规律

病菌以菌丝体在田间或秸秆垛上残留的病叶、叶鞘、苞叶和果穗籽粒上越冬，为翌年的初侵染源。种子带菌与种植感病品种是田间发病和流行的重要因素。寄主范围窄，自然条件下只侵害玉米；人工接种时，在高粱、甘蔗、苏丹草上可产生微小的紫色斑点。温度高低和湿度大小与病害流行关系极大，气温在25℃左右，田间空气相对湿度高于85%，降水频繁可造成病害流行。

3. 防治方法

选用抗病自交系组配抗病杂交种是防治玉米圆斑病最经济有效的措施。在制种田里发现组配自交系果穗感染玉米圆斑病时，可用25%粉锈宁可湿性粉剂或胶悬剂250~500倍液，在果穗冒尖期喷雾防治，灌浆期再喷1次。此外，应结合农业措施，玉米收获后应及时耕翻土壤将病残体深埋土中，减少菌源。合理密植，增施有机肥，加强栽培管理，重病地块可实行轮作换茬，以上措施均可减轻发生和危害。

（九）玉米霜霉病

1. 症状

玉米霜霉病亦称丛顶病、疯病或露菌病。主要侵害玉米叶鞘、雄花序，特征是花序多育，即雄穗局部或全部增生，成为一簇叶状结构。最初发病症状是过度分蘖，上部叶片旋转扭曲，有的叶片发生斑驳，病株的叶片通常狭窄，带状有韧性。叶状体也可发生在雌穗上，成为一簇厚叶，果穗不能抽出。严重时幼苗矮化变褐，幼株由于分蘖增多呈簇生状。该病菌还可侵染高粱、水稻。

2. 发病规律

病菌以卵孢子在病残体及土壤中越冬，成为翌年初侵染源。春季卵孢子在土壤湿度饱和时，产生孢子囊和游动孢子，借风雨传播，侵染寄主的幼根或叶片分生组织。新病株上产生大量的孢子囊或分生孢子，为再侵染源。病菌发育需要高湿环境，在多雨年份，温度在24~28℃的条件下，最易发病，地势低洼地块发病更重。玉米幼苗在3~4叶期，亦易感病，可导致苗枯。除危害玉米外，还可侵染多种杂草，如蟋蟀草、马唐、扫帚菜、狗尾草和稗草等。

3. 防治方法

选用抗病品种，及时拔除病株，集中烧毁或深埋。发病初期喷药防治，药剂可选用：80%乙膦铝可湿性粉剂400倍液，72%霜脲锰锌可湿性粉剂600~800倍液，12%绿乳铜乳油600倍液，69%安克锰锌可湿性粉剂1 000倍液。

（十）玉米条纹矮缩病

玉米条纹矮缩病又称玉米条矮病，俗称穿条绒。

1. 症状

病状特点是玉米节间缩短，叶片密集，沿叶脉产生褪绿条纹，后期条纹上产生坏死褐斑。根据叶片上条纹宽度及发生部位，可分为两种类型。

（1）密纹型　条纹连续或断续产生在叶脉之间或叶脉上，宽0.2~0.7mm，两条叶脉之间有1~5个条纹，症状出现较晚。最初叶色较淡，叶片直立开张角度较小。

（2）疏纹型　条纹断续或连续产生在叶脉上，叶脉间极少出现条纹，宽

0.4~0.9mm。症状出现较早。初期叶色较浓，叶片张开角度较大，发病严重地块这种类型出现较多。这两种条纹症状均自叶基部向叶尖发展，以后条纹坏死呈灰黄色或土红色枯纹。茎秆、叶鞘、苞叶、穗轴上均产生淡黄色条纹或褐色坏死条斑。重病株常提前枯死，轻者或晚发病的植株虽可抽雄结果穗，但雄穗花序短小，开花前便凋枯，果穗亦多空穗或籽粒瘪小。剖开茎和穗轴的髓部均为黑色。

2. 发病规律

该病流行与品种的抗病性、虫口密度、气候条件关系密切。灰飞虱虫口密度的大小是影响病害流行的重要因素。一般虫口密度大发病重，密度小发病轻。此外，带毒昆虫数量所占比例也影响发病轻重。灰飞虱越冬场所是地埂、渠边的杂草根际或枯枝落叶或土块下，因此，地埂上杂草多少与越冬虫口密度关系密切，草多虫多，草少虫少。玉米田灌第一遍水的时间与发病轻重关系很大，过早或过晚灌溉发病皆重。一般高水肥地块发病轻，低水肥地块发病重。

3. 防治方法

（1）选用抗病品种

（2）农业防治　提倡连片种植，适期播种，尽量避开玉米感病生育期与灰飞虱盛发期相吻合。彻底消除田间杂草可明显压低灰飞虱虫口数量，减少毒源。合理施肥，灌水，加强田间管理、促进玉米苗期健壮生长，提高抗病力。

（3）药剂防治　玉米播种前后和苗期对玉米田及其四周杂草应喷药防治灰飞虱，药剂可选用10%吡虫啉可湿性粉剂4 000~5 000倍液，25%阿克泰水分散粒剂2 500倍液。也可在灰飞虱传毒危害期，尤其在玉米7叶期喷洒2.5%扑虱蚜乳油1 000倍液及10%病毒王可湿性粉剂600倍液混合液，隔6~7d喷1次，连喷2~3次。玉米苗期喷药，可选用5%菌毒清可湿性粉剂500倍液，3%氨基寡糖素水剂1 000倍液，0.1%福施壮水剂2 000倍液，可减轻病害。

（十一）玉米黑条矮缩病

1. 症状

从幼苗到抽雄期均能发病，苗期发病开始在心叶中脉两侧产生整齐透明的虚线状斑点，后在叶背的虚线上出现蜡白色的突起条斑，病株叶色浓绿，严重矮缩，开始颇像"万年青"。后期一般不能抽穗结实，提早枯死。玉米10叶期前后发病的新叶上症状同上，植株上部的茎缩短，后期虽能抽穗结实，但雄花短缩，雌穗小或畸形。

2. 发病规律

该病由灰飞虱传播，田间发病轻重与带毒灰飞虱的数量和夏、秋二季的降水量有密切关系。夏、秋两季干旱，玉米生长不良，病情就重。马齿型玉米比硬粒型发病重。除玉米外尚可侵染谷子、水稻、大麦和小麦等。若冬季寒冷，越冬灰飞虱死亡率高，玉米黑条矮缩病发生就轻，反之则重。一般玉米幼苗在7叶前期最易感病，该生育阶段和灰飞虱迁往玉米田时间是一致的，故发病较重。

3. 防治方法

（1）选用抗病品种

（2）农业防治　提倡连片种植，适期播种，尽量避开玉米感病生育期与灰飞虱盛发期相吻合。彻底消除田间杂草可明显压低灰飞虱虫口数量，减少毒源。合理施肥，灌水，加强田间管理、促进玉米苗期健壮生长，提高抗病力。

（3）药剂防治　玉米播种前后和苗期对玉米田及其四周杂草应喷药防治灰飞虱，药剂可选用10%吡虫啉可湿性粉剂4 000～5 000倍液，25%阿克泰水分散粒剂2 500倍液。也可在灰飞虱传毒危害期，尤其在玉米7叶期喷洒2.5%扑虱蚜乳油1 000倍液及10%病毒王可湿性粉剂600倍液混合液，隔6～7d喷1次，连喷2～3次。玉米苗期喷药，可选用5%菌毒清可湿性粉剂500倍液，3%氨基寡糖素水剂1 000倍液，0.1%福施壮水剂2 000倍液，可减轻病害。

三、茎部病害

（一）玉米黑束病

玉米黑束病又称导管束黑化病或导管束黑腐病，该病主要症状是维管束变为黑褐色至黑色故名黑束病。

1. 症状

该病主要危害茎部维管束。于玉米乳熟期至蜡熟期表现症状，剖茎检查，可见茎部维管束组织变为淡褐色坏死，茎节间维管束周围的变色比中心深，茎剖面呈黑色。病株中下部叶片干枯。不抽穗或抽小穗，结实不饱满，严重时病株早枯。若在生长前期感病，叶片、叶鞘和茎自上而下变为紫红褐色，叶片开始沿主脉变色，逐渐遍及全叶。在潮湿环境下，叶鞘感病处出现一层浅粉红色霉状物。另外，病株会出现分蘖增多，有复穗等症状。种子亦可感病。

2. 发病规律

该病主要是种子传播，病区的土壤和病残体也带菌，成为翌年的初侵染源。病菌可直接或通过伤口从玉米根部侵入，并进入维管束组织。病菌也能侵染叶片和叶鞘，通过维管束扩展侵入基部组织，引起发病。土壤过于潮湿或干旱，以及高温、高湿均有利于发病。另外，土壤含氮量高，含钾量低也易染病。

3. 防治方法

选用抗病品种，加强检疫，不从疫区调种，实行合理轮作，控制氮肥，增施磷钾肥，适时灌溉。清洁田园，拔除病株及时销毁等，均可减轻危害。另外，播种前可用 25% 粉锈宁或用 70% 甲基硫菌灵、50% 福美双可湿性粉剂等杀菌剂拌种，进行种子处理。

（二）玉米干腐病

玉米干腐病又称玉米穗粒干腐病，俗称"烂苞米""霉苞米""臭玉米"等。

1. 症状

主要危害果穗和茎秆，茎秆被害时，一般在乳熟期从玉米茎基部向上至 4 ~ 5 节或病穗附近的节间产生褐色或紫红色大病斑，茎秆和叶鞘间均有白色菌丝体，其上产生若干小粒状黑色分生孢子器是本病的诊断特点。严重时茎秆易折断，果穗被害后，穗轴变松变轻，病穗自基部向上变为暗褐色，穗粒间有紧密灰白色菌丝体，其上密生黑色小颗粒，即分生孢子器。感染较晚的果穗，在贮藏过程中也会整穗霉烂。发病严重田块，病株后期会突然死亡，叶片凋枯，茎秆变成灰绿色至枯黄色，海绵状，易碎，髓部碎裂枯死，仅留维管束，一遇风雨植株就会倒伏。

2. 发病规律

老病区病菌以菌丝体和分生孢子器在种子和病残体中越冬，成为翌年初侵染源。新病区，带菌种子是主要侵染源。翌年春季，在温暖潮湿条件下，土壤中病残体上的分生孢子器吸足水分，释放出分生孢子，随气流传播到果穗基部的苞叶空隙或花丝上，或落于叶鞘及茎秆的间隙中，吸水萌发侵入。病残体上的菌丝也可直接侵入玉米基部。种子带菌可进行远距离传播。病菌孢子萌发适温为 20℃，发育适温为 28 ~ 30℃。玉米生长前期干旱，乳熟期温暖（28 ~ 30℃）潮湿的气候发病重。偏施氮肥、缺乏钾肥、过度密植，受雹害、虫害或受机械损伤的植株都易于感病，早熟杂交种比晚熟的易感病。

3. 防治方法

严禁从病区调种。病区选用无病种子，种用果穗入仓前严格挑选，剔除病穗。深翻灭茬，清除病株残体，减少菌源，选用抗病品种，增施钾肥，及时防治病虫害，实行 3 年以上轮作等项防治措施，可减轻发病。播前用 70% 甲基硫菌灵或 50% 福美双可湿性粉剂等杀菌剂按玉米种子量的 0.2% 拌种。

（三）玉米细菌性茎腐病

玉米细菌性茎腐病俗称烂茎病，腰烂病。河南、山东、江苏、浙江、四川和广西等省（自治区）的局部地区均有发生。

1. 症状

病株中部叶鞘和茎秆上呈水渍状软腐或溃烂，并有臭味，叶鞘病斑呈不规则形，边缘红褐色，病健交界处呈水渍状。由于维管束未被害，病株尚能在几天内保持绿色，这是细菌性茎腐病的主要特征。在高湿条件下病部凹陷腐烂，倒折；遇干旱天气病害发展缓慢，病株中部也常折断，不能抽穗结实，有时也可危害茎基部。

2. 发病规律

病原细菌主要在遗留田间的玉米茬上越冬，翌年越冬病菌从植株伤口和叶鞘间隙处侵入，并随气流和风雨传播蔓延。高温、高湿环境极易发病，当田间小气候昼夜平均温度达30℃左右时开始发病，34℃发病最盛，26℃时发病缓慢。7月下旬至8月上旬高温多雨，潮湿闷热天气，叶鞘积水，最利于病菌侵染。黏土地施肥量大，茎基部受伤，均会加重发病。

3. 防治方法

选用抗病品种。种子播种前消毒，采用60~70℃下干热处理1h。药剂浸种可用90%新植霉素可溶性粉剂1 000倍液或4%抗霉菌素水剂600倍液，浸种1~2h，并需在50℃左右温度下保温，均能消灭种子内部潜藏的细菌。

（四）玉米细菌性枯萎病

玉米细菌性枯萎病，又称细菌性萎蔫病，是我国重要的对外检疫对象，该病于1897年在美国首次发现，相继在加拿大、墨西哥、秘鲁、意大利、波兰、法国、菲律宾、泰国、越南、日本、韩国和澳大利亚等地陆续发生。枯萎病是玉米上的一种毁灭性病菌。特别是对甜玉米危害更重。我国发病情况不明，应引起高度警惕。

1. 症状

该病是典型维管束病害，在甜质玉米生长的各阶段都能发生，但以开花前症状表现最为明显，被害的主要特征是矮缩和萎蔫。幼苗被侵染后，叶片先出现水浸状条斑，灰绿色，逐渐变为褐色，卷曲枯萎或矮缩而死。叶片被害，从植株下部叶片开始向上发展，最初形成水浸状灰绿色条状病斑，逐渐向周围蔓延，边缘呈波浪状或不规则形，变黄色至黄褐色干枯而死。植株生长受阻，矮化，节间变短。重病株可整株萎蔫枯死。茎基变黑，髓部中空，剖茎检查维管束变为黄色，感病品种在病茎的横切面上可见黄色菌脓。发病较早的或感病品种，通常未及抽穗，病株即枯死。发病晚的和感病轻的植株可抽穗，雄穗花早熟变白枯死，雌穗花丝多不孕，不结实，形成发育不全的果穗；所结籽粒，内部可能带菌，据测定，病菌多分布在种子内的合点处和糊粉层内。染病籽粒表皮皱缩，颜色深暗。

2. 发病规律

病菌越冬场所和传播途径主要是种子、昆虫和病残组织。带菌种子是该病远距离传病的主要途径。种子带菌有两种方式：一种是感病果穗苞叶上的病菌黏附在种子表面，造成种外带菌；另一种是通过穗轴维管束进入种内造成种内带菌。该病除由带菌种子传播外，带菌昆虫是更重要的传播媒介。主要媒介昆虫有玉米叶甲，玉米啮叶甲和十二点叶甲，其中以玉米叶甲最为重要，其带菌率可达13%～19%。此外，鳃角金龟甲的幼虫、长角叶甲、小麦金针虫和玉米种蝇等也能从根部传病。病残组织也可成为当地的初侵染源，但其越冬传病作用远不如种子重要。

3. 防治方法

（1）严格植物检疫加强口岸检疫　严禁从疫区进口玉米种子，特别是甜玉米种子。

（2）选用抗病品种

（3）种子消毒　采用抗菌素药液变温浸种法，利用药液的杀菌作用与温度的协同作用能杀死种子内外的病原细菌。选用90%新植毒素可溶性粉剂1 000倍液，4%抗霉菌素（农抗120）水剂和3%中生菌素可湿性粉剂按1：20比例配成400倍液，浸种1.5～2h，并在50℃左右温度下保温，可杀灭种子内部潜藏的病原细菌。

（4）药剂治虫防病　对玉米叶甲等媒介昆虫及早防治，应在发病初期及时喷药防治。药剂可选用25%菜喜悬浮剂600倍液，33.5%净果精悬浮剂800～1 000倍液。

四、根和茎基部病害

（一）玉米茎腐病

玉米茎腐病又名玉米青枯病，是世界玉米产区普遍发生的一种重要土传病害。我国黑龙江、吉林、辽宁、北京、天津、河北、山东、湖北、陕西、山西、河南、甘肃、宁夏、新疆、浙江、四川、江苏、湖南、广东、海南、广西等省、市、自治区均有发生，一般发病率为10%～30%，严重的可达50%以上，减产25%～30%，重者甚至绝收。

1. 症状

玉米灌浆期根系开始发病，乳熟后期至蜡熟期为显症高峰期。从始见青枯病叶到全株枯萎，一般5~7d，发病快的仅需1~3d，长的可持续15d以上。玉米茎腐病在乳熟后期，常突然成片萎蔫死亡。因枯死植株呈青绿色，故称"青枯病"。一般先从根部受害，最初病菌在毛根上发生水渍状淡褐色病变，逐渐扩大至次生根，直到整个根系呈褐色腐烂，最后根部变成空心。根的皮层易剥离、松脱，须根和根毛减少，整个根部易拔出。随后逐渐向茎基部扩展蔓延，茎基部1~2节处开始出现水渍状梭形或长椭圆形病斑，随后很快变软下陷，内部空松，一掐即陷，手感明显。节间变为淡褐色，果穗苞叶青干，穗柄柔韧，果穗下垂，不易掰离，穗轴柔软，籽粒干瘪，脱粒困难。对于刚出现青枯病株的变色茎基，纵剖维管束间可见棉絮状白色菌丝。纵剖秸秆可见发病已久的病茎基部，组织腐烂，维管束呈丝裂状，并有绒毛状玫瑰红或白色菌丝，尤其在靠近地面的茎基或茎节处，后期会产生玫瑰红色菌丝，靠近地面茎节表面可见蓝黑色的子囊壳堆。

玉米茎腐病的症状可分两种类型，即青枯型和黄枯型。青枯型又称急性青枯型，发病后叶片自下而上迅速枯死，呈灰绿色或青灰色，水烫状或霜打状，发病快，历期短，田间80%以上属于这种类型。黄枯型病株发展缓慢，叶片表现黄枯或青黄枯症状。

目前，国内对玉米茎腐病的主要致病菌存在3种不同学术观点：一是以茎基腐病以肿囊腐霉菌、禾生腐霉菌等腐霉菌为主要致病菌引起的；二是以禾谷镰孢菌、串珠镰孢菌为主要致病菌引起的；三是以瓜果腐霉菌为主，与禾谷镰孢菌复合侵染引起的。

2. 发病规律

玉米茎腐病为土传病害。病原腐毒菌以卵孢子随病根遗留土壤中越冬，镰刀菌以菌丝（或子囊壳）在病残体或土壤中的病根茬中或在种子上越冬，均为翌年发病的初侵染源。禾谷镰孢菌可通过种子带菌引起茎腐病，种子带菌是田间初侵染源，种子表皮比内部带菌率高。玉米病残根和病土（内有细毛根）含量在1%以上，都可引起茎基腐病发病；病土带菌发病高于病残根带菌；病土用量越大，病情指数越高；将病残根和病土混合诱发病害，发病最重。玉米连茬地茎腐病发生重，与田间病残根逐年增多，土壤含菌量不断积累有关。玉米茎基腐病发生程度与以下因素有关。

①连作造成病原菌逐年积累发病严重。

②玉米乳熟后期，烂根增多，腐烂程度加重。

③一般平地发病轻，岗地和洼地发病重。土质以沙土地发病重，黏土和壤土发病轻。平地地力好，保水保肥性强，玉米生长健壮的较抗病；岗地土壤贫瘠，

肥力不足，保水能力差，玉米生长瘦弱容易感病；洼地土壤含水量高，雨天易积水，雨后易板结，通气性差，根系发育不良，生理补偿能力差，发病较重。

④种植密度试验表明，玉米种植密度越高，发病越重，因此合理密植可减轻病害。

⑤土壤施肥不足玉米茎腐病发生重。

⑥玉米茎腐病的发生与玉米乳熟后期的温、湿度密切相关，玉米灌浆至乳熟期，尤其在乳熟后期，如遇连续降雨 50mm 以上，雨日多，降雨前后温差 4 ~ 8℃，雨后暴晒，发病严重。

⑦不同玉米自交系和杂交种对玉米茎腐病的抗性存在着明显差异。

3. 防治方法

（1）农业防治　应采用选育抗病品种为主，农业栽培为辅的综合防治措施。在采用抗病品种基础上，实行轮作或间作，合理施用氮、磷、钾混合肥料，尤其增施钾肥，可推迟或延缓发病，有明显减轻病害作用。

（2）药剂防治　主要采用药剂拌种法防治，药剂可选用：70% 甲基硫菌灵或 25% 粉锈宁可湿性粉剂按玉米种子重量的 0.2% 药量进行拌种，可兼治玉米丝黑穗病和玉米全蚀病。用 6% 阿波罗 963 水剂，或用 5% 根宝种衣剂拌种。或用哈氏木霉菌处理玉米种子，防治腐霉菌和镰刀菌引起的茎腐和根腐，效果较好。

（二）玉米全蚀病

1. 症状

玉米抽穗开花期地上部开始表现症状，自下部叶片逐渐向上扩展，初为叶尖和叶缘变黄，渐向叶片内扩展。叶片初显黄绿条纹，最后全叶呈黄褐色干枯。重病植株叶片全株枯黄，尤其在 7 ~ 8 月遇雨水多，土壤湿度大时，病根迅速扩展，重病株根系严重腐烂。玉米收获前后，病株根茬上病菌迅速生长，根部症状明显。轻者根尖或部分根部变为黑褐色；重则须根和根毛大量减少，根皮变黑色，出现发亮条斑，并向茎基部延伸，呈现"黑脚"和"黑膏药"症状，即玉米全蚀病菌的有性阶段子囊壳。切取病根黑皮组织经乳酚油透明镜检，菌丝暗褐色呈"八"字形分支，这是诊断与其他玉米根病症状的主要区别。

2. 发病规律

玉米全蚀病菌为土壤寄居菌，病残组织或土壤中病菌主要是菌丝和子囊壳，是翌年初侵染源。春玉米播种后，幼根即会受菌丝侵染，当玉米进入乳熟期，土温增高，菌丝不断增殖，并向次生根迅速扩展，全根腐烂和茎基部以上 1 ~ 2 片叶片发软。病菌生长适温为 20 ~ 25℃，pH 值 6 ~ 8，因此在多雨温暖季节发病重，损失大。小麦收获前后播种玉米，这时潜藏在小麦根部的病菌和上一年在玉米根茬上越冬的病菌，相继侵染玉米幼苗根部引起发病，在夏玉米—冬小麦—夏玉米种植方式中，冬小麦对夏玉米的全蚀病起到传递的作用，玉米和小麦互为带菌寄主。玉米受害后，穗粒数减少，千粒重下降，秃顶率增加，一般减产20%～50%。玉米全蚀病菌除侵染玉米外，还可侵染高粱、谷子、小麦、大麦、水稻及知风草、马唐、狗尾草等禾本科作物和杂草。

3. 防治方法

玉米全蚀病是土传病害，因此，必须以种植抗病品种，轮作，增施有机肥等农业技术措施为主，结合药剂处理种子，能减轻其发生危害。

（1）农业防治　因地制宜种植抗、耐病杂交种，并注意品种搭配和轮换。增施有机肥，合理施用氮、磷、钾肥，尤其应多施钾肥。采用合理轮作，与非禾本科作物轮作，或与大豆、棉花等作物间作，可明显减轻病害。深翻整地，清除病根茬，消灭越冬菌原，减少初次侵染来源。

（2）药剂防治　可用3%粉锈宁颗粒剂，每公顷穴施22.5kg，有明显防病效果。也可用25%粉锈宁或25%羟锈宁可湿性粉剂，按种子重量0.2%～0.3%药量拌种，或用玉米种衣剂17号按1：50拌种，或用2%速保利可湿性粉剂按种子量0.2%～0.3%拌种，或穴施0.01%～0.02%速保利颗粒剂，每公顷穴施45kg。

（三）玉米纹枯病

玉米纹枯病又名烂脚瘟，我国最早发生在吉林省，20世纪70年代后辽宁、湖北、广西、河南、山西、浙江、陕西、河北、四川、山东、江苏等地陆续发生。

1. 症状

该病主要发生在玉米生长中后期，危害叶鞘和果穗，也侵害茎秆，最初多从茎秆近地面1～2节的叶片和叶鞘上出现水渍状淡黄色云纹斑，以后病斑向上扩展，呈椭圆形至不规则形，中间淡褐色，边缘暗褐色，常汇合包围整个叶鞘，直到果穗、苞叶布满云纹斑。后期环境潮湿时，在叶鞘组织内或叶鞘与茎秆之间的云纹斑上可见稀疏的白色蛛丝状菌丝体。茎叶或茎秆上长出褐色菌核，造成植株枯死倒伏。成熟的菌核极易脱离寄主，遗落田间。玉米纹枯病危害果穗后，会使籽粒、穗轴等组织变褐腐烂。

2. 发病规律

病菌以菌核在土壤中越冬，为翌年初侵染源。菌核可通过风雨、流水、人畜及农具携带传播。温度在 28～30℃，空气相对湿度 90% 以上，特别是在雨日多，湿度大，光照不足，种植密度大，通风透光不良，以及土质黏重条件下，发病均重。若温度低于 20℃，又遇干旱（空气相对湿度 75% 以下）则不利于菌丝生长，发病很轻或不发病。品种之间抗病性差异明显。

3. 防治方法

玉米纹枯病防治应采用减少越冬菌原，选用抗病品种，加强栽培管理为主，辅以喷药保护的综合措施，效果才好。

（1）农业防治　轮作倒茬，减少越冬菌原，因病菌寄主广，重病地尽量避免与小麦、高粱、谷子轮作。及时清除病残体并深翻，将带有菌核的表土翻至耕作土层以下，减少菌核数量，减轻发病。选用适宜抗病品种，加强栽培管理，注意均衡施肥，增施钾肥，合理密植，低洼地及时排水，早期摘除病叶，带出田间深埋或烧毁，均可减轻病情。

（2）药剂防治　田间初见病株，及时喷药保护，药剂可选用 5% 井冈霉素水剂 1 000～1 500 倍液、5% 多菌灵可湿性粉剂 600～800 倍液、50% 异菌脲可湿性粉剂 1 000～1 500 倍液。

（四）玉米根结线虫病

1. 症状

玉米根结线虫主要危害玉米根系，由于根结线虫寄生在根尖或细根内，吸取根系细胞的养分，取食维管束的薄壁组织，形成巨型细胞。雌虫成熟时膨大呈长颈烧瓶状，老熟时呈鸭梨形，前端尖，后端圆，乳白色。线虫侵入根尖后使根尖膨大呈纺锤形或不规则形的虫瘿，后从虫瘿上又长出许多细小须根，须根尖端又被线虫侵染形成新的虫瘿，经过多次再侵染形成毛根，使植株生长受阻，矮小黄化，严重时不结实。

2. 发病规律

病原线虫以卵随玉米病残体在土中或粪肥中越冬，翌年幼虫陆续孵出，随即侵入玉米根系，刺激寄主组织，形成肿瘤。线虫一年繁殖数代，一般 3～4 周可完成一代，因此，在玉米生长期间，可在土内连续进行重复侵染。该病在各种类型土壤均可发生，但以沙土地发生严重。

3. 防治方法

（1）农业防治　选育抗病杂交种或自交系。实行与抗病作物或非寄主作物进行轮作或间作。及时灌溉和排水，多施有机肥，促使植株生长健壮和根系发育，可减轻病害。

（2）药剂防治　播种前可用化学药剂进行土壤熏蒸处理，如用98%必速灭颗粒剂，每平方米用药10～15g，平施或沟施翻入土下15～20cm厚土层，用塑料布严密覆盖熏蒸7d，翻晾7d后即可播种。或在播种前每亩用90%威百母水剂5kg处理土壤。使用方法：播种前先整地，开行距为15cm，深15cm的沟，按亩用药5kg，对水600L浇施，随后覆盖地膜30～40d，播种前7～10d揭膜，松土1～2次，7d后可以播种。

五、穗部和粒部病害

玉米穗粒部病害以穗腐病发生普遍、危害严重，是世界性病害。玉米穗腐病是由多种真菌单独或复合侵染引起的，不仅会使玉米果穗和籽粒霉烂，降低产量和品质，而且有些病原菌在代谢过程中会产生毒素，这些有害物质被食后就会直接影响人、畜健康。玉米穗、粒部病害种类多、分布广。在潮湿地区，特别是吐丝至收获期，如降雨多，则发病重，损失大。穗、粒病害的发生和损失程度与玉米品种的苞叶性状、茎秆倒伏度、虫、鸟危害情况等有密切关系，一般苞叶短而张开的品种或茎秆倒伏重，果穗接触地面，或虫、鸟危害果穗较重的，都会使玉米穗、粒部发病较重，损失较大。

（一）玉米瘤黑粉病

玉米瘤黑粉病又称普通黑粉病，我国已有70多年的发病历史，发生普遍，危害严重，是玉米上的一种重要病害。该病的危害，主要是在玉米生长的各个时期形成菌瘿，破坏玉米正常生长发育所需营养供给。病株减产程度因感病时期及菌瘿形成的部位和数量而异。菌瘿发生愈早危害愈重。

1. 症状

玉米瘤黑粉病是局部侵染的病害，在玉米整个生育期过程中陆续发病，植株的气生根、茎、叶、叶鞘、腋芽、雄花及果穗等的幼嫩组织都可被害。玉米被侵染的部位细胞强裂增长，体积膨大，淀粉在被侵染的组织中沉淀，进而感病部位显出淡黄色，稍后变为深红色的疱状肿斑，肿斑继续增大，发育成明显的肿瘤。病瘤生长很快，大小和形状变化较大，小的直径仅有0.6cm，大的长达20cm；有的呈球形，有的为棒状；有的单生，有的串生，有的叠生。幼嫩病瘤肉质白色，软而多汁，外面被寄主表皮转化的薄膜包裹，初为白色，后变为灰白色，有时稍带紫红色。随着病瘤增大病瘤内冬孢子的形成，质地由软变硬，颜色由浅变深，薄膜破裂，散出大量黑色粉末状的冬孢子。幼苗长到3～5片叶时，即可显出症状，病苗茎叶扭曲畸形，矮缩不长，近地面的茎基部产生小的病瘤。有的病瘤可沿茎串生。

叶上病瘤多分布在叶片基部近中肋两侧，有时也发生在叶鞘上。病瘤小而多，常串生，大小如谷粒或豆粒，由于病部肿厚凸起而成疱状，其内侧则略凹入，病瘤成熟后变干变硬，不易破裂，内部很少形成黑粉。茎部病瘤多发生在各节的基部，而很少在节间，大多数是由腋芽受侵组织增生突出叶鞘而成。病瘤较大，不规则球状，小的如鸡蛋，大的像拳头；初期银白色，具光泽，内部白色，肉质多汁，以后表面变暗，略带淡紫色，内部由白色变为灰色至黑色，最后薄膜破裂，散出大量黑粉。茎部病瘤由于生长迅速，消耗大量营养，严重影响玉米发育，因此，空秆率较高。

雄穗抽出后，部分小花受侵，形成囊状或牛角状的小瘤，常数个聚积成堆。一个雄穗可长出几个至十几个病瘤不等。雄穗轴及其以下节也常受侵染，并生病瘤。由于病瘤生于一侧，常使穗轴倒向另外一侧弯曲。有时雄花感病后可变成两性花或着生雌穗，上结少数籽粒。雌穗受侵后多数穗顶形成病瘤，病瘤一般较大，生长较快，常突破苞叶而外露，长角状或不规则形。雌穗上个别小粒也可受侵长瘤，其余部分仍可正常结实。整个果穗变成病瘤的情况也偶有所见，在这种情况下，要注意与玉米丝黑穗病的区别。瘤黑粉病的病瘤成熟前切开，轻压常有汁液流出；而玉米丝黑穗病的病果穗不呈瘤状，切开压挤很少有汁液流出，稍后很快成为一包黑粉状物，内部有大量丝状维管束残余组织。

2. 发病规律

病菌以冬孢子在土壤、寄主残体及土杂肥内越冬，在适宜条件下萌发产生担孢子，借风雨传播到玉米幼嫩组织上，通过气孔、伤口、昆虫（如玉米螟或瑞典秆蝇），侵入或直接侵入寄主，刺激寄主细胞增生，形成肿瘤，后期产生大量冬孢子散出，进行重复侵染。此病为局部侵染，一年中可多次重复侵染，这点与其他黑穗病不同。在高温稍干旱气候下发病较多，寄主的伤口可促进发病，玉米螟危害严重的年份或地块，往往发病重。此外，去雄、暴风雨、冰雹等造成的伤口，都能成为入侵的途径。品种间抗性差异明显，甜玉米易感病。雌穗苞叶长或厚、不易破裂的有避病作用。成熟期早，受侵染期短，危害轻。连作玉米地发病重，玉米、小麦、大豆或高粱轮作两年地发病较轻。

3. 防治方法

（1）农业防治　选育和种植抗病品种。黑粉病菌在土壤中可存活两年以上，病重地块实行两年以上轮作。堆肥要充分腐熟发酵，以杀灭混入的病菌。玉米收获后要彻底清除遗留在田间的病株残体，并进行深翻。带有病瘤秸秆不要堆放在田边地头，并于播种前全部处理掉。早期摘除病瘤，在病瘤成熟或破裂之前及时摘除并深埋。加强田间栽培管理，适期播种，合理密植，提高播种质量，注意肥水管理，加强玉米螟等害虫防治等都可以减轻发病。特别要注意均衡施肥，注意氮、磷、钾肥合理搭配，避免偏施氮肥。在缺少磷、钾元素的土壤上增施磷、钾肥，适当施用含锌和含硼的微量元素肥料，对该病的发生均有较明显的控制作用。

（2）药剂防治　种子处理，用50%福美双可湿性粉剂或65%百泰水分散粒剂按种子重量的0.2%拌种。在玉米雄穗抽出前10d和抽出期间，喷50%福美双可湿性粉剂500倍液。另外，苗期可喷施6%阿波罗963水剂1 000倍液，增强植株免疫力，提高植株抗病能力。

（二）玉米丝黑穗病

玉米丝黑穗病是世界性分布的一种病害，我国主要分布在东北、西北、华北和西南丘陵山地，一般年份发病率在2%～8%，个别重病地块可达60%～70%。

1. 症状

玉米丝黑穗病是苗期侵入的系统侵染性病害，在穗期表现症状，主要危害果穗和雄穗。病株的果穗较健株果穗短，基部大，端部尖，整个果穗变成一个大灰包，内部充满黑粉，黑粉内有一些丝状的维管束组织，故称丝黑穗病。有时果穗苞叶变狭，簇生畸形。雄穗花序被害时，全部或部分雄花变成黑粉。病株较健株矮小，在一株玉米上，往往雄穗与雌穗同时发病，但也有只有果穗被害的。病菌亦可侵染玉米幼苗，危害严重的幼苗表现矮化。

2. 发病规律

病菌主要以冬孢子在病穗、土壤、粪肥里或黏附在种子表面越冬，为翌年侵染源。主要侵染期在种子萌发阶段，6叶期后很少被侵染，玉米从发芽到三叶期最易感病。病菌侵害幼芽后菌丝在寄主体内系统发展，侵染未分化的花器组织，使这些组织的部分或全部变为黑粉状孢子堆。当土壤温度在21～28℃，湿度15%～25%时，最适于侵染幼苗。土壤带菌量多少，温湿度高低和种子发芽出土时间长短等因素均会影响发病程度。该病菌还能侵染高粱和苏丹草等。

3. 防治方法

（1）选用抗病品种

（2）种子处理　每100kg玉米种子用15%粉锈宁或羟锈宁可湿性粉剂0.4～0.5kg拌种，使用时，先加水2.5～3kg稀释药剂后均匀喷在种子上，堆闷4～8h

后播种。或用70%甲基硫菌灵可湿性粉剂0.5~0.7kg拌种，亦可用含戊唑醇或萎锈灵成分的种衣剂拌种。

（3）农业防治　实行轮作换茬，深耕等措施均可减轻发病。适时播种，播后覆土要浅，以减少种子被侵染机会。结合间苗，定苗，拔除病株。玉米生长期发现病株要立即拔除并销毁。

（三）玉米镰刀菌穗粒腐病（粉腐病）

1. 症状

该病是玉米穗腐病中分布最广、损失较重的一种病害。该病可引起苗枯、穗腐、粒腐。感病果穗表面散生蛛网状菌丝，有时出现淡粉红色菌苔。重病果穗所有籽粒都受损，当病穗脱粒时，大量感病籽粒破碎。但感病轻的籽粒，外表特征不明显，脱粒后可见穗轴和籽粒基部呈不甚明显的淡红色，当贮藏在潮湿环境下，这些籽粒开始失去光泽，变成淡粉红色。受该菌侵害的果穗、秸秆对人、牛、马等消化系统有毒害。

2. 发病规律

病菌以菌丝体潜伏在种子及病残苞叶和遗留在田间的病残体上越冬。病菌可直接侵染玉米芽、茎，亦能经虫伤、雹伤处侵染。病菌可从叶鞘基部侵入玉米茎，并发展到节间、穗茎。病菌的再次侵染借助于新病株上的小型分生孢子。高温、高湿和虫害重以及风雹危害均有利于病害的发生和流行。当玉米成熟或收获期间，遇长期阴雨则发病更重。

3. 防治方法

玉米品系或杂交种间对玉米镰刀菌穗粒腐病抗性差异明显，因此选育抗病的杂交种或品系是经济有效的抗病措施。适时早播，施足基肥，适时追肥，防止生育后期脱肥，合理密植，及时中耕除草，促使植株健壮生长，均可减轻发病。秋季及时收割，充分晾晒，使籽粒含水量降到18%以下，再入库贮存，以防止贮藏期间病害继续发展蔓延。

（四）玉米赤霉菌穗粒腐病

玉米赤霉菌穗粒腐病又称红色穗粒腐病，是玉米穗粒腐病中主要病害之一。发病普遍，局部地区损失较重。

1. 症状

被害果穗的端部有一层紫红色霉层，是本病的特征。有的籽粒表面或粒间有砖红色或灰白色菌丝，病粒无光泽，不饱满，发芽率低，播种后常腐死于土中。严重时整个果穗变为紫红色；危害轻时果穗表面色泽正常，但脱粒后可见穗轴和籽粒基部呈紫红色；早期感病的果穗，可全部腐烂。苞叶与果穗之间产生淡紫红色菌丝，并使茎叶紧贴果穗，后期在苞叶和穗轴表面长出蓝黑色子囊壳。玉米茎部、茎节的髓部变为紫红色，易被风折倒。病株基部茎节或叶鞘上常呈现淡紫黄色菌丝体，后期长出小黑点，即病菌子囊壳。受赤霉菌危害的果穗或茎秆对人畜均有毒害。

2. 发病规律

病菌以菌丝体和子囊壳在病根、病茎等残体上越冬。在温暖潮湿条件下，子囊放出子囊孢子，靠气流传播，病菌靠分生孢子进行再侵染。本病菌也可侵染小麦、大麦和其他禾谷类作物，引起赤霉病和苗枯病。

防治方法参见玉米镰刀菌穗粒腐病。

六、真菌毒素和真菌毒素病害

真菌毒素是真菌的代谢产物，某些穗腐病的病原菌能产生真菌毒素，误食易引起人、畜中毒，表现为真菌毒素病。因此，被产生毒素的病原菌侵染的玉米种子，不能用作人的食品和畜禽饲料。家畜中毒后表现为食欲减退或拒食，呕吐，严重时可致死亡。被污染的玉米籽粒中的黄曲霉毒素 B_1 是致癌毒素，可使人、畜发生肝癌。

（一）主要毒素及其危害

1. 黄曲霉毒素和毒素病

黄曲霉菌和寄生曲霉菌普遍存在于土壤和腐朽植株上，可使贮藏谷物发热和腐败。这种真菌在亚热带和热带地区危害玉米比较严重。玉米果穗上也会产生黄曲霉毒素。该毒素抗逆性很强，毒素经烘干处理虽可显著降低毒性，但不能消除毒性。家畜、家禽患黄曲霉毒素病后，会在体内肝脏和其他组织上产生病斑，致使食欲降低，体重下降，生长不良，并可引起畸形和癌肿甚至死亡。幼畜较老畜易中毒感病。

黄曲霉毒素是一种可发出荧光物质，在波长为 365nm 的紫外光照射下，就会发出淡黄绿色荧光。玉米感染黄曲霉菌是受遗传基因控制的。不同玉米基因型之间受黄曲霉毒素的污染程度有显著的差异。

2. 赭曲毒素

赭曲毒素主要由赭曲霉菌和鲜绿青菌产生的。该霉素会引起人、畜中毒，主要表现倦怠、卷缩、腹泻、发抖症状，严重时会造成精神失常。

3. 玉米烯酮和雌激素综合征

玉米烯醇主要是由田间和贮藏中果穗上的粉红镰孢菌禾谷变种产生的毒素，

当生猪食入时，就可引起雌激素综合征，造成母猪阴门肥肿，公猪乳腺膨大，发育受阻，生长停滞等症状。

4. 拒食因子和呕吐毒素

粉红镰孢禾谷变型菌侵染收获前或贮藏中的果穗，可产生数种毒素，若用作饲料饲喂生猪时，猪就会发生拒食反应，这种病菌同时能产生呕吐毒素，食后会引起呕吐。在由镰孢菌引起的玉米茎腐病中发现有呕吐毒素、玉米烯酮和 T-2 毒素。

5. T-2 毒素和其他单端孢霉烯毒素

主要由三线镰孢菌和粉红镰孢禾谷变型的某些菌系，木贼镰孢菌、砖红镰孢菌等真菌产生 T-2 毒素和其他单端孢霉烯毒素，用带有这些毒素的饲料饲喂家禽可引起家禽嘴边长斑，羽毛变形，体重减轻，下蛋减少，卵壳变薄，严重时甚至致死。

（二）真菌毒素和毒素病害防除方法

真菌毒素多为玉米果穗及其籽粒感染各种病原真菌所致，还有穗期害虫危害雌穗造成的伤口染上的多种真菌，以及贮藏期发生的真菌病害如玉米腐烂病，这些真菌均会产生毒素，对人、畜、家禽造成毒害。为此我们应抓住田间防治和粮仓管理两个关键，积极采取相应措施防除。

1. 加强田间防治

田间防治的重点是玉米丝黑穗病，玉米瘤黑粉病、玉米穗粒腐病等穗部病害和玉米螟、桃蛀螟、棉铃虫等穗期害虫，主要采取农艺措施和药剂相结合的防治策略。农艺措施主要是选用抗病品种，轮作换茬，适期播种，合理密植和灌溉，配方施肥，尤其是要多施腐熟的有机肥和适当多施磷、钾肥，以促进植株健壮生长，提高抗病能力。同时，要搞好田园卫生，及时清除病株、病穗，彻底清除销毁病残体，减少病原基数。并要搞好药剂拌种，有针对性地选用种衣剂、拌种剂进行种子处理，以减少发病率。生长季节要针对穗粒部病害的种类，及时喷药防治。穗期害虫也要及早施药防治，以减少伤口。

2. 搞好粮仓管理

主要抓好入仓前的粮食质量，要认真仔细拣出病穗，这一点至关重要。玉米脱粒后要过筛晾干后入仓贮存，粮仓内要清洁卫生，通风干燥，粮食含水量保持在 13%~15%，以防霉变。如有霉变粮食应集中处理切不可食用或作饲料。

第二节 玉米主要害虫及其防治

一、苗期害虫

（一）瑞典秆蝇

瑞典秆蝇又名黑麦秆蝇、燕麦蝇，属双翅目，秆蝇科。国内主要分布在北京、河北、山东、山西、内蒙古、陕西等地。幼虫主要危害玉米生长点和心叶，致使心叶难以伸展，形成枯心、歪头、皱缩和破裂等症状，严重影响玉米生长，造成减产。

1. 形态特征

（1）成虫　体长 1.1~2.8mm，翅展 3.5~4.5mm，体黑色带金属光泽，腹部背面黑色，节间黄色，腹面黄色至黄褐色，平行棒黄色，胸足腿节黑色，胫节黄色，跗节前二节黑色，后三节黄色。

（2）卵　长椭圆形，略弯曲，卵面上有数条纵脊，卵长 0.7~0.9mm。

（3）幼虫　蛆状，体长 3.1~4.5mm，初孵幼虫白色透明，取食后呈淡黄色，口钩黑色。体末端有 2 个平行短圆柱形气门突。腹部腹面每个体节后有两排点刻组成的横线。

（4）蛹　围蛹，褐色，体长 2.3~3.5mm，头部扁平有 4 个突起。

2. 发生规律

成虫喜在刚出土的玉米幼苗芽鞘上产卵，产卵部位多在离地面 1~2cm 玉米芽鞘内外侧。成虫产卵对玉米苗龄有较强的选择性，玉米齐苗后 3d 内落卵量占总卵量的 62.3%~75%，5d 内占 95% 以上。卵散产。幼虫孵化后即蛀入幼苗危害。如生长锥被害即呈枯心；心叶被害，一般不能正常展开，形成环形株或歪头株；如幼虫仅危害心叶的一边，未蛀入心叶内部，随着叶片的生长，被害处形成皱缩、破裂。玉米被害与播期呈正相关，播期早，被害重；反之则轻。天敌主要有缨蜂、姬小蜂、金小蜂等，蛹的寄生率为 5.6%~26.9%。

3. 防治方法

（1）农业防治　适当晚播，使玉米幼苗期和成虫盛发期不吻合，可减轻危害。

（2）药剂防治　玉米齐苗后 5~7d 内抓紧喷药防治，药剂可选用：48% 毒死蜱或 50% 辛硫磷乳油 1 000 倍液，25% 硫丹或 20% 氰戊菊酯乳油、10% 吡虫啉可湿性粉剂2 000~3 000倍液，喷药时要全株喷药，重点喷在玉米心叶内。

（二）玉米黄呆蓟马

玉米黄呆蓟马是玉米田蓟马的优势种，也是玉米苗期的重要害虫。成虫以锉吸式口器刮破玉米叶片表皮，用口器插入组织吸取汁液，被害叶背面出现断续的银白色条斑，叶正面与此相对应的部分呈黄色条斑，严重时叶背面如同涂一层银粉，叶片畸形、破裂、变黄干枯、死亡。心叶期被害常导致心叶卷曲，畸形。雄穗无法抽出，同时，蓟马危害造成的伤口还会引发细菌病害。

1. 形态特征

（1）成虫　雌虫长翅型：体长1~1.2mm，体暗黄色，胸部有暗灰色斑，腹部背面较暗。足黄色，头和前胸背面无长鬃，触角8节。后胸盾片中部有模糊网纹，两侧为纵纹；前翅灰黄色，长而窄。腹部第8节背面后缘梳完整，9~10节背鬃较长。雌虫半长翅型：翅长度仅达腹部第5节。雌虫短翅型：翅略呈长三角形，翅宽比长翅型窄，不宽于前胸。雄成虫不详。

（2）卵　长约0.3mm，宽约0.13mm，肾形，乳白色至乳黄色。

（3）若虫　初孵若虫小如针状，头胸部肥大，触角较短粗。二龄后体色为乳黄色，有灰色斑纹。触角末节灰色。体鬃很短，仅第9~10节鬃较长。中、后胸及腹部表皮皱缩不平，每节有数横排隆脊状颗粒构成。第9腹节上有4根背鬃略呈节瘤状。

（4）蛹　前蛹淡黄色，触角、翅芽及足淡黄色，复眼红色。触角分节不明显，略呈鞘囊状，向前伸。体鬃短而尖，第8腹节侧鬃较长。第9腹节背面有4根弯曲的齿。蛹与前蛹不同的是触角鞘向后伸至前胸，其他同前蛹。

2. 发生规律

黄呆蓟马年生活史不详。据山东省泰安市郊区植保站调查，开春后，越冬代成虫主要危害小麦、杂草等。在玉米上发生2代，5月底、6月初在春玉米上出现第1代若虫高峰，6月中旬出现第1代成虫高峰，危害春玉米和套种夏玉米。第2代若虫孵化盛期在6月中下旬、6月上旬为若虫高峰期，7月上旬出现成虫高峰，主要危害套种夏玉米和夏玉米。全年危害猖獗期在6月中下旬至7月上旬，进入雨季后，虫量显著下降，危害减轻。

该虫行动迟钝，不善飞。成虫用锯齿状产卵器将卵产在玉米叶肉内，被害玉米表皮突起，以老熟若虫在地表松土内或植株茎部、叶鞘、枯叶内化蛹。目前，尚未发现雄虫，可能行孤雌生殖。雌成虫有多种翅型，但以长翅型为主，也有短翅型和极少数半长翅型。主要捕食性天敌是横纹蓟马。玉米黄呆蓟马喜在已伸展的叶表面危害，猖獗危害期多集中在玉米上部2~6片叶上，很少向新伸展的叶片转移。受害叶片反面呈现断续的银白色条斑，叶正面为黄色条斑。被害植株叶片失绿发黄，不易伸展，形成小老苗。危害严重时，心叶卷曲，呈牛尾状，甚至死亡，一般减产5%~15%，重者减产35%以上。

5月下旬至6月上旬，气候干旱发生量大，危害重，反之则轻，早播玉米被害重于晚播玉米，玉米田土壤墒情差的重于墒情好的。该虫转移规律是：5月下旬至6月上旬由麦田转移到春玉米上，6月上中旬又向麦套夏玉米转移，7月上中旬由麦套夏玉米向夏玉米和野生寄主上转移。

3. 防治方法

（1）加强苗期管理 及时间苗、定苗，并拔除被害苗，集中处理。加强施肥、灌水等田间管理，促进玉米生长、及早封行，增加田间湿度，造成不利于玉米黄呆蓟马发生的环境。

（2）药剂防治 在害虫发生初期喷洒48%毒死蜱乳油1 000倍液，10%吡虫啉可湿性粉剂4 000~5 000倍液，3%莫比郎乳油2 000倍液，全株均匀喷雾。

（三）灰飞虱

灰飞虱属同翅目，飞虱科。成、若虫常群集于玉米心叶内，以刺吸式口器刺吸玉米汁液，致使玉米叶片失绿，甚至干枯。灰飞虱是玉米粗缩病的最主要的传毒媒介，会使粗缩病大量流行，造成玉米减产甚至绝产，因此，其传播病毒造成的损失远远大于刺吸危害造成的损失。

1. 形态特征

（1）成虫 成虫有长、短两种翅型。长翅型体长3.5~4mm，前翅透明，具翅斑。雄虫黑褐色，雌虫黄褐色。雌虫小盾片中央淡黄色或黄褐色，两侧各有一个半月形深黄色斑纹，雄虫小盾片多为黑色，腹部较细瘦。短翅型成虫体长2.4~2.6mm，翅仅达腹部2/3，其他特征同长翅型。

（2）卵 长椭圆形，稍弯曲，长约1mm。初产乳白色，后渐变为淡黄色。

（3）若虫 共5龄，近椭圆形。1~2龄若虫体色为乳白色至黄白色，3~5龄若虫为灰褐色。末龄若虫体长约2.7mm，前翅芽明显超过后翅芽。3~5龄若虫腹部背面斑纹较清晰，第3~4腹节背面各有一淡色"八"字形纹，第6~8腹节背面的淡色纹呈"一"字形，并各有淡色圆斑1~3对。

2. 发生规律

灰飞虱1年发生3~8代，华北地区发生4~5代，东北地区3~4代，世代重叠。以若虫在麦田、禾本科杂草、落叶下和土缝等处越冬。翌年3~4月羽化为成虫，华北地区越冬若虫于4月中旬至5月中旬羽化，向麦田转移，并产卵繁殖。第1代成虫于5月下旬至6月中间羽化，迁飞到玉米田活动、取食，并产卵繁殖。第2代成虫期在6月下旬至7月下旬，第3代成虫期在8月中旬前后，第4代成虫期在9月上旬至10月下旬，迟孵化的若虫进入越冬状态。10月上旬至11月下旬出现第5代若虫，不久即开始越冬。

成虫的趋光性较强，尤喜嫩绿茂密的玉米和禾本科杂草，因此，长势好的春玉米、套种夏玉米和早播夏玉米以及杂草丛生的地块虫量最大，玉米粗缩病发生都比较严重，而晚播玉米及杂草少的地块发生都很轻。成虫寿命8~30d，单雌产卵量100余粒。发育适温为15~28℃，冬暖夏凉有利于发生，夏季高温对其发育不利，在33℃的高温下卵内的胚胎发育异常，孵化率降低，成虫寿命缩短，产卵量大量减少。灰飞虱的天敌很多，捕食性天敌有蜘蛛、黑肩绿盲蝽、宽龟蝽、蛙类等。寄生性天敌有缨小蜂、赤眼蜂、食卵金小蜂和螯蜂等。

3. 防治方法

（1）农业防治　在玉米出苗前清除田边、沟边和田间杂草，破坏灰飞虱的适宜活动场所。结合农事操作，及时拔除病株，装入袋中集中深埋。

（2）药剂拌种或种子包衣　采用内吸性强的杀虫剂或包衣剂处理种子，可有效减轻灰飞虱的危害和玉米粗缩病的发生。

（3）药剂防治　在玉米齐苗后或3~4叶期喷药防治，药剂可选用10%吡虫啉可湿性粉剂3 000倍液，48%毒死蜱或20%异丙威乳油1 000倍液，1.8%阿维菌素乳油3 000倍液均匀喷雾。田边、沟边的杂草也要喷药。

（四）大青叶蝉

大青叶蝉属同翅目，叶蝉科，是危害玉米叶蝉的优势种。以成、若虫刺吸玉米茎、叶，受害叶片出现细小白斑。严重时叶尖变黄弯曲，甚至枯死。寄主很多，除危害玉米、高粱、小麦、豆类、花生和杂草以外，还能危害多种果树和树木。

1. 形态特征

（1）成虫　体长7~10mm，头橙黄色，头顶有1对多边形黑斑。前胸背板黄色，上有三角形绿斑，触角刚毛状。前翅绿色，边缘黄色，尖端透明。后翅烟灰色，半透明。胸、腹部腹面及足橙黄色。

（2）卵　长卵形，稍弯曲，长约1.6mm，乳白色。

（3）若虫　幼龄若虫灰白色，3龄后呈黄绿色，出现翅芽。老龄若虫似成虫，但无翅，体长约7mm。

2. 发生规律

大青叶蝉1年发生3代，以卵在果树和树木枝条表皮下越冬。翌年4月份孵化为若虫，若虫先在杂草及蔬菜等植物上活动，取食。第1、第2代成虫、若虫主要危害小麦、玉米、高粱、豆类、花生及杂草，第3代主要在白菜、萝卜等秋菜上危害。10月中下旬成虫飞至果树、树木上产卵越冬。成虫活跃，具有迁飞性、趋光性、趋化性，并喜栖息在阴凉背风处，每雌产卵30～70粒，夏季卵期9～15d，越冬卵长达5个月以上。成、若虫分散栖息在玉米等寄主的茎、叶上吸食危害，受害叶片上出现细小白点，严重时白点连接成线状，使叶片失水变为黄白色，甚至卷曲枯死。若玉米生长季节气温偏低、降雨少，极有利于大青叶蝉的发生；反之，高温和降雨频繁的年份发生就轻。再就是玉米田间杂草多的地块，往往虫口密度大，被害重。

3. 防治方法

彻底清除玉米田间杂草可减少虫量和受害。药剂防治同灰飞虱。

二、食叶害虫

（一）玉米蚜

玉米蚜又名玉米缢管蚜，属同翅目，蚜科，是危害玉米的主要蚜虫。寄主较广，既危害玉米，也危害高粱、水稻、甜菜、麦类、谷子等作物以及多种禾本科杂草，苗期在心叶内或叶鞘与节间危害，抽穗后危害穗部，吸食汁液，影响生长，还能传播病毒，引发病毒病。蚜虫密度大时分泌大量蜜露，叶面上会形成一层黑霉，影响光合作用，造成玉米生长不良，从而减产。该虫主要分布在华北、东北、华东、西南、华南等地。

1. 形态特征

（1）有翅胎生雌蚜　体长1.2～2.5mm，翅展5.6mm。体墨绿色，头、胸部黑色，有光泽，腹部黄绿色或黑绿色，第2～4节各具1对大型缘斑，第6～7节上有背中横带，第7节有小缘斑，第8节中带贯通全节。触角黑色，6节，少数5节，复眼红褐色，翅透明，中脉三叉，足黑色。腿节、胫节末端较淡。

（2）无翅胎生雌蚜　体长1.5～2.5mm，腹管长圆筒形。上具覆瓦状纹，尾片圆锥形。体淡绿色或墨绿色，复眼红褐色，触角6节，约为体长的1/3，足深灰色。

2. 发生规律

玉米蚜从北到南每年发生10～20代，以成、若蚜在小麦、大麦及禾本科杂草的心叶、根际处越冬，翌年 3 月中旬越冬蚜开始活动，主要在麦苗心叶内危害，4 月中旬至 5 月上旬是春季繁殖高峰，产生大量有翅蚜，除在麦田扩散外，并向春玉米、谷子、高粱田迁移，形成第一次迁飞扩散高峰。5 月下旬至 6 月上旬小麦陆续成熟收割，玉米蚜大量转移到套种玉米苗上危害。7 月中下旬春玉米上的玉米蚜大量产生有翅蚜向麦套夏玉米上迁移，同时，套种夏玉米上蚜虫亦产生有翅蚜，进一步扩散，形成第二次迁飞扩散高峰。8 月上中旬玉米正值抽穗散粉期，玉米蚜繁殖速度加快，是全年危害盛期。10 月上中旬以后夏玉米收割，玉米蚜再次产生有翅蚜向麦田及周围向阳处禾本科杂草上迁移越冬。

玉米蚜主要行孤雌生殖，营养好时，大多为无翅蚜，营养不好时，则产生有翅蚜，迁飞转移。每头雌蚜可产若蚜 8 ~ 85 头，平均 50 头左右。该虫在玉米上的危害规律是：在苗期蚜虫多群集心叶内危害，成株期开始先在下部叶片的背面或叶鞘上危害，随后逐渐上移。进入孕穗期则向心叶转移，抽穗后又群集在雄穗上，不久又转移危害雌穗，玉米扬花期，温度适宜（23 ~ 25℃），营养丰富，蚜量会比抽雄前骤增百倍左右，是全年玉米蚜发生和危害最重的时期。

玉米蚜发育和繁殖的适宜温度为 23 ~ 28℃，空气相对湿度 60% ~ 80%，降雨多且匀的年份发生重。温度低于 15℃，高于 30℃，空气相对湿度高于 90%，对其发生不利，暴风雨天气对玉米蚜有显著抑制作用。玉米蚜的天敌很多，寄生性天敌主要有蚜茧蜂、蚜霉菌，在多雨年份寄生率可达 30% 以上；捕食性天敌主要有瓢虫、草蛉、食蚜蝇、蜘蛛等，龟纹瓢虫、异色瓢虫日食蚜量达 60 ~ 100 头，黑带食蚜蝇大龄幼虫日食蚜量 50 ~ 60 头，草间小黑蛛日食蚜量 12 ~ 25 头。

3. 防治方法

玉米心叶期蚜株率达 50%，百株蚜量达 2 000 头以上时，玉米抽雄初期百株蚜量达 4 000 头时，应及时喷药防治。药剂可选用 25% 辟蚜雾水分散粒剂 1 000 ~ 1 500 倍液，10% 吡虫啉可湿性粉剂或 25% 阿克泰水分散粒剂 4 000 ~ 5 000 倍液。益害比在 1 :（100 ~ 150）时，不需喷药，可充分利用天敌达到自然控制的目的。

（二）玉米叶螨

玉米叶螨又名玉米红蜘蛛，属蜱螨目，叶螨科。常见的有截形叶螨、朱砂叶螨和二斑叶螨 3 种。危害玉米等多种作物和杂草，主要在叶片背面刺食寄主汁液，严重时可造成叶片干枯，籽粒干瘪，造成减产。

1. 形态特征

截形叶螨体色深红色或锈红色，足和鄂体白色，雄螨黄色。体两侧各有暗色不规则黑斑。朱砂叶螨体色深红色或锈红色，体两侧各具一倒"山"字形黑斑。二斑叶螨体色淡黄色或黄绿色，滞育型橘红色，背面两侧有暗色斑。

2. 发生规律

华北、西北地区1年发生10～15代，长江流域及以南地区1年发生15～20代。以雌成螨在作物和杂草根际或土缝间越冬。越冬雌成螨不食不动，抗寒力强。早春，当5日平均气温达3℃时，越冬螨即开始活动取食；气温达7℃以上时雌成螨开始产卵，12℃以上第一代卵开始孵化。5月中旬以前主要在杂草上危害，5月下旬开始转入春玉米苗上繁殖危害。世代重叠严重，6月在春玉米和麦套玉米田常点片发生，7～8月进入危害盛期，在麦套夏玉米和夏玉米以及杂草等寄主叶背活动，先取食下部叶片，以后逐渐上移。叶螨主要聚集在叶背主脉两侧取食，受害部位初期出现针尖大小的黄色斑点，斑点连片成失绿的斑块，由下部叶片逐渐向中上部叶片蔓延，严重时叶片变黄或变红，形似"火烧"，逐渐干枯死亡。卵散产在叶脉附近，每雌产卵100余粒，繁殖危害的最适温度为22～28℃，干旱少雨年份发生重，大到暴雨不利于叶螨的生存。麦套夏玉米面积扩大，有利于叶螨的大量繁殖。

3. 防治方法

（1）农业防治　采取冬耕、冬灌、清除杂草，可减少叶螨越冬虫量。

（2）药剂防治　在叶螨发生初期喷药防治，药剂可选用1.8%阿维菌素乳油4 000～5 000倍液，15%扫螨净或5%尼索朗乳油2 000倍液，73%克螨特乳油2 500倍液，10%浏阳霉素乳油1 000倍液。

（三）黏虫

黏虫又名行军虫，属鳞翅目，夜蛾科。在我国分布很广，除西藏外各省市均有发生和危害。幼虫食性很杂，可取食100余种植物，尤其喜食小麦、玉米等禾本科植物和杂草。黏虫大发生时常将叶片全部吃光，并能咬断麦穗，稻穗和啃食玉米雌穗花丝和籽粒，对产量和品质影响很大。

1. 形态特征

（1）成虫　全体淡黄色或淡灰褐色，体长17～20mm，翅展35～45mm。前翅中央近前缘有2个淡黄色圆斑，外侧圆斑较大，其下方有1个白点，白点两侧各有1个小黑点，由翅尖向斜后方有一条暗色条纹。雄蛾稍小，体色较深。

（2）卵　馒头形，初产乳白色，卵面有网状脊纹，孵化前呈黄褐色至黑褐色，卵粒单层排列成行。

（3）幼虫　老龄幼虫体长38mm左右，体色多变，发生量少时体色较浅，大发生时呈浓黑色。头部中央有 1 个"八"字形黑褐色纹。幼虫体表有多条纵向条纹，背中线白色，边缘有黑线，背中线两侧有 2 条红褐色纵线条。腹面污黄色，腹足外侧有黑褐色斑。

（4）蛹　红褐色，体长 19～23mm，腹部 5～7 节背面近前缘处有横列的马蹄形刻点，尾端具 1 对粗大的刺。

2. 发生规律

黏虫无滞育现象，条件适合可终年繁殖，因此我国黏虫发生世代数，主要随各地纬度而异，纬度越高世代越少。每年发生世代数：东北、西北 2～3 代，华北 3～4 代，华东和华中 4～6 代，华南 7～8 代。黏虫越冬的分界线大致在北纬 33°，在此以北地区，基本上不能或只有极少量虫口越冬，不能成为春季的主要虫源。在华南不能越夏。但黏虫有季节性南北迁飞和垂直迁飞的习性，在中纬度以南，因夏季高温，黏虫向高海拔山区移动，秋季山区温度下降，又向平原移动。黏虫迁飞规律是：每年 3～4 月由长江以南向北迁飞至黄淮地区繁殖，4～5 月危害麦类作物，5～6 月先后化蛹，羽化为成虫后又迁飞至东北、西北和西南等地繁殖危害，6～7 月危害小麦，玉米、水稻和牧草，7 月中下旬至 8 月上旬化蛹，成虫羽化后又迁飞到山东、河北、河南、苏北和皖北等地繁殖，危害玉米、水稻等。8 月下旬至 9 月上中旬，羽化后的成虫又迁飞到长江以南危害水稻等作物。成虫昼伏夜出，傍晚开始活动、取食、交尾、产卵，以晚间 7～8 时及黎明前最为活跃。白天潜伏在枯枝、落叶、草丛、秸秆堆以及屋檐、墙缝等隐蔽场所。成虫羽化后需取食植物花蜜补充营养才能产卵，对蚜虫、介壳虫分泌的蜜露也喜取食。对糖、醋、酒等酸甜物质有很强的趋性，趋光性不强，但在黑光灯下可诱杀大量成虫。成虫产卵历期 6～9d，每头雌蛾产卵量一般为 500～800 粒，最多可产 3 000 粒左右。成虫具远距离迁飞功能，以 4～5d 蛾龄飞翔能力最强。雌蛾产卵具有较强的选择性，卵多产在绿叶或干枯的叶尖部位。在玉米上主要产在中、下部橘黄色卷褶的叶尖边缘处，雌穗苞叶或花丝等部位。卵粒排列成行呈块状，用分泌的黏液裹在叶尖内，一般有几十粒卵，多者 100～200 粒。卵期 3～6d，初龄幼虫多栖息在心叶、叶背等避光处，一受惊动即吐丝下垂或蜷缩假死。幼虫 1～2 龄食量很小，仅啃食叶肉；3～4 龄时，从叶缘蚕食，咬成缺刻，五至六龄进入暴食期，常将叶片吃光，并成群结队转移。幼虫有潜土和假死习性。黏虫不耐 0℃ 以下低温和 35℃ 以上高温，成虫产卵最适温度为 19～23℃，空气相对湿度 50%～80%，高于 25℃ 或低于 15℃，空气相对湿度低于 40% 时，产卵量减少，温度高于 35℃ 成虫不产卵，卵在此温度下亦不孵化。幼虫发育适温为 23 ~ 25℃，空气相对湿度 80%。降雨适中有利于各虫态发育，雨量过大或长期干旱则会影响成虫取食、交尾和产卵，低龄幼虫亦不易成活，土壤积水对蛹有一定的致死作用。

3. 防治方法

（1）诱杀成虫　可利用成虫喜选择枯叶产卵的习性，用小谷草把，每 3 根谷草或 10 余根稻草扎成一把，每公顷插 900 ~ 1 500 把，3d 更换 1 次，带出田外烧毁。亦可用糖醋液诱杀成虫。

（2）药剂防治　在低龄期喷药，药剂可选用 25% 灭幼脲 3 号悬浮剂，48% 毒死蜱乳油，90% 晶体敌百虫，50% 辛硫磷乳油，药液浓度为 1 000 ~ 1 500 倍液。亦可用 90% 万灵可湿性粉剂 3 000 ~ 4 000 倍液或喷 2.5% 敌百虫粉，每公顷 30 ~ 30.5kg。

（四）红腹灯蛾

红腹灯蛾又名人字纹灯蛾，属鳞翅目，灯蛾科。食性杂，主要危害玉米、高粱、谷子、甘薯等作物。在玉米上取食叶片、雌穗花丝及果穗。一般年份发生量不大，严重时可引起减产。主要分布在华北、华中、华东、华南、西南等地。

1. 形态特征

（1）成虫　体长 15 ~ 18mm，全体黄白色，翅展 41 ~ 48mm，前翅后缘中部有 3 ~ 5 个黑色斑点斜向顶角，双翅合垄时黑点呈 "A" 形，腹部背面红色，中央有一纵排成行的黑斑。雌蛾前翅前缘有 3 个黑斑，后翅白色，上有淡褐色斑 2 个；雄蛾前翅前缘有 1 ~ 2 个黑斑，后翅粉橘红色，有 1 个黑斑。

（2）卵　球形，淡黄绿色，呈块状排列。

（3）幼虫　老龄幼虫体长 45 ~ 55mm，黄褐色，两侧各有黑褐色纵带 2 条，体上着生毛瘤，腹足黑色。

（4）蛹　体长 22 ~ 24mm，深褐色，长椭圆形，第 5 ~ 6 节腹部各有 2 个突起，臀刺粗短成束。

2. 发生规律

华北一带 1 年发生 1 ~ 2 代，华东和华中 2 ~ 3 代，以蛹在土中越冬。华北地区越冬蛹于 4 ~ 5 月开始羽化，成虫发生盛期在 6 月下旬至 7 月上旬，第 1 代成虫发生在 7 月中旬至 8 月中旬。第 2 代幼虫发生盛期在 8 月下旬至 9 月上旬，老熟幼虫于 9 月底开始化蛹越冬。成虫有趋光性，卵呈块状产在玉米中部叶片背面，每块有卵 50 ~ 200 粒。单雌产卵 300 ~ 800 粒，最多 1 200 粒，卵期 4 ~ 5d。初孵幼虫先吃卵壳，后啃食叶肉；大龄幼虫啃食叶片，仅剩叶脉，最喜取食玉米雌穗花丝和穗顶嫩粒，早期受害影响授粉。幼虫有假死性，怕高温。主要天敌有灯蛾绒茧蜂、小花蝽、三色长蝽、中华草岭、大草岭和丽草岭等。

3. 防治方法

可利用成虫的趋光性，用黑光灯或电子杀虫灯诱杀。玉米生长期防治同黏虫。

（五）玉米铁甲虫

玉米铁甲虫属鞘翅目，铁甲科，是一种局部地区发生的害虫。主要分布在广西、贵州等省，食性较杂，主要危害玉米，也危害小麦、高粱、谷子、甘蔗以及一些禾本科杂草等。成、幼虫均取食玉米叶片，成虫沿玉米叶脉啃食叶肉，仅剩表皮，形成长条状白色枯斑。幼虫则在叶片表皮层潜食叶肉，形成隧道，随后渐成白色枯斑，严重时一片叶子有幼虫数十头之多，造成全叶变白干枯，轻者减产，重者绝产。

1. 形态特征

（1）成虫 体长5~6mm，头胸部暗褐色，鞘翅呈蓝黑色，前胸背板及鞘翅上部均着生黄褐色或黑色长刺，前胸背板前缘有刺2对，每鞘翅外侧有粗刺12根。

（2）卵 长约1mm，扁椭圆形，淡黄色，表面光滑。

（3）幼虫 体长7~8mm，扁平，乳白色。头黄褐色，胸足3对，短而小。腹部体节两侧各有乳状突1个，末端有1对尾刺。

（4）蛹 体长6~7mm，长椭圆形稍扁，淡黄褐色，腹部各节背面有一横凹纹，两侧呈扁刺状向外突出。

2. 发生规律

1年发生1~2代，以成虫蛰伏在寄主或杂草上越冬。越冬成虫无明显休眠现象，当气温达17℃时，越冬成虫仍可活动取食。第1代发生量大，主要危害春玉米，第2代发生量小，危害轻。3月上中旬气温上升到16℃以上时，成虫开始活动，先取食附近的禾本科杂草，后飞到甘蔗、小麦等作物上取食，待春玉米长出4~5片叶时，便群集到玉米田取食，交尾产卵。第1代成虫产卵盛期在4月上中旬，5月下旬为产卵末期，卵期6~7d。4月上旬幼虫开始孵化，孵化盛期在4月中下旬，幼虫危害盛期在4月中旬至5月中旬，幼虫历期18~25d。5月上旬幼虫开始化蛹，蛹期9~11d。5月下旬开始羽化为成虫，羽化盛期6月上中旬。由于玉米在7月就逐渐成熟，植株老化。因此，第1代成虫便迁飞到甘蔗田、禾本科杂草或其他寄主上活动取食，少数成虫可交尾、产卵繁殖第2代，危害秋玉米。第 2 代成虫于 8 月下旬始见，盛发期在 9 月上中旬，10 月成虫在禾本科杂草或甘蔗田越冬。成虫有假死性，并对嫩绿、长势旺的玉米苗有群集危害的习性，因此，播种早、苗情好的玉米苗比播种晚、苗情差的受害重。成虫交尾时间多在上午，可多次交尾，雌虫产卵前期为 3 ~ 4d。卵散产在玉米心叶上，产卵时成虫用口器将叶片咬成凹穴，产卵其中，并分泌胶状物将卵覆盖，每次产一卵，单雌产卵 80 余粒，多者可达 100 余粒。大发生年份单株着卵量可达 50 ~ 100 粒，最多可达 300 ~ 400 粒。降雨频繁、雨量大不利于成虫活动，发生轻，反之则重。

3. 防治方法

（1）人工捕杀　利用成虫的假死性，可在清晨或傍晚，进行人工捕杀。早期摘除有卵、虫的叶片，集中深埋，可减少虫量和危害。

（2）药剂防治　在成虫盛发期和幼虫孵化初期，于清晨或傍晚喷药防治。药剂可选用 48% 毒死蜱或 50% 杀螟硫磷、50% 辛硫磷乳油、20% 杀虫双水剂 1 000 倍液，或 80% 敌敌畏、20% 氯氰菊酯乳油 1 500 ~ 2 000 倍液，全株均匀喷洒。

（六）甜菜夜蛾

甜菜夜蛾又名玉米叶夜蛾、玉米小夜蛾，属鳞翅目，夜蛾科，是一种杂食性害虫。除危害玉米外，还危害大豆、甘薯、棉花、绿豆以及大白菜、甘蓝等多种蔬菜。该虫虽不是玉米上的常发性害虫，但会间歇性发生，猖獗危害，年度间差异很大。以幼虫取食玉米叶片，将叶片咬成空洞或缺刻，严重时会吃光叶片，仅剩叶脉，残留叶片呈网状留在叶片上，对产量影响很大。

1. 形态特征

（1）成虫　体长 8 ~ 10mm，翅展 19 ~ 25mm，前翅灰褐色。基部有 2 条黑色波浪形的外斜线，中央近前缘的外方有 1 个肾形纹，内方有 1 个环形纹；后翅银白色，翅脉为黑褐色线条。

（2）卵　扁圆形，白色，块状，由 8 ~ 100 余粒卵组成，其上覆盖较厚的白色绒毛。

（3）幼虫　体长 22 ~ 27mm，体色变化大，一般为绿色或暗绿色，也有黄褐色、褐色至黑褐色。腹部气门下线为黄白色纵带，有时略带粉红色，气门下线一直达腹部末端。各气门后上方有明显白点。

（4）蛹　体长 10mm，黄褐色，臀棘上有刚毛 2 根，弯曲。腹部 4 ~ 7 节背面和 5 ~ 7 节腹面近前缘密布圆形刻点。

2. 发生规律

甜菜夜蛾1年发生4~7代，以蛹在土室内越冬，在热带、亚热带地区周年发生，无越冬现象。山东1年发生4~5代，世代重叠。山东菏泽地区越冬蛹于6月中旬开始羽化为成虫，第1代幼虫发生在6月下旬至7月上旬，第2代在7月中下旬至8月上旬，第3~5代在8~10月，第5代幼虫于10月中下旬化蛹越冬。第1代幼虫主要危害春玉米，第2~3代幼虫主要危害夏玉米，第4代主要危害蔬菜，第5代主要危害秋播小麦。成虫夜间活动，有趋光性，并有多次产卵习性，单雌产卵100~200粒，多者达1 700余粒。产卵前期1~2d，产卵期3~5d，卵期2~6d。幼虫5龄，少数6龄，低龄幼虫多群集叶背，吐丝结网，在内取食。3龄后分散取食，4龄后进入暴食期。幼虫昼伏夜出，有假死性并会自相残杀，若虫口密度大，气温高，又缺食料时，有成群迁移习性。幼虫期11~39d。幼虫老熟后入土吐丝做蛹室化蛹，蛹期7~11d。夏季气温高时完成一代仅需25d左右。甜菜夜蛾发生轻重与气候条件关系密切，若冬季气温偏高，越冬蛹死亡率低，春季气温回升快，降雨少，天敌寄生率低，往往发生较重。反之，冬季严寒，夏季高温、干旱，或降雨太多会引起幼虫大量死亡，则会抑制其发生。

3. 防治方法

（1）农业防治　秋耕或冬耕，可消灭部分越冬蛹。

（2）诱杀成虫　利用其成虫趋光性，可用黑光灯或电子杀虫灯诱杀成虫。

（3）药剂防治　甜菜夜蛾幼虫抗药性较强，应在幼虫低龄期喷药防治，药剂可选用：50%辛硫磷或48%毒死蜱乳油、25%灭幼脲3号悬浮剂1 000倍液，或用20%氰戊菊酯、25%溴氰菊酯、5%卡死克、5%抑太保乳油1 500~2 000倍液，均匀喷雾。

（七）蝗虫类

蝗虫是直翅目蝗科昆虫的统称，其种类很多，主要分为飞蝗和土蝗两类。

1. 形态特征

蝗虫的种类很多，其形态不一一叙述。其共同的特征是体型粗壮，触角丝状，少数为剑状或锤状，其长度短于虫体，口器为咀嚼式，前胸背板发达，可盖住中胸，后足多为跳跃式，腿节发达。大多数成虫具两对翅，善飞翔。不完全变态，分为成虫、若虫（蝗蝻）和卵，卵呈块状，长筒形，稍弯曲，飞蝗卵块大，由50~80粒卵组成，土蝗卵块较小，卵粒少。

2. 发生规律

东亚飞蝗无滞育现象，北京以北地区多为1年发生1代，渤海湾、黄淮及长江流域1年发生2代，第1代为夏蝗，第2代为秋蝗。广东、广西等地发生3代，海南一带多为4代。以2代区发生危害最重，夏蝗一般5月中下旬孵化，6月中下旬至7月上旬羽化为成虫。秋蝗7月中下旬至8月上旬孵化，8月下旬至9月上旬羽化为成虫。成虫寿命40~60d，有群居型和散居型之分，具迁飞习性。土蝗发生世代数多数1代，少数2代。飞蝗、土蝗均以卵块在土内越冬。其食性很杂，尤喜取食玉米等禾本科作物和杂草。靠近蝗区及盐碱地，管理粗放的农田东亚飞蝗发生重，而滨海、洼地和山区坡地则土蝗发生重。一般冬暖或多雪和春季干旱年份有利于蝗虫的发生。蝗虫的天敌很多，捕食性天敌有鸟类、蛙类、蜘蛛、步甲等；寄生性天敌有抱死瘟、线虫、蜂虻、寄生蝇等，对蝗虫有一定抑制作用。

3. 防治方法

虫口密度大时应喷药防治，药剂可选用20%杀灭菊酯或2.5%功夫菊酯乳油2 000倍液，50%马拉硫磷乳油1 000倍液，5%氟虫腈悬浮剂1 500倍液均匀喷雾。

三、蛀茎和穗部害虫

玉米蛀茎和穗部害虫主要有亚洲玉米螟、高粱条螟、桃蛀螟、大螟、棉铃虫和白星花金龟6种，前4种既蛀茎又啃食穗部，后2种主要啃食穗部不蛀茎。另外，红缘灯蛾和黏虫的幼虫也会危害玉米雌穗，取食花丝和籽粒。

（一）亚洲玉米螟

玉米螟属鳞翅目，螟蛾科，是危害玉米等杂粮作物的重要害虫，其种类主要有亚洲玉米螟和欧洲玉米螟两种。我国主要是亚洲玉米螟，欧洲玉米螟仅在新疆伊宁一带发生，河北的张家口、内蒙古的呼和浩特及宁夏等地，为欧洲玉米螟和亚洲玉米螟的混发区，但优势种仍为亚洲玉米螟。

1. 形态特征

（1）成虫　雄蛾体长10~14mm，翅展20~28mm，头胸及前翅黄褐色，复眼黑色，触角丝状、灰褐色。前翅内横线为暗褐色波状纹，内侧黄褐色，基部褐色。外横线暗褐色、锯齿状，外侧黄褐色，外缘浅褐色，外横线与外缘线之间有一褐色宽带，内外横线之间还有2条黄褐色短纹。后翅灰黄色，中央有波状横纹，近外缘处为褐色带状。雌蛾体长13~15mm，翅展26~34mm，形态似雄蛾，但体色较浅，腹部肥大，末端圆钝。

（2）卵　扁平，椭圆形，长约1mm，略有光泽。卵块由数十粒卵粒组成不规则形，呈鱼鳞状排列。初产卵为乳白色，渐变为淡黄色。孵化前卵粒中央呈现黑头。

（3）幼虫　共5龄。老龄幼虫体长20~30mm，头部深褐色，体浅灰褐色或浅红褐色。背面有纵线3条，背线较明显，淡褐色，前胸背板及臀板淡黄色，其上生有细毛。中、后胸背面各有4个圆形毛疣，其上着生2根细毛。腹部1~8节背面中央各有2列横排毛疣，前排4个，后排2个。胸足黄色，腹足趾钩为三序缺环形，上环口较小。

（4）蛹　黄褐色，纺锤形，体长15~18mm，腹部背面1~7节有横皱纹，臀脊黑褐色，端部有5~8根向上弯曲的刺毛，缠连在丝上。

2. 发生规律

玉米螟的食性很杂，寄主植物很多，国内记载的有70多种，是我国玉米等杂粮作物和棉花等经济作物的主要害虫。该虫主要以幼虫蛀茎危害，受害植株茎秆被破坏，影响养分和水分输送，致使玉米等作物穗部发育不全，籽粒灌浆不足而减产，同时，茎秆被蛀易遭风折，减产更重。幼虫还蛀食玉米雌、雄穗，啃食花丝和籽粒，影响玉米授粉，并导致雌穗发育不良，籽粒腐烂发霉和秃顶。一般玉米减产10%~20%，严重的达30%~50%，个别严重地块甚至造成绝产。

玉米螟除主要危害玉米外，还危害小麦、水稻、棉花、大麻等作物。危害玉米时，1~3龄幼虫一般先钻入心叶内危害形成孔洞或排孔。在孕穗、抽穗期幼虫多集中于雄穗，雌穗抽出花丝后，幼虫又多集中在雌穗顶部啃食花丝，随后又啃食玉米籽粒，3龄以后幼虫则钻蛀茎秆、雄穗柄和穗轴。玉米螟发生世代数随气候条件和生态环境的差异变化较大，年均温度越高代数越多，在纬度相近的地区，海拔越高代数越少。我国从北到南一年发生1~7代，不同世代区常有过渡区。由于越冬场所不同和幼虫取食寄主种类不同以及同一寄主取食部位营养的差异，导致幼虫历期、化蛹、羽化不整齐，因此，在多代区常出现世代重叠现象。不论发生几代，各地均以末代老熟幼虫在玉米等寄主植物的秸秆、穗轴和根茎内越冬，翌春化蛹、羽化。成虫多为夜间羽化，白天潜藏于茂密的作物或杂草丛中，以晚上7~11时最为活跃，飞翔力强，有趋光性。一般羽化后一二天即可交尾，成虫一生可多次交尾，交尾后即可产卵。卵多产在玉米叶片背面靠近中脉处，每头雌蛾可产卵10~20块，每块卵有30~40粒，多者100粒左右。成虫产卵对生态环境有一定的选择性，凡植株高大（50cm以上）、浓绿、茂密，小气候阴郁潮湿的玉米田落卵量较多。卵期3~5d，多在上午孵化。初孵幼虫有群集咬食卵壳的习性，1~2h后开始爬行分散或吐丝下垂，随风飘移，转移危害。低龄幼虫有趋向可潜藏的植株幼嫩部分危害的习性，高龄幼虫则喜钻蛀危害。幼虫历期除越冬代外，一般为 20 ~ 30d。老熟后多在其危害处化蛹，蛹期 6 ~ 10d。温、湿度和光照是制约玉米螟发生的重要因素，温度主要影响发生期和年发生代数，湿度则影响其发生量，而光照则是影响玉米螟幼虫滞育的主要因素。据观察，空气相对湿度在 25% 以下时，成虫不产卵或极少产卵，40% 时产卵量有所增加，80% 以上时产卵达高峰。当温度在 25℃，空气相对湿度达 90% 以上时，卵全部孵化，空气相对湿度降至 70%，孵化率下降为 83%，空气相对湿度仅有 47% 时，卵的死亡率达 32%。华北地区第 1 代玉米螟发生期，若降雨偏少，天气干旱，卵块易脱落，初孵幼虫成活率降低。第 2、第 3 代玉米螟发生期，若降雨频繁且量大，则会抑制成虫活动、卵的孵化和初孵幼虫的成活。若 7 ~ 8 月降雨多、湿度大，赤眼蜂则会提早发生，寄生率高，将会显著抑制第 3 代玉米螟的发生和危害。

（二）高粱条螟

1. 形态特征

高粱条螟属鳞翅目，螟蛾科。

（1）成虫　雌蛾体长 14mm 左右，翅展 32 ~ 34mm；雄蛾体长 12mm，翅展 24 ~ 26mm。头胸背面灰黄色，腹部黄白色。复眼黑褐色，下唇须较长，向前下方直伸。前翅灰黄色，顶角显著尖锐，外缘略呈一直线，顶角下部略向内凹，翅外侧有近 20 条暗褐色细线纵列，中室外端有黑色小点。雄蛾黑点较雌蛾明显，外缘翅脉间有 7 个小黑点并列。后翅色较淡，雌蛾近银白色，雄蛾淡灰黄色。

（2）卵　卵粒扁平，椭圆形，表面有微细的龟甲纹，卵粒多排成"人"字形双行重叠的鱼鳞状卵块。初产乳白色，渐变黄白色至深黄色。

（3）幼虫　初孵幼虫乳白色，体表有淡褐色斑，连成条纹。老熟幼虫体长 20 ~ 30mm，肉白色至淡黄色。幼虫有冬、夏两型之分。夏型幼虫腹部各节背面有 4 个褐色毛片，排成方形；冬型幼虫体背具 4 条紫褐色纵线，各节无黑褐色毛片。

（4）蛹　体长 14 ~ 15mm，红褐色或暗褐色，有光泽。腹部 5 ~ 7 节背面前缘有深褐色不规则网状纹，末节背面有两对尖锐小突起。

2. 发生规律

高粱条螟发生世代数因地而异，华南一带 1 年发生 4 ~ 5 代，长江以北地区发生 2 代，均以老熟幼虫在玉米、高粱的茎秆中和玉米穗轴中越冬。在华北发生的 2 代区，越冬幼虫于 5 月中下旬开始化蛹，成虫盛发期在 6 月上中旬。第 1 代幼虫危害盛期在 6 月下旬至 7 月上旬，主要危害春玉米心叶期。7 月下旬至 8 月上旬为化蛹期，蛹期 10d 左右。8 月上中旬为第 1 代成虫盛发期，同时出现第 2 代产卵高峰期，8 月上旬至 9 月上旬是第 2 代幼虫的危害期，主要危害套种夏玉米的穗期和夏直播玉米的心叶期和穗期。第 2 代大龄幼虫蜕皮后即为冬型老熟幼虫，准备越冬。成虫昼伏夜出，有趋光性。产卵前期 2～3d，卵多产在叶片背面，在玉米穗期则以雌穗上下两片叶片居多，卵呈块状，每块卵有卵 10～15 粒，卵粒呈"人"字形排列 2 行，单雌可产卵 200～250 粒。初孵幼虫较活泼，先在玉米心叶内危害，潜食叶肉，形成花叶、排孔，在心叶内危害 10d 左右（3 龄左右）即会从叶腋间或雄穗上蛀入茎秆，在雌穗上先取食花丝和籽粒，然后再蛀入雌穗危害。幼虫一般为 6～7 龄。第 1 代幼虫历期 30～50d，幼虫有聚集危害习性，受害茎、穗内常有数头至 10 余头幼虫。高粱条螟的天敌主要有玉米螟赤眼蜂、黑卵蜂、绒茧蜂和稻螟瘦姬蜂等。

（三）桃蛀螟

1. 形态特征

桃蛀螟属鳞翅目，螟蛾科，是一种杂食性害虫。

（1）成虫　体长 9～14mm，翅展 20～25mm。全体橙黄色，前、后翅及胸、腹部背面都具有黑斑，前翅有 20 余个，后翅有 10 余个，腹部第 1～5 节背面各有 2 个横列的黑斑，第 6 腹节仅有 1 个黑斑。

（2）卵　椭圆形，初产乳白色，后变红褐色。

（3）幼虫　体长 22～27mm，体色变化较大，有淡褐色、暗红色等。背面紫红色，腹面多为淡绿色，腹部各节毛片灰褐色，各节背面有 4 个毛片，前两个较大，后两个较小。

（4）蛹　长椭圆形，黄褐色，腹部第 5～7 节前缘各有一列小刺，腹部末端有卷曲的臀刺 6 根。

2. 发生规律

桃蛀螟在华北地区 1 年发生 2～3 代，长江流域发生 4～5 代，常世代重叠。以老熟幼虫在玉米茎秆、穗轴中越冬，在果树区则在树皮裂缝中越冬。华北地区越冬幼虫于翌年 5 月上中旬化蛹，5 月下旬至 6 月中旬为成虫发生期。5 月下旬开始产卵，产卵盛期在 6 月下旬。卵期 6～8d，幼虫期 15～20d，蛹期 7～9d，完成 1 代时间约需 1 个多月。第 1 代成虫发生在 7 月下旬至 8 月上旬，主要危害桃，无果树的地区危害玉米、向日葵等。第 2 代幼虫在 8 月上中旬，主要危害晚熟桃和玉米、向日葵等。9 月下旬以后幼虫陆续老熟，寻找越冬场所越冬。部分发育早的，可发生第 3 代。在长江流域越冬幼虫于翌年 4 月中旬化蛹，第 1 代成虫盛发期在 5 月中下旬，以后各代成虫发生期为 6 月下旬至 7 月上旬、8 月上中旬、9 月上中旬和 9 月下旬至 10 月上旬。第 1 代幼虫主要危害桃、李等果树，以后各代危害玉米、向日葵等。成虫夜间活动，趋光性较强，对糖酒醋液有较强的趋性，喜食花蜜及桃、葡萄成熟果的汁液，以补充营养。桃蛀螟的卵主要单粒散产在玉米雌穗上部叶片、花丝及其苞叶上，卵孵化后低龄幼虫主要取食雌穗花丝，3 龄后开始啃食籽粒，并钻蛀茎秆和穗轴。降雨多，湿度大的年份发生重，反之则轻。

（四）棉铃虫

1. 形态特征

棉铃虫属鳞翅目，夜蛾科，是一种杂食性害虫。

（1）成虫　体长 15～20mm，雌蛾黄褐色，雄蛾灰绿色。翅展 27～40mm，前翅内、中、外 3 条横线波状纹色泽较浅，外横线外有深灰色宽带，带上着生 7 个小白点。前翅外缘各脉间有小黑点，环形纹圆形，中有一黑斑，肾状纹暗灰色。后翅灰白色，沿外缘有黑褐色宽带，宽带中央有 2 个相连的白斑，后翅前缘中部有一褐色月牙形斑纹。

（2）卵　馒头形。顶部微起，底部较平，初产时乳白色，后变黄白色，近孵化时灰黑色或红褐色。卵面有隆起纹，纵棱 12 条。

（3）幼虫　老熟幼虫体长 35～45mm，各节上有刚毛瘤 12 个，刚毛较长。体色变化较大，可分为淡红色、黄白色、淡绿色、绿色四种类型。气门线较宽，白色或淡黄色，背线，亚背线呈淡褐色或淡绿色。

（4）蛹　体长 17～20mm，纺锤形，黄褐色，近羽化时呈深褐色。腹部第 5～7 节密布点刻。腹部末端圆形，有一对突起。

2. 发生规律

棉铃虫在全国一般发生 3～8 代，黄河流域发生 4～5 代，河南 4 代，以蛹在土中越冬。河南在夏玉米穗期危害的主要是第四代棉铃虫，产卵盛期在 8 月中下旬，卵多产在玉米雌穗花丝和其上下叶片和叶鞘上。单粒散产，卵期 3～4d。幼虫孵化后，取食花丝、啃食幼嫩籽粒和穗轴，不仅影响授粉，而且会加重玉米穗腐病的发生。幼虫不蛀茎危害，有自相残杀习性，一般雌穗上仅有 1 头老龄幼虫存活。成虫多在夜间羽化、交尾和产卵，产卵前期 1～3d。产卵期 5～10d。一般单雌可产卵 500～1 000 粒。棉区玉米上的棉铃虫的危害重于非棉区。

（五）大螟

1. 形态特征

大螟属鳞翅目，夜蛾科，是一种钻蛀性害虫。

（1）成虫 体长 12～15mm，翅展 27～30mm，雌蛾体型较大，头胸部灰黄色，腹部淡褐色。触角雄蛾短栉状，雌蛾丝状。前翅近长方形，淡褐色。近外缘色较深，翅面有光泽，外缘线暗褐色，翅中央沿中脉直达外缘，有明显的暗褐色纵线，纵线上下各有 2 个小黑点，后翅银白色，外缘线稍带淡褐色，翅的缘毛银白色。

（2）卵 扁圆球形，顶部稍凹，表面有放射状细隆起线。初产白色，后变褐色，孵化前为紫色。卵块呈带状，卵粒排成 2～3 行。

（3）幼虫 老熟幼虫体长 30mm 左右，头赤褐色，胸腹部淡黄色，背面带紫红色。腹足发达，具趾钩 17～21 个，在内侧纵排成眉状半环。

（4）蛹 体长 13～18mm，初为淡黄色，后变黄褐色，背面颜色较深，头、胸部褐色并着生蜡粉。腹部 1～7 节背面有粗大的刻点，5～7 节腹面也散生刻点。臀棘明显，黑色，在背腹两面各具 2 个小型角质突起。

2. 发生规律

大螟主要分布在我国南方各省，陕西、安徽、河南等地也有发生。1 年发生 3～6 代，各代发生期很不整齐，世代重叠现象严重。以幼虫在玉米、高粱茎秆、稻茬和杂草根际周围越冬。其寄主有水稻、玉米、高粱、小麦、蚕豆、油菜、棉花、甘蔗以及多种禾本科杂草等。该虫在南方无明显滞育现象，冬季气温高时，幼虫仍能危害小麦、甘蔗等作物。各代幼虫历期：第 1 代 35d，第 2 代 27.5d，第 3 代 28d，第 4 代 45.5d。幼虫 6 龄。幼虫老熟后在玉米茎秆或近地面的枯叶梢内等处化蛹。化蛹处上方有一羽化孔，以备成虫羽化飞出。一般春玉米发生轻，夏玉米发生重，低洼地和麦套玉米发生亦重。

（六）白星花金龟

1. 形态特征

白星花金龟为鞘翅目花金龟科昆虫，分布于东北、华北、西北和华中等地。成虫体长 17～24mm，宽 9～12mm。椭圆形，具古铜或青铜色光泽，体表散布众多不规则白绒斑。唇基前缘向上折翘，中凹，两侧具边框，外侧向下倾斜；触角深褐色；复眼突出；前胸背板具不规则白绒斑，后缘中凹；前胸背板后角与鞘翅前缘角之间有一个三角片甚显著，即中胸后侧片；鞘翅宽大，近长方形，遍布粗大刻点，白绒斑多为横向波浪形；臀板短宽，每侧有 3 个白绒斑呈三角形排列；

腹部 1～5 腹板两侧有白绒斑；足较粗壮，膝部有白绒斑；后足基节后外端角尖锐；前足胫节外缘 3 齿，各足跗节顶端有 2 个弯曲爪。

2. 发生规律

成虫多群聚于玉米雌穗上取食花丝和幼嫩籽粒，也危害雄穗或嫩茎，被害玉米穗上部籽粒全部被食光。

（七）蛀茎及穗部害虫防治方法

1. 农业防治

大力提倡处理越冬寄主秸秆，消灭虫源，减轻危害。主要采取秸秆还田、封垛存放，或作燃料、饲料等。如大范围越冬秸秆处理较彻底，可减少田间卵量的 60% 左右。另外，在生长期可人工摘除有虫雄穗，剪除已授粉的花丝，集中处理。

2. 诱杀成虫

采用电子杀虫灯、黑光灯或性诱剂诱杀玉米螟、高粱条螟、棉铃虫、大螟等害虫。利用桃蛀螟、白星花金龟对糖醋酒液的趋性进行诱杀。方法是：用白酒、食醋、红糖按 1：3：6 的比例混匀，再加入 10 份水和 1 份 90% 晶体敌百虫，在盆内充分拌匀。每亩放 1～2 个盆，放置高度与玉米雌穗持平，每天下午 3～4 时，将盆内虫体捞出，放在塑料袋中，集中深埋。此法对白星花金龟效果尤好，并可兼杀桃蛀螟成虫。另外，也可利用白星花金龟成虫的假死性，进行人工捕杀。

3. 生物防治

（1）释放天敌　释放赤眼蜂，在玉米螟、棉铃虫、高粱条螟的卵期释放松毛虫赤眼蜂或螟黄赤眼蜂，在全卵期内放 2～3 次，每公顷放 30 万头左右，其卵寄生率可达 75%～90%。

（2）用白僵菌粉剂按 1：10 的比例与细砂、细土或炉渣（需经 20～30 筛目过筛）制成 10% 菌砂、菌土、颗粒剂。或用 Bt 乳剂、可湿性粉剂 100～200g 与细砂、炉渣（过筛同上）3.5～5kg 充分拌匀制成菌砂、菌土、颗粒剂。然后将其撒在玉米心叶内，雌穗花丝和雌穗上下 2 个叶腋内。

4. 药剂防治

在玉米心叶期撒施 1.5% 或 3% 辛硫磷等颗粒剂，每株撒 1g 左右，或在穗期玉米花丝上及其上下 2 个叶腋处撒颗粒剂。也可自行配制毒砂、颗粒剂，方法是用 50% 辛硫磷 1 000ml，拌细砂或经 20～30 筛目过筛的炉渣制成毒砂或颗粒剂，用法同上。另外，还可在玉米灌浆期用 80% 敌百虫、50% 辛硫磷、40% 毒死蜱乳油 400~500 倍液在玉米雌穗顶部滴灌药液杀死穗期害虫。在玉米穗顶部滴敌百虫晶体剂、毒死蜱或丙溴磷稀释液防治白星花金龟成虫的为害，还可兼治棉铃虫、玉米螟等其他蛀穗害虫。

四、地下害虫

地下害虫是危害玉米等农作物地下部分和近地面部分的土栖害虫。亦称土壤害虫。该类害虫种类多，食性杂，分布广，生活周期长，危害重，且潜伏在土壤中，难以发现，因而增加了防治难度。我国已知的地下害虫种类多达 320 余种，危害玉米的地下害虫主要有蛴螬、金针虫、蝼蛄、地老虎、蟋蟀、玉米旋心虫、根土蝽、玉米耕葵粉蚧、二点委夜蛾和蛀茎夜蛾等，其中，以前 4 类最为重要。蛴螬在黄河流域及北方地区普遍发生，危害较重。华北蝼蛄主要发生在华北、西北和东北等地，东方蝼蛄在南方各省发生较重。沟金针虫则在华北、西北等地普遍发生。而地老虎在全国普遍发生，严重危害。目前，我国地下害虫发生趋势总的情况是北方重于南方，优势种群因地而异，以春、秋两季危害较重。再就是金针虫、蝼蛄危害有所减轻；蛴螬发生普遍，危害呈上升趋势，地老虎和蟋蟀的危害也在加重；而其他地下害虫仅在局部地区发生。在防治上主要采用"地下害虫地上治，成虫、幼虫结合治"的原则进行综合治理。

（一）蛴螬类

蛴螬是金龟甲幼虫的统称，是危害植物的主要虫态，属鞘翅目、金龟甲科。其种类繁多，常见的有 20 余种。危害玉米的主要是华北大黑鳃金龟、暗黑鳃金龟、铜绿丽金龟和黄褐丽金龟等均以幼虫啃食萌发的种子，咬断幼苗根茎，造成缺苗断垄，对产量影响较大。

1. 华北大黑鳃金龟

（1）形态特征

①成虫：体长 17~22mm，长椭圆形，黑色或黑褐色，有光泽。鞘翅上有 3 条不很明显的纵线隆起。触角 10 节，末端 3 节鳃叶状。前足胫节外侧具较尖端的锯齿 3 个，臀板末端较钝圆。雄虫腹部末端腹面中央有三角形凹陷。

②卵：初产长椭圆形，淡绿色，表面光滑。孵化前近球形，污白色，可见幼虫体形。

③幼虫：体长 35~40mm，头部黄褐色，有光泽，前顶刚毛每侧 3 根，其中，冠缝旁 2 根，额缝上方近中部 1 根。肛腹板仅有钩状刚毛群而无刺毛列，肛门 3 裂形。

④蛹：裸蛹，体长 21～23mm，初为黄白色，后变为黄褐色。臀节尖细，末端有叉状尾角 1 对。

（2）发生规律　华北大黑鳃金龟在华北、东北 2 年发生 1 代，以成虫和幼虫交替越冬。凡是以幼虫越冬的年份，翌年春季麦田和春播作物受害重，夏季作物受害轻。而以成虫越冬的年份，夏季作物受害重，春播作物受害轻。因此，出现隔年危害严重的现象。山东越冬代成虫一般于 4 月中旬当 10cm 土温达 14℃ 以上时，开始出土，4 月底至 5 月上中旬，当 10cm 土温在 17℃ 以上时进入出土盛期，盛末期在 6 月中下旬，末期在 7 月，出土历期长达 100 余天。成虫出土后即取食杂草等寄主植物，成虫大量取食为产卵提供了充足的营养条件。产卵前期为 12～15d，5 月中下旬当日平均温度达 21.7℃ 时开始产卵，直至 8 月上旬结束，产卵盛期在 5 月下旬至 7 月上旬。产卵期长达 2 个多月。卵期在 21～22℃ 下为 19.5～22d，27℃ 下仅需 13.6d。6 月中旬至 7 月中旬为孵化盛期，8 月中旬结束。6 月下旬为 1 龄幼虫盛期，此时也正是玉米等夏播作物出苗期，2～3 龄幼虫正是夏播作物根深叶茂期，有利于幼虫在土壤中栖息生存。9～10 月小麦播种时，则是 3 龄幼虫暴食期，大量取食后下潜越冬。翌春小麦返青幼虫上升继续危害，直至化蛹羽化。幼虫历期：1 龄 19～54d，2 龄 19～49d，3 龄 300d 左右。6 月下旬开始化蛹，峰期在 8 月中旬左右，蛹期平均 22d，8 月上旬开始羽化，峰期在 8 月下旬至 9 月初，末期为 10 月上中旬。羽化的成虫当年不出土，在化蛹土层内潜伏越冬，直至翌年 4 月下旬出土活动，如此反复。华北大黑鳃金龟属补充营养型成虫，羽化后仍需继续取食以补充营养，成虫昼伏夜出，20～21 时为出土、取食、交尾高峰，以后渐少，天亮前相继入土潜伏。成虫基本无趋化性，对光有一定趋性。有多次交尾分次产卵的习性，交尾后 6～7d 开始产卵，从第一次交尾后 30～60d 才达产卵高峰期，单雌平均产卵 100 余粒，卵散产在 10～15cm 湿润土壤内，1 龄幼虫食量较小，主要取食土中腐殖质及细嫩小毛根，历期 35d 左右。2 龄幼虫开始大量取食寄主植物地下部分，历期 32d 左右。3 龄幼虫食量最大，在玉米等粮田常造成缺苗断垄，历期长达 300d 左右。温、湿度是引起幼虫垂直活动的主要因子。若 10cm 土壤温度低于 10℃ 时，幼虫则停止危害，下移越冬；若高于 10℃ 时再上移危害，在 20℃ 左右时取食危害最活跃。最适土壤含水量为 18%。高于或低于这个湿度则会引起幼虫垂直移动。

2. 暗黑鳃金龟

（1）形态特征

①成虫：体长 17～22mm，窄长卵形，体黑褐色或黑紫色，上有绒毛，无光

泽。鞘翅每侧有 4 条纵肋，不明显。前足胫节上 3 个锯齿较钝。其余体征与华北大黑鳃金龟相似，其区别为本种前胸背板最宽处位于两侧缘中点以后，而华北大黑鳃金龟则于中点或之前。

②卵：与华北大黑鳃金龟相似，但卵稍大，初产乳白色。

③幼虫：体形特征与华北大黑鳃金龟相似，其区别是头部黄褐色，无光泽，前顶刚毛每侧 1 根位于冠缝旁。

④蛹：末端的 2 个尾角呈钝角叉开，其他同华北大黑鳃金龟。

（2）发生规律　暗黑鳃金龟在黄淮流域每年发生 1 代，多以老龄幼虫及少数成虫在 15～40cm 土室内越冬。4 月下旬至 5 月初开始化蛹，5 月中下旬为化蛹盛期，蛹历期 20～25d。6 月上旬开始羽化，盛期在 6 月中旬。成虫和卵高峰期在 7 月中旬至 8 月上旬，卵期 8～10d。7 月中下旬为卵孵化盛期。8 月中下旬是幼虫危害盛期。成虫昼伏夜出，有较强的趋光性，并有隔日出土的习性。多在灌木、玉米、高粱等作物上交尾，随后在杨、榆树及花生、大豆、玉米等作物叶片上取食。雌虫交尾后 5～7d 产卵，卵期 8～11d。1 龄幼虫发生在 7 月上旬至 8 月上旬，2 龄幼虫在 8 月中下旬，正值玉米成株期，9 月上旬大部分进入 3 龄，大量取食玉米根系及小麦秋苗等。初孵幼虫怕水淹，如遇较大的土壤水分常被溺死。11 月幼虫下潜越冬。翌春不上移危害，直至 5 月化蛹。

3. 铜绿丽金龟

（1）形态特征

①成虫：体长 18～21mm，宽 8～10mm，铜绿色，有光泽。前胸背板两侧缘，鞘翅的侧缘，胸及腹部腹面均为褐色或黄褐色，鞘翅上有 4 条稍隆起的纵线，肩部具瘤突。前足胫节具 2 外齿，臀板三角形，基部中间有一个三角形黑斑的为雄性。

②卵：初产椭圆形，乳白色，孵化前呈球形，长约 2.5mm，表面光滑。

③蛹：体长 18～25mm，淡黄色，微弯曲，雄蛹有 4 列瘤状突起，雌蛹无瘤。

（2）发生规律　铜绿丽金龟在华北、华东地区每年发生 1 代，以 2～3 龄幼虫在土壤 20～50cm 处越冬，翌春 4～5 月危害麦苗和春播作物，5 月下旬至 6 月上旬幼虫化蛹，6 月中旬为成虫初盛期，盛期在 6 月下旬至 7 月上中旬，卵期 9～11d。7 月下旬开始孵化为幼虫，8～9 月 2～3 龄幼虫主要在耕作层危害玉米、花生、甘薯、马铃薯等作物的根系、荚果、块根、块茎等地下部分，10 月下旬地温下降，3 龄幼虫下移越冬。成虫食性很杂，特别喜欢啃食果树、林木叶片，食量很大，常将叶片吃光后再转移。趋光性很强，趋化性弱，喜夜晚活动，白天潜伏。成虫出土后可多次交尾，边交尾边产卵，卵多产在疏松湿润的土壤中，深度5~10cm，最深可达20cm，每次产卵40粒左右。成虫产卵和卵孵化的适宜土壤含水量为10%~30%。

4. 黄褐丽金龟

（1）形态特征

①成虫：体长13~17mm，身体隆起呈长椭圆形，体背黄褐色有光泽，腹面淡黄色。前胸背板色泽比鞘翅深，隆起，最宽处位于鞘翅基部之间，前边收缢。鞘翅长卵形，中部较宽，鞘翅上纵肋不明显，前、中足内爪分叉、外爪简单。

②幼虫：体长25~30mm，头淡黄色，头前顶刚毛每侧5~6根，成一纵列。臀节背面有骨化环，腹面复毛区的刺毛列，每列由10~15根短椎刺和10根左右长椎刺组成，后边长椎刺毛呈"八"字形岔开。

（2）发生规律 黄褐丽金龟主要分布在我国长江以北各省、市，一般均与其他虫种混合发生。单独发生严重危害的较少见。在华北、东北等地均为1年发生1代，以幼虫越冬。翌年4~5月化蛹，在河北省南部5月下旬始见成虫，盛发期在6~8月，其间出现两个高峰，6月末至7月初为第一高峰，8月上旬为第二高峰，以第一高峰最大，是田间幼虫的主要来源。而在河北省东部，只有6月下旬至7月上旬一个高峰，发生量集中。成虫昼伏夜出，黄昏时出土飞翔，寻偶交尾，因在幼虫和蛹期贮存大量脂肪，性器官已发育成熟，因此成虫不需取食补充营养。次日清晨成虫返回土中产卵。成虫有趋光性，产卵量不大，一般每雌仅产卵30粒左右，产卵后成虫即会很快死亡，寿命为20~30d。卵期一般10d左右，卵孵化盛期在6月下旬至7月上旬。全幼虫期322.8d，其中，1龄20.3d，2龄27.5d，3龄275d。幼虫主要危害玉米、花生等夏播作物，收获后继续危害小麦幼苗。10月下旬入土越冬，翌春气温回升又危害玉米等春播作物。

5. 蛴螬防治方法

（1）农业防治 秋播时，采取翻耕耙压法借机械作用杀死部分虫体，或翻出土表，使其日晒、霜冻或被天敌捕食，增加越冬虫口死亡率，能明显减轻翌春、夏季的蛴螬危害。合理施肥，不施未经腐熟的有机肥，用碳酸氢铵、氨水等作基肥或追肥，可减轻其危害。适时灌溉，土壤含水量处于饱和状态，能显著影响卵的孵化和初龄幼虫的成活率。

（2）灯光诱杀 安装电子杀虫灯或黑光灯诱杀趋光性强的成虫，如铜绿丽金龟、黄褐丽金龟、暗黑鳃金龟等。

（3）药剂防治　在玉米播种期，用 50% 辛硫磷乳油，按种子重量的 0.2%～0.3% 或 40% 甲基异柳磷乳油按种子量的 0.1%～0.2% 拌种，堆闷 12～24h 再播种，亦可用种衣剂按要求拌种。生长期每公顷用 3% 辛硫磷颗粒剂或 3% 甲基异柳磷颗粒剂 22.5～30kg，拌细土 600～750kg 顺垄撒施，结合锄地，将药埋入土中。亦可用 40% 甲基异柳磷乳油每公顷 3 000～3 750ml 或 50% 辛硫磷乳油每公顷 4 500～5 250ml，对水 3 000～3 750L，浇灌受害严重的植株根际周围。

（二）地老虎类

地老虎属鳞翅目，夜蛾科，是危害农作物的重要地下害虫。以幼虫危害多种栽培植物，常将幼苗咬断造成缺苗断垄，减产严重。其发生特点是种类多，发生广，数量大，食性杂，危害重。危害玉米等农作物常见的种类主要有小地老虎、黄地老虎、大地老虎、白边地老虎和警纹地老虎等 5 种。其中，小地老虎和黄地老虎均为世界性害虫，国内各地均有分布。

1. 小地老虎

（1）形态特征

①成虫：体长 16～23mm，灰褐色，翅展 40～54mm，前翅黑褐色，环状纹和肾状纹黑色，肾状纹外侧有一浓黑色"一"字形纹，内外横线明显。后翅为淡黄白色。

②卵：半球形，高约 0.5mm，宽约 0.6mm，表面有纵横交叉的隆起纹，初产乳白色，后变为灰褐色。

③幼虫：老龄幼虫 35～58mm，灰褐色，体壁粗糙，密布颗粒状突起，体节背面有 4 个毛片，前 2 个显著小于后 2 个，臀板黄褐色，上有黑褐色纵带 2 条。

④蛹：体长 15～24mm，红褐色或暗褐色，腹部第 4～7 节基部背面有一圈大而色深的刻点，腹末端具臀棘 1 对。

（2）发生规律　小地老虎在华北、西北地区 1 年发生 3～4 代，黑龙江 2 代，华东 4 代，西南 4～5 代，广西 7 代。全国均以第 1 代幼虫危害最重，第 2 代后虫量明显减少。据各地调查小地老虎在南岭以南可终年繁殖危害，南岭以北，在北纬 33℃ 以南地区，有少量幼虫和蛹在当地越冬。在北纬 33℃ 以北地区，尚未查到越冬虫源。成虫具有随风远距离迁飞的特性。黄淮地区越冬成虫于 2 月底 3 月初始见，产卵盛期在 3 月中旬至 4 月上旬，幼虫孵化盛期在 4 月中下旬，危害盛期在 4 月下旬至 5 月中旬，此时正值作物幼苗生长期，受害最为严重。5 月中旬以后，幼虫陆续老熟、化蛹。3 代成虫盛发期为：第 1 代 5 月下旬至 6 月中旬，第 2 代 8 月上旬，第 3 代 9 月上旬。成虫白天潜伏在土缝、杂草、屋檐下或其他隐蔽处，夜晚活动、取食、交尾、产卵，以 19~22 时活动最盛。早春气温达 8℃时，即开始活动，温度越高，活动范围越大，但遇大风天气不活动。成虫喜吸食糖蜜等带有酸甜味的汁液补充营养，对黑光灯趋性强。成虫羽化后 3~4d 即可交尾，交尾后第二天产卵，卵大多产在土块及其缝隙处以及枯草茎、杂草上。卵散产或数粒产在一起。每雌蛾产卵 1 000 余粒，多者达 2 000 粒以上，成虫补充营养越多，产卵量越大。产卵历期 5~6d，最多 10d。成虫寿命，雌蛾 20~25d，雄蛾 10~15d，卵期 7~13d，田间可根据卵色变化推断孵化时间，白色卵 11d 后孵化，米黄色卵 8~9d 孵化，淡红色卵 6d 孵化，灰褐色卵 1d 后孵化。幼虫大多 6 龄，少数为 7~8 龄，低龄幼虫昼夜均在作物叶片上取食叶肉，残留表皮，形成针孔状花叶，或将幼嫩组织吃成缺刻，但食量很小。3 龄以后夜晚活动，咬食茎秆基部，白天躲在土缝下或受害作物根部附近土壤中，5~6 龄进入暴食阶段。幼虫有相互残杀和假死习性。食料不足可转移他株危害，耐饥力强，3 龄前可耐饥 3~4d，4 龄后可达 15d。幼虫历期长短与温度有关，一般第 1 代 31d，第 2 代 24d，第 3 代 27d，第 4 代 59d。幼虫入土化蛹，蛹期一般 13~24d。土壤水分、质地及杂草均能影响小地老虎的发生与危害，凡前一年降雨多，耕地积水面积大，翌年发生就重。晚秋或早春的退水地，发生更重。小地老虎对温、湿度要求比较严格，适宜温度为 15~25℃高于 28℃或低于 12℃即会发育不良，而高于 35℃或低于 0℃则会导致大量死亡。因此，我国小地老虎常发区，能越冬的地区不能越夏，能越夏的地区难以越冬，为此远距离迁飞是适应环境的最好选择。小地老虎喜在雨量充沛、气候温湿，并生长各种杂草和农作物的环境下生活，为其提供了适宜的栖息环境和充足的食料，危害必然严重。但春季雨水过多或寒流频繁亦会导致幼虫大量死亡，成虫产卵量减少或幼虫疾病流行。

2. 黄地老虎

（1）形态特征

①成虫：体长 14~19mm，翅展 32~43mm，前翅黄褐色，亚基线、内横线及外横线不明显，肾状纹、环状纹和楔状纹外围有黑边，很明显。后翅淡黄色。

②卵：半球形，直径 0.5~0.7mm，表面有纵隆线 16~20 条，一般不分叉。

③幼虫：老龄幼虫体长 33~43mm，淡黄褐色，表皮多皱纹，颗粒突起细小不显，有光泽。体节背面有 4 个毛片，前 2 个略小于后 2 个。臀板有左右 2 块黄褐色斑纹。

④蛹：体长 15~20mm，腹部第 4~7 节背面基部刻点小而多，腹末端有臀

棘1对。

（2）发生规律　黄地老虎在黄淮地区每年发生3~4代，黑龙江和内蒙古发生2代，甘肃、宁夏2~3代，山东、江苏4代，以幼虫在麦田、绿肥和田埂杂草中越冬。华北地区春季小麦返青期，越冬幼虫开始活动，3月中旬至4月下旬为幼虫化蛹期，4月中旬至5月中旬成虫羽化。4月下旬至5月下旬出现第1代卵，5月中旬为产卵盛期，5月中下旬进入孵化盛期，5月下旬至6月上旬为幼虫危害盛期。其他各代幼虫期为：第2代7月上旬至8月中旬，第3代8月下旬至10月中旬，第4代10上旬至11月下旬。成虫昼伏夜出，喜取食花蜜，尤喜食大葱花蕊补充营养。对黑光灯有一定趋性，对糖醋液无明显趋性。成虫羽化后2~3d就可交尾，喜在有杂草的农田产卵，每头雌蛾产卵量为400~800粒，多者达1 400余粒，卵多产在枯草根标处或杂草、作物幼苗叶背面。卵散产或成堆。卵期3~12d。幼虫共6龄，个别7龄，自相残杀习性不明显。初孵幼虫多在寄主植物心叶内啃食，危害玉米时，低龄幼虫咬食嫩叶成孔状，或将卷着的心叶咬破，叶片展开后成排孔，龄期稍大后，幼虫多在苗基部紧贴土表咬断，或蛀一小孔造成枯心苗。幼虫有群集性，常在被害苗下，藏有几头到10余头幼虫。老熟幼虫在土下3~5cm处做蛹室化蛹，越冬前4~6龄幼虫常迁移到田块，沟渠向阳坡的杂草中，在土下3~5cm处筑蛹室越冬，以6龄幼虫越冬居多。幼虫发育起点温度为8.7℃，有效积温379.1℃，在温度20~21℃下幼虫期为28~33d，27~28℃下为21~24d。在自然温度下各代幼虫发育期为：第1代20~45d，平均28.9d；第2代18~40d，平均23.1d；第3代20~74d，平均34d。幼虫越冬后不经取食即能化蛹。黄地老虎发生程度与环境关系极为密切，凡冬季寒冷幼虫越冬死亡率就高，尤其是5龄以下的幼虫死亡率更高。春季低温，倒春寒次数多，幼虫生长不良，易死亡。4~5月越冬代成虫羽化期遇低温和降雨，会严重影响成虫交尾和产卵。第2代发生期如遇高温干旱天气对各虫态都不利。降雨多或灌溉，土壤湿度过大，特别是土壤持水量达饱和程度时，或雨后、灌溉后造成土壤板结，均会造成幼虫和蛹大量死亡。田间杂草多，有利于成虫产卵和幼虫取食，被害较重。春玉米晚播，适逢高龄幼虫和幼苗相遇，玉米被害较重。

3. 大地老虎

（1）形态特征

①成虫：体长18~23mm，全体暗褐色，触角雌蛾丝状，雄蛾双栉齿状，翅展52~62mm。前翅前缘自基部至2/3处呈黑褐色，肾状纹、环状纹、楔状纹明显，其外围有黑褐色的边。亚基线和内、外横线均为双曲线。

②卵：半球形，高1.5mm，宽1.8mm。初产浅黄色，渐变为黄褐色，孵化前变为灰褐色。

③幼虫：体长40~60mm，头黄褐色，体表多皱纹，颗粒不明显。腹部末端臀板除末端2根刚毛附近为黄褐色外，几乎全部为深褐色，且布满龟裂状皱纹。

④蛹：体长23~29mm，宽9~10mm，黄褐色。腹部第1~3节侧面有明显横沟，第3~5腹节明显较中胸及第1、第2腹节为粗，第4~7节前缘气门之前密布刻点，背中央至气门的刻点较大，腹末端具臀棘1对。

（2）发生规律　大地老虎与小地老虎常混合发生，我国长江流域沿岸地区发生较多。一年发生1代，在杭州、南京一带以低龄幼虫或3~4龄幼虫在杂草或表土中越冬，翌年3月中旬开始活动，5月上旬进入暴食阶段，5月下旬至6月老熟幼虫即钻入土下3~5cm处筑土室滞育越夏，越夏期长达3个多月。幼虫7龄，少数8龄。幼虫期308d，其中，1龄13d，2龄15d，3龄104d，4龄17d，5龄14d，6龄13d，7龄132d。8~9月为发蛾盛期。成虫趋光性不强。交尾后次日就能产卵，每雌产卵648~1 486粒。卵散产在土表或幼嫩杂草上。卵期11~14d。幼虫在4龄前一般不入土潜伏，常在杂草丛中啃食叶片。4龄以后幼虫白天潜伏土下，夜晚外出取食。11月以后幼虫进入越冬期。越冬期如温度达6℃以上，幼虫仍可活动取食。越冬后幼虫龄期较大，食欲旺盛，是全年危害最重的时期。大地老虎幼虫在滞育越夏期间，如遇高温干旱天气，或降雨多，土壤湿度过大，常会引起大量死亡。越冬幼虫抗寒力很强，气温在-10℃时几乎无死亡。

4. 白边地老虎

（1）形态特征

①成虫：体长17~21mm，翅展37~45mm。触角纤毛状。前翅色泽变化极大，由灰褐色至红褐色。主要有2种色型：一是白边型，前翅前缘有明显的灰白色至黄白色的宽边，中室后缘有狭边，环状纹、肾状纹白色，黑边明显。中室在环状纹两侧，黑色，楔状纹也为黑色。二是暗化型，前翅全为深暗色，无白边，各斑纹不明显。另外还有多种中间型。后翅均为褐色，反面为灰褐色。

②卵：馒头状，初产乳白色，后出现褐色斑纹，孵化前为灰褐色。

③幼虫：老熟幼虫体长35~40mm，体表光滑无颗粒，圆筒形，两端尖细，灰褐色至淡褐色。头部黄褐色，有明显"八"字形纹。腹部背线、亚背线及气门线呈淡黑色，背面有毛片4个，后2个大于前2个。腹部末端臀板黄褐色。

④蛹：体长18~20mm，黄褐色，腹部第3~7节前缘有若干小刻点，末端有尾刺1对。

（2）发生规律　白边地老虎主要分布在东北、华北、西北和云南、四川等地，是我国高纬度，高海拔寒冷地区地老虎的主要优势种，南方各省不见。1年发生1代，以发育完全的滞育卵越冬。在黑龙江嫩江地区，越冬卵于翌春4月中旬开始孵化直至7月中旬，5月中下旬是幼虫危害盛期，幼虫期57～62d，6月中下旬老熟幼虫潜入10cm左右深的湿润土壤中筑土室化蛹，前蛹期3～4d，蛹期20～22d，6月底成虫开始羽化直至9月中旬，7月下旬为成虫盛发期。成虫经补充营养后于8月初开始产卵越冬，越冬卵长达9个多月。成虫趋光性强，对糖醋液趋性弱。成虫多在靠近植物附近的表土层产卵，卵黏着成块，少数散产。初龄幼虫耐低温和饥饿。幼虫多数6龄，少数为5龄或7龄，幼虫期57～61d，幼虫1～3龄期正值春播作物幼苗期，受害较重。田间杂草多少与虫口密度关系极大，凡耕作粗放，杂草多的农田，虫口密度大，受害就重。因此，清除杂草，精耕细作是控制虫害的有效方法。

5. 地老虎防治方法

（1）农业防治　兴修水利，改善排灌设施，精耕细作，深耕翻地，中耕除草等，均可恶化地老虎生存环境，压低虫源，减轻危害。

（2）诱杀成虫　利用其成虫对黑灯光、糖醋酒液的趋性，诱杀成虫。对高龄幼虫，可在每天早晨到田间扒开受害植株周围或畦边、阳坡上的表土层，捕捉幼虫杀死。

（3）药剂防治　用丁硫克百威等种衣剂拌种，或用50%乙酰甲胺磷乳油，50%辛硫磷乳油，按种子量的0.3%剂量拌种，堆闷3～5h后晾干播种。或用50%乙酰甲胺磷乳油或50%敌敌畏乳油与细土按1：（100～200）比例拌匀，每公顷撒450～750kg毒土，在低龄幼虫期顺垄撒施。亦可采用毒饵法防治，方法是每公顷用切碎的鲜草750～1 200kg，加90%晶体敌百虫7.5kg拌匀，于傍晚撒施或堆施，防治老龄幼虫。还可在地面喷洒50%辛硫磷乳油或90%晶体敌百虫或50%敌敌畏乳油1 000倍液，每公顷喷750～1 125kg药液；或喷2.5%敌百虫粉剂，每公顷30～37.5kg。

（三）蝼蛄类

蝼蛄属直翅目，蝼蛄科，是一种比较常见的地下害虫。我国记载的有6种，危害玉米的主要是华北蝼蛄和东方蝼蛄2种。前者主要分布在长江以北各省、市；后者全国分布，南方居多。食性很杂，除危害禾谷类作物外，还危害蔬菜、油料、棉麻、烟草、药材以及林果幼苗等。成、若虫都能危害，吞食播下的种子，咬断幼苗嫩茎和幼根，将幼茎咬成乱麻状是其受害的主要特征。同时，还能用前足开隧道进行活动，使作物种子悬空不能发芽，幼苗根部松动失水枯死或将茎、根切断死亡。

1. 华北蝼蛄

（1）形态特征

①成虫：体长 36~56mm，体黄黑褐色，密布细毛。腹部圆筒形。后足胫节背面内侧有棘 1 个或消失。

②卵：椭圆形，初产乳白色或黄白色，有光泽，后变为黄褐色，孵化前为暗灰色，长 2~2.8mm。

③若虫：初孵化时为乳白色，头胸细小，腹部肥大，后逐渐由乳白色变为浅黄色、土黄色直至浅黄褐色。后足特征同成虫。

（2）发生规律　华北蝼蛄在华北一带 3 年左右完成 1 代，其中，卵期 17d 左右。若虫期 730d 左右，成虫期 1 年左右。以成虫或若虫在 60cm 以下土中越冬。翌春 3 月份气温回升，越冬虫态向土面垂直上移活动，4 月正值玉米等春播作物播种、出苗期和小麦拔节期，活动危害达高峰，5 月下旬至 6 月上中旬开始产卵，直至 8 月份，产卵盛期在 6 月下旬至 7 月中旬。雌虫产卵期长达 1 个多月，卵产在预先做好的卵室中，单雌产卵 300~400 粒，成虫饲喂若虫至 3 龄后即离去。6 月中下旬卵开始孵化为若虫，3 龄后分散危害。9 月中下旬玉米收获后，秋播小麦受害严重，直至 11 月上中旬若虫发育至 7 龄以上即开始入土越冬。翌春继续活动危害，至秋末冬初发育至 12~13 龄越冬，第三年春季继续危害至 8 月上中旬若虫老熟，入土后羽化为成虫。蝼蛄的活动规律是昼伏夜出，21~23 时为活动取食高峰期。初孵若虫有群集性，成、若虫均具较强的趋光性，并嗜好香甜食品，对马粪等未腐熟的有机质有趋性。喜在潮湿土壤如沿河两岸、渠道周围、低洼地、水浇地生活。华北蝼蛄更喜在盐碱低湿地的缺苗断垄，无植被覆盖的高燥向阳、地埂、沟渠附近的土壤中产卵。蝼蛄活动受温度影响较大，当旬平均温度和 20cm 土温均达 16~20℃时，是成、若虫危害高峰期，因此春、秋两季是危害高峰期。夏季当气温达 23℃以上时，则潜入土中，一旦温度降低，又会上升至耕作层活动。秋末当月平均气温下降至 6.6℃，20cm 土温下降至 10.5℃左右时，则又潜入深土层越冬。土壤类型和湿度影响其分布和密度，盐碱地虫口密度最大，壤土地次之，黏土地较少。水浇地的虫口密度大于旱地。另外，离村庄近的地块虫口多于离村庄远的。

2. 东方蝼蛄

（1）形态特征

①成虫：体长 30~35cm，体灰褐色，腹部近纺锤形，后足胫节背侧内缘有

3～4棘刺。

②卵：椭圆形，初产乳白色，渐变为黄褐色至暗紫色，长约4mm。

③若虫：初孵若虫为乳白色，随后头、胸部及足变为暗褐色，腹部淡黄色，2～3龄后体色和后足胫节的棘刺似成虫。

（2）发生规律　发生世代数在长江流域及其以南地区1年发生1代，东北、西北地区约需2年发生1代，而在黄淮流域则为1～2年发生1代，均以成、若虫在土中60～100cm处越冬。雌虫在土内做卵洞，洞内有梨形产卵室1个，产卵后雌虫爬出卵洞，用杂草堵塞洞口，离开卵洞另寻他处做窝隐蔽。东方蝼蛄有多次交尾、多次产卵的习性，平均单雌产卵150粒左右，并有间隔产卵的习性，卵期14～22d。若虫孵化后先群集一起，3d后即分散危害，至秋末冬初部分若虫老熟羽化为成虫，并和4～7龄的若虫潜入深土中越冬。翌春越冬若虫上升表土危害，至5～7月陆续蜕皮羽化为成虫，原地不动直至越冬。若虫期为130～335d，成虫寿命115～251d。其他习性同华北蝼蛄。

3. 蝼蛄防治方法

（1）药剂拌种　可用50%对硫磷乳油或40%甲基异柳磷乳油按玉米种子量0.1%～0.2%进行拌种，堆闷3～5h后再播种。

（2）毒饵诱杀　用48%毒死蜱乳油或90%晶体敌百虫0.7kg，加适量水拌炒香的麦麸、米糠、豆饼、谷子等50～70kg，制成毒饵，每公顷撒22.5～37.5kg。

（3）灯光诱杀　利用蝼蛄有较强的趋光习性，开展灯光诱杀。

（四）金针虫类

金针虫属鞘翅目，叩头甲科。其幼虫统称金针虫，是一类重要地下害虫，在我国从南到北都有分布。我国发生普遍，危害严重的主要是沟金针虫、细胸金针虫、宽背金针虫和褐纹金针虫。细胸金针虫主要分布在华北、东北和西北等地区，以有机质含量丰富的黏土和淤地的水浇田、低湿地发生居多。宽背金针虫主要分布在新疆、宁夏、内蒙古、黑龙江等省、自治区，以退化淋溶的黑钙土、粟钙土地带发生较多。褐纹金针虫在华北地区常与细胸金针虫混合发生，分布相似，在水浇地发生较多。金针虫的食性很杂，以幼虫蛀食播下的种子的胚芽，使其不能发芽。咬断幼苗造成缺苗断垄，苗期根茎被咬成丝状，对保苗造成严重威胁。

1. 沟金针虫

（1）形态特征

①成虫：体长14～18mm，宽4～5mm，体形扁。全体棕色或深栗色，密生

黄色细毛，翅展长为前胸的 4~5 倍，纵裂不明显，前胸发达，宽大于长。

②卵：椭圆形，长约 0.7mm，乳白色

③幼虫：体长 20~30mm，金黄色，末端分叉，叉内侧各有一个小齿。3 对胸足等长。

④蛹：裸蛹，体长 15~22mm，初为淡绿色，后渐变为褐色。前胸背板前缘和后角各有 1 对刺突，腹末具刺突 1 对。

（2）发生规律　沟金针虫在黄淮地区 3 年完成 1 代，以幼虫或成虫越冬。成虫于翌年 3 月底 4 月初出土，产卵盛期在 4 月中旬，卵经 35~42d 孵化为幼虫，危害作物，直至第三年 8~9 月在土中化蛹，蛹期 20d 左右，9 月初开始羽化为成虫，当年不出土而越冬。

成虫昼伏夜出，白天潜藏于田边的杂草和土块下，夜晚活动交尾。雌虫无后翅，不能飞翔，行动迟缓，无趋光性。雄虫飞翔力强。交尾后雌虫将卵散产在土中 3~7cm 处，单雌产卵量 110~270 粒。金针虫在土中垂直移动和危害期主要受土壤温度影响。当 10cm 地温达 5~6℃ 时，越冬幼虫开始上移，8~10℃ 时（3 月中、下旬小麦返青期）则全部上移，直至 5 月上旬，表土层虫量占 80%~90%，因此，春季小麦返青期危害最重。6 月上旬至 7 月上旬夏玉米苗期，表土层的虫量占 60% 以上，由于中、小型幼虫比例年际间波动较大，故夏玉米的受害轻重不一。9~10 月间小麦秋播期，温度下降，表层虫量在 30% 以下，小型幼虫占 70% 以上，故秋季麦田受害不重。另外，还与土壤湿度有关，如春季雨多，土壤湿润，受害加重，但土壤湿度太大，又会迫使幼虫下移，危害反而减轻。

2. 褐纹金针虫

（1）形态特征

①成虫：体长约 9mm，宽约 2mm，体细长，黑褐色并着生灰色短毛。头黑色，有较粗点刻，前胸黑色，后缘角向后突出。鞘翅上各有 9 条纵列点刻，腹部暗红色。

②幼虫：体长 25mm，宽 1.7mm，体细长，圆筒形，茶褐色并有光泽。从第二胸节至第八腹节的各节前缘两侧均有新月形斑纹，末节扁平而长，尖端有 3 个齿状突起，中间齿大而尖，末节前缘有 1 对半月形斑，靠前缘还有 4 条纵纹，后半部密布粗大点刻。

（2）发生规律　在陕西褐纹金针虫发生世代约需 3 年完成 1 代。当年以 3~4 龄幼虫越冬，翌年以 5~7 龄幼虫越冬，第三年 7~8 月以 6~7 龄或 8 龄幼虫入土 20~30cm 处化蛹，蛹期 14~28d，成虫羽化后当年不出土而越冬。到第四年当10cm地温达20℃，相对湿度60%左右时，成虫则会大量出土，若湿度低于37%则很少出土活动，因此，若遇久旱逢雨天气成虫便会大量出土。成虫白天活动，以下午2~4时最为活跃，有假死性，无趋光性，成虫寿命258~303d，5月底至6月下旬为产卵期，卵散产，卵期16d，孵化整齐。幼虫于4月上中旬，地温达9.1~12.7℃时开始上升至土表活动，大约在地面活动危害1个多月时间，6月以后气温升高，幼虫下潜土中，9月幼虫又上升至耕作层危害秋苗，10月以后当地温降至8℃以下时又下潜土下40cm处越冬。褐纹金针虫喜在土质湿润疏松、肥沃且带微酸性的土壤中生活。而土壤瘠薄的碱性土壤或干旱地块则很少发生。

3. 金针虫防治方法

（1）农业防治　精耕细作，耕翻土壤，恶化金针虫生存条件，可抑制其发生和危害。

（2）药剂防治　可用丁硫克百威、保德等种衣剂拌种，保苗率可达95%以上。还可用40%甲基异柳磷乳油或50%辛硫磷乳油按种子重量的0.1%~0.2%拌种，生长期每公顷用50%辛硫磷乳油3 750~4 500ml，或40%甲基异柳磷乳油3 000ml，对水4 500~7 500L，顺垄浇灌。或用上述药剂每公顷用量拌细土375~450kg，顺垄撒施后浇锄。

（五）蟋蟀类

蟋蟀属直翅目，蟋蟀科，是旱地作物的地下害虫。其种类繁多，危害玉米等作物的主要是大蟋蟀和油葫芦，前者主要分布在我国南方各省，其中，以华南地区发生比较多。后者主要在华东、华北、西南和中南地区，尤以北方居多。蟋蟀食性很杂，以成、若虫咬断玉米等作物幼茎，取食幼苗，造成程度不同的缺苗断垄，引起减产。

1. 大蟋蟀

（1）形态特征

①成虫：体型大，体长30~40mm，体暗黑色或棕褐色，头部较前胸宽阔，复眼间具"Y"字形纹。触角比虫体长，前胸大，中央具一纵沟。两侧各有1个三角形纹。足粗壮，后腿节强大，胫节有两列4~5个刺状突起，雌虫产卵器比尾须短。

②卵：近圆筒形，长4.5mm，稍弯曲，浅黄色，表面光滑。

③若虫：外形似成虫，体色较淡，随后逐渐加深，2龄后出现翅芽，共7龄。

（2）发生规律　大蟋蟀1年发生1代，以3~5龄若虫在土穴中越冬。广东、福建一带越冬若虫于翌年3月上旬开始出土活动，取食各种作物幼苗，5~6月出现成虫，羽化盛期在7月，并开始产卵，产卵盛期在9月，同时，开始出现若虫，10月成虫陆续死亡。10~11月若虫在田间危害，直至12月初若虫开始越冬，但遇气温较高，若虫仍会出土活动、取食。大蟋蟀喜在夜间出土活动，以闷热夜晚天气出土最多，雨天不出土。常在疏松的沙土地筑土穴居住，一般一穴一虫，交尾时雄虫才进入雌虫的土穴内同居。雌虫在土穴内产卵，常30~50粒卵聚集，单雌产卵500粒以上，若虫孵化后成群聚集一起，在土穴内取食雌虫备好的食料，不久即分散做穴独居。洞穴深浅不一，成虫和老龄若虫洞穴深，幼龄若虫洞穴浅。另外，每个洞穴口都有一堆土，这是大蟋蟀居住的标志。

2. 油葫芦

（1）形态特征

①成虫：体狭长，体长雌虫20.6~24.3mm，雄虫18.9~22.4mm，体背黑褐色，有光泽，腹面黄褐色。头部黑色，前胸背板有2个月牙纹，中胸腹板后缘内陷。前翅淡褐色，有光泽，后翅尖端纵折，腹部露出很长，似尾状。后足粗大，胫节背刺5~6对。触角长度与身体等长。

②卵：略呈长筒形，长2.4~3.8mm，乳白色微黄，两端稍尖，表面光滑。

③若虫：体长21.4~21.6mm，体背深褐色，前胸背板月牙纹明显，有翅芽。

（2）发生规律　1年发生1代，以卵在土中越冬。在北京越冬卵于翌春4月底开始孵化，4月下旬至8月初为若虫发生期，5月下旬开始成虫陆续羽化，10月上旬开始产卵，成虫寿命2个多月，10月中下旬陆续死亡。淮北一带越冬卵于5月中旬孵化，9月上中旬为成虫发生盛期，随后陆续产卵，以卵越冬，越冬卵在土中经8个多月后才孵化。成虫喜在温凉、阴暗、潮湿的草丛或土块下生活，夜间活动取食，以22时以后最盛。夜间交尾，交尾后，2~6d开始产卵，喜在杂草丛生向阳的田埂、丘地、草堆处产卵，产卵深度2cm左右，若产在土表一般不能孵化，产在土中的卵，经翻动后亦不能孵化。若虫共6龄，趋光性不强，不善做穴，行动敏捷，白天潜伏，夜晚外出取食，若虫期20~25d。

3. 防治方法

主要采取毒饵诱杀法防治，方法是：每亩用20%甲基异柳磷乳油10ml或50%乙酰甲胺磷或48%毒死蜱乳油50ml，加水4L，拌炒香的麦麸、棉籽饼5kg，在田间撒施或撒在大蟋蟀洞穴周围，诱杀前来取食的蟋蟀。亦可在田间堆草，于清晨捕杀，或在草堆中放上毒饵，效果更好。另外，在播种前进行耕翻土壤，可明显降低越冬卵的孵化率和越冬若虫的存活率。

（六）玉米旋心虫

玉米旋心虫属鞘翅目，叶甲科。以幼虫危害玉米幼苗，从根茎处蛀入茎内，玉米3叶期以后表现被害症状，如排孔、枯心、心叶卷曲呈鞭状，随后植株出现矮化畸形，分蘖增多，叶片丛生等症状，茎基部可见裂痕或褐色蛀孔。该虫仅在北方局部地区发生。

1. 形态特性

（1）成虫　体长5cm，头黑褐色，复眼大而黑，前胸黄色，其前缘黑褐色，上有小点刻。鞘翅翠绿色至黄绿色，有光泽，足黄色，腹部黑褐色。全体密生褐色细毛。

（2）幼虫　体长8～11mm，头褐色、体黄色。第一体节背部硬化，其他各节背部均有黑褐色斑点。尾节背面扁平，半椭圆形。

2. 发生规律

山西1年发生1代，以卵在土中越冬。翌年6月上旬幼虫开始危害，7月中旬进入危害盛期，主要危害夏播玉米幼苗。幼虫从玉米苗近地面的茎部或茎基部钻入，当植株出现明显症状时，幼虫已转移危害。7月中下旬幼虫开始老熟，在土中3cm处作茧化蛹，蛹期6d左右。成虫羽化盛期在7月下旬，产卵盛期在8月中旬，在土下产卵越冬。成虫白天活动，有假死性，喜取食野蓟、薄荷等植物。交尾后产卵，卵多产在玉米田土表或植物根部，呈团状排列。低龄幼虫夜间活动，顺垄危害。玉米旋心虫发生和环境因子有密切关系，一般5月少雨，6～7月降雨多发生重。凡低洼地、沙土地、水浇田及晚播玉米受害均较重。

3. 防治方法

（1）农业防治　秋季深翻土壤，将越冬卵翻至土壤深层，降低虫源基数。发生较重的地块可改种棉花等其他作物，可减轻危害。

（2）药剂防治　可采用丁硫克百威等种衣剂、拌种剂处理种子。撒毒土，在幼虫危害初期顺垄将毒土撒在玉米根际周围，以杀灭转株危害的幼虫。药剂可用25%西维因可湿性粉剂或20%敌百虫粉剂1～1.5kg，拌细土20kg，搅拌均匀。药剂灌根，在幼虫发生初期可用50%辛硫磷或48%毒死蜱乳油1 000倍液灌根。

（七）二点委夜蛾

二点委夜蛾属鳞翅目，夜蛾科。该虫是危害玉米根部的一种新害虫。

1. 形态特征

（1）成虫　体长 12mm，前翅灰黑色，上有黑点、白点各 1 个。后翅银灰色，有光泽。

（2）幼虫　体长 10～15mm，腹部背面侧线黑色。

2. 发生规律

发生世代数和越冬虫态不详，主要以幼虫危害玉米幼苗的根茎，小苗受害主要是根被取食或根茎被咬成孔洞，造成植株萎蔫；大苗受害，幼虫取食部分侧根，造成玉米倒伏，暂不萎蔫。幼虫有假死性，怕光，可顺垄转株危害。危害严重时常会使大量幼苗萎蔫倒伏，最终枯死，影响产量。

3. 防治方法

（1）药剂灌根　可用48%毒死蜱乳油 1 000 倍液或50%辛硫磷乳油 800 倍液灌根，每株灌 100～200ml。

（2）撒毒饵　傍晚将毒饵撒在玉米苗周边毒杀幼虫，药剂可用 48%毒死蜱或 50%辛硫磷乳油 0.5kg 拌炒香的棉籽饼、豆饼或麦麸 50kg，拌匀。

第三节　玉米田主要杂草及其防除

一、玉米田杂草的分布及危害

（一）农田杂草的分类

1. 按生物学特性分类

（1）1 年生杂草　指在 1 年内完成从种子发芽、出苗、开花到结实的生命周期，由种子繁殖，待种子成熟后全株即会枯死。成熟的种子需经休眠后翌年才能发芽。如稗草、藜、马唐、苋菜和马齿苋等。

（2）2 年生杂草　从种子发芽、出苗、开花直到结实成熟后死亡，完成一个生命周期需 1～2 年的时间，由种子繁殖，因此，又称越年生杂草。这类杂草通常在第一年秋季萌发，植株耐寒性强，当年不抽茎开花，翌年春季开始生长、开花、结实，在夏季完成世代交替。如荠菜、播娘蒿等。

（3）多年生杂草　指生命可连续存活 3 年或 3 年以上的杂草。一生中可多次开花、结实，靠种子或无性器官（根茎、块茎、球茎和鳞茎）繁殖。结实后一般地上部分会枯死，经过一段休眠期后，其地下器官又会产生新的植株。这类杂草，有的新生植株是从原植株的主茎上的不定根上长成的杂草，如车前子、蒲公英等，以种子繁殖为主。有的新生植株是从无性器官地下根茎上长出的杂草，地下茎上有节，节上再生芽形成新枝，如狗牙根和茅草等。这类杂草根系发达，再生能力很强。

（4）寄生性杂草　这类杂草不能独立进行光合作用，制造营养，需要寄生在别的植物上，依靠特殊的吸盘吸取寄主的营养维持生存的杂草，如菟丝子、列当等。

2. 按杂草类别分类

若按杂草出苗的子叶数来分，可分为单子叶杂草和双子叶杂草两大类。但大多以植物形态分类，可分为以下 3 类。

（1）禾本科杂草　其特点是芽胚仅有 1 片子叶，叶片长条形，叶脉平行，茎无分枝，茎切面为圆形。如狗尾草、稗草和马唐等。

（2）莎草科杂草　芽胚有 1 个子叶，叶片窄长，叶脉平行，无叶柄，叶鞘包卷，无叶舌，茎呈三棱状，茎切面为三角形，通常空心无节。如香附子、碎米莎草和毛轴莎草等。

（3）阔叶杂草　芽胚具 2 片子叶，叶片宽阔，叶脉网状纹，茎分枝，茎切面为圆形或方形。如铁苋、藜和龙葵等。

（二）黄淮海夏播玉米田草害区

包括河北中南部、山西南部、陕西关中、山东、河南、安徽和江苏北部，是我国玉米种植面积最大的地区。该地区属暖温带，部分地区两年三熟，部分地区一年两熟，栽培方式普遍为玉米和麦类轮作，或玉米和大豆套作。

农田杂草有：马唐、马齿苋、牛筋草、田旋花、藜、反枝苋、画眉草、绿狗尾和香附子等。

主要杂草群落有：

①玉米—马唐＋马齿苋＋藜；

②玉米—马齿苋＋牛筋草＋马唐＋藜；

③玉米—牛筋草＋马唐＋马齿苋；

④玉米—田旋花＋马唐＋马齿苋；

⑤玉米—藜＋马唐＋马齿苋＋反枝苋；

⑥玉米—绿狗尾＋马唐＋反枝苋＋藜；

⑦玉米—反枝苋＋香附子＋马唐＋藜；

⑧玉米—香附子＋马唐＋绿狗尾＋马齿苋。该区草害面积占玉米种植面积的82%～96%，中等以上危害达64%～66%。

二、杂草的生物学特性和发生规律

（一）杂草的生物学特性

农田杂草是长期生活在栽培作物环境下的一类野生植物，由于在野外自然环境和人为栽培环境下长期适应的结果。因此，它兼有野生植物和栽培植物的双重特性，不过野生植物的特性更强一些。其主要特性如下。

1. 丰硕的多实性

在自然界中生物之间的生存竞争相当激烈，为了更多的繁衍后代，杂草具有惊人的多实性。与栽培作物相比，杂草的结实力通常要高数十倍，甚至上千倍。一株杂草长出的草种，少者数百粒，一般数万粒，甚至高达数十万粒。例如一株牛筋草可结实 13.5 万粒，藜可结实 20 万粒，荠菜可结实 22.3 万粒，马齿苋可结实 10 万粒，蒲公英结实更多，达 81 万粒，杂草不仅结实多，而且发芽率高。

2. 繁殖的多样性

绝大多数杂草都以种子繁殖，但也有很多杂草尤其是多年生杂草用根茎、块茎、球茎、鳞茎等营养器官进行无性繁殖，如刺儿菜可用根茎繁殖，茅草用地下茎繁殖，苦菜、小蓟有强大的分枝，可深入土壤 2m 以上。

3. 强大的生命力

杂草的生命力极强，它的种子在成熟后极易脱落。在土壤中可长期存活。一般种子的寿命为 2~3 年，有的可高达数十年之久仍能发芽。播娘蒿种子寿命为 4 年，繁缕种子 10 年，龙葵种子 20 年，荠菜种子长达 35 年，车前子和马齿苋的种子寿命甚至高达 40 年。而且有些杂草种子经牲畜、家禽、鸟类等动物消化道排出体外，仍可正常发芽。杂草的无性繁殖器官——地下根茎、块茎、球茎，被人为损伤或处低温、干旱等逆境下还能保持生命力，有的杂草将其切割成 2~3cm 小段，照样能生长成正常植株，而且被人工或机械切断的杂草，其残留根系遇到潮湿环境也能重新生长出新的植株。

4. 顽强的适应能力

杂草对逆境具有顽强的适应能力，具有耐瘠薄、耐干旱、耐高温、耐寒冷等能力，如 1 年生杂草，若遇到高温干旱天气，会提前开花、结实，迅速完成生命周期。另外，杂草种子的休眠性，也是适应环境的一种能力，即使成熟期一致的种子，其休眠期也不一致，因而形成了杂草出苗的不整齐性，以适应环境保持连续繁衍后代的能力。

5. 传播扩散途径广

（1）借风力传播　有些杂草的种子小而轻，且有翅或毛等附属物，极易借风力传播，如蒲公英、苦荬菜的果实有絮状冠毛，酸浆属杂草的果实外面被有气囊状宿存萼等。

（2）借水流传播　有些生长在沟渠边或地面的杂草，如苋、藜、蓼等属的杂草成熟后会散落水中，经雨水、灌溉水的流动而扩散，又能定居生长发育繁衍后代。

（3）借人和动物活动传播　有些杂草的果实有钩有刺，当人或动物经过时，可附着在衣服或动物的毛皮上被携带外地，如苍耳的果实有钩，三叶鬼针草的果实有刺。有一些杂草如黏液蓼的种子会分泌黄色黏液，人和动物触及后会黏附其身而被带至其他地方。还有一些杂草种子常被鸟类、牲畜、家禽吞食、种子外层有坚硬的种皮或果皮保护，不受消化液的侵蚀，随粪便排出而传到各地，仍能萌发生长，如稗草。

（4）人为传播　随着良种的广泛交流和交通工具的现代化，杂草种子人为传播已成为远距离传播的主要途径。如从国外引种或国际种子交换，或进口粮食、邮寄或旅客携带物品等方面，都有可能将危险性杂草传入我国。国内地区间的交流也可能将区域性杂草传入。

（5）靠自身特殊机能传播　有些杂草的果实，其果皮各层细胞的含水量不同，故成熟干燥后收缩程度也不同，就会通过爆裂方式而将种子自动弹出而进行近距离传播。

（二）杂草的发生规律

玉米是高秆作物且需中耕，因此行距较宽，从出苗到封垄前，植株矮小，因此，对地面覆盖率很小，再加上精耕细作，水肥充足，这就给杂草生长提供了充足的空间和优越的环境条件，因此自播种开始直到7月份玉米封垄前，田间杂草不断发生，且生长旺盛，如不及时除草，极易形成草荒。

据调查，玉米田杂草发生规律如下：早春2月下旬至3月下旬，土壤解冻10cm左右，荠菜、蒲公英、附地菜、问荆、大蓟、刺儿菜、蒿等一些越年生和多年生杂草陆续出土，但密度不大。3月上旬至5月上旬，1年生早春杂草，如藋草、藜、蓼、萹蓄、尼泊尔蓼和多年生杂草田旋花、苣荬菜等大量出土。5月上旬至6月上中旬，1年生晚春杂草，如马唐、牛筋草、狗尾草、稗草、马齿苋等萌发出土，此时玉米田杂草量达最高峰，占全生育期杂草总数的80%～85%，其中单子叶杂草的数量最多，占总数的75%～90%。其次是阔叶杂草占10%～25%。6月下旬至7月上旬雨季来临，部分晚春杂草和一些喜温杂草，如马唐、铁苋菜、猪毛菜、苍耳等仍不断出苗。6月以后为杂草生长高峰期，若遇降雨，大草就会猛长，小草丛生，是为害玉米最重的时期。进入 7 月中旬后，玉米株高叶茂，基本上覆盖了空间，此时杂草就无法生长。

三、玉米田杂草主要种类

（一）禾本科杂草

1. 马唐

1 年生草本，生长期 5 ~ 9 个月，分蘖能力强，喜潮湿、光照、好肥，对土壤要求不严格。种子传播，繁殖力强，植株生长快，分枝多，竞争力强，也是玉米蚜、黏虫、叶蝉等害虫的寄主。

2. 牛筋草

又名蟋蟀草。1 年生草本，喜潮湿、肥沃土壤，分蘖性强。种子繁殖，结实多，边成熟、边散落，种子小而轻，可随风传播。

3. 茸眉草

又名蚊子草、黑星草。1 年生草本，喜潮湿、肥沃土壤，以砂壤土分布较多。种子繁殖，种子极小，可随风飘移，夏季多雨年份极易形成群落。

4. 狗尾草

又名绿狗尾草、谷莠子、莠子草。1 年生草本，适应性强，酸性、碱性、钙质土壤都能生长，耐干旱、耐瘠薄。种子繁殖，产籽量大，种子边成熟、边脱落、发芽率高，雨季生长速度更快，可形成群落。

5. 金色狗尾草

又名金狗尾草。1 年生草本，喜较湿润农田、沟渠和路旁，不耐干旱。在中性、微酸性、微碱性土壤均能生长，但不耐盐碱。该草是玉米枯萎病的中间寄主。

6. 稗草

1 年生草本，适应性强，水田、旱田、果园、苗圃、田边、路旁和荒地都可生长危害，是很难防除的农田杂草。种子繁殖，种子边成熟、边脱落，种子小而轻，且有芒，可借风力和水流传播。分蘖性强，根系发达，再生能力很强，不易清除。

7. 虎尾草

又名棒槌草。1 年生草本，耐盐碱性强，在盐碱地夏季多雨季节生长迅速，极易形成优势种群落。因此，它又是土壤盐碱化的指示植物群落。该草对水分特别敏感，只要遇到高温、多雨天气，生长速度甚快。种子繁殖，种子量大，最多单株可达8万余粒，根系发达。

8. 狗牙根

又名绊根草、爬根草。多年生草木，适应性强，无论是沙土或是黏土各种类型的土壤都能生长，喜潮湿、耐干旱、耐盐碱，喜热而不耐寒，气温低时生长慢且矮小瘦弱，易遭受霜害。以根茎越冬，翌年以根茎上的休眠芽萌发生长。狗牙根有较强的营养繁殖能力，以匍匐茎在地面上向各个方面穿插，交织成网，覆盖地面，其他杂草难以侵入，从而形成单一的优势种群。再生能力强，刈割植株地上部分，其地下的残茎和根都能长出新植株。该草的种子亦可繁殖，但以匍匐茎繁殖为主，是农田难以防除的杂草。

9. 芦苇

多年生草本，适应能力强，水、旱作物以及果园、苗圃、渠边、低洼地或高地、陆地或水中，酸性或碱性土壤都能生长。根茎发达，节上着生大量须根和芽，可随时萌发。芦苇对盐碱土有较强的耐力。芦苇具横走的根状茎，在自然环境中以根状茎繁殖为主，并具有很强的生命力，可长期埋在地下，一旦条件合适，仍可长出新枝。另外，也可进行种子繁殖，种子边成熟边脱落，能借助种子上的长毛随风飘移传播。在农田中一般只长茎叶不开花结实，再生能力很强，残茬和折断的根茎部都能长出新株。

10. 白茅

又名茅草、茅根。多年生草本，喜光、耐旱、耐盐碱、耐水涝，适应于各种类型土质，尤喜有机质含量多的肥沃土壤。种子和根茎均能繁殖，以根茎繁殖为主，地下根茎可纵横交错，连成一片，其繁殖力和再生力都很强，刈割的残茬和断根均可长出新株。

（二）莎草科杂草

1. 碎米莎草

又名莎草、三棱莎草、三角草。1年生草本，抗寒耐湿性较强，为喜湿性杂草，雨季生长迅速，常会覆盖玉米田，影响玉米生长发育。尤其沟边、洼地会形成以碎米莎草为优势种的杂草群落。种子繁殖，种子借风力和水流传播。

2. 香附子

又名三棱草、莎草、香头草。多年生草本，块茎和种子均可繁殖，繁殖力极强，种子小而多；地上茎叶去除后，地下块茎无性芽又会长出新株，很难防除。喜潮湿、低洼环境，也耐干旱，是沟底、湿地、河岸的主要杂草，在地势低洼潮湿的农田危害也很重。

（三）阔叶杂草

1. 铁苋菜

又名稷草、血见愁、鬼见愁。大戟科，1年生草本。喜湿、喜光，适生于潮湿肥沃土壤，出苗不整齐，对土壤要求不严，沙土、黏土、微碱土都能生长，肥水条件好的壤土生长发育最好。种子繁殖，种子边成熟、边脱落，借风力和水流传播，冬前全株枯死。

2. 凹头苋

又名野苋菜、紫苋、人情菜、光苋菜。苋科，1年生草本。对土壤要求不严，但喜较湿润又肥沃的农田，适应性广，抗逆性强，并有再生能力，刈割后，腋芽会萌发再生。种子繁殖，边开花、边成熟，直到霜冻枯死。

3. 马齿苋

又名马齿菜、长命菜、五行草等。马齿苋科，1年生肉质草本。生态适应性广，生活力强，耐干旱，在湿润肥沃农田尤为旺盛，茎粗、叶大、株形庞大，布满作物下层，与作物争水、争肥。对土质要求不严，无论是酸性土或盐碱地都能生长，对温度变化也不敏感，拔出植株暴晒几日仍不死。种子繁殖。再生力强，断茎后仍能生根成活。

4. 苍耳

又名苍子、苍耳子、野落苏、苍子棵。菊科，1年生草本。适应性广、耐干旱、耐瘠薄，在酸性或碱性土壤以及各类土质皆可生长，多散生或形成小群落，种子繁殖，果实成熟后不脱落。能借助果实上的钩刺刺附在人或动物体上向外传播。踏压多次或深埋土中的种子，也能发芽。

5. 苣荬菜

又名甜苣菜、苦麻菜。菊科，多年生草本。适应性广，酸性、碱性土壤都能生长，在潮湿多肥的土壤能长出繁茂的大株，耐瘠薄、耐干旱的山坡瘠地也可形成小群落。种子和根芽皆可繁殖，单株可结种子上千粒，具长冠毛，借风力传播。种子发芽长出的幼苗，第一年只长根和簇叶，第二年才能开花结果。带芽的根段也能长出新的植株。

6. 苦苣菜

又名滇苦菜、苦菜。菊科，1年生或越年生草本。对土壤要求不严，耐瘠薄和干旱，但更喜潮湿肥沃的土壤，能迅速长成繁茂的大株丛，而在山坡薄地或微碱地则会形成小群落。种子繁殖，边成熟边脱落，种子上带有冠毛，可随风传播。

7. 刺儿菜

又名小蓟、青青菜、小刺儿菜等。菊科，多年生草本。适应性强，耐干旱，如遇夏季干旱，其他 1 年生杂草常会枯黄，而它仍可保持绿色，开花结实，在肥沃潮湿土壤生长茂盛，并能形成优势小群落。种子和根芽皆能繁殖，但以根芽繁殖为主，繁殖力和再生力极强，土壤上部的根着生越冬芽，下部的根着生潜伏芽，残茬和断根皆能长成新株，一般除草剂和浅锄均难以防除。

8. 鳢肠

又名旱莲草、墨草等。菊科，1 年生草本。适应性强，水、旱皆可生长，稻田、水边、浅水均可生长，旱田湿润地域也可生长，尤以干干湿湿土壤最为适宜，不耐干旱，土壤稍干旱就会生长不良，植株矮小。耐阴性强，玉米长大后，也能在其下良好生长，种子繁殖，种子成熟后，植株会自行腐烂消失。

9. 泥胡菜

又名秃苍个儿。菊科，越年生或 1 年生草本。喜潮湿、肥沃的砂壤土，抗逆性强。种子繁殖，以种子或幼苗越冬。

10. 葎草

又名拉拉秧、锯锯藤、拉拉藤、勒草。桑科，1 年生草本。生态适应性很广，无论是农田、田边、路旁、沟边、河滩湿地、住宅附近等遍地都可生长，而且可形成单一优势群落。葎草为缠绕性藤本植物，全株具有倒生的钩刺，种子繁殖，种子数量多，一株中等植株可产种子数万粒，可借风力传播，田鼠也可传播。葎草也是红蜘蛛、绿盲蝽、叶蝉的寄主。

11. 车前草

又名车前子、牛舌、车轮草、猪耳朵等。车前科，多年生草本。适应性强，各类土壤皆可生长，以散生为主，有时也能形成小群落。耐寒性强，根系和地面芽可耐 -30℃的低温，幼苗在 -9℃下亦能安全越冬。喜潮湿肥沃土壤和微酸性至中性土壤。再生力很强，只要不伤及根颈的顶芽就不会死亡。由种子和芽越冬，老龄植株可自行解体，重新长出越冬芽。种子繁殖，种子量大，一株生长良好的植株可产数千粒种子，蒴果成熟后可自行破裂，种子可随风传播。

12. 龙葵

又名野葡萄、天宝豆、野茄子等。茄科，1 年生草本。适应性比较强，除强碱、强酸土壤外，任何土质皆可生长，但在肥沃、湿润的微酸性至中性土壤中生长发育较快，植株高大。喜光性强，多在农田周边、路旁、山坡、沟边生长，农田一般为散生，很少形成群落，有一定的耐阴性，玉米封垄后仍可生长。种子繁殖，边开花、边成熟，初霜时即会枯死。

13. 田旋花

又名箭叶旋花、中国旋花、野牵牛等。旋花科，多年生蔓性草本。适应性很强，喜湿润肥沃土壤和地势低平的向阳地块，会相互缠绕，沿它物向上生长，根可平伸或斜行 50 ~ 60cm 的土壤中，在瘠薄土壤中也有很强的生命力。再生性强，当茎叶被刈割或被家畜采食后，会很快在残茬上萌发新芽。在农田，田旋花常与狗尾草、刺儿菜混生，它也是小地老虎和盲椿象的寄主。根芽和种子皆可繁殖。

14. 打碗花

又名小旋花、兔耳草。旋花科，1 年生或多年生蔓性草本。喜湿润肥沃的中性土壤，也较耐干旱，喜光性强，会相互缠绕长成多枝的大株丛，亦会缠绕在玉米植株上。常与田旋花、车前草、蒲公英等杂草形成混合群落。再生性强，经刈割或家畜采食后，在残茬和根部都能重新发芽长出新株。根芽和种子皆可繁殖，种子成熟后常不脱落，易混入收获作物中。

15. 藜

又名灰菜、白藜、灰条菜。藜科，1 年生草本。生育期长，该草属世界性恶性杂草，适应性和抗逆性都特别强，耐瘠薄、耐盐碱，对土壤要求不严格，一般土壤即能生长，在中性和偏碱性土壤中生长最好。喜光亦耐阴，但在阳光充足的条件下生长最好，在玉米封垄后亦能很好生长。在不良环境下，虽然生长矮小，但能正常开花结实。对水分要求不严，既喜欢湿润环境，又能忍受一定的干旱。再生能力强，当植株被刈割或被家畜采食后，可从茎基部萌发出大量枝条。种子繁殖，结实量大。一株多枝的株丛，能结数万至数十万粒种子。

16. 地肤

又名扫帚菜、地麦。藜科，1 年生草本。适应性强，各类土壤皆可生长，以盐碱地较多。种子繁殖，种子成熟后全株枯死，种子不易脱落，果枝易被风吹折，断枝在随风吹动中将种子散落。

17. 小藜

又名小叶藜。藜科，1 年生草本。适应性和生命力很强，具有抗寒、耐盐碱和抗旱、抗风沙能力，因而对气候、土壤、水分等有着广泛的适应能力。在适宜条件下可长成大株丛，而在不良环境下，虽然植株矮小瘦弱，但可正常开花结实。种子繁殖，繁殖力很强，几乎植株上每个枝端都能形成花序，开花、结实、种子小而多。

18. 灰绿藜

又名翻白藜、碱灰菜、小灰菜、白灰菜。藜科，1年生草本。灰绿藜是一种耐盐碱、耐干旱，适应性很强的盐生杂草，它的茎叶肉质化，贮水组织发达，具有泌盐生理功能，可把盐分排出体外，表现出很强的抗盐、耐盐性。种子繁殖。

19. 萹蓄

又名地蓼、猪芽菜、萹株草、萹子草等。蓼科，1年生草本。生境多种多样。喜潮湿、也较耐干旱，酸性、碱性土壤都能生长，除农田外，田野、路旁、水边、沙滩、荒地等地均能生长。根系发达，分枝能力强。一般分枝数为10～20条，多者达80余条，最多可达130条。枝条蔓延可达10～15cm，有的可达100余厘米。种子繁殖，种子成熟后即会自行脱落。

20. 酸模叶蓼

又名旱苗蓼、大马蓼等。蓼科，1年生草本。分布广，适应性强，在湿润农田、田边、路旁、沟渠、河岸等处皆可生长。对土质要求不严，无论是沙土、黏土、壤土，或是酸性土、碱性土皆能正常生长。生命力强。经刈割后仍能发芽、分枝。耐寒力强，夏季出苗的植株，至11月中下旬仍可开花、结实，直至严霜时会枯死。种子繁殖，一般种子成熟后，全株枯死。

21. 鸭跖草

又名鸡冠菜、鸭跖菜、兰花草、三角菜、竹叶草、三节子菜等。鸭跖草科，1年生或多年生草本。喜潮湿土壤，也耐干旱，是农田常见杂草，路旁、田埂、山坡等地也常有分布。种子繁殖，植株开花后结蒴果，内有4粒种子，果实边成熟边开裂，果实成熟后全株枯死。

22. 问荆

又名节骨草、马草、笔头草、土麻黄。木贼科，多年生蕨类杂草。喜在潮湿、肥沃的酸性至中性土壤的农田、路边、砂荒地生长。常群生。以根茎无性繁殖为主，孢子也能繁殖。问荆由根状茎生长孢子茎，孢子成熟后散出，随后孢子茎枯萎。由同一根状茎上生长营养茎，直至枯萎。根状茎较深，其上着生球茎贮备营养，故刈割地上部分或割断根茎，仍能继续生长，难以防除。

23. 节节草

又名麻蒿。木贼科，多年生蕨类杂草。该草适应性强，生态幅度宽，喜在有灌溉条件的沙质土壤的农田和田埂、路边、谷地、河沿生长。节节草和问荆一样同属孢子植物，既可孢子繁殖又可用根茎进行无性繁殖。根茎繁殖迅速，很易形成优势种群，由于以根茎繁殖为主，再生力很强，中耕除草割断的植株很快会长出新株，是难以防除的杂草之一。

24. 苘麻

又名青麻。锦葵科，1 年生灌木状草本。生态幅度广，适应性强，喜疏松、湿润而肥沃的碱性土壤，在农田生长特别茂盛。在田间边开花边结实，果实成熟后，地上部分会逐渐枯死。种子繁殖。

25. 地锦

又名红丝草、铺地红、雀儿卧蛋。大戟科，1 年生草本。适应性广，喜在温暖湿润的砂壤土和壤土的农田以及沟渠、田边和路旁等地生长。有一定的耐旱性；不耐阴，在阴蔽处生长不良，种子繁殖，边成熟边脱落，经越冬后才能发芽。

26. 萎陵菜

又名翻白草、白头翁。蔷薇科，多年生草本。适应性广，对土壤要求不严格，各类土质皆可生长，并具有一定的抗寒性、耐盐性和耐涝性。在有灌溉条件的农田易形成优势小群落，多与狗尾草、马唐、白茅等形成混生杂草群。根芽和种子均可繁殖。

27. 二色补血草

又名苍蝇花、二色矾松。兰雪科，多年生草本。该草属多年生泌盐植物，亦是盐碱地的指示植物和盐生杂草的常见伴生种，多与柽柳、獐毛等盐生植物伴生，以散生为主，个别形成小群落。地边、路旁、沟渠极为常见，在盐碱地会有大片单一群落。

28. 蒺藜

蒺藜科，1 年生草本。喜在干燥，肥沃沙质土壤的农田以及田边、路旁等地生长，在开旷地能成片生长。该草不仅繁殖能力强，而且果实上带有尖刺极易刺伤人的皮肤和家畜的口腔。种子繁殖，果实成熟后全株枯死，种子可借钩刺附在人和动物体上传播远处。

四、杂草的防除技术

（一）杂草的综合治理策略

农田杂草综合治理是以预防为主为指导思想，运用生态学的观点，从生物和环境关系的整体出发，本着安全、有效、经济、简易的原则，因地制宜，合理运用农业、生物、化学、物理的方法以及其他有效的生态手段，将杂草控制在不足危害的水平，以实现增产和保护人、畜健康的目的。这实际上就是以建立优良的农业生态系统为核心，采用综合措施，将杂草危害控制在最低程度。

农田杂草的综合治理要根据杂草的种类、生物学特性，掌握其发生消长规律，采用经济有效的防治措施，并发挥各种除草措施的优点，相辅相成，达到经济、安全、高效控制草害的目的。采用化学除草，玉米田应采用土壤处理为主，茎叶处理为辅的施药方式，并抓住杂草萌发期和幼苗期有利时机及时用药，达到事半功倍的效果。

（二）玉米田杂草主要防除方法

1. 植物检疫

植物检疫是防止国内外危险性杂草传播的主要手段。通过杂草检疫将国外危险性杂草拒之国门以外是相当重要的，一旦传入很难根除。例如，已经入侵我国的危险性杂草如豚草、空心莲子草、水葫芦、水花生、微甘菊、紫茎泽兰、飞机草和大米草等，目前，尚无有效的防治方法，这些杂草虽然不是玉米田杂草，但应引以为鉴。同时，国内也要防止省与省，地区与地区之间危险性杂草的传播，如野燕麦在 20 世纪 60 年代初期，仅在青海、甘肃、黑龙江等省部分地区发生。现已在全国 10 余个省、市、自治区传播。因此，必须加强植物检疫工作，抓住粮食和种子调运以及引种等关口，防止危险性杂草的传入。

2. 农业防除

农业防除措施包括轮作、选种、施用腐熟的有机肥料，合理密植和清除田边、渠边和路边杂草等。

（1）合理轮作 在南方旱田杂草发生严重的农田，可采用水旱轮作的方法，即在南方三熟制地区可采用麦类—玉米—水稻的二旱一水的模式，经改种水稻可使旱田杂草无法生存或危害，一些多年生杂草地下茎可被淹死，然后再改种玉米，防除旱田杂草的效果很好。而在北方旱田内禾本科杂草，特别是多年生禾本科杂草如狗牙根、芦苇、白茅、双穗雀稗等发生严重的地块，可采用先种大豆、花生、棉花等阔叶作物，在苗后用盖草能、禾草克、稳杀得等专用于阔叶作物田防除禾本科杂草除草剂，待杂草有效控制后再种玉米，就会明显控制多年生禾本科杂草。

（2）施用腐熟的有机肥料 无论是牲畜、家禽、粪便或是土杂肥中都会含有相当数量的杂草种子，而且发芽率还很高。因此，采用堆集发酵法进行处理，用发酵产生的 50~70℃高温杀死杂草种子，堆集时间根据粪肥种类和气温高低而定，最少堆集时间也应在 3 个月以上。经堆集腐熟后的肥料，90% 以上的杂草种子会丧失发芽能力。

（3）耕作除草　耕作除草可分春耕、伏耕和秋耕3种。

①春耕：指土壤解冻后至春播前一段时间耕翻地作业，它可有效消灭越冬杂草和早春出苗的杂草，同时可将前一年散落土表的杂草种子通过耕翻埋于土壤深层，使其当年不能萌发出苗，但亦会将土壤深层的杂草种子翻于土表，又会造成草害。因此，为解决这一矛盾，春耕深度可浅一些即浅耕耙地，这样既可消灭播前杂草，又会避免将土壤深层杂草种子翻至上层。

②伏耕：主要指夏播玉米封垄前进行中耕除草，这样有利灭草保苗。

③秋耕：是指玉米收获后的耕翻作业，可有效消灭种子尚未成熟的1年生杂草、越年生杂草和多年生杂草。秋耕时间应在收获后进行，过晚，若1年生杂草种子已经成熟，除草作用就不大了。

（4）精选种子　播前认真精选种子，去除混入种子中的杂草种子，是一种经济有效的方法。

3. 化学防除

化学防除就是利用化学合成除草剂在一定用量、使用时期以及施药方法的条件下，不伤害或少伤害作物的一种除草方法，我国自1956年开始除草剂试验，至今已有50余年历史。随着我国农业现代化不断发展，无论是生产的除草剂品种，还是化学除草面积均有了很大发展，生产的除草剂单剂和混剂品种已达200多个，除草面积达4 000多万 hm^2，占全国作物播种面积的25%以上。

（三）除草剂的应用技术

1. 除草剂的分类

除草剂的种类很多，功能各异，主要分为以下几类。

（1）按作用方式分类

①选择性除草剂：在一定剂量范围内，能有效杀死某些杂草，但对另外一些杂草无效，或防效很差，而对作物也是如此，有的安全，有的不安全，如莠去津、乙草胺等。

②非选择性除草剂：不分杂草和植物均能被杀死，故称灭生性除草剂。如草甘膦、百草枯等。这类杂草可通过"时差"、"位差"或特殊的使用方法和工具，使其具有选择性。

③触杀型除草剂：该类药剂不具内吸传导作用，只能杀死直接接触药剂的杂草部位。因此要求施药均匀。不可漏喷，对深根性杂草或多年生杂草防效不好，如百草枯等。

④内吸传导型除草剂：药剂可被植物的根、茎、叶，芽鞘等部位吸收，并能

在体内传导，由局部传导至全株，造成杂草死亡，如草甘膦等。

（2）按施药方法分类

①茎叶处理剂：指在杂草生长期将药剂直接喷洒到杂草茎叶上将其杀死的除草剂，如草甘膦，百草枯等。使用这类除草剂一定要保证作物安全。

②土壤处理剂：在播前、播后苗前、或出苗后将药剂施于土壤表层或通过混土方法将药剂施入土中一定深度，形成一个药层，而当杂草种子和作物种子萌芽、生根和出苗过程中接触或吸收药剂后即会杀死杂草，如异丙甲草胺、乙草胺等。

（3）按施药时间分类

①播前处理剂：在作物播种前对土壤进行处理的除草剂。

②播后苗前处理剂：即在作物播种后出苗前进行土壤处理的除草剂。这类药剂主要作用于杂草的芽鞘和幼叶，吸收后向生长点传导，对作物安全。玉米田应用较多，如乙草胺、莠去津、禾宝等。

③苗后处理剂：作物出苗后，将除草剂直接喷到杂草植株上。

（4）按除草剂化学结构分类　如酰胺类除草剂，三氮苯类除草剂，有机杂环类除草剂等。

2. 除草剂主要作用机制

（1）抑制光合作用　光合作用是绿色植物在光能的作用下将其吸收的二氧化碳和水同化为碳水化合物等营养物质，以供植物的生长发育，因此，光合作用是植物的生存基础。除草剂进入植物体内，到达叶片，强烈抑制其光合作用，破坏叶绿素的形成，从而使植物得不到营养，而被饿死。

（2）抑制呼吸作用　呼吸作用是植物体内碳水化合物等基质氧化过程，从中释放出能量，部分能量经过氧化磷酸化过程形成高能健化合物三磷酸腺苷（ATP），从而为光合作用提供能量，以供植物生命活动的需要。有些除草剂会强烈抑制植物的呼吸作用，造成能量减少，使植物的正常新陈代谢活动无法进行而死亡。

（3）干扰植物激素的作用　植物体内有多种植物激素，对植物的生长、发育、开花与结果有重要的调节和控制作用，同时植物体内各个部位的含量也各不相同。而人工合成的激素型除草剂进入植物体内后，则会破坏原有植物激素的平衡和比例，从而使植物的生长发育受阻，出现茎叶畸形、扭曲、顶端和根部停止生长，茎部变粗等症状，从而导致发育不良而逐渐死亡。

（4）干扰植物体内核酸、蛋白质和脂肪合成　核酸、蛋白质和脂肪都是植物细胞的基本成分。很多除草剂被植物吸收后，会使核酸、蛋白质和脂肪的合成受到抑制，甚至无法合成，从而使植物在形态、生长发育及新陈代谢方面发生变异，导致植物发生畸形或抑制其生长，甚至死亡。

（5）破坏植物的输导组织　有些除草剂进入植物体内后，会破坏输导组织，使其植株上部缺水，下部得不到营养，最终导致死亡。

3. 除草剂的使用方法

（1）土壤处理　可在玉米播前或播后苗前将土壤处理型的除草剂喷施土壤表层，然后用圆盘耙、钉齿耙、中耕器等农具进行耙地混土，将药剂和土壤掺和均匀，使表土形成药剂处理层，当杂草萌芽和穿过药层时，就会接触或吸收药剂而中毒死亡。

该法优点是对作物安全，增加药剂和杂草接触机会，有利于发挥药效，减少了除草剂的光解和挥发，在干旱少雨或土壤墒情差的情况下，喷药后混土比不混土减少了挥发，更易发挥药效，除草效果好。但应注意施药前要平整土地，整细、整平、无坷垃；喷药时要喷洒均匀，不得漏喷或重喷，施药后要及时混土，混土后要及时镇压保墒；耙地混土深度宜浅不宜深。

（2）茎叶处理　将茎叶处理型的除草剂配制好的药液直接喷在杂草茎叶上。玉米田一般在行间进行定向喷雾，要求除草剂对作物有极好的选择性，不能伤及玉米及其间、套作物，如用灭生性除草剂百草枯等，还应在喷雾器喷头上加上特殊的定向装置，以免直接或飘移伤害作物及树木。

4. 影响除草剂除草效果的因素

（1）杂草　杂草是除草剂的防除对象，因此杂草的生长发育状况对除草剂的药效会有很大影响。除草剂的不同品种对杂草的作用部位、作用方式都不相同。因此，应根据除草剂的性能要求，确定在杂草的不同生育期施药，才能取得较好的除草效果。如乙草胺、丁草胺主要用于土壤处理，需在杂草种子萌芽过程中接触和吸收药剂才能导致死亡，而对已经出土的杂草就无效。再如莠去津属于光合作用抑制剂，它对杂草幼芽没有影响，但可被杂草根部吸收并向上传导至叶片，亦可被杂草叶片吸收而中毒死亡，因此，可在播后苗前或苗后使用。茎叶处理除草剂的药效与杂草的株高、叶龄有密切关系，一般杂草在幼龄期，根系少，次生根未完全发育，抗性差，对药剂敏感，防除效果好；反之成株期杂草对除草剂抗性增强，药效就会降低。触杀型除草剂如百草枯，药剂需接触杂草才能发挥药效，对一些茎叶无茸毛易吸附药液的杂草药效好，而对茸毛较多或叶片光滑不易吸附药液的杂草药效就差，这就需要在药液中加入湿润展着剂，才能提高药效。

（2）土壤条件

①质地：土壤中的有机质和胶体微粒对除草剂吸附能力很强，被土壤吸附的除草剂则很难再被杂草根系吸收。因此，有机质含量高的或黏性土壤，使用土壤处理除草剂时，用药量就应适当加大，反之，在土壤有机质含量少和沙质土壤就应减少用量。

②pH 值：土壤中 pH 值大小也影响药效，一般除草剂在中性或微酸性土壤中药效好，而在过酸或过碱的土壤药效差，就应适当加大用量。

③墒情：土壤肥水充足，杂草生长旺盛，茎叶柔嫩，对除草剂吸附力和敏感性都强，药效好；反之，在干旱、瘠薄或土壤墒情差的条件下，不仅杂草生长矮小，而且可通过自身调节，抗逆性增强，叶表面角质层增厚，气孔开张小，组织老化，不利于除草剂的吸收，因而会使药效下降。

（3）气候条件

①温度：温度可影响杂草的生长发育速度，亦会影响除草剂的吸收和传导。温度高杂草生长迅速，蒸腾作用增强，有利于促进除草剂在体内的传导，也有利于根系吸附除草剂的能力，使其沿木质部向上传导。因此，高温有利于提高除草效果，反之，低温则会降低药效，甚至会降低除草剂的选择性。

②光照：光照强弱也会影响药效，光照强可促进杂草生长，增强生理功能，有利于杂草对除草剂的吸收和传导，特别是具有抑制光合作用的除草剂与光照关系更为密切，在强光下杂草死亡速度就会加快，所以，选择晴天用药效果会更好。但是也有少数见光易分解的除草剂，就应在阴天施药或将药混入土层内，以免光解失效。

③降雨：降雨也会影响药效，降雨会冲刷掉药剂，尤其对触杀性除草剂影响更大。一般降雨对乳油、浓乳剂影响小一些，对可湿性粉剂和水剂影响较大。但也有一些除草剂如百草枯耐雨水冲刷，在药后 30 分钟遇到降雨不需重喷。

5. 除草剂药害

除草剂一般都有选择性，在推荐剂量下对作物是安全的，就是一些灭生性除草剂通过改进喷雾器喷头，定向喷雾，对作物亦是安全的。但是，杂草和作物同属植物，我们在使用除草剂时稍有不慎就会发生药害，其中，主要原因是由使用不当引起的。

（1）用量过大　除草剂只有在一定用量下才具选择性，如果超过推荐剂量就会发生药害。在推荐剂量下也要根据土质情况灵活掌握用药量的高低。例如，在土质黏重，有机质含量高的地块就要用推荐剂量中的高用量，而在沙质土和有机质含量低的地块应该用低用量，否则前者的药效不好，后者亦有可能发生药害。

（2）飘移药害 有些除草剂例如麦草灵，2,4-D等在田间喷雾时遇到有风天气，会将雾滴飘移到附近敏感作物上就会产生药害，因此这类除草剂在有风天气就不要喷。

（3）二次药害 在当季作物田施用除草剂对作物安全，而其农药残留对后茬作物有药害。例如，玉米田施用莠去津，对玉米安全，但对下茬小麦、大豆会产生药害。因此，就应采用低剂量或混用或改用其他药剂。

（4）残留药害 长期单一使用某些残留性长的除草剂如莠去津、氟乐灵、西玛津等，由于逐年积累的残留会对后茬敏感作物产生药害。因此，就应采用除草剂的混用或轮换用药的方法解决。

（5）淋溶药害 某些淋溶性强的除草剂，在施药后遇到降雨，大雨将药剂淋溶富集到作物根部，造成药害。或者施用土壤处理除草剂后灌水，将药剂冲刷流至低洼地块，造成局部作物药害。

（6）其他原因 造成的药害如田间操作时，喷雾器具的跑冒滴漏，或重喷，或药械清洗不彻底，均会对作物造成药害。

五、玉米田杂草防除的几种模式

（一）春玉米田化学除草

1. 播后苗前土壤处理

我国春玉米大面积种植，以东北地区居多，当地天气春季多干旱少雨，因此在播后苗前用除草剂进行土壤处理前要先浇足底墒水，精细整地，无坷垃，播种后镇压，然后再在土表喷施除草剂。可选用以下药剂（每公顷用药量）：38%莠去津悬浮剂4 500~6 000ml、50%乙草胺乳油1 800~3 750ml、40%乙莠水悬浮剂4 500~6 000ml、50%都阿合剂3 000~4 500ml、72%都尔乳油2 250~3 000ml等。每公顷对水450~600L，进行土壤表层喷雾，根据土质、有机质含量、温度和土壤墒情等情况决定使用量的多少。凡黏性壤土、有机质含量高，地温低和土壤墒情差的地块，要用推荐剂量的高剂量；反之，沙质壤土、有机质含量低，地温高，土壤墒情好的地块，则用推荐剂量的低剂量。

2. 苗后茎叶处理

在玉米2~4叶期，单子叶杂草2~5叶期，阔叶杂草2~4叶期，对杂草茎叶进行定向喷雾，药剂可选用（每公顷用药量）：40%玉农乐悬浮剂1 000～1 500ml，38%莠去津悬浮剂4 500～6 000ml，25%宝成干悬浮剂20g（有效成分）。阔叶杂草多的地块可选用48%百草敌水剂375～600ml，33%除草通乳油3 000～4 500ml、75%噻吩磺隆干悬浮剂15～22.5g（有效成分）等，每公顷对水450～600L。玉米前期未除草或除草效果不好，可在玉米喇叭口期，杂草7～15cm时，用20%克芜踪水剂每公顷2 250～3 750ml，对水450～600L，在玉米行间进行定向喷雾，但一定要在喷雾器喷头上加专用防护罩，以防药害。

（二）夏播玉米田化学除草

夏玉米播种时气温高，又临近雨季，田间杂草生长快，如不及时防除就会形成草荒。在选用除草剂时应注意的问题：一是要选用对后茬作物无二次药害的除草剂，如莠去津容易发生二次药害，可采用和其他除草剂混用或降低用量，或改用其他除草剂如乙草胺、杜尔等。二是要降低除草剂用量，夏季气温高，应用推荐剂量的低剂量。另外，如遇干旱无雨天气，土壤墒情差，要及时灌溉，或增加药剂对水量。

1. 播后苗前土壤处理

播前要平整土地，无坷垃，播后镇压，土壤墒情好。药剂可选用（每公顷用量）：50%乙草胺乳油1 500～2 100ml、72%都尔乳油1 500～2 250ml、33%除草通乳油2 250～3 000ml、40%乙莠水悬浮剂2 250～3 750ml、50%都阿合剂2 100～3 000ml、50%莠去津悬浮剂2 250～3 750ml等，对水450～600L，进行土壤表层均匀喷雾，喷后最好浅耙，将药土混匀。免耕玉米田可在播后出苗前，用灭生性除草耕如20%克芜踪水剂或41%农达水剂2 250～3 750ml，对水450～600L，杀灭麦田残存杂草。

2. 出苗后茎叶处理

在玉米2～4期，单子叶杂草2～5叶期，阔叶杂草2～4叶期，对杂草茎叶定向喷雾。药剂可选用（每公顷用药量）：4%玉农乐悬浮剂4 500～6 000ml，38%莠去津悬浮剂4 500～6 000ml，50%莠灭净可湿性粉剂2 100～3 000g。若阔叶杂草较多的地块，可选用48%百草敌水剂375～600ml，33%除草通乳油3 000～4 500ml，75%宝成干悬浮剂10～20g（有效成分）等，对水600～750L，对杂草茎叶进行定向喷雾。玉米苗期未除草或除草效果不好，可在玉米喇叭口期，杂草高7～15cm时，选用灭生性除草剂如20%克芜踪水剂每公顷2 250～3 750ml，对水600～750L，在玉米行间定向喷雾，喷雾器喷头要加上防护罩。

（三）麦田套种玉米化学除草

麦田套种玉米化学除草有一定难度，可采用播种带施药和麦茬带施药两种方法。一种是将预留好的播种玉米行间浇水造墒或麦收前浇足麦黄水，于5月中下旬播种玉米，播后镇压，然后喷施土壤处理除草剂。二是麦收后先灭茬，除掉田间残留杂草，然后在麦茬带喷施除草剂。麦收后如不灭茬，麦茬带除草可用灭生性除草剂，对杂草茎叶进行喷雾。其土壤处理和茎叶处理除草剂选用的品种和用量与夏播玉米田相同，但用药量要按实际用药面积计算。

（四）地膜覆盖

玉米田化学除草在气温偏低又比较干旱的地区种植春玉米，常采用地膜覆盖法来提高地温和保墒，以保证玉米苗期苗壮生长。经地膜覆盖后的环境温度高、湿度大，极有利于杂草的生长，但同时也有利于土壤处理除草剂药效的发挥，用药量可比露地栽培减少25%以上，仍可取得较好的药效。其方法是精细整平土壤后播种。播后先要镇压1次，再在播种行内土表均匀喷洒除草剂，然后覆膜封地。除草剂用量要按覆膜实际施药面积计算，药剂可选用（每公顷用药量）：50%乙草胺乳油750~1 000ml，40%乙莠水悬浮剂1 800~2 250ml，72%都尔乳油900~1 200ml，33%除草通乳油1 500~2 250ml，48%拉索乳油2 250ml等，均对水450~750L，均匀喷雾。

第十章　玉米营养缺素与防治

缺素症是因缺乏营养元素，或各种营养成分比例失调而出现的生理病害。表现叶色变异，组织坏死，出现枯斑，生长点萎缩死亡，以及株型异常、器官畸变等症状。有时植物外表不表现异常，但因营养不足而产量下降。玉米在生长发育的过程中，需要的营养元素很多，如氮、磷、钾、钙、镁、硫、铁、锰、铜、锌、硼、钼等矿质元素和碳、氢、氧3种非矿质元素。其中，氮、磷、钾3种元素，玉米需求最多，称之为大量元素；钙、镁、硫3种元素，玉米需求次之，称为中量元素；铁、锰、铜、锌、硼、钼等元素，需求量很少，称为微量元素。

第一节　玉米营养大量元素缺素与防治

一、缺氮症状及防治措施

（一）氮的生理作用

氮是玉米进行生命活动所必需的重要元素之一，对玉米的生长发育影响最大。氮是组成蛋白质中氨基酸的主要成分，占蛋白质总量的17%左右。玉米植株营养器官的建成和生殖器官的发育与蛋白质代谢密不可分，没有氮，玉米就不能进行正常的生命活动；氮是构成酶的重要成分，酶参加许多生理生化反应；氮还是形成叶绿素的必需成分之一，而叶绿素则是叶片制造"粮食"的工厂；构成细胞的重要物质－核酸、磷脂以及某些激素（如激动素、吲哚乙酸等）也含有氮，这些生理活性物质对许多生理生化过程的作用至关重要；此外，植株体内一些维生素和生物碱如果缺少了氮也不能合成。在生产中，科学施用氮肥是调控群体质量的重要手段。所以氮的生理功能是多方面的，氮是玉米生长发育过程中不可缺少的重要元素之一。

（二）缺素症状

植株生长缓慢，株型矮小；叶色褪淡，叶片从叶尖开始变黄，沿叶片中脉发展，呈现"V"字形黄化；上部叶片黄绿、下部由黄变枯。中下部茎秆常带有红色或紫红色；缺氮严重或关键期缺氮，果穗变小，顶部籽粒不充实，成熟提早，产量和品质下降。

（三）发生条件

（1）保水保肥能力差、水土流失严重的耕地易发生缺氮 如沙质或沙质土壤，丘陵陡坡地等。

（2）有机质含量低的贫瘠土壤及新垦滩涂等熟化程度低的土壤易发生缺氮 氮主要以有机态存在于土壤中，增加有机质含量，对氮在土壤中富集与提高持效性有益。

（3）降水量充沛地区 氮易被淋失而缺乏。

（4）不合理施肥导致缺氮 如过多的施用磷钾肥造成氮磷钾比例失调，施用高碳氮比的有机物料（如秸秆等）致使土壤碳氮比例失调，采用普通氮肥一次底施使得后期脱肥；氮肥撒施后降水量小、不灌水，氮肥以铵态氮形式挥发损失多，肥料利用率低，也容易导致后期脱肥；采用复混肥做追肥，往往施氮量不足等。

（5）硝化作用、反硝化作用强的地块易缺氮 这主要与土壤中硝化细菌和反硝化细菌活性有关。

（四）诊断指标

氮素诊断方法包括叶色法、叶片氮含量分析法、生长形态诊断法、茎基部硝酸盐诊断方法等。玉米产量不同，营养指标也不同。

（五）防治措施

（1）培肥地力，提高土壤供氮能力 对于新开垦的、熟化程度低的、有机质贫乏的土壤及质地较轻的土壤，要增加有机质肥料的投入，培肥地力，以提高土壤的保氮和供氮能力，防止缺氮症的发生。

（2）在大量施用碳氮比较高的有机肥料时 如秸秆，应注意配施速效氮肥。

（3）中等肥力的玉米田一般亩施纯氮 11～13kg 在夏玉米上主要分三次施用：第一次在苗期进行追施，施用量占玉米施用氮肥总量的 20%；第二次在大喇叭口期追施，施用量占 70%；第三次在抽雄开花期追施，占施用氮肥总量的 10%。

（4）夏玉米来不及施底肥的，要分次追施苗肥、拔节肥和攻穗肥 后期缺氮，进行叶面喷施，用 2% 的尿素溶液连喷 2 次。

（5）中低产区种植耐低氮品种

二、缺磷症状及防治措施

（一）磷的生理作用

玉米对磷素的需要较氮、钾要少，但磷对玉米的生长发育非常重要。磷是细胞的重要组成成分之一。磷素进入根系后很快转化成磷脂、核酸和某些辅酶等，对根尖细胞的分裂生长和幼嫩细胞的增殖有显著的促进作用。因此，磷素有助于苗期根系的生长。同时，磷还可以提高细胞原生质的黏滞性、耐热性和保水能力，降低玉米在高温下的蒸腾强度，从而可以增加玉米的耐旱能力。磷能使玉米植株对干旱有较强的忍受能力和恢复能力。干旱胁迫可导致玉米根系导水率急剧降低，但供磷处理的导水率仍然大于无磷处理。$HgCl_2$ 处理表明磷可通过影响水通道蛋白活性或表达量来调节根系导水率（沈玉芳等，2002）。

磷素直接参与糖、蛋白质和脂肪的代谢，对玉米的生长发育和各种生理过程均有促进作用。因此，提供充足的磷不仅能促进幼苗生长，并且能增加后期的籽粒数，在玉米生长的中、后期，磷还能促进茎、叶中糖和淀粉的合成及糖向籽粒中的转移，从而增加千粒重，提高产量，改善品质。

（二）缺素症状

缺磷症状在苗期最为明显，缺磷时，植株生长缓慢，瘦弱，茎基部、叶鞘甚至全株呈现紫红色，严重时叶尖枯死呈褐色；根系不发达，抽雄吐丝延迟，雌穗授粉受阻，结实不良，果穗弯曲、秃尖，粒重低，籽粒品质差。

（三）发生条件

①固磷能力强的土壤和贫瘠土壤，有效磷含量水平低。

②气温和土壤温度偏低。生产中地下水渗出的田块和高寒田块发生较重；高海拔地区，冬季或早春气温偏低年份发生面广，程度也较重。地膜覆盖地块发生少。

③育苗移栽地发生多，直播地发生少。

④品种间存在较大差异。

⑤不合理施肥，如 N、K 过多，只追施撒施 P 肥，施 Zn、Ca 肥不当等。

（四）诊断指标

1. 形态诊断

根据上述缺磷症状，以及土壤和植株的野外速测或土壤有效磷的测定，一般可做出初步判断。

2. 土壤分析诊断

玉米田有效磷（以 P 计）低于 10mg/kg 为缺乏，10～25mg/kg 为中等，

25～40mg/kg 为高，大于 40mg/kg 为极高。

3. 植株营养诊断

吐丝期功能叶全磷含量低于 2.5mg/g（干重）为缺乏，低于 1.5mg/g（干重）为严重缺乏。

（五）防治措施

①选用抗寒、耐低磷能力强的玉米品种。

②足施磷肥。

③加强水分管理。对于有地下水渗出的土壤，要因地制宜开挖排水沟和引水沟，排除冷水侵入，提高土壤温度和磷的有效性，防止缺磷发僵。

④叶面喷施 300 倍液的磷酸二氢钾 2～3 次，每隔 3d 喷 1 次；或喷施 1% 过磷酸钙溶液（清液）；补充磷素营养，增强植株抗逆性，促进幼苗生长。

⑤中耕、松土，提高地温。

三、缺钾症状及防治措施

（一）钾的生理作用

玉米对钾素的需要仅次于氮。钾在玉米植株中完全呈离子状态，不参与任何有机化合物的组成，但钾几乎在玉米每一个重要生理过程中起作用。

（1）钾能促进呼吸作用　钾主要集中在玉米植株最活跃的部位，对多种酶起活化剂的作用，如钾可激活呼吸作用过程中的果糖磷酸激酶、丙酮酸磷酸激酶等。

（2）钾能促进玉米植株糖的合成和转化　钾素充足时，有利于单糖合成更多的蔗糖、淀粉、纤维素和木质素，茎秆机械组织发育良好，厚角组织发达，增强植株的抗倒伏能力。若缺钾再加上重施氮肥，则会引起根倒伏和茎倒伏。

（3）钾能促进核酸和蛋白质的合成　调节细胞内的渗透压，促使胶体膨胀，使细胞质和细胞壁维持正常状态，保证新陈代谢和其他生理生化活动的顺利进行。

（4）钾还可以调节气孔的开闭　减少水分散失，提高叶片水势和保持叶片持水力，使细胞保水力增强，从而提高水分利用率，增强玉米的耐旱能力。

（二）缺素症状

玉米缺钾症状表现为中下部老叶叶尖及叶缘呈黄色或似火红焦枯，并褪绿坏死；节间缩短，茎秆细弱，易倒伏；成熟期推迟，果穗小，顶部发育不良，籽粒不饱满，产量锐减；籽粒淀粉含量低，皮多质劣。

（三）发生条件

①偏施氮肥，破坏植株体内氮、钾平衡，诱发缺钾，如北方小麦－玉米"吨粮田"中高氮低钾配合，诱发植株缺钾；南方土壤雨水多，有效钾低；施用有机肥少，秸秆不还田等；水渍过湿诱发缺钾。

②多沙或有机质缺乏的土壤，钾被前茬作物大量吸收的土壤以及多湿板结的土壤都易于发生。

③供钾力低的土壤，质地较粗的河流冲积母质发育的土地，河谷丘陵地带的红砂岩，第四纪黏土及石灰岩发育的土壤，南方的砖红壤及赤红壤等。

④地下水位高，土层坚实，以及过度干旱的土壤，阻碍根的发育，减少对钾的吸收。

（四）诊断指标

1. 形态诊断

根据前述作物缺钾的典型症状，一般可做出初步的判断。

2. 土壤分析诊断

土壤中钾的有效性通常采用交换性钾（包括水溶性钾）和缓效钾来评价，两者也是判断土壤钾营养丰缺状况的主要指标。对于不同的作物，土壤交换性钾和缓效钾的临界指标差异甚大，玉米的交换性钾（以 K 计）低于 70mg/kg 为缺乏；70～90mg/kg 为潜在性缺乏。

3. 植物营养诊断

吐丝期功能叶全钾含量低于 20mg/g（干重）为缺乏。

（五）防治措施

1. 确定钾肥的合理用量

玉米吸钾数量的多少与植株吸收特性和产量关系密切。随着产量的提高，吸钾量也随之增加，两者呈极显著正相关。产量 300～400kg/亩，吸钾量为 6～10kg；产量 500～600kg/亩，吸钾量为 10～19kg；产量 700～900kg/亩，吸钾量为 17～30kg。

2. 选择适当的钾肥施用期

玉米不同生育时期氮素吸收量不同，从阶段吸收量来看，玉米一生中拔节至大喇叭口期吸钾最多，占植株总吸收量的 71.62%，到抽雄期，已吸收了总量的 86.54%（张智猛，1994）。钾素主要在抽雄期以前（尤其在大喇叭口期）吸收的，后期吸钾量很少。

第二节 玉米营养中量元素缺素与防治

一、缺钙症状及防治措施

（一）钙的生理作用

钙是细胞壁的构成成分，它与中胶层中果胶质形成果胶酸钙被固定下来，不易转移和再利用，所以新细胞的形成需要充足的钙。钙又影响细胞分裂和分生组织生长。

钙影响玉米体内氮的代谢，能提高线粒体的蛋白质含量。钙能活化硝酸还原酶，促进硝态氮的还原和吸收。钙对稳定生物膜的渗透性起重要作用。钙离子能降低原生质胶体的分散度，增加原生质的黏滞性，减少原生质膜的渗透性。

缺钙使玉米叶片受到膜脂过氧化伤害，SOD 活性尤其是 Cu、Zn-SOD 活性下降，细胞器破坏，首先是叶绿素类囊体解体，随后质膜、线粒体膜、核膜和内质网膜等内膜系统紊乱和伤害。钾离子能增加原生质膜的渗透性，钙钾配合能调节细胞渗透性，使细胞的充水度、黏性、弹性及渗透性等维持在正常的生理状态。钙是某些酶促反应的辅助因素。如淀粉酶、磷脂酶、琥珀酸脱氢酶等都用钙做活化剂。钙还能与某些离子产生拮抗作用，以消除离子过多的伤害。如钙与 NH_4^+、H^+、Al^{3+}、Na^+ 及多数重金属离子产生的拮抗作用。

钙可以抑制水分胁迫条件下玉米幼苗质膜相对透性的增大及叶片相对含水量的下降，说明钙能提高玉米耐旱性。钙能提高玉米幼苗的抗盐性，钙浸种能减轻玉米胚根在盐胁迫下的膜伤害和提高胚根在盐胁迫下的细胞活力。

玉米种子活力和 GR 活性受 Ca^{2+} 调控，钙浸种可提高种子萌发活力和 GR 活性。Ca^{2+} 提高种子发芽率和活力的原因可能是 Ca^{2+} 促进胚和胚乳中 α-淀粉酶和 β-淀粉酶的活性，加速胚乳中贮藏物质如淀粉和可溶性蛋白的动员。

（二）缺素症状

植株生长不良，心叶不能伸展，有的叶尖黏合在一起呈梯状，叶尖黄化枯死；新展开的功能叶叶尖及叶片前端叶缘焦枯，并出现不规则的齿状缺裂；新根少，根系短，呈黄褐色，缺乏生机。

（三）发生条件

①质地轻、有机质缺乏、淋失严重、有效钙供应不足的酸性土壤。

②土壤盐分含量过高，抑制作物对钙的吸收。

③干旱条件下，土壤水分亏缺，钙的迁移和吸收受阻。

（四）诊断指标

1. 形态诊断

根据上述的缺钙症状，一般比较容易做出初步的判断。但需要注意与缺硼症和缺硫症的区别。

2. 植物的营养诊断

由于玉米缺钙并非是由土壤钙营养不足引起的，而通常是由土壤环境不适，抑制玉米根系对钙的吸收所致，因而土壤钙营养的诊断指标尚不明确，目前大多数通过植物组织分析来加以诊断。钙在植物各组织器官中的分布极不均匀，采取植株样品时不仅要选择对缺钙敏感部位的组织，而且在与正常植株做比较时要尽量做到取样部位的一致，然后通过分析测定全钙量作为诊断指标。砂培 25 d 幼苗地上部全钙含量（以 Ca 计）低于 3mg/g 为缺乏；$7.6 \sim 8.0$mg/g 为正常。

（五）防治措施

1. 合理施用钙质肥料

在 pH 值 $<5.0 \sim 5.5$ 的酸性土壤上，应施用石灰质肥料，既起到调节土壤pH 值的作用，同时增加钙的供给。石灰的用量一般通过中和滴定法来计算，同时，还要控制施用年限，谨防因石灰施用过量而形成次生石灰性土壤。在钠离子饱和度大于 10% 的钠碱土上，应施用石膏，通过改善土壤结构、酸碱度等理化性状，促进玉米根系的生长和对钙营养的吸收。

2. 控制水溶性氮、磷、钾的用量

在含盐量较高和水分供应不足的土壤上，应严格控制水溶性氮、磷、钾肥的用量，尤其是一次性施用量不能太大，以免因土壤溶液的渗透势过高而抑制玉米根系对钙的吸收。

3. 合理灌溉

在易受旱的土壤及在干旱的气候条件下，要及时灌溉，以利于土壤中钙离子向玉米根系迁移，促进钙的吸收，防止缺钙症的发生。

二、缺镁症状及防治措施

（一）镁的生理作用

镁是叶绿素的构成元素，与光合作用直接相关。缺镁则叶绿素含量减少，叶片褪绿。镁是许多酶的活化剂，有利于玉米体内的磷酸化、氨基化等代谢反应。镁能促进脂肪的合成，高油玉米需要更充分的镁素供应。镁参与氮的代谢，镁能使磷酸转移酶活化，促进磷的吸收、运转和同化，提高磷肥的效果。

（二）缺素症状

缺镁症状一般出现在拔节以后。幼叶上部叶片发黄，下位叶前端脉间失绿，并逐渐向叶基部发展，失绿组织黄色加深，叶脉保持绿色，呈黄绿相间的条纹，有时局部也会出现念珠状绿斑，叶尖及前端叶缘呈现紫红色，严重时叶尖干枯，脉间失绿部位出现褐色斑点或条斑，植株矮化。

（三）发生条件

①土壤耕层浅，质地粗，淋溶强，供镁不足。

②长期不用钙镁磷肥等含镁的肥料。

③大量施用氮肥或钾肥，植株生长过旺，由于稀释效应和钾对镁的吸收拮抗作用，导致植物体内镁的缺乏

（四）诊断指标

1. 形态诊断

根据前述的缺镁症状，结合野外速测，一般可以做出初步的判断。但需注意与缺钾的区别以及是否存在钾镁复合型缺乏症。作物缺钾表现为叶缘附近组织失绿黄化、焦枯；缺镁则表现为脉间组织失绿。

2. 土壤分析诊断

通常以 1.0mol/L 的 NH_4OAc（7.0）提取的交换性镁作为土壤供镁状况的诊断指标。玉米的临界指标：交换性镁（以 Mg 计）低于 50~60mg/kg 为缺乏。

3. 植物的营养诊断

选择玉米缺镁敏感的时期，采取植物组织样品，分析其全镁含量作为诊断指标。玉米的临界指标：拔节期地上部全镁含量（以 Mg 计）低于 1.3mg/g（干重）为缺乏；高于 2.3mg/g 为正常。玉米叶片含镁 1.3% 时为缺乏，在 2.3%~3.5% 间为正常。

（五）防治措施

1. 合理施用镁肥

选择适当的镁肥种类，常见的含镁肥料主要有含镁硫酸盐、磷酸盐、碳酸盐、氯化物及氧化物等。镁肥种类的选择应考虑土壤条件，酸性土壤上宜选用碳酸镁和氧化镁；中性和碱性土壤上宜选用硫酸镁。镁肥应尽量早施，可作基肥或追肥，水溶性镁肥一般表施，不溶或溶解性小的镁肥应与土壤掺混。基施时，每亩用量（以 MgO 计）为 3.3kg 左右；叶面喷施多用 1%~2% 的硫酸镁，连续喷施 2~3 次，间隔 7~10d 喷 1 次。

2. 控制氮钾肥用量

氮肥，尤其是铵态氮肥施用，不仅抑制玉米对镁的吸收，同时，由于稀释效应，易引起缺镁症的发生；过量钾对镁的吸收有明显的拮抗作用，钾抑制了玉米对镁的吸收和向地上部运输，土壤中钾含量过高和大量施用钾肥时，应考虑增施镁肥，钾镁配施效果显著。氮对镁肥效果也有影响，这与 NH_4^+ 对植物镁吸收存在拮抗作用有关，施用铵态氮肥时，镁肥效果较好，而施用硝态氮肥时镁肥效果较差。在供镁能力较弱的土壤上，要严格控制氮肥（尤其是铵态氮肥）用量，谨防钾肥施用过量。

3. 改善土壤环境

玉米缺镁症多发生在有机质贫乏的酸性土壤上。施用石灰，尤其是含镁石灰，或直接施用白云石粉，既可中和土壤酸度，又能提高土壤的供镁能力。在我国北方地区，土壤有效态镁含量较高，一般不需施用镁肥。

三、缺硫症状及防治措施

（一）硫的生理作用

硫是蛋白质和酶的组成元素。蛋白质中含硫的氨基酸有三种，即胱氨酸、半胱氨酸和蛋氨酸。供硫不足会影响蛋白质合成，导致非蛋白质氮积累，影响玉米的生长发育。硫是许多酶的成分，这些含有巯基（-SH）的酶类影响呼吸作用、淀粉合成、脂肪和氮代谢。硫是某些生理活性物质的组成成分，如维生素 B_1、辅酶 A、乙酰辅酶 A 等都是含硫化合物。

（二）缺素症状

新叶失绿黄化，脉间组织失绿更为严重，随后叶缘逐渐变为淡红色至浅红色，同时，茎基部也出现紫红色，老叶仍保持绿色，植株生长受抑，矮小细弱。

（三）发生条件

①土壤质地粗，有机质缺乏，淋溶强，供硫不足。

②远离城市和工矿企业的地区，空气二氧化硫浓度极低，其他硫营养的来源十分有限。

③长期不用和少用有机肥料、含硫肥料及含硫农药。

④轮作制中有需硫量特别大的作物，如油菜等，造成土壤有效硫严重耗竭。

（四）诊断指标

1. 形态诊断

根据前述的缺硫症状，一般可以做出初步的诊断。特别要注意的是与缺磷、缺氮、缺钙症状的区别。作物缺氮、缺磷症发生在老叶上，而缺硫症状从新叶开始；作物缺钙时新叶叶缘附近组织扭曲畸形、焦枯坏死，而缺硫时新叶一般不会坏死。

2. 土壤分析诊断

由于硫素在土壤中的存在形态比较复杂，硫素的土壤诊断往往不能令人满意。有机硫占全硫的 95% 以上，有机硫主要分为 C-S 键（含硫氨基酸、磺酸盐）、C-O-S（硫酯类）和惰性硫。无机硫主要有原生矿物中的硫、元素硫、硫化物、水溶性硫酸盐和吸附性硫酸盐。因此，土壤全硫只能反映供硫能力，通常以有效硫作为土壤供硫状况的诊断指标，但目前还没有比较公认的土壤有效硫提取方法。因此，土壤有效硫的诊断指标因提取方法的不同而异，应用时必须多加注意。玉米以氯化钙提取的有效硫（以 S 计）低于 13mg/kg 为缺乏；磷酸—钙提取的有效硫低于 14mg/kg 为缺乏。

3. 植物营养诊断

组织分析是较形态诊断更可靠的方法。但因硫的再利用能力较弱，成熟叶片硫的积累较高且很少向新生组织再转运，所以取样的部位是影响组织分析结果解释的重要因素。有人认为，完全展开幼叶或上部 1/3 幼嫩且发育完全叶片的全硫含量是反映硫营养状况的可靠方法（Schnug，1990；1991）。选择玉米对硫敏感的生育时期，采取植物组织样品，分析其全硫含量作为诊断指标；同时植株体内的 N/S 比值也具有一定的诊断意义。玉米植株中硫素的诊断指标为：旺长期地上部全硫含量（以 S 计）低于 1.0mg/g，N/S 比值大于 16 为缺乏，全硫含量高于 2.0mg/g 为正常。郭景伦等（1997）提出，高产夏玉米（品种为掖单 13 号）每亩产量 661～748kg，全株含硫临界值分别为：3 展叶 0.165%，拔节期0.147%，大喇叭口期 0.115%，吐丝期 0.094%。植株在旺盛生长期含硫在0.096%～0.103% 时，施硫肥有明显的增产效果。硫的肥效受氮素水平的制约，植株 N/S 比被认为是反映硫营养状况的最佳参数。Zhao F J 等（1996）研究认为，中断供硫后，玉米根系表现出酰胺的快速积累。谷胱甘肽含量也表现出对供硫状况的明显反应（Macnicol P K et al，1987），而且有人认为这可以作为调节硫素吸收与转运的信号（Herschbach C et al，1994），对此类化合物及时分析测定可以较早的判断是否缺硫。

（五）防治措施

玉米缺硫症的防治可采取以下措施：增施有机肥料，提高土壤的供硫能力；合理施用含硫化肥，如硫酸铵、过磷酸钙、硫酸钾等；适当施用硫黄及石膏等硫肥。

第三节　玉米营养微量元素缺素与防治

一、缺硼症状及防治措施

（一）硼的生理作用

硼对玉米产量的影响可能是间接的，通过影响根和叶中其他养分浓度而起作用（A Mozafar，1990）。在养分通过植物膜的运转中，硼起着重要作用。硼对受精过程有特殊作用，能刺激花粉的萌发和花粉管的伸长。硼能调节有机酸的形成和运转，作物缺硼时，有机酸在根中积累，根尖分生组织的细胞分化和伸长受到抑制。硼能提高光合作用，增强耐寒、耐旱能力。在土壤湿度低时，缺硼的影响更甚。硼易于从土壤或植株的叶子中淋溶掉，降雨多的地区土壤中经常缺硼。当硼不足时会导致玉米穗畸形或发育不全，因而当开花时遇大旱或大雨，可能因硼不足而使果穗发育不全，降低产量。

（二）缺素症状

嫩叶叶脉间出现不规则白色斑点，各斑点可融合呈白色条纹，严重的节间伸长受抑或不能抽雄或吐丝、籽粒授粉不良。

（三）发生条件

1. 作物缺硼症的发生条件

（1）土壤条件　耕层浅、质地粗、有机质缺乏的砂砾质土壤，如红砂岩发育的红沙土、母质风化强烈的红泥沙土和洪积黄泥沙土、淋溶作用强烈的河流冲积物发育的泥沙土等。这些土壤有效硼供应不足，易引起缺硼。另外，石灰性高pH值土壤或长期大量施用石灰而形成的次生石灰性土壤，因有效硼含量低，导致作物体内钙硼比例失调，也易发生缺硼症。

（2）气候条件　土壤干旱，一方面影响土壤有机质的分解而减少硼的供应；同时，干旱使土壤对硼的固定作用增强，降低土壤中硼的有效性。此外，由于土壤水分不足，硼的移动性减小，在土壤中的扩散速率减缓，作物根系通过质流机制吸收硼就受到了限制，容易发生缺硼症状。在湿润多雨地区，由于强烈的淋溶作用会导致硼的淋失，也降低土壤有效硼的含量，特别是在质地比较轻的砂性土壤上尤为显著；同时，由于土壤过湿，通气性差，根系的正常呼吸代谢受到抑制，通过主动呼吸机制吸收硼的数量明显减少。总之，干旱和水分过多都容易引起作物缺硼，且干旱的影响更大，当土壤过湿作物根系受到渍害后，再遇到连续的干旱，缺硼就更为严重。

光照和温度也会影响作物缺硼的发生，高温干燥条件下，土壤对硼的固定作用更为强烈，容易引发缺硼。光照过强或过弱会影响作物根系的有机营养和代谢活性，根系因缺乏足够用以维持正常呼吸代谢的同化物而减少对硼的主动吸收，从而导致缺硼症的发生。

（3）基因型差异　不同作物对缺硼的敏感性存在很大的差异。同一作物不同品种对缺硼的敏感性也有较大的差异。

（4）耕地平整不当　低山丘陵地区在平整土地过程中，把心土、底土上翻，使耕层土壤有效硼水平降低，促发缺硼。

（5）施肥不当　除了过量施用石灰导致作物缺硼外，氮素过多，地上部徒长，会影响根系对硼的吸收，同时，由于地上部生物量增大引起的稀释效应也容易发生缺硼。另外，在贫瘠的土壤上，有机肥料施用不足，也易发生缺硼症。

2. 作物硼中毒的发生条件

（1）土壤条件　作物缺硼主要发生在母质含硼较丰富的酸性土壤上。

（2）灌溉水质量　用含硼较高的水源灌溉时，容易引起硼中毒症的发生，一般当水中硼的含量高于 1.0mg/L 时，不宜用作灌溉水。

（四）诊断指标

1. 形态诊断

根据前述玉米缺硼的主要症状可以做出初步的判断。在形态诊断时还可采用如下几种辅助方法来帮助判断。

①指示作物：野生作物马利筋对缺硼特别敏感，可作为缺硼的指示作物。

②叶面喷硼法：对于叶面已经出现类似缺硼或缺硼症状的作物，可用 0.1%～0.2% 的硼砂溶液进行叶面喷施，如果症状得到纠正甚至消失，就可判为缺硼。

③结合干旱条件法：生产中常可发现，越是干旱的地方，缺硼越是严重。畦边缺硼比畦内明显，稀疏栽培区比密植栽培区严重，而遮阴的地方缺硼相对较轻。

应该指出，作物缺硼引起生长点萎缩和坏死与缺钙相似，但缺硼时生长点呈干死状，而缺钙时则呈腐死状；缺硼的叶片往往变得厚而脆，缺钙时叶片呈弯钩状而不易伸展；缺硼对花器官发育和结实的影响比缺钙严重得多。因此，在形态诊断时要特别注意，严加区分，防止误诊。

2. 土壤诊断

目前应用较广泛的是热水溶性硼作为土壤有效硼，硼的定量方法最常用的是姜黄素比色法和甲亚胺比色法。邵建华等（2001）研究表明玉米对硼缺乏的敏感程度较低，用沸水作为提取剂将土壤有效硼分为三级：< 0.25mg/kg 为极低，0.25 ~ 0.50mg/kg 为低，0.51 ~ 1.00mg/kg 为中等。因此，以土壤有效硼为 0.5mg/kg 定为玉米缺硼的临界值。当土壤有效硼 > 2.5mg/kg（风干土）时，对一般作物会造成中毒。

3. 植物营养诊断

在作物缺硼较为敏感的时期，采取有代表性的植株样品，分析其全硼含量，作为诊断指标。J J Mortredt 等（1984）测定玉米成熟叶片中硼的含量，将玉米成熟叶片的有效硼分别三级：< 15mg/kg 为缺硼，20 ~ 100mg/kg 为充足，>200mg/kg 为硼过量或硼中毒。还有报道以果穗形成前地上部含硼量（以 B 计）>100mg/kg（干重）作为玉米硼中毒的临界指标。

（五）防治措施

1. 玉米缺硼的防治

（1）因土种植，选用耐性品种　在通常发生缺硼地区少种或不种敏感作物，或选用耐性品种以减少损失。

（2）硼肥的施用　可做基肥、种肥、浸种和根外喷施。做基肥时应注意用量，做种肥时应注意与种子接触。浸种要掌握适宜的浓度，因为硼缺乏和硼中毒的阈值十分接近。硼砂浸种，浓度为 0.02% ~ 0.05%，硼砂先在少量 10℃ 水中溶解，对够水后浸泡种子 4 ~ 6h。根外喷硼浓度一般为 0.01% ~ 0.05% 的硼砂或硼酸溶液，在经济产量形成期喷 2 ~ 3 次。或每亩使用硼砂 0.15 ~ 0.2kg 与碳酸氢铵拌匀后追施苗肥，或用硼砂 3.3 ~ 6.7g 对水 4kg 叶面喷施。硼肥不要过量多施，以免引起硼中毒。硼砂水溶液呈强碱性，不能与酸性农药或肥料混用。

（3）干旱季节，注意灌溉。

（4）酸碱度高的土壤采用生理酸性的肥料，如硫铵等　以降低根圈 pH 值，而提高硼的有效性。

2. 玉米硼中毒的防治

（1）作物布局　在有效硼高于临界指标的土壤上，安排种植对硼中毒耐性较强的品种。

（2）控制灌溉水质量　尽量避免用含硼量（≥1.0mg/kg）的水源作为灌溉水源。

（3）合理施用硼肥　在严格控制硼肥用量的基础上，努力做到均匀施用；叶面喷施硼肥时必须注意浓度，防治因施用不当而引起硼中毒症的发生。

（4）施用石灰等。

二、缺锰症状及防治措施

（一）锰的生理作用

锰在酶系统中的作用是一个激活剂，直接参与水的光解，促进糖类的同化和叶绿素的形成，影响光合作用。锰还参与硝态氮还原氨的作用，与氮素代谢有密切关系。

锰在植株体内转运速度很慢，一旦输送到某一部位，就不可能再转送到新的生长区域。因此，缺锰时，症状首先出现在新叶上。缺锰现象多发生在 pH 值 > 6.5 的石灰性土壤或施石灰过多的酸性土壤中。

（二）缺素症状

缺锰叶绿素含量降低。幼叶脉间组织慢慢变黄，形成黄绿相间条纹，叶片弯曲下披。较基部叶片上出现灰绿色斑点或条纹。

（三）发生条件

1. 玉米缺锰症的发生条件

（1）土壤条件　缺锰症通常发生在石灰性或次生石灰性土壤和砂质酸性土壤上。土壤中锰的有效性随着土壤 pH 值的升高而降低，因此，碱性土壤容易发生缺锰。质地砂的酸性土壤上因水溶性锰的强烈淋失和氧化还原作用使土壤有效锰含量严重不足，也容易发生缺锰。

（2）耕作制度　水旱轮作促进土壤中锰的还原淋溶，导致土壤有效锰的枯竭，容易促发作物缺锰症。

（3）管理措施不当　过量施用石灰等碱性肥料使土壤有效锰含量在短期内急剧降低，会诱发缺锰。另外，施肥及其他管理措施不当导致土壤溶液中铜、铁、锌等离子含量过高，也会引起缺锰症的发生。

2. 玉米锰中毒的发生条件

（1）土壤条件　作物锰中毒主要发生在母质含锰较丰富的酸性土壤上。土壤中锰的有效性随着土壤 pH 值的降低而升高，在 pH 值 < 5 时，土壤中水溶性和交换性锰大大增加，容易发生锰中毒。

（2）气候条件　气候因子以降水量对土壤中锰的有效性影响最大，这是因为锰的各种氧化还原反应的标准氧化还原电位比铁高的多，锰比铁易还原，当土壤中湿度增大时，土壤氧化还原电位降低，土壤中的锰易被还原，有效性显著增大，引起锰中毒的发生。

（四）诊断指标

1. 形态诊断

根据前述玉米缺锰的症状，结合土壤 pH 值的测定（pH 值 >7.0）一般可做出初步的判断。植株外部形态特征是诊断作物缺锰较为有效的方法，但在实际中必须与缺铁、缺镁等症状相区分。作物缺铁时失绿组织多不坏死，而缺锰失绿部位长伴有褐色或棕褐色坏死斑；作物缺镁症状发生在中下部老叶上，而缺锰症状发生在新生叶上。另外，由于发生缺锰和缺铁的土壤 pH 值条件几乎无差异，有时可能同时出现缺锰和缺铁症状，这一点在缺乏症状的矫治过程中要予以注意。此外，在新叶出现失绿症状的初期，叶面喷施 0.2% 的硫酸锰溶液，隔 3~7d 后观察，如出现复绿现象，即可确诊为缺锰。

2. 上壤诊断

我国土壤全锰含量为 42~5 000μg/g，平均为 710μg/g。缺锰多发生在质地较轻的石灰性土壤上，在酸性土壤上过量施用石灰也有诱发缺锰的可能。根据玉米试验结果，可将土壤有效锰（DTPA-Mn）分为四级：< 4.8μg/g 为很低，4.8~7.0μg/g 为低，7.0~9.2μg/g 为中等，>9.2 μg/g 为高，一般以 5~7μg/g 为土壤缺锰临界值，若土壤超过 25μg/g 时再施 Mn，锰肥既不增产甚至有毒害。

3. 植物营养诊断

在作物缺锰较为敏感的时期，采取有代表性的植株样品，分析其全锰含量作为诊断指标。JJ Mortredt 等（1984）测定玉米成熟叶片中锰的含量，将玉米成熟叶片的有效锰分为三级：< 20mg/kg 为缺锰，20~500mg/kg 为充足，>500mg/kg 为锰过量，会出现明显的中毒症状。

（五）防治措施

1. 作物缺锰的防治

（1）增施有机肥料　有机肥料含有一定数量的有效锰和有机结合态锰，施入土壤后，前者可直接供给植物吸收利用，后者随有机肥料的分解而释放出来，也可为植物吸收利用。另一方面，有机肥料在土壤中分解产生各种有机酸等还原性中间产物，可明显的降低土壤的氧化还原电位和 pH 值，促进土壤中氧化态锰的还原，提高土壤锰的有效性。有机质与 Mn 可形成稳定的能对抗沉淀的复合物（Shuman L M，1988）。

（2）施用锰肥　锰肥的施用方法有基施、喷施和拌种。试验表明，基施效果较好、喷施比拌种好。

① 基施：难溶性锰肥用作基肥较为适宜，如工业矿渣等，每亩用量15kg左右，撒施地面，然后耕翻入土；如条施或穴施作种肥，应与种子隔开。施用硫酸锰，每亩用量1~2kg，掺入干细土或有机肥混合施用，这样可以减少土壤对锰的固定。

② 叶面喷施：用浓度为0.05%~0.1%的硫酸锰溶液在花期及灌浆期各喷1次，锰肥用量为0.1~0.2kg/亩；若加0.15%的熟石灰，可防止植株烧伤，效果更好。

③ 浸种：用0.1%~0.2%的硫酸锰溶液浸种8h，捞出阴干即可播种。

④ 拌种：每千克种子用4~8g硫酸锰，拌种前先用少量水溶解，然后均匀的喷洒在种子上，边喷边翻动种子，拌匀阴干后播种。

2. 作物锰中毒的防治

（1）改善土壤环境　适量施用石灰，以中和土壤酸度，降低土壤中锰的活性；加强土壤水分管理，及时开沟排水，防治因土壤渍水使大量的锰还原而促发锰中毒症。

（2）合理施肥　施用钙镁磷肥、草木灰等碱性肥料和硝酸钙、硝酸钠等生理碱性肥料，以中和部分土壤酸度，降低土壤中锰的活性。尽量少施过磷酸钙等酸性肥料和硫酸铵、氯化铵等生理酸性肥料。

三、缺锌症状及防治措施

（一）锌的生理作用

玉米是对锌最敏感的大田作物之一。锌是其体内许多酶的组成成分，参与一系列的生理活动。无氧呼吸中乙醇脱氢酶需要锌激活，因而充足的锌对玉米耐涝性有一定作用。锌参与玉米体内生长素的形成，缺锌生长素含量低，细胞壁不能伸长而使植株节间缩短，生长减慢，植株矮化，生长期延长。施锌肥有利于提高玉米生长后期穗叶SOD的活性，降低MDA含量，从而降低氧自由基的伤害。

（二）缺素症状

玉米对缺锌比较敏感，土壤缺锌时，出苗后1~2周即可出现缺锌症状。缺锌玉米叶片具浅白条纹，严重时白化斑块变宽，叶肉组织消失而呈半透明状，易撕裂，叶中脉两边最明显，极度缺乏时整株失绿成白化苗。下部老叶提前枯死。有时叶缘、叶鞘呈褐色或红色。同时，节间明显缩短，植株严重矮化；抽雄、吐丝延迟，甚至不能正常吐丝，果穗发育不良，缺粒严重。

（三）发生条件

1. 作物缺锌的发生条件

（1）土壤 pH 值　虽然酸性及碱性土壤上均有可能发生作物缺锌，但石灰性或次生石灰性土壤上较易发生缺锌。另外，种植在石灰窑附近土壤上的作物也易发生缺锌症。

（2）土壤氧化还原状况　土壤长期渍水，还原性强，容易导致土壤中锌的有效性降低。

（3）施肥不当　过量施用磷肥、氮肥或大量施用未腐熟的有机肥料，一方面影响作物对锌的吸收，另一方面会造成作物体内养分不平衡，诱发缺锌。

（4）气候条件　气温低、土壤有效锌的含量低，易发生缺锌；另外，强光多照时也可促发缺锌。

（5）整地不当　低山丘陵区在平整土地过程中把心土、底土上翻，使耕层土壤有效锌水平降低，促发缺锌。

（6）作物耐性　不同作物及同一作物不同品种（或品系）耐低锌的能力存在很大的差异。

2. 作物锌中毒症的发生条件

（1）工业污染　含锌的工业废水、废渣等污染，使土壤含锌量增高，导致作物锌中毒。

（2）施肥不当　锌肥施用过量及大量施用富含锌的污泥、城市生活垃圾等，引起作物锌中毒。

（3）含锌农药的使用　长期大量使用代森锰锌等含锌的农药，土壤中积累过量的锌，使作物遭受锌中毒。

（四）诊断指标

1. 形态诊断

根据前述缺锌症状，结合土壤的 pH 值的测定（pH 值 >7.0），一般即可作出初步的判断。

2. 土壤分析诊断

对于中性或碱性土壤，有效锌的提取通常用 DTPA（二乙三胺五醋酸）溶液（$0.005\,mol/L$ DTPA $+0.1\,mol/L$ $CaCl_2$ $+0.1\,mol/L$ TEA-三乙醇胺）；对于酸性土壤，有效锌的提取常用 $0.1\,mol/L$ HCl。中国农业科学院土壤肥料研究所（1980）用 DTPA 溶液作为浸提剂，将土壤有效锌分为四级：$<0.6\mu g/g$ 为缺锌；$0.6\sim1.0\mu g/g$ 为可能缺锌；$1.0\sim1.5\mu g/g$ 和 $>1.6\mu g/g$ 为供锌充足。因此，以土壤有效锌为 0.6μg/g 定为玉米缺锌的临界值。

3. 植物营养诊断

旺长期叶片全锌含量（以 Zn 计）低于 15mg/kg（干重）为缺乏；高于 20mg/kg 为正常。J J Mortredt 等（1984）测定玉米成熟叶片中锌的含量，将玉米成熟叶片的有效锌分别三级：< 20mg/kg 为缺锌，20 ~ 150mg/kg 为充足，> 400mg/kg 锌过量，会出现明显的中毒症状。

（五）防治措施

1. 作物缺锌的防治

（1）选用耐性品种　如天塔 2 号、天塔 7 号和天塔 9 号。充分利用玉米耐低锌的种质资源，有效的预防玉米缺锌症的发生。

（2）增施锌肥　锌肥的施肥方式包括基施、拌种、浸种和喷施等，均有增产效果。褚天铎等研究表明：基施效果最好，浸种效果次之，追施、喷施效果相似，拌种效果最差。

① 基施：一般每亩用硫酸锌 1 ~ 2kg。春播区可与底肥充分混合后撒于地表，然后耕翻入土；夏播区可与底肥充分混合后种肥同播。

② 追肥：玉米在苗期至拔节期每亩用硫酸锌 1 ~ 2kg，拌干细土 10 ~ 15kg，条施或穴施。

③ 叶面喷施：用 0.2% 硫酸锌溶液在苗期至拔节期连续喷施两次，每次间隔 7d，每次每亩溶液用量为 50 ~ 70kg，喷施浓度不宜过高，超过 0.4% 时有害。

④ 浸种：用 0.02% ~ 0.2% 硫酸锌溶液浸种 48h，超过 0.3% 时种子发芽率降低。

⑤ 拌种：每千克种子用硫酸锌 2 ~ 6g，以少量的水溶解，喷于种子上，边喷边搅拌，用水以能拌匀种子为宜，种子阴干后即可播种。

2. 作物锌中毒的防治

（1）控制污染　严格控制工业废水、废渣和粉尘排放，谨防其对土壤的污染。

（2）合理施用锌肥　根据作物的需锌特性和土壤的供锌能力，确定适宜的锌肥的施用量、施用方法和施用年限等，防止锌肥施用过量而引起的作物锌中毒。

（3）慎用含锌有机废弃物　城市生活垃圾、污泥等含锌废弃物做有机肥料施用时，要严格监测，用量和施用年限应严格控制在土壤环境容量允许的范围内。

四、缺铁症状及防治措施

(一)铁的生理作用

铁是叶绿体的组成成分，玉米叶片中95%的铁存在于叶绿体中。铁不是叶绿素的成分，却参与叶绿素的形成，因此，铁是光合作用不可缺少的元素。铁还是细胞色素氧化酶、过氧化物酶和过氧化氢酶的成分，所以，铁与呼吸作用有关。铁影响玉米的氮代谢，铁不但是硝酸还原酶和亚硝酸还原酶的组分，铁还增加玉米新叶中硝酸还原酶的活性和水溶性蛋白的含量。

(二)缺素症状

缺 Fe 叶绿素形成受抑。上部叶片叶脉间出现浅绿色至白色或全叶变色。缺绿病在新形成叶子的叶脉间和细的网状组织中出现，深绿色叶脉在浅绿色或黄的叶片衬托下更为明显，最幼嫩的叶子可能完全白色，全部无叶绿素。植株严重矮化。

(三)发生条件

1. 土壤条件

石灰性土壤在含水量较高时，游离碳酸钙迅速溶解，产生较多的 HCO_3^-，使铁的活性减弱，造成缺铁或加重缺铁；大量施用石灰会诱发缺铁，原因如下。

①施用石灰使土壤 pH 值升高，降低铁的有效性。

②钙离子对铁吸收的拮抗作用。另外，土壤中有效铜、锌、锰含量过高时，对铁的吸收也有明显的拮抗作用，都会引起作物缺铁失绿症。

③旱作农田，氧化还原电位高。

2. 施肥不当

大量施用磷肥会诱发缺铁，原因主要如下。

①产生难溶性的磷酸铁盐，使土壤有效铁减少。

②作物吸收的磷酸根在体内也能与铁结合成难溶性化合物，影响铁在作物内的移动性，妨碍铁参与正常的新陈代谢活动，使其失去生理活性。

③作物体内磷浓度提高会使 pH 值相应的升高，影响体内铁的还原和溶解度，减少铁的利用。另外，作物体内钾营养不足时也会影响对铁的利用，引起缺铁，有时甚至同时出现缺钾和缺铁症状。

3. 气候条件

降水量是影响作物缺铁症发生的最主要气候因子，多雨促发缺铁。雨水过多导致土壤过湿使石灰性土壤中的游离碳酸钙溶解产生大量的 HCO_3^-，同时由于通气不良，根系和土壤微生物呼吸作用产生的 CO_2 不能及时溢出到大气中也引起 HCO_3^- 的积累，HCO_3^- 浓度的提高使铁的有效性降低，导致缺铁。

4. 作物耐性

不同作物需铁数量不同，对土壤铁的利用能力也有较大的差异。同种作物因品种不同，对缺铁的敏感性也有很大的差异。

（四）诊断指标

1. 形态诊断

根据前述的缺铁症状，结合土壤 pH 值的测定（pH 值 > 7.0），一般可作出初步的判断，但在实际应用时必须与缺钙、缺硼、缺锰、缺镁等症状相区分。缺铁与缺钙、缺硼的症状首先都在新生组织部分出现，但缺铁一般不引起生长点的死亡，而缺钙和缺硼则生长点常常萎缩坏死；缺铁与缺锰症状的区别在于缺铁的新叶长出时就呈黄白色，并可逐渐复绿，而缺锰时新叶由绿色逐渐褪淡呈浅黄色至黄色，并在黄化开始时就在叶片上出现棕褐色坏死斑点；缺铁与缺镁症状的区别在于发生部位，缺铁症发生在上部新叶上，缺镁症发生在中下部叶片。此外，在新叶出现失绿症状的初期，叶面喷施 0.2% 的硫酸亚铁溶液，隔 5 ~ 7d 后观察，如出现雾滴状复绿现象，即可确诊为缺铁。

2. 土壤诊断

用 DTPA 浸提土壤有效铁小于 $2.5\mu g/g$ 为极低，$2.5 ~ 4.5\mu g/g$ 为低，$4.5 ~ 10\mu g/g$ 为中等，$10 ~ 20\mu g/g$ 为高，$>20\mu g/g$ 为极高。临界值为 $2.5 ~ 4.5\mu g/g$，一般在土壤有效铁小于 $10\mu g/g$ 时施铁有不同程度的增产效果。

3. 植物营养诊断

在作物缺铁较为敏感的时期，采取有代表性的植株样品，分析其全铁含量作为诊断指标。JJ Mortredt 等（1984）测定玉米成熟叶片中铁的含量，将玉米成熟叶片的有效铁分别二级：$<50mg/kg$ 为缺铁，$50 ~ 250mg/kg$ 为充足。

（五）防治措施

1. 改良土壤

在碱性土壤上使用硫磺粉或稀硫酸等降低土壤 pH 值，增加土壤中铁的有效性。石灰性或次生石灰性土壤上增施适量有机肥料对防治缺铁症也有一定的效果，原因如下。

①有机肥料含有活性铁，可供植物直接吸收利用，同时还可通过螯合作用提高铁的有效性。

②增施有机肥料能促进土壤团粒结构的形成，协调土壤的水分和通气状况，

避免因 HCO_3^- 积累而降低铁的有效性。

③土壤结构的改良有利于根系的正常代谢活动，增强根系对铁的吸收和利用能力。

④有机质对 Fe 有还原作用（$Fe^{3+} \rightarrow Fe^{2+}$）。另外，有条件的还可用富含铁的红（黄）壤作为客土来改善土壤的供铁状况。对于一些石灰性强、有机质贫乏、结构不良、排水不畅或地下水位过高而极易发生缺铁失绿的土壤，应尽量避免种植对缺铁敏感的作物。

2. 合理施肥

控制磷肥、锌肥、铜肥、锰肥及石灰质肥料的用量，以避免这些营养元素过量对铁吸收的拮抗作用。增施一些酸性或生理酸性肥料。对于因营养不足而引起的缺铁症，可通过增施钾肥来缓解乃至完全消除缺铁症。

3. 选用耐性品种

充分利用耐缺铁的品种资源，有效地预防缺铁症的发生。

4. 施用铁肥

目前，施用的铁肥可分为无机铁肥和螯合铁肥两类。铁肥施用技术：由于铁在土壤中易于固定，铁肥单独基施既不理想也不经济，故常与有机肥料混合施用。辽宁省农业科学院认为，将硫酸亚铁与马粪 1 : 10 混合堆腐后施用对防止亚铁被土壤固定有显著作用。叶面喷施：喷施浓度为 0.2% ~ 0.5% 的硫酸亚铁溶液或 0.1% ~ 0.2% 的螯合铁溶液。如若用有机态的黄腐酸铁（0.04% ~ 0.1% 浓度）和尿素铁叶面喷施效果更佳。

五、缺钼症状及防治措施

（一）钼的生理作用

钼主要以二价阴离子 MoO_4^{2-} 的形式被吸收。钼是硝酸还原酶的组成成分，能促进硝态氮的同化作用，使玉米吸收的硝态氮还原成氨，缺钼时这一过程受到抑制。钼被认为是植株中过量铜、硼、镍、锰和锌的解毒剂。

（二）缺素症状

种子萌发慢，有的幼苗扭曲，在生长早期就可能死亡。能够长大的植株，幼苗先萎焉，然后边缘枯死，老叶叶尖和叶缘先枯死。

（三）发生条件

1. 土壤条件

作物缺钼症通常发生在酸性土壤上，尤其是强风化、强淋溶的红黄壤地区。

土壤中钼的有效性随土壤 pH 值的下降而降低，酸性土壤对钼的吸收固定能力很强，还可形成铁、铝等的钼酸盐沉淀，使土壤有效钼含量大大降低，质地较轻的盐土在洗盐过程中会引起土壤中有效钼的淋失，也有可能发生缺钼症。长期大量施用生理酸性肥料会导致土壤尤其是根际土壤酸化，使土壤中有效钼的含量降低而促发缺钼。此外，土壤溶液中铵离子、硫酸根离子及锰、铜、锌等离子浓度过高会对作物吸收钼产生拮抗作用，诱发缺钼。

2. 气候条件

气候因素中以降雨对作物缺钼症的发生影响最大。干旱时，土壤对钼的固定增加，使土壤有效钼的供应不足；土壤过湿、排水不良，易使土壤中的有效钼还原为移动性小的 5 价或 4 价钼，降低土壤中钼的有效性，从而导致缺钼症的发生。

（四）诊断指标

1. 土壤分析诊断

我国的土壤全钼含量为 $0.1 \sim 6\mu g/g$，平均为 $1.7\mu g/g$。有效态钼 $<0.1\mu g/g$ 为很低，$0.1 \sim 0.15\mu g/g$ 为低，$0.16 \sim 0.2\mu g/g$ 为中等，$0.21 \sim 0.3\mu g/g$ 为高，$>0.3\mu g/g$ 为很高，临界值为 $0.15\mu g/g$。

2. 植物营养诊断

玉米在吐丝期果穗叶临界值为 $0.2\mu g/g$。

（五）防治措施

1. 改善土壤环境

由于作物缺钼症通常发生在酸性土壤上，改善土壤环境主要就是施用适量石灰中和土壤酸度，提高土壤中钼的有效性，满足作物生长发育对钼营养的需求。石灰的用量通常应控制在 $50 \sim 100kg/$亩。大多采用穴施石灰的方法，这一方面有利于控制石灰的用量，另一方面也有利于防止根际土壤的酸化，消除缺钼症的发生。

2. 合理施肥

增施有机肥料，提高土壤供钼水平；增施磷钾肥，促进作物根系的生长发育，增加对钼的吸收；施用钙镁磷肥、草木灰等碱性肥料，尽量少施过磷酸钙等酸性肥料和氯化钾等生理酸性肥料，避免诱发缺钼症。

3. 施用钼肥

（1）基肥　每亩用量 $5 \sim 30g$，可与其他肥料混合，或单独混合土沙均匀施入土中。钼酸铵或钼酸的亩最高用量不得高于 30g。

（2）叶面喷施　一般用 $0.01\% \sim 0.1\%$ 的钼酸铵溶液均匀喷布于叶片上，每亩用量为 $25 \sim 50kg$ 溶液。

（3）浸种　将钼酸铵配成 $0.05\% \sim 0.1\%$ 的溶液，每千克种子约 $1kg$ 溶液浸 $12h$ 左右。

六、缺铜症状及防治措施

（一）铜的生理作用

铜是玉米体内多种酶的组成成分，参与许多主要的代谢过程。铜与叶绿素形成有关，叶绿素中含有较多的铜。缺铜时，叶易失绿变黄。铜还参与蛋白质和糖类代谢。

（二）缺素症状

叶片刚伸出就黄化，严重缺乏时，植株矮小，嫩叶缺绿，老叶像缺钾一样出现边缘变黄。

（三）发生条件

1. 土壤条件

作物铜营养缺乏症最易发生在有机质含量特别高的泥炭土及高 pH 值的土壤上，这些土壤中铜的有效性往往偏低。

2. 施肥不当

施用氮肥过多，常导致生育后期植株叶色浓绿，群体过于繁茂而有倒伏倾向，易发生缺铜不实。

3. 品种差异

不同作物品种对铜营养缺乏的敏感程度有较大的差异。

（四）诊断指标

1. 形态诊断

根据前述的玉米缺铜的主要症状，一般能做出判断

2. 土壤诊断

我国土壤全铜含量为 $3 \sim 300\mu g/g$，平均为 $22\mu g/g$，大多数土壤为 $20 \sim 40\mu g/g$。土壤中有效铜的丰、缺指标，应以提取剂不同而划分，缺铜临界值用 DTPA 溶液提取的为 $0.2\mu g/g$，用 0.1N HCl 提取的为 $2\mu g/g$，低于上述数值可视为缺铜。

3. 植物营养诊断

玉米植株在抽雄或吐丝期的果穗叶片临界浓度为 $5\mu g/g$。功能叶全铜含量

（以 Cu 计）高于 $20\mu g/g$（干重）为过量。

（五）防治措施

1. 施用铜肥

铜肥的施用技术如下。

（1）基施 硫酸铜基施时，每亩用量一般为 0.4kg，多者不宜超过 30kg，采用撒施或条施。

（2）叶面喷施 可将硫酸铜配制成 0.02%～0.2% 的溶液，均匀喷洒于叶片表面。或将硫酸铜制成波尔多液或石硫合剂喷施，既防病又补铜。

（3）拌种 每千克种子用硫酸铜 1～2g，将肥料用少量水溶解后均匀地喷撒在种子上，阴干后播种。

（4）浸种 用 0.01%～0.05% 的硫酸铜溶液浸种一定时间后捞出，晾干播种。

2. 增施有机肥料

对于贫瘠的酸性土壤上发生的铜营养缺乏症，应增施有机肥料，提高土壤的供铜能力。

3. 控制氮肥用量

在供铜能力较弱的土壤上，要严格控制氮肥用量，防止因氮肥过量而促发或加重缺铜症。

第十一章　玉米非生物灾害及防治

第一节　水分逆境灾害及防治

玉米的需水量是指玉米生长期内所消耗的水量，它是植株棵间蒸发量与叶面蒸腾量的总和，是玉米本身生物学特性与环境条件综合作用的结果。在一定产量条件下、在一定区域内是个相对稳定的数值，它既是玉米栽培管理制定灌溉制度的依据，也是农田水利工程设计和渠灌区地表水资源宏观调配的基本参数。玉米是 C4 作物，需水系数较低，但由于植株高大，属于耗水较多的作物，除苗期可适当控水进行蹲苗外，自拔节到成熟都应保证良好的水分供给。我国春玉米需水量每亩变化在 400~700mm，自东向西逐渐增加，低值区在东部牡丹江一带，高值区在新疆哈密一带。夏玉米需水量变化在 350~550mm，济南附近为高值区；春玉米需水高峰期为 7 月中旬至 8 月上旬，即拔节 – 抽穗阶段，日耗水量达 4.5~7.0mm/d。夏玉米需水高峰期为 7 月中下旬至 8 月上旬，同样在拔节 – 抽穗阶段，日耗水量达 5.0~7.0mm/d。春玉米和夏玉米生长期棵间蒸发量分别占需水量的 50% 和 40%。

玉米苗期与中后期相比，有较强的抗旱能力，同时由于植株小，耗水强度低，需水也较少，只占一生的 18%~19%，适当干旱（蹲苗）有增产作用，在保证出苗前提下一般不需浇水；拔节后，随着植株长大，耗水强度越来越大。此时，玉米的根、茎、叶进入旺盛生长阶段，同时雌雄穗开始生长发育，营养体对缺水最敏感，在雨水不足的地区要及时灌水。穗期需水较多，占一生的 37%~38%；到吐丝期，耗水强度最大，对缺水最敏感。吐丝至籽粒形成期，对缺水的敏感程度仅次于吐丝期，占一生需水的 43%~44%。抽雄前 10d 至抽雄后 20d（大喇叭口期—灌浆期）是玉米需水临界期，如干旱靠近抽雄期则减产明显，特别是"卡脖旱"（发生在玉米大喇叭口期至抽雄期的干旱）。抽雄—灌浆需水达一生高峰，缺水减产最多。从乳熟期到完熟，耗水强度降低，但此时，仍然需要大量的水分。缺水可造成穗粒重降低而减产，因此，后期应保持土壤中较高水分含量，遇到土壤干旱也应适度灌水。

播种时土壤田间持水量保持在 70%～80%，才能保证全苗，低于 55% 出苗不齐，高于 80% 出苗率下降；出苗至拔节，需水增加，土壤水分应控制在田间持水量的 60%～70%，为玉米苗期蹲苗、促根生长创造条件；拔节至抽雄需水剧增，抽雄至灌浆需水达到高峰，从开花前 8～10d 开始，30d 内的耗水量约占总耗水量的一半。该期间田间水分状况对玉米开花、授粉和籽粒形成有重要影响，要求土壤保持田间最大持水量的 80% 左右为宜，是玉米的水分临界期；玉米花期田间持水量 <60% 开始受旱，<40% 为严重旱害，将造成花粉死亡，花丝干枯，不能授粉，玉米花期适宜土壤田间最大持水量以 70%～80% 为宜。灌浆至成熟仍耗水较多，乳熟以后逐渐减少。因此，要求在乳熟以前土壤仍保持田间最大持水量的 70%～80%，乳熟以后则保持 60%～80%。

第二节　温度逆境灾害及防治

温度是农作物生长的必要条件之一，各种农作物的正常生长发育都有一个最适温度、最低温度和最高温度的界限。在最适温度条件下，农作物生长发育迅速而良好；超过最低温度或最高温度，就会迟滞或停止生长发育，直到死亡。人们把这三个界限称为农作物"三基点温度"，三基点温度中的上、下限温度是指超过此界限温度后生长发育停止或是很微弱，而不是致害温度。玉米全生育期的下限温度为 6～10℃，最适温度 28～31℃，上限温度为 40～42℃，不同生育时期对温度的要求不同。在土壤水、气条件适宜的情况下，玉米种子在 6～7℃ 就能萌发，10℃ 能正常发芽，以 28～35℃ 发芽最快。开花期是玉米一生中对温度要求最高、反应最敏感的时期，最适温度为 25～27℃。温度高于 32～35℃，大气相对湿度低于 30% 时，花粉粒因失水失去活力，花柱易枯萎，难于授粉、受精。花粒期要求日平均温度在 20～24℃，如遇低于 16℃ 或高于 25℃，影响淀粉酶活性、养分合成、转移减慢，积累减少，成熟延迟，粒重降低。玉米生育前期所需温度高于生育后期。不同器官对温度的反应不同，根系比地上茎叶对温度要求略低，根系的生长下限温度为 4.5℃，适宜地温为 20～24℃，上限地温 35℃；而茎生长的下限温度为 12℃，适宜温度为 24～28℃，上限温度为 35℃；叶片生长的下限温度为 7.5℃，适宜温度为 28～32℃，上限温度为 40℃。

一、冷害对玉米影响及防治对策

冷害是指在作物生长季节 0℃ 以上低温对作物的损害，又称低温冷害。冷害使作物生理活动受到障碍，严重时某些组织遭到破坏，但由于冷害是在0℃以上，有时甚至是在接近20℃的条件下发生的，作物受害后，外观无明显变化

（一）冷害指标

玉米在日平均气温15～18℃为中等冷害，13～14℃为严重冷害。各生育阶段以生育速度下降60%的冷害指标：苗期为15℃；生殖分化期为17℃；开花期为18℃；灌浆期为16℃。以玉米拔节期为准，轻度冷害为21℃，中度冷害为17℃，严重冷害为13℃，其发育速度依次下降40%、60%和80%。

（二）冷害的影响

玉米在幼苗期易受低温的危害。在细胞和分子水平上，表现出3个主要的直接作用，即代谢作用效率下降、细胞膜通透性降低和蛋白质降解。表观症状通常是中胚轴和胚芽鞘变褐及萎蔫、叶片呈水渍状及发育不全、甚至因幼苗生长受阻而不能成活，冷害症状可一直延续到恢复生长期。玉米苗期的冷害程度主要取决于低温及其持续时间的长短，但是，不同组织器官对冷害的反应程度也有所差异，中胚轴是玉米苗期最易受冷害的器官。苗期温度对玉米根茎叶的生长影响很大。低温下玉米根冠细胞的增殖速率和吸收活性下降，生理功能受到影响。土壤温度在12℃以下，玉米根系发育不良，根生长区出现肿大现象，呈鸡爪状，根毛迟迟不长，可能是由于土壤低温，使细胞无法伸长或细胞无法侧向扩大。低温强度是幼苗致死的先决条件，低温持续时间是影响幼苗存活率的重要因素。

播种至出苗遇有低温，出现种子发芽率、发芽势降低，出苗和发育推迟，苗弱、瘦小等现象，且对植株功能叶的生长有阻碍作用。四展叶期植株明显矮小，表现生长延缓，光合作用强度、植株功能叶的有效叶面积显著降低；四展叶期至吐丝期，低温持续时间长，株高、茎秆、叶面积及单株干物质重量受到影响；吐丝至成熟期，低温造成有效积温不够；灌浆期低温使植株干物质积累速率减缓，灌浆速度下降，造成减产。

（三）预防冷害技术措施

1. 种子处理

用浓度0.02%～0.05%的硫酸铜、氯化锌、钼酸铵等溶液浸种，可提高玉米种子在低温下的发芽力，并提前成熟，减轻冷害。

2. 适期播种

按玉米种子萌动的下限温度，结合当地气象条件，安排适当播种期，避免冷害威胁。

3. 合理施肥，培育壮苗

增施有机肥可以改善土壤结构，协调水、肥、气、热，为培养壮苗提供良好

基础，提高抗寒能力。

二、高温对玉米影响及防治对策

玉米起源于中南美洲热带地区，在系统进化过程中形成了喜温特性，但异常高温形成的热胁迫也会造成生长发育不良、减产和品质降低。

（一）高温对玉米生长的影响

1. 对光合作用的影响

在高温条件下，光合蛋白酶的活性降低，叶绿体结构遭到破坏，引起气孔关闭，从而使光合作用减弱。另一方面，在高温条件下呼吸作用增强，消耗增多，干物质积累下降。

2. 加速生育进程，缩短生育期

高温迫使玉米生育进程中各种生理生化反应加速，各个生育阶段缩短。在雌穗分化时间缩短分化，雌穗小花分化数量减少，果穗变小。在生育后期高温使玉米植株过早衰亡，或提前结束生育进程而进入成熟期，灌浆时间缩短，干物质积累量减少，千粒重、容重、产量和品质降低。

3. 对雄穗和雌穗的伤害

在孕穗阶段与散粉过程中，高温都可能对玉米雄穗产生伤害。当气温持续高于35℃时不利于花粉形成，开花散粉受阻，表现在雄穗分枝变小、数量减少，小花退化，花药瘦瘪，花粉活力降低，受害的程度随温度升高和持续时间延长而加剧。当温度超过38℃时，雄穗不能开花，散粉受阻。高温影响玉米雌穗的发育，致使雌穗各部位分化异常，吐丝困难，延缓雌穗吐丝，造成雌雄不协调、授粉结实不良、籽粒瘦瘪。

4. 高温易引发病害

玉米在苗期处于生根期，抗不良环境能力较弱，若遇连续1周高温干旱，就会降低根系生理活性，使植株生长较弱，抗病力降低，易受病菌侵染发生苗期病害。

5. 高温影响产量和品质

高温使玉米籽粒灌浆速率加快，但灌浆持续期缩短，灌浆速率加快对产量提高的正效应不能弥补灌浆持续期缩短对产量的负效应，最终产量降低。高温既影响淀粉和蛋白质的合成速率，又影响它们的持续时间，对玉米品质形成的影响也是不利的。

（二）热害指标

玉米热害指标，以中度热害为准，苗期36℃、生殖期32℃、成熟期28℃。

以全生育期平均气温为准，轻度热害为 29℃，减产 11.9%；中度热害 33℃，减产 52.9%；严重热害 36℃，将造成绝产。

（三）技术措施

1. 选育推广耐热品种，预防高温危害

不同品种耐热性存在显著差异，耐热品种一般具有高温条件下授粉、结实良好和叶片短、直立上冲、叶片较厚、持绿时间长、光合积累效率高等特点。

2. 调节播期，开花授粉期避开高温天气

较长时间的持续高温，一般集中发生在 6 月下旬至 8 月上旬，春播玉米可在 4 月上旬适当覆膜早播，夏播玉米使不耐高温的玉米品种开花授粉期避开高温天气，避免或减轻危害程度。

3. 人工辅助授粉，提高结实率

在高温干旱期间，玉米的自然散粉、授粉和受精结实能力均有所下降，如果在开花散粉期遇到 38℃ 以上持续高温天气，建议采用人工辅助授粉，减轻高温对玉米授粉受精过程的影响，提高结实率。

4. 适当降低密度，采用宽窄行种植

在低密度条件下，个体间争夺水肥的矛盾较小，个体发育健壮，抵御高温伤害的能力较强，能够减轻高温热害。采用宽窄行种植有利于改善田间通风透光条件、培育健壮植株，增加对高温伤害的抵御能力。

5. 加强田间管理，提高植株耐热性

（1）科学施肥　在肥料运筹上，增加有机肥使用量，重点普施基肥促早发，重视微量元素的施用，玉米出苗后早施苗肥促壮秆，大喇叭口期至抽雄前主攻穗肥增大穗。另结合灌水，采用以水调肥的办法，加速肥效发挥，改善植株营养状况，增强抗旱能力。高温时期可采用叶面喷肥，既有利于降温增湿，又能补充玉米生长发育必需的水分及营养。

（2）苗期蹲苗进行抗旱锻炼，提高耐热性　利用玉米苗期耐热性较强、花期最敏感的特点，在出苗 10～15d 后进行 20d 左右的蹲苗，使其获得并提高耐热性，减轻花期高温的影响。

（3）适期喷灌水，改变农田小气候环境　高温常伴随着干旱发生，高温期间提前喷灌水，可直接降低田间温度；同时，灌水后玉米植株获得充足的水分，蒸腾作用增强，使冠层温度降低，从而有效降低高温胁迫程度，也可以部分减少高温引起的呼吸消耗，减轻高温热害。

第三节 寡照的危害及栽培技术措施

寡照阴害是指连阴日数多、光照不足对作物的危害。光是光合作用的条件之一，直接影响农作物的光合作用效率，光主要通过光照强度、光质和光照时间影响植物。自然条件下，达到一定的光强，植物才能进行正常的光合作用产生养分，因此，日照时数可以影响局部气候和植物生长环境及产量。一般地，太阳辐射量决定一个地区作物生产的潜力和产量的高低，日照时数多的地区作物产量较高，寡照是影响作物产量水平的因素之一。光是作物光合生产的主要能量来源，光照条件的改变会影响光合作用、营养物质的吸收及其在植物体内的重新分配等一系列生理过程，最终影响作物的产量。玉米起源于热带，属短日照作物，喜光，全生育期都要求适宜的光照。日照对玉米的影响表现在两个方面：一是光能截获率；二是玉米开花授粉后光照时数。随着日照的缩短，玉米生育进程加快，营养生长量相应减少，经济产量随之降低。出苗后在 8～12h 的日照下，发育快、开花早，生育期缩短，反之长于这一日照则延长。由于寡照基本与低温或高温、阴雨联系在一起，寡照以及由寡照造成的低温或高温等逆境对玉米的影响更加明显。

一、寡照的危害

玉米是喜光作物，光饱和点高，全生育期都需要充足的光照。但玉米在生长发育过程中常遭遇连续阴雨低温或伏天高温、光照不足的天气，直接限制了其光合生产能力，不但使玉米生长发育受到不同程度的影响，而且也会导致产量降低。

1. 光胁迫影响玉米生长发育及形态建成

早期遮光显著地降低了植株高度，遮光开始越晚，降低越少，后期遮光反而使株高增加。降低光照度可使玉米幼苗新叶出生速率显著下降。生长期间光合有效辐射的水平可以显著地改变叶片的形态学、解剖学、生理生化等方面的性能。遮光对最终的叶片数目没有影响。营养生长阶段遮光也影响叶面积、株高、茎粗及生殖器官的发育，最终导致干物质产量和品质降低。玉米开花前遮光延迟了抽雄和吐丝日期，若遮光时间较长，吐丝将比散粉推迟更多，从而造成花期不遇。玉米雄穗发育时期对弱光照非常敏感，弱光可导致雄穗育性退化。

2. 光胁迫影响玉米的光合特性

光照度与群体光合速率的关系呈 S 曲线型。在大喇叭口期，6 万勒克斯

（lux）光照度以下，光照度与群体光合速率呈直线关系，随着光照度增加，其对群体光合的影响逐渐变小。光照减弱时会导致与光合相关的酶发生变化。弱光下，碳水化合物供应减少，硝酸还原酶活性下降。

3. 光胁迫影响玉米产量形成

对玉米而言，即使是短期遮光也可以降低生产能力，尤其是籽粒产量，降低程度取决于遮光时期。开花前后遮光可限制生殖器官发育，也包括干物质的分配。不同时期遮光对玉米产量构成因素有不同影响。从雌穗小花分化期到籽粒灌浆初期（吐丝前12d到吐丝后17d），遮光都可显著地降低穗粒数。苗期遮光粒数下降，对粒重无显著影响；开花期遮光，粒数下降，虽然粒重稍有上升，但产量仍显著下降；籽粒形成期遮光，粒重和粒数下降，产量也显著下降。

玉米进入扬花授粉期遭遇寡照，会影响雄穗散粉和雌穗授粉，或授粉后被雨水冲刷无法形成受精，使玉米不能正常结粒。在黄淮海地区，8月上旬是全年高温时段，有时阴雨高温闷热，正值夏玉米开花授粉时期。玉米花粉粒遇到阴雨，吸水破裂丧失活力；遇到高温天气花粉粒活力降低，导致授粉不良结实率低，往往出现秃尖、秃尾、缺行、缺粒，果穗出现"半边脸"现象，减产严重。

4. 光胁迫影响玉米的品质

玉米开花后较适宜的温度和充足的光照是改善玉米营养品质的关键。适宜的温度和充足的光照，籽粒中蛋白质、氨基酸、赖氨酸养分含量提高，而淀粉、可溶性糖、游离氨基酸等含量降低。

5. 病虫害发生

阴雨寡照使得田间温度低、湿度大，加之玉米生长弱，抗逆性降低，适宜于多种病害发生和蔓延，如玉米丝黑穗病、大斑病、小斑病、茎腐病等发生严重。

2009年河南省周口、南阳等地夏玉米生长期间阴天寡照天气较多，特别是吐丝授粉和灌浆期前后的阴天较多，不利于授粉和籽粒灌浆，部分品种因对气候敏感而果穗结实受到一定影响。

二、寡照栽培技术措施

1. 选用良种，合理密植

玉米高产必须增源扩库，即应适当提高叶面积指数，增加种植密度，扩大群体库容，但寡照地区光照强度不足，群体过大造成郁闭反而影响产量。根据当地情况选择抗病性强、适应性广、稳产高产优良品种，确定适宜种植密度。一般秆矮、叶片上冲、雄穗较小、叶片功能期长的品种具有较好的耐阴性。

2. 科学管理，构建高产群体

根据当地气候特点安排玉米播种期，使关键生育期避开阴雨天气高发期。抓好播种质量，培育壮苗，建立整齐、均匀一致的高质量群体结构；大小行种植，改善群体内部光照条件；合理施用肥料，及时进行田间管理，尽可能地延长玉米叶片有效功能期，防止早衰，争取籽粒饱满，增加粒重。也可为玉米喷洒磷酸二氢钾和植物生长调节剂，使玉米合理发育，健壮生长，减轻连阴危害。

3. 及时中耕、施肥

寡照常伴随低温或高温、阴雨，容易造成土壤板结、养分流失，需要采取措施及时铲趟中耕和追肥，使土壤疏松，改善土壤的通气性，提高土壤的含氧量，对调节土壤水、肥、气、热和减水分蒸发，蓄水保墒，增加土壤有效养分有良好的促进作用；另外，及时锄地还有利于微生物的活动，加快土壤有机物的分解和转化，同时消灭杂草，减少土壤养分和水分无效消耗，增加根系干重，提高地温，加快农作物生长发育进程。

4. 喷施玉米生长调节剂

寡照玉米茎秆脆弱，容易发生倒伏，尤其是连遇阴雨多风灾害性天气更是如此。于玉米 6 ~ 12 叶期叶面喷施抗倒、防衰的生长调节剂，可起到促根、壮秆、抗倒伏、稳产、增产作用。

5. 人工辅助授粉

玉米花期遭遇阴雨寡照，采取拉绳等方法及时进行人工授粉，减少秃尖和缺粒。

6. 综合防治病害

低温寡照多湿，玉米大斑病、小斑病、锈病和穗粒腐病危害较严重，要及早调查与防治，切实减少灾害损失。

7. 适时收获

及时收获晾晒，避免后期多雨造成粒籽霉烂或被老鼠咬吃等损失。也可带穗收获，使玉米穗在其秆上还能继续吸收养分，以有利于玉米产量的提高。

第四节　风灾与雹灾及预防

一、风灾的危害

（一）风灾的危害

风灾是指大风对农业生产造成的直接和间接危害。直接危害主要指造成土壤风蚀沙化、对作物的机械损伤和生理危害，同时，也影响农事活动和破坏农业生产设施。间接危害指传播病虫害和扩散污染物质等。受了风灾以后，玉米的光合作用下降，营养物质运输受阻，特别是中后期倒伏，使植株层叠铺倒，下层植株果穗灌浆进度缓慢，果穗霉变率增加，加上病虫鼠害，产量大幅度下降。雨后大雨或风雨交加，常造成玉米大面积倒伏，土壤内水分饱和，影响叶片光合作用和根系呼吸。此外，风灾还造成土壤严重侵蚀，是形成土壤荒漠化的重要原因。

（二）技术措施

1. 选用抗倒品种

玉米品种间遇风抗倒能力差异显著。生产中应选用株型紧凑、穗位或植株重心较低、茎秆组织较致密、韧性强、根系发达、抗风能力强的品种。

2. 促健栽培，培育壮苗

健身栽培是提高玉米抵御风灾能力的重要措施。

①适当深耕，打破犁底层，促进根系下扎。

②增施有机肥和磷钾肥，切忌偏肥，尤其是速效氮肥；高水肥地、底肥施氮量充足的地块应避免拔节期追施氮肥。

③合理密植、宽窄行种植。

④应适时早播，注意早管，特别是高肥水地块苗期应注意蹲苗，结合中耕促进根系发育，培育壮苗。

⑤结合追肥进行中耕培土，可在玉米拔节期，结合中耕、施肥，进行培土。

⑥做好玉米螟等病虫的防治工作。茎秆、穗轴受玉米螟蛀食，养料、水分的运输受破坏，也会出现红叶和茎折。

⑦人工去雄。

3. 适当调整玉米种植行向

在风灾较为严重的地区应注意调整行向。由于玉米的株距一般约为行距的1/2或1/3，行间的气流疏导能力远大于株间，当平行于行向的气流来临时，由于株距较小，可以从后面植株获取一定的支撑力，抗风力就有所加强，反之当气流与行向垂直时就会使风灾的危害更大。在对抗风灾时，还可以将迎风面玉米2~3株在穗位部捆扎一起，使其形成一个三角形，从而增强抗风能力。

4. 化控栽培

在玉米抽雄期以前，采取化学控制措施可增强玉米的抗倒伏能力。目前，生产上利用的调节剂主要有玉米健壮素（40%羟烯腺嘌呤·乙烯利水剂）、维他灵、壮丰灵（30%油菜素内酯·乙烯利水剂）、玉黄金（30%乙烯利·已酸二乙氨基乙醇酯水剂）、金得乐（乙矮合剂：乙烯利·矮壮素）、吨田宝和矮壮素等，可以抑制玉米顶端优势、延缓或抑制植株节间伸长、促进根系发育，降低植株高度，提高抗倒伏能力。化控药剂的使用时期、浓度及喷施方式等一定要严格按照产品说明书要求进行，否则很容易出现药害。

5. 植树造林，构建防风林带

在风灾严重的地区，应将植树造林、构建防风林带与玉米抗风栽培技术有机地结合。据测定，防风带的保护范围是其株高的 20 倍左右，如果在风灾严重地区适当规划，种植防风林带，不仅可以美化环境，而且可以大幅减轻风灾的影响。

6. 风灾发生后，及时采取补救措施，恢复生长，减少损失。

（1）及时培土扶正 在玉米拔节至成熟期，由于强风暴雨的侵袭，致使玉米倒伏、茎折，若不及时采取措施，因植株互相倒压，严重影响光合作用，对产量损失很大。一般在苗期和拔节期遇风倒伏，植株能够正常恢复直立与生长；小喇叭口期若遭遇强风暴雨危害，只要倒伏程度不超过45°，经过 5~7d 后，也可自然恢复生长。小喇叭口期后遇风灾发生倒伏，植株已失去恢复直立生长的能力，应当人工扶起并培土固牢。若未及时采取措施，地上节根侧向下扎，植株将不能直立起来，必须及时采取措施，对根倒、茎倒伏的玉米应抓紧时间进行扶苗；对茎折的玉米要及时拔除，为其他玉米创造好的空间条件。

（2）严重倒伏，可多株捆扎 在花粒期，培土扶正难度大，效果也不明显。因此，需采取多株捆扎。具体做法是：将邻近 3~4 株玉米，顺势扶起，用植株叶片将其捆扎在一起，使植株相互支撑，免受倒压、堆沤，以减轻危害，有利灌浆成熟，减少产量损失。

（3）加强管理，促进生长 玉米遭受风灾同时，常遭受雨涝害，受灾后务必加强田间管理，尽快恢复生长，是提高光合效能的重要措施之一。因此，灾害后及时排水，在晴天墒情适合以后，加大后期管理措施，如及时扶直植株、培土、中耕、破除板结，改善土壤通透性，使植株根系尽早恢复正常的生理活动是至关重要的。根据受灾程度，还可增施速效氮肥，加速植株生长能力。进入成熟期的倒伏玉米应及时收获，减少穗粒霉烂，避免玉米品质受到影响。

（4）加强病虫防治，防止玉米果穗霉烂 受螟虫蛀穗后的倒伏玉米易感穗腐、粒腐，同时，玉米倒伏，也为蟋蟀、老鼠等咬食果穗创造了便利条件，更加重穗腐、粒腐危害。

（5）茎折玉米处理 乳熟中期以前茎折严重的地块，可将玉米植株割除用作青饲料；乳熟后期倒伏，可将果穗作为鲜食玉米销售，秸秆作为青贮饲料销售，最大限度减少损失。腊熟期倒伏，加强田间管理，防治病虫鼠害，待成熟收获。

二、冰雹的危害

（一）冰雹的危害

冰雹是从发展强盛的积雨云中降落到地面的冰块或冰球。我国是世界上雹灾较多的国家之一。夏季是冰雹多发季节。雹灾对玉米的伤害：一是直接砸伤玉米植株，砸断茎秆；叶片破碎，光合能力大为削弱；二是冻伤植株；三是土壤表层被雹砸实，地面板结；四是茎叶创伤后感染病害。冰雹砸到正灌浆的果穗，可导致籽粒与穗轴因破损而霉变。雹灾对玉米的危害程度，主要取决于降雹块大小和持续时间。根据冰雹大小及其破坏程度，可将雹灾分为轻雹害、中雹害和重雹害三级。轻雹灾：雹粒大小如黄豆、花生仁，直径约 0.5cm。降雹时有的点片几粒，有的盖满地面。玉米植株迎风面部分受击伤，有的叶片被击穿或砸成线条状，对产量影响不大。中雹灾：冰雹大小如杏、核桃、枣子，直径 1~3cm，玉米叶片被砸破砸落，部分茎秆上部折断，可减产 10%~30%。重雹灾：雹块大小如鸡蛋、拳头，直径为 3~10cm，平地积雹可厚达 15cm，低洼处可达 30~40cm，背阴处可历经数日不化。玉米受灾后茎秆大部或全部被折断，减产达 50% 以上，甚至绝产。但这种重灾区呈不连续的带状，带宽几千米或十几千米，断续带可延绵几十千米。

（二）技术措施

1. 改良环境，合理布局作物

冰雹经常发生的地点多是山区小盆地、迎风坡等，在这些冰雹多发区通过植树造林，可改变冰雹形成的热力条件；或选种抗雹灾能力强的作物，如甘薯、花生等。冰雹在某一地区的发生季节都有相应集中的时段，可将抗雹力差的作物关键发育期避开雹灾高峰期。

2. 及时田间诊断，慎重毁种

玉米不同生育阶段，遭雹灾后恢复生长能力不同。灾后首先确定各地块受灾的玉米能否恢复生长并估计其减产幅度，再提出恰当的措施，切勿轻易毁种。对于苗期受灾的玉米，因恢复能力强，不能采取翻种的方法。苗期遭雹灾后恢复能力强，只要生长点未被破坏，都能恢复生长并取得较好的收成。拔节与孕穗期茎节未被砸断，通过加强管理，仍能恢复。玉米抽雄后抗灾能力减弱，灾后恢复力差，减产严重，此期砸断穗节者，不能恢复吐穗，但穗节完好者，灾后加强管理后仍能获得较好收成。如果玉米抽雄期受灾并有 20% ~ 60% 的穗节被砸断，要立即把砸断的玉米棵锄掉，种上绿豆等，以弥补损失。如抽雄期以后有 70% 以上穗节砸断，只要离初霜还有 3 个月以上生长期，要及时翻种早熟玉米，或改种谷子、大豆、甘薯、荞麦等作物。雹灾后由于生育期推迟，也可以把晚熟玉米作为青贮玉米种植。

3. 做好雹灾预报

做好雹灾预报，发挥气象部门"人工影响气候办公室"职能，在雹灾常发区上风头处，完善高炮、火箭等防雹设施建设，当有冰雹的灾害天气形成时，及时降雹减灾。

4. 雹后管理

灾后应立即进行逐块检查，对于不需要翻种的玉米，将被暴风雨、冰雹压倒的玉米苗，逐棵清洗与扶正，清理冰雹打断的残枝残叶，减少残枝残叶对养分的消耗，并加强追肥、中耕，促使还没有张开的叶片迅速生长。

（1）及时中耕松土　下冰雹时多伴有暴风雨，会造成地温降低；土壤表层被雹砸实，透气不良，影响根系发育。土壤表层干燥后，及时锄地、中耕、松土，有利于破除板结层，增加土壤透气性，提高地温，促进根系发育。

（2）追施速效氮肥和叶面喷肥　玉米受雹灾后，生长速度受到抑制，可用开沟的方法追施速效氮肥，改善玉米营养条件，加快茎叶生长。根据苗情和生育期，每亩追施尿素 5 ~ 10kg，追施时间越早效果越好。如果雹灾时雨量小，墒情不足，追肥后应立即浇一次水。玉米大喇叭口期前受雹灾，此时还有部分叶片没有生长出来，新叶长出后，用磷酸二氢钾等叶面肥喷施 2 ~ 3 次，促进新叶生长，保证后期正常成熟。

（3）挑开缠绕在一起的破损叶片，以使新叶能顺利长出。

第五节　土壤板结及预防措施

良好的土壤条件是玉米生长发育的基础。玉米生长所需的水、肥、气、热等因素都直接或间接来自土壤。玉米需要的土壤条件是土层深厚，结构良好，疏松通气，耕层有机质和速效养分高。玉米是需氧气较多的作物，土壤空气中含氧量 10% ~ 15% 最适玉米根系生长，如果含氧量低于 6%，就会影响根系正常呼吸作用，从而影响根系对各种养分的吸收。高产玉米要求土体厚度在 1m 以上，活土层厚应在30cm以上，团粒结构应占30%~40%，总孔隙度为55%左右，毛管孔隙度为35%~40%，土壤容重为$1.0~1.2g/cm^3$。玉米根系发达，在纵横1m内的土层中形成一个密集而强大的根系，土壤疏松通气，根系才能生长良好。

土壤板结是土壤表层在降雨或灌水等外因作用下结构破坏、土料分散，而干燥后受内聚力作用的现象。农田由于常年使用小型农机具作业，耕作深度浅，作业幅窄，大部分耕地多年来未进行过深松整地，以及水土流失等因素，导致土壤耕层逐年变浅，容重增加，犁底层逐年加厚，严重板结，耕层有效土壤量大幅降低，理化性状恶化，已严重阻碍了玉米产量潜力的正常发挥和减弱了抗逆减灾的生产能力。

一、土壤板结原因

土壤板结的主要因素大约有7个方面。

（1）农田土壤质地黏重，耕作层浅　黏土中的黏粒含量较多，加之耕作层平均不到20cm，土壤中毛细管孔隙较少，通气、透水、增温性较差，雨后，土壤团粒结构遭到破坏，造成土壤表层结皮。

（2）有机物料投入少　不施有机肥或秸秆还田，使土壤中有机物质补充不足，土壤有机质含量偏低、理化性状变差，影响微生物的活性，从而影响土壤团粒结构的形成，造成土壤的酸碱性过大或过小，导致土壤板结。

（3）塑料废弃物污染　地膜和塑料袋等没有清理完，在土壤中无法完全被分解，形成有害的块状物。我国每年随着生活垃圾进入填埋场的废塑料，占填埋垃圾重量的3%~5%，其中大部分是塑料袋垃圾，施入土壤中不易降解，造成板结。

（4）长期单一地偏施化肥　农家肥严重不足，重氮轻磷钾肥，土壤有机质下降，腐殖质不能得到及时地补充，引起土壤板结和龟裂。长期施用硫酸铵也容易造成土壤板结。

（5）镇压、翻耕等农耕措施导致上层土壤结构破坏　由于机械耕作的影响，破坏了土壤团粒结构。而每年施入土壤中的肥料只有部分被当季作物吸收利用，其余被土壤固定，形成大量酸盐沉积，造成土壤板结。耕作时机不当，如土壤过湿时耕翻镇压也容易造成板结。

（6）有害物质的积累　部分地方地下水和工业废水中有毒物质含量高，长期利用灌溉，有毒物质积累过量引起表层土壤板结。

（7）暴雨造成水土流失　暴雨后表土层细小的土壤颗粒被带走，使土壤结构遭到破坏；而黏粒、小微粒在积水处或流速缓处沉淀干涸后易形成板结。

二、土壤板结的危害

板结造成土壤的吸水、吸氧及营养物质的吸附能力降低，通透能力的下降使作物根系发育不良，影响农作物的生长发育。

①土壤板结条件下，土壤孔隙度减少，通透性差，地温降低，致使土壤中好气性微生物的活动受到抑制，水、气、热状况不能很好的协调，其供肥、保肥、保水能力弱。土壤板结还延缓了有机质的分解，土壤理化性质逐渐恶化，地力逐渐衰退，土壤肥力随之下降，不能很好地满足玉米生长发育。

②土壤板结条件下，玉米根部细胞呼吸减弱，而氮素等营养又多以离子态存在，吸收时多以主动运输方式，需要消耗细胞代谢产生的能量，呼吸减弱，故能量供应不足，影响吸收。

三、土壤板结的预防技术措施

1. 增施有机肥，提倡秸秆还田

有机肥不仅能为玉米生长提供养分，而且具有改善土壤物理性状，增强通透性和保水性的作用，又为微生物的活动提供食物和能量。把植物体中的绝大部分，如纤维素、木质素较多的秸秆，以适当的形式还给土壤，改善物理性状，减轻土壤的板结程度。秸秆根茬粉碎还田可以提高土壤有机质含量和养分，增加土壤团粒结构和孔隙度，调整土壤坚实度，降低容重，协调水、肥、气、热状况，提高蓄水保墒性能。

2. 科学施肥、合理施用化肥

3. 运用大型拖拉机进行深松和联合整地

土地长期运用旋耕和垄作耕法后，在耕作层与心土层之间形成坚硬的、封闭式的犁底层。犁底层的存在是土地板结的主要原因，它阻碍了耕层和心土层之间水、肥、气、热梯度的连通性。深松整地可以打破犁底层，改善耕层构造，协调土壤中水、肥、气、热4个重要因素之间的关系，并为微生物大量活动创造了条件。打破了犁底层，根系可以扩大分布范围，广泛吸收营养，有利于玉米的生长。此外，运用大型农机具进行联合整地，灭茬、深松、旋耕、起垄、施肥、镇压等作业一次完成，可以减少机车进地次数，防止土地重复碾压。此外，秋季联合整地还能够提高土壤蓄存雨水的能力，起到防止径流和提墒的作用，是解决土地板结的有效方法。

4. 进行保护性耕作

采取机械深松、少免耕和作物秸秆残茬覆盖地表的方式耕作。用秸秆盖土、根茬固土，可以保护土壤，减少风蚀和水分无效蒸发，提高天然降雨利用率，有效防治水土流失，增加土壤含水量，提高土壤肥力。

第六节　环境污染危害及预防措施

环境污染是指人类直接或间接地向环境排放超过其自净能力的物质或能量，从而使环境的质量降低，对人类的生存与发展、生态系统和财产造成不利影响的现象。环境污染是各种污染因素本身及其相互作用的结果。同时，环境污染还受社会评价的影响而具有社会性。环境污染按照环境要素可以分为：大气污染、水体污染和土壤污染。环境污染源主要有以下几方面：①工厂排出的废烟、废气、废水、废渣和噪音；②人们生活中排出的废烟、废气、噪音、脏水、垃圾；③交通工具（所有的燃油车辆、轮船、飞机等）排出的废气和噪音；④大量使用化肥、杀虫剂、除草剂等化学物质的农田灌溉后流出的水。⑤矿山废水、废渣。

一、大气污染

按照国际标准化组织（ISO）的定义，"大气污染通常是指由于人类活动或自然过程引起某些物质进入大气中，呈现出足够的浓度，达到足够的时间，并因此危害了人体的舒适、健康和福利或环境的现象"。大气污染物种类很多。在我国目前二氧化硫、氮氧化物、飘尘、氟化物及酸雨对农业生产影响和危害较大，而且其影响是多方面的。大气污染物一方面可以影响作物生长发育和产量，也可诱发病虫害的发生；另一方面还可影响土壤微生物种群，改变土壤理化性质。

另外，空气中的粒状污染物也是大气污染源之一。空气中的粒子状污染物数量大、成分复杂，它本身可以是有毒物质或是其它污染物的运载体，沉降后附着在作物叶面上，还直接影响作物的光合作用。

大气污染的治理主要是治理污染源，从源头减少有害废气、粉尘的排放外，积极开展农田大气污染监测，制订实施农田大气环境质量标准，通过监测及时掌握污染动态和采取相应措施，从而减少污染危害。同时加强田间管理，提高作物抗污染能力，如喷石灰乳液可减轻二氧化硫和氟化氢的危害。

二、水污染

水污染是指由有害化学物质造成水的使用价值降低或丧失，污染环境。水污染主要由人类活动产生的污染物而造成的，它包括工业污染源，农业污染源和生活污染源三大部分。据我国有关单位统计，我国城市污水中所含氮肥为 26.7 ~ 90mg/L（总氮）、22 ~ 48mg/L（氨氮），磷为 3.2 ~ 3.9mg/L，钾为 5.2 ~ 40mg/L。利用污水灌溉农田能够充分利用污水中的水肥资源，减轻水体的污染负荷，经济和环境效益十分明显，采用污水灌溉是符合我国国情的。但是，如果污水灌溉使用不当，反而能够使作物减产、恶化土壤、传染疾病、破坏生态平衡。因此，利用污水灌溉农田，关键在于正确、严格的控制用于灌溉农田的污水水质，使之符合农作物正常生长，保护农田土壤与地下水源的要求。为此，首先要从保护环境和人民健康出发，妥善的、合理的解决利用和处理之间的矛盾，同时加强田间管理，根据不同农作物，制定各种作物的灌溉时间、灌水次数及每次的水肥功效，同时还可以防止污染地下水和改变土壤肥效。

用于灌溉农田的污水，各项指标都应符合《农田灌溉水质标准》的规定，必须能够满足下列各项要求。

① 不危害农作物，而且有利于农作物的生长，不影响农作物的产量和质量。

②不使土壤中重金属及有害物质的累积超过危害的极限。

③不破坏土壤的结构和性能，不使土壤盐碱化。

④ 不传染疾病，不危害人民身体健康。

⑤不污染地下水。

三、土壤污染

土壤污染是指农药、化肥、除草剂大量进入农田，工矿企业排放的"三废"（废水、废气、废渣）增多，酸雨日益严重，造成农田污染、土壤酸化、肥力下降、土壤生态环境恶化、农产品质量下降，危害人畜健康，对农、林、牧业构成潜在威胁。当土壤中含有害物质过多，超过土壤的自净能力，会引起土壤的组成、结构和功能发生变化，微生物活动受到抑制，有害物质或其分解产物在土壤中逐渐积累，并通过"土壤→植物→人体"，或通过"土壤→水→人体"间接被人体吸收，达到危害人体健康的程度。

凡是妨碍土壤正常功能，降低作物产量和质量，并通过粮食、蔬菜、水果等间接影响人体健康的物质，都叫做土壤污染物。土壤污染物大致可分为无机污染物和有机污染物两大类。无机污染物主要包括酸、碱、重金属（铜、汞、铬、镉、镍、铅等）盐类、放射性元素铯、锶的化合物、含砷、硒、氟的化合物等。有机污染物主要包括有机农药、酚类、氰化物、石油、合成洗涤剂以及由城市污水、污泥及厩肥带来的有害微生物等。

（一）土壤污染的特点

土壤污染物的来源较广，污水灌溉、气体沉降、化肥和农药的不合理使用以及其他固态废物滞留等。与大气和水污染相比，土壤污染具有以下特点。

1. 土壤污染具有隐蔽性和滞后性

从产生污染到出现问题通常会滞后较长的时间。

2. 土壤污染的累积性

污染物质容易在土壤中不断积累而超标，同时也使土壤污染具有很强的地域性。

3. 土壤污染具有不可逆转性

重金属对土壤的污染基本上是一个不可逆转的过程，许多有机化学物质的污染也需要较长的时间才能降解。

4. 土壤污染很难治理

积累在污染土壤中的难降解污染物则很难靠稀释作用和自净化作用来消除，一旦发生，治理成本较高、治理周期较长。

（二）土壤污染的防治

防治土壤污染要按照"预防为主"的环保方针，首要任务是控制和消除土壤污染源，对已污染的土壤，要采取一切有效措施，清除土壤中的污染物，控制土壤污染物的迁移转化。

（1）科学地进行污水灌溉

（2）合理使用农药 控制化学农药的用量、使用范围、喷施次数和喷施时间，提高喷洒技术；改进农药剂型，严格限制剧毒、高残留农药的使用。

（3）合理施用化肥，增施有机肥 根据土壤的特性、气候状况和农作物生长发育特点，配方施肥。增施有机肥，提高土壤有机质含量，增强土壤胶体对重金属和农药的吸附能力。

（4）施用化学改良剂，采取生物改良措施 在受重金属轻度污染的土壤中施用抑制剂，可将重金属转化成为难溶的化合物，减少农作物的吸收。常用的抑制剂有石灰、硅肥、碱性磷酸盐、碳酸盐和硫化物等。

第十二章 玉米生长发育异常及防治措施

在玉米生长发育过程中，由于自身因素和外界环境条件，如环境胁迫、病虫害、缺素或肥害等，都会导致植株一定的形态变化，出现生长异常的情况，譬如种子发芽出苗异常、幼苗生长异常、植株空秆或果穗生长异常等。从作物栽培学角度看，排除品种遗传特性或种子质量问题后，这些异常的原因可从以下几个方面进行分析：一是气候条件、环境因素异常；二是栽培管理技术不到位；三是肥水供应不科学；四是病虫危害。这些原因均直接或间接影响玉米体内营养积累、转化和分配，使植株发育迟缓或停止发育，各种原因造成的生长异常经常交织在一起，在植株形态症状上极易相互混淆，进行具体诊断时，必须全面了解各种因素，详细分析其内因，才能得出正确的结论。

第一节 种子发芽与出苗问题

一、品种纯度低

品种纯度指品种在特征特性方面典型一致的程度，用本品种的种子数占供检样品种子数的百分率表示。玉米品种的纯度是指纯合的亲本有性杂交后代表型的一致性，是种子检验和鉴定品种品质的指标之一。

（一）品种纯度对产量的影响

品种纯度是种子质量的一项重要指标，种子纯度高，其典型一致性好，能充分表现品种自身的特征特性，如丰产性、优质性、抗病性、抗倒性等优良性状。相反，如果品种纯度低，发生混杂和退化，不但直接影响其产量水平，而且其优质性、抗病性、抗倒性也会明显下降，给农业生产造成严重损失。品种的纯度与发芽率、净度、水分等质量指标不同，不受自然环境条件影响。种子净度和水分质量指标可以通过种子加工、烘干等补救措施加以改良，而生产的种子纯度达不到国家规定标准，几乎无法补救，只有在种子生产过程中进行严格监控，才是提高制种纯度的有效途径。

在生产实践中，忽视种子真实性和品种纯度的鉴定，往往给农业生产带来不可弥补的损失。早熟品种混杂迟熟品种，就会因迟熟品种不能充分成熟而影响了产量；抗病品种中混杂不抗病品种的种子，会降低播种品质和田间植株抗病能力；高蛋白品种混有低蛋白品种种子，直接混杂和花粉直感都会导致其主要品质降低。另一方面品种纯度不高的种子播入田间后会导致作物生长发育不一致，植株高矮不一，成熟迟早不相同，给田间管理和机械作业带来很大困难。纯度降低越多，影响产量的幅度也越大。

（二）影响玉米品种纯度的原因

1. 生物学混杂

隔离区条件和去杂去劣未达到国家要求的标准，异品种传粉造成生物学混杂。

2. 制种去雄不及时

有的亲本自交系雄穗在苞叶内就开花散粉，未做到及时去雄，导致自交。

3. 亲本自交系本身的异质性

玉米是异交作物，过分地纯合会导致自交系产量降低，抗逆性不强。为了提高自交系制种产量，有些育种家采用姊妹交的方法繁殖自交系，这就势必影响自交系本身的遗传一致性，致使杂交种纯度下降。国内育成品种的亲本稳定时间普遍较短，也是导致国内品种生长整齐度差的主要原因。

4. 机械混杂

种子收获、脱粒、贮存时，把关不严，脱粒机、精选机等清理不彻底，造成机械混杂。种子存放及管理不善造成混杂。未严格按质量标准剔除杂穗等造成混杂。

（三）提高玉米品种纯度的技术

认真做好种子田间去杂、去劣、去雄工作。种子生产者根据不同作物种类和种子类别的特点，采取切实有效的措施，精心组织，认真做好田间去劣、去杂、去雄工作，通过田间检验等自检活动判断种子田是否达到标准要求，并保持记录，做到每一步都有章可循，每一环节所处的状态和出现的问题都能从固定的信息渠道中了解。

1. 提高自交系纯度

从种子源头抓起，监控用于繁种的亲本种子质量，提高自交系纯度。

2. 监控种子生产田

种子生产田不存在自生植株及类似植物种的植株和杂草种子的严重污染。种子生产田与周围的田块要有足够的距离隔离，防止同种作物花粉漂移和机械收获混杂。认真做好种子田去杂、去劣、去雄工作。田间检验在种子田的整个生长时期内进行多次，通常在苗期、花期和成熟期，或至少在品种特征特性表现最充分、最明显的时期检验1次。

3. 监控种子加工环节

（四）品种纯度的形态鉴定法

随着技术水平的发展，品种纯度的鉴定方法也越来越多。不同品种由于遗传组成不同，种子内所含的遗传物质种类有差异，这种差异可利用现代生物技术进行鉴别，从而对品种真实性和纯度进行鉴定。目前，实验室常用的盐溶蛋白酶谱、分子标记等技术。但在大田进行形态鉴定简便易行，仍然是重要的方法之一。所谓形态鉴定法是指根据玉米的形态特征和生理特征鉴定特定的基因，主要包括种子形态观察、幼苗形态鉴定、种子解剖及田间小区鉴定法。这些形态特征的差异实质上是由遗传基因不同所致。可用于鉴别玉米品种的性状，大都能反映出品种的特殊性，如叶片宽窄、厚薄、多少、大小，芽鞘颜色，穗柄长短、穗柄与植株的角度，花丝颜色，穗形，轴色，粒形，粒色，籽粒质地，株高，茎秆粗细等。

1. 种子形态鉴定法

检验时从净度测定后的种子中随机抽取样品两份，分别用肉眼或放大镜逐粒观察。根据种子外表性状（如粒形、粒色、籽粒质地等），鉴别品种的真实性和种子纯度。此法准确性差，只能对品种纯度做一般性的检验。

2. 幼苗形态鉴定法

根据幼苗形态特征可进行品种纯度检验，如芽鞘的颜色。玉米幼苗的芽鞘一般分紫色与绿色两类，因品种不同又有深浅之分。该形态比较稳定，不易受环境条件影响。鉴定可以与发芽试验相结合进行，但须在光照条件下发芽，待芽鞘呈现出固有的颜色时，就可以从芽鞘的颜色来鉴定品种的真实性和种子纯度。

3. 种子解剖鉴定法

这是一种较为复杂的方法。不同玉米品种的种子，其种皮壳内细胞横纵切面结构、形状、大小等不同。当不同品种的种子难以从外部形态特征鉴别品种真实性和种子纯度时，可用种子解剖法进行辅助鉴定

4. 田间小区鉴定法

这是品种纯度检验较为可靠的方法。在品种纯度检验时，如果用种子或幼苗形态鉴定法难以区分品种纯度时，就需进行田间小区种植试验，进行更多性状的

观察比较。田间小区种植时，将种子样品与标准样品一起播种，然后在各个生育期对幼苗和植株的性状逐一观察记载。计算小区的异品种总株数。

5. 同功酶测定法

二、种子发芽率低

（一）玉米种子发芽率及其标准

发芽率是指在常规发芽试验中第 7d 时已发芽的粒数占总供试粒数的百分比，发芽率能近似地反映出苗率。根据国家标准 GB 4401.1 的规定，玉米种子被分成常规种、单交种、双交和三交种 4 种类型。这四种类型种子发芽率最低不能低于85%。发芽率低的种子轻则造成缺苗断垄，重则造成毁种。即使采用补种、移栽，长出的苗也是三类苗，秆细株小，结穗也小；如果毁种，更是错过了农时季节，产量随之下降。

（二）影响玉米种子发芽率的因素

1. 气象因素所致成熟不良

玉米制种时如果多雨、低温、寡照，种子成熟度就差，若在乳熟期时植株就遭低温、冷害、霜冻枯死，被迫收割、急速晾晒，导致籽粒瘪皱，发芽力先天不足，幼苗表现发育不良，长势弱。

2. 病害影响

受到穗腐病侵染的植株，尤其是穗轴先腐或变黄的种子，在刚脱粒后发芽率一般正常，但存放一段时间后发芽率就会下降。其他病害的发生，也会导致制种田出现早衰现象，结果籽粒秕瘦，使发芽率降低。

3. 水肥施用不合理

肥料的投放量多少以及氮、磷、钾的比例是否协调都将直接影响玉米种子生长发育：玉米植株生长中缺氮生育期延迟，后期脱肥，生长发育受阻，穗小、粒少；缺磷会导致碳、氮比失调，碳水化合物的转移和运输的速率受阻，成熟度不好；缺钾会导致生殖生长受阻，灌浆成熟不好，百粒重降低。生长期间缺水也会迟滞玉米发育进程、影响种子成熟度。

4. 收获期种子水分的影响

种子在收获、晾晒、脱水时期应在短时间内将籽粒中的多余水分脱降到国标安全水分标准，当高水分种子在收获前至晾晒期间遇霜冻，极易导致种子冻害、发芽率降低。

5. 仓贮条件和时间的影响

种子脱粒入库后，若入库种子含水量高或存放在阴暗、潮湿等封闭不良的库房内，极易造成籽粒回水，出现鼓芽、死种等现象直接导致种子发芽率降低。储藏时间过长的陈种子，也易引起芽率降低或丧失发芽能力。

（三）提高玉米种子发芽率的措施

1. 提高玉米单交种的质量标准

我国现行的玉米种子质量标准不高，应提高我国的玉米种子质量标准，使之达到或接近国际质量标准。

2. 确立种子生产安全区

着眼品种的生育期与有效积温的协调，实行早熟品种在中熟区、中熟品种在中晚熟区，中晚熟品种在晚熟区繁殖的跨区繁育办法，而晚熟品种在晚熟区应用地膜覆盖技术加以补偿，弥补生育期不足，增加制种安全系数，提高种子的成熟度。根据品种的特征特性，确定适宜种植密度，避免激化植株个体与群体的矛盾，造成植株贪青晚熟，影响种子安全成熟。

3. 防控病害

对有穗腐病以及脱水较慢的品种，授粉结束后将制种田内的父本全部割掉，以改善田内通风环境；在乳熟后期开始脱水时活秆全部扒开苞叶，以加快水分散失；对个别有发病迹象的果穗采取提前局部切割，以防止整个果穗染病腐烂。

4. 优化制种田水肥管理

采取平衡施肥，合理调节氮、磷、钾的比例，使其对养分的吸收利用和光合产物运输、积累趋于协调，促进植株的早生快发和安全成熟。

5. 种子安全降水

研发灌浆、脱水快的高产组合及亲本；依据品种生育期划分种子安全生产适宜区，保证初霜冻前种子成熟；收获后及时晾晒，有条件企业扶持建设穗烘干设备，把收获的种子水分快速降到安全入库标准，防止高水分种子晾晒期间遭受霜冻。

6. 改善仓贮条件

企业应营造与生产规模相适应的标准化贮藏场所，使种子安全越冬、越夏，确保贮存种子的种子质量。

三、种子出苗率低

（一）玉米种子发芽过程及条件

种子的发芽过程分3个阶段：吸水膨胀、萌发和出苗。在一定条件下，玉米的发芽时间一般为 4 ~ 7d。

玉米在吸收种子干重 48% ~ 50% 的水分时，就能发芽。当 5 ~ 10cm 土层中，土壤水分为田间最大持水量的 60% 时即可满足种子发芽的需要。当土壤水分为田间最大持水量的 70% 左右时，发芽快、出苗率高。当土壤水分达田间持水量 80% 以上时，因土壤水分过多，空气不足，容易烂种，影响出苗。

玉米种子一般在 6 ~ 7℃ 时开始发芽，但发芽极慢，容易受病菌侵染，甚至烂种缺苗；在 10 ~ 12℃ 时发芽较为适宜，25 ~ 35℃ 时发芽最快，超过 40℃ 则不利于发芽。因此，把 5 ~ 10cm 土层的地温稳定在 10 ~ 12℃ 时，作为春玉米适宜的播种期。温度高低对出苗快慢影响很大。在 10 ~ 12℃ 时，一般播后 18 ~ 20d 出苗；在 15 ~ 18℃ 时，8 ~ 10d 出苗；在 20 ~ 35℃ 时，5 ~ 6d 即可出苗，并且出苗率最高；超过 40℃ 后，幼苗停止发育。

氧气是种子发芽的必要条件。一般情况下，土壤的氧气含量完全可以满足玉米种子发芽出苗的需要。但若土壤太湿，或播种太深，或播后遇雨土壤板结等，都会引起氧气不足，使出苗时间延长，消耗养分增多，幼苗瘦弱。

不同土壤对玉米出苗的影响不同。一般壤质土比重黏土容易出苗，出苗率高。盐碱地由于土温低和盐碱含量高，影响种子吸收水分和其他生命活动，发芽出苗缓慢。当土壤含盐量达到 0.6% 时，发芽很困难。

（二）影响玉米种子出苗的原因

1. 种子质量差

过期种子或发芽率没有达标的种子，种胚多数已丧失生命力，发芽率低，即便有些能够发芽，发芽势也弱，如果误播了这样的种子，往往造成缺苗断垄。

2. 种子处理不当

玉米种子进行种衣剂处理时，处理不当，也会造成出苗率降低。如烯唑醇用量（有效成分）超过 10g/100kg 种子，会产生药害。如果使用种衣剂的浓度过高，会因表面浓厚的药剂，造成种皮内氧气不足，抑制种子发芽，严重时种胚坏死，播种后不易出苗。

3. 发芽时温度不适宜

如果种子发芽的温度过低，会影响玉米种子的发芽率，甚至出现种子霉烂、腐烂等现象，从而降低种子的出苗率。

4. 播种过深、过浅或墒情控制不当

种子播种过深，幼苗生长不出来；播种过浅，种子"落干"，种子不能正常吸水。土壤田间持水量过大，土温降低，沤烂种子和幼苗刚发出来的根，会降低种子出苗率；土壤田间持水量过小，种子所需要的水分不足，也影响种子的发芽和出苗。

5. 机械播种技术不到位

如超速作业、排种机构的地轮卡滞滑移和链条脱落、悬挂式播机未调水平、气吸式播机吸气管路系统漏气或堵塞，机手驾驶行进不平稳、上茬秸秆过多、籽粒粒型不均、壅土堵耧等，均可造成机械播种质量不高，出现空穴和断垄，影响全苗。

6. 地下害虫危害

播种后，地下害虫在土层中活动频繁，咬食种胚、胚芽及幼苗根系，大大降低出苗率。

7. 种肥、底肥施用不当引起的肥烧苗、烂种

施用劣质肥料做种肥或底肥，以及亩用2.5kg以上尿素做种肥，即可影响发芽出苗率。种、肥同播，种、肥间距过小也可影响发芽率，尤其采用缓控释肥一次底施技术时，施肥量一般在30kg/亩以上，种、肥间距至少应保证到8cm。

8. 整地质量问题

9. 土壤含盐量高或其他障碍因素

（三）提高玉米出苗率的措施

1. 严把种子质量关

选用达到国家标准的种子，如无法确认时，进行发芽率测定，达标后才能播种。如出现发芽率较低的，在播种时应加大播种量，以保证田间基本苗数。

2. 播前种子处理

播前晒种2~3d，并且进行人工粒选，剔除瘦弱籽粒、破碎粒、瘪小粒等有明显缺陷的种子，正确进行种子包衣或拌种处理。

3. 适期播种

确定适合的播期，当5cm地温稳定在8℃时播种，深浅一致，保证一播全苗。如果播种过早，易造成烂种，不能正常出苗；播种过晚，将推迟成熟期，影响产量。

4. 提高整地、播种质量与加强田间管理

播种的土壤严格做到"墒、平、齐、松、碎、净"，不重播不漏播。机械播种时注意观察播种箱，避免造成断垄。加强地下害虫的防治，如发现虫口基数高于正常年份，要对土壤进行药剂处理，以保证一播全苗。

5. 保证种子出苗期间土壤墒情

四、粉种（粉籽、种子霉烂）

粉种是由于种子在萌发过程中受到外界不良环境和条件的影响，不能正常萌发，造成种子在土壤中发霉腐烂的现象。低洼、阴冷地块发生较多，造成缺苗断垄，甚至毁种。

（一）产生原因

1. 吸胀冷害

干燥的种子（水分在14%以内）短时间内在低温状态下吸水，种胚就会受到伤害。导致吸胀冷害的温度界限是10℃。当种子刚接触到水分时干种子细胞系统不完整，有些种皮较薄的种子吸水力强，细胞内部的一些分子如可溶性糖、有机酸、氨基酸、低分子蛋白肽链及无机离子会发生渗透现象，细胞膜无法修复而且还会出现损伤，造成种子胚的损伤，再转移到正常条件下也无法正常发芽成苗。

2. 播种因素

种子覆土过深或土壤含水量过多，氧气向种子胚部扩散的阻碍就会增加。种子处于吸水滞缓期，其需氧量较少，但当种子胚根突破种皮时其需氧量增加，如果雨后表土板结氧气不足，使得种子进行缺氧呼吸，产生乙醇等有害物质使种子胚窒息、麻痹以致死亡，或者造成种子胚变黑、发霉而不能出苗。

3. 品种适应性及种子活力

有些种子的种皮透气性差，发芽会受到影响，即使已萌动或已发芽的种子，长时间处在无氧的条件下也会导致烂苗。另外，适应性不好、综合抗性差的品种在不适宜的地区种植，遭遇不良生态或生产条件，使种子活力降低，造成严重粉籽。

4. 其他原因

肥烧种；种子先发芽、再落干，死亡，又复水；劣质种衣剂影响、虫害鼠害使播后种子破损等均会造成烂种。

（二）技术措施

1. 选用综合抗性强的品种

健康的种子出苗快而整齐，瘦弱种子营养物质少，发芽时可利用的能量不足，经不起恶劣条件侵袭，同样引起烂根、死苗。种子发芽率95%以上为宜。播前要晒种，水分达到13%以内，增强种子活力。

2. 种子包衣，提高适应性

经过包衣的种子一方面可以杀菌、防治地下害虫，另一方面种衣剂在种子表面形成的保护膜能起到土壤中水分向种子内部渗透的缓冲作用，防止种子突然吸水，造成吸胀损伤，可有效避免粉种或地下虫害的发生。

3. 适时播种，合理播深

玉米种子萌发最适宜温度应当是地温稳定通过8℃以上，防止低温冷害。同时应精细整地，疏松土壤，把播种深度控制在3～5cm，防止过深，影响种子对氧的吸收。根据情况可以适当浅播浅覆土或者种子催芽后播种。

4. 出苗前检查，查田补苗

出苗前察看种子在土壤中是否发芽，如果粉籽数量达到40%以上，应及时毁种或改种；如不需毁种，结合第一次中耕，利用预备苗或田间多余苗及时补栽，以降低损失。

五、种子有根没芽、有芽没根

玉米正常幼苗的构造要有完整的根系（包括初生根，两个以上充满大量根毛健壮的次生根）、中胚轴、芽鞘、初生叶。只有这四部分构造没有任何缺陷或有轻微缺陷但不影响玉米正常生长才属于正常幼苗。如果萌发的玉米幼苗根系不完整，初生根缺失，没有足够的次生根；中胚轴损伤；叶片严重开裂、撕裂；叶片小于胚芽鞘长度的一半等都属于不正常幼苗。

（一）产生原因

1. 品种特性

有些品种拱土能力差，或者籽粒过小，供发芽萌发的营养相对较少，若播种过深、整地质量差、土壤板结，萌发种子难以破土，形成"窝苗"不能出苗。

2. 种子质量

种子采用机械收获和加工时，受到机械损伤，降低种子耐藏性和田间出苗率，严重则会因种胚损坏，种子不能发芽或幼苗畸形，出现有根没芽、有芽没根的现象。

3. 化肥或药剂烧苗

播种时没有实施种、肥隔离，种子和化肥接触发生"烧籽"。施用不合格化肥腐蚀损伤种子或者化肥用量过大，造成烂芽、烂根。将包衣种子浸种，也易造成药液损伤种子，产生药害，影响出苗。

4. 土壤温、湿条件

过早播种使得种子长时间处于低温条件下营养或能量消耗较大；墒情过差无

法供给种子萌发所需足够水分，玉米即使萌动也不"走根"；土壤水分过多通气不良，产生硫化氢、硫化亚铁类的有毒物质，使根系中毒受害。

5. 病虫危害

种子根、芽被地下害虫蛀断或者根芽腐烂。

（二）防治措施

1. 选择优质良种，精选种子

综合抗性好的品种，能抗御不良气候条件等不利因素的影响，实现稳产高产。优质种子粒型整齐、粒色新鲜光亮，籽粒大小均匀，各项指标均达到或超过用种标准。

2. 精细整地，适时播种

精细整地，疏松土壤，当5cm地温稳定在8~10℃时播种，把播种深度控制在3~5cm，深浅一致，保证一播全苗。

3. 种、肥分离，提高播种质量

选择质量有保证的复混肥做基肥，严格实施种肥隔离。尿素不宜作种肥，目前，市场上复混肥多由颗粒尿素混合，为了避免烧种，应慎作种肥使用。

4. 种子包衣，防治病虫

玉米种子包衣种植对地下害虫防治效果较好，要根据当地主要发生的病虫害情况，选择合适的种衣剂。

第二节　幼苗与植株异常

一、玉米分蘖

（一）症状

出苗至拔节阶段，玉米植株基部节上的腋芽长出多个侧枝，称为分蘖，俗称滋杈、丫子。

（二）发生原因

分蘖是禾本科植物的普遍特性。现代粒用栽培玉米多为不分蘖或分蘖较少的品种，这主要是在其长期进化过程中经人工不断驯化和选育的结果。玉米每个节位的叶腋处都有一个腋芽，从理论上讲，这些腋芽都可形成分蘖，由于玉米植株的顶端优势现象比较强，一般情况下基部腋芽形成分蘖的过程受到抑制，普通玉米仅存在蘖芽而不形成可见分蘖。当外界条件的影响削弱了玉米植株顶端优势作用或栽培条件适宜时，会导致玉米形成分蘖。

1. 品种特性

同品种在相同栽培条件下，表现出不同的分蘖特性。20 世纪 90 年代后期曾经推广品种鲁原单 14 就有较高的分蘖力。

2. 苗期高温、干旱影响

玉米生长期严重干旱，造成主茎上部生长发育障碍，往往就会出现分蘖现象。

3. 密度的影响

种植密度过小，个体发育过于充分，容易发生分蘖，合理的群体密度有利于控制分蘖的发生。

4. 土壤肥力

土壤肥力越高，分蘖会多一些。土壤缺硼易导致玉米生长点死亡而形成分蘖。

5. 病害的影响

玉米遭受某些病害，如感染粗缩病、霜霉病，会发生分蘖现象。苗后除草剂产生的药害也易形成过多分蘖。

6. 化控剂药害

化控制剂喷施浓度过大，造成对植株顶端生长点的抑制，顶端生长优势减弱，促使分蘖多发。

（三）防治方法

玉米的大部分分蘖最终不会形成果穗，即使能够结实也多是在顶部形成一个小果穗，而且很容易受到病虫侵害，基本没有收获价值。一般认为大田粒用玉米生产，田间出现分蘖后应该尽早掰除，掰除分蘖的时间以出现两个分蘖时为好，过早容易损伤植株，过晚影响玉米生长。掰除分蘖的时间以晴天 9 时至 17 时为宜，以便掰除分蘖后形成的伤口能够尽快愈合，减少病害侵染和虫害为害的机会。

青饲玉米生产田不必拔除分蘖。作为青贮玉米或青饲玉米生产，田间出现分蘖后可以不拔除，有些青贮玉米品种本身就是分枝（蘖）类型的。但有报道认为分蘖会影响籽粒部分产量而导致饲料品质整体降低。

二、黄叶苗

（一）症状

起初幼苗叶色淡绿，然后逐渐变黄，严重时全叶枯死，易构成空秆或秃尖。

(二) 发生原因

黄苗的原因较多，多数影响玉米生长的障碍因素均会造成幼苗生长不良，如种子不饱满，禾苗不壮；播种过深，出苗弱；密度过大，妨碍生育；水渍苗，特别是低洼地块，排水不良；土壤缺肥；除草剂使用不合理；受到病虫危害以及污水灌溉等。

(三) 防治方法

1. 种子播前处理

挑出秕粒、霉粒、坏粒、小粒，利用种子包衣或肥水浸种。

2. 精细整地

如果出苗前后有干土块，则需用小铁丝耙子轻轻地去掉地表的干土块，并打碎。

3. 早间苗、晚定苗

在玉米 4～5 叶时定苗，去掉小苗、弱苗、病苗及田间杂草。

4. 加强田间管理，防治病虫害，多铲多趟，合理追肥，促苗早生快发

5. 防治缺素

三、白化苗

(一) 症状

一般从 4 叶期开始发生，心叶基部叶色变淡，5～6 叶期叶片出现淡黄色和淡绿色相间的条纹，叶肉变薄，植株矮小，叶片丛生。严重的全株叶片发白。

(二) 发生原因

主要原因包括土壤缺锌，或除草剂药害，或遗传因素。

(三) 防治方法

针对土壤缺锌：

（1）每亩用硫酸锌 1.5～2kg，与尿素、磷酸二铵等混匀作种肥。

（2）锌肥拌种　先用 2～3kg 温水溶解 1kg 硫酸锌，待全部溶解后将锌肥溶液均匀喷到 25kg 玉米种子上，晾干后播种。

（3）苗期或拔节期叶面喷施 0.2%～0.3% 的硫酸锌溶液，每亩喷肥液 10kg。

玉米受除草剂的危害也会形成白化苗，具体表现及防治见本章第五节药剂危害；遗传因素引起的白化苗防治，见本章第四节遗传性病害。

四、僵叶苗

（一）症状

主要出现在幼苗 3 叶期前，秧苗株细小叶片淡绿，黑根多，软绵萎缩。移栽后，老叶先枯死，除新叶绿色外叶发黄发僵，抗逆性差，容易死叶死苗。

（二）发生原因

土壤中用作种肥的尿素过量，引起烧根伤芽而出现僵苗，或者是播种后水分不足，土壤过干，使幼苗在高温干旱下缓慢生长，也容易形成僵叶苗。

（三）防治方法

①苗期要合理调节肥、水、气条件　肥料应以有机肥为主，少用或不用尿素作底肥，磷肥要经过沤制后施用，土壤要保持适宜的湿度，要求壮苗移栽去除弱苗。

②已出现僵苗的要加强水肥管理和采用玉米叶面喷施，促其快速恢复，严重的则应及时补苗。

五、红叶苗

（一）症状

玉米出苗后，秧苗生长缓慢，叶片小，根系生长发育不良，叶片逐渐褪绿变红，株穗小、粒小。

（二）发生原因

出苗后，温度低，根系吸收能力减弱，幼苗代谢缓慢，叶片叶绿素减少而发红。此外，玉米成株期遇低温、遗传性病害也会造成红叶。对产量的影响主要是造成小穗或少穗。

（三）防治方法

①适时播种，避开低温冷害期。低洼冷凉的地区或地块，采用地膜覆盖栽培，可有效地防止低温冷害。

②玉米移栽宜在晴天进行，以利于幼苗早发根成活。

③加强玉米苗期水分管理，及时满足玉米苗期对水分的需求。

六、紫叶苗

（一）症状

叶片、叶鞘由绿变红，最后呈紫色。3 叶期开始出现症状，4~5 叶期症状表现突出。植株根系不发达，茎秆细弱，严重时叶片枯死。

（二）发生原因

土壤缺磷，根系吸收能力下降，叶绿素合成受阻；3叶期后遇低温也易发生紫苗。

（三）防治方法

①增施磷肥　在营养土没拌磷移栽后，用适量的过磷酸钙加焦灰泥湿拌沤制，进行根施或深沟施，作底肥。

②幼苗出现紫苗时　可以用0.2%的磷酸二氢钾进行叶面喷施1~2次，隔7~10d喷1次即可。

七、黄绿苗

（一）症状

叶片细窄，株形矮小，叶片出现黄绿相间的条纹和灼伤状，首先从下部的老叶片开始，逐步向上部叶片扩展，严重时叶面呈褐色，最后焦枯，植物生长缓慢，根系发育差。

（二）发生原因

缺钾、或缺氮、或缺硫、或缺铁及遗传原因等。

（三）防治方法

针对缺钾造成的黄绿苗，主要措施：

①增施钾肥，如果没钾肥可补施草木灰。

②对缺钾严重地块，可在3叶期用磷酸二氢钾、氯化钾、钾宝、草木灰浸出液进行幼苗喷雾。

八、老化苗

（一）症状

也称老头苗、小老苗、僵化苗，其特征是苗龄长而苗体小，地上部颜色较深，暗淡无光，硬脆无韧性，根系老化，发棵慢，产量低，早衰。

（二）发生原因

多发生在含盐量中度盐渍化土壤，盐分抑制了玉米根系生长所致。由于土壤板结，化肥用量过大，种肥过量，种、肥隔离不足，播后土壤干旱，生育不良，床温低，苗龄过长，蹲苗时间太长等原因也会造成老化苗。

（三）防治方法

①防治盐碱，播前浇一次大水，以水压盐，玉米播种后苗期尽量不浇水。

②底肥应以有机肥为主，不施氯化钾等含氯肥料，做到农肥、化肥、微肥结合，氮、磷、钾结合。

③及时中耕，提高地温，合理灌水、除草、防病灭虫。

玉米苗色异常除遗传因素外，多与养分失调密切相关，单一或多种养分失调会产生不同的异常苗，详细机理可参考本书第四章相关内容。

第三节　果穗与籽粒问题

一、空秆

空秆是玉米生产中常见的现象，空秆现象的表现主要有两种：一是玉米株上根本没分化出雌穗，群众称之为"孤老秆子"；二是虽分化出雌穗，但每株果穗结实20粒以下。空秆率的高低直接影响玉米产量的高低。

（一）发生原因

1. 品种的适应性

由于不同玉米品种生态适应性的差异，没有经过适应性检验的品种不适合当地生态条件，幼苗生长不良，生育期延迟，不能形成正常果穗或果穗发育异常，空秆率高。

2. 密度、施肥不合理

在同一密度肥力不足的条件下，施肥少的比施肥多的空秆率高。肥力越低，密度越大，空秆率越高。施单一肥比施配方肥的空秆率高，施用二元肥料比施三元肥料的空秆率高。

3. 高温干旱

大喇叭口至抽穗前是玉米需水量最多的时期，如果这个时期干旱缺水，就会影响雄穗正常开花和雌穗花丝的抽出，造成抽雄提前，吐丝延迟，花粉的生活力弱，花丝容易枯萎，不能授粉受精；或花期不遇。

4. 阴雨天气过多

玉米抽雄散粉时期，阴雨连绵，光照不足，花粉粒易吸水膨胀而破裂死亡或黏结成团，丧失授粉能力，而雌穗花丝未能及时受精，造成有穗无籽。

5. 雄穗对雌穗的抑制

玉米的雄穗是由顶芽发育而成，生长势强。雄穗分化比雌穗早7～10d；雌穗是由腋芽发育而成，发育较晚，生长势较弱。当外界条件不适，如营养不足时，雄穗利用顶端优势将大量的养分吸收到顶端，雌穗因营养不足发育不良而成空秆。

6. 营养失调

在雌穗分化阶段，如营养不良，光合面积较小，有机物积累少，雌穗发育不良，则空秆率提高。玉米旺长阶段，矿质营养供应过多，造成营养生长旺盛，生殖生长减弱，有机质向雌穗上分配的少，从而形成空秆。缺硼导致受精不良等。

7. 其他原因

种子纯度差、自交苗多；田间管理不均匀一致，生长整齐度差，小苗竞争力弱、发育差、空秆多；病虫草危害，害虫吃掉花丝；苞叶太紧、花丝不能抽出。

（二）防治措施

1. 选用良种

选用品种要适合当地自然条件、种植制度和栽培技术的要求。土壤瘠薄，栽培管理粗放的地方，宜选用适应性强的品种；土壤肥沃，栽培技术水平较高的地区，宜选用丰产性能好的品种。选用多穗或双穗品种，由于它对不良环境有较强的适应性，可使空秆减少。有些品种在不适宜的环境条件下容易出现花粉败育、雌雄不协调等问题导致空秆。此外，提高种子纯度有助于降低空秆。

2. 选留壮苗匀苗，合理密植

以品种类型和地力及水肥管理水平确定留苗密度。适当晚定苗，定苗时不仅去病弱残苗和自交苗，也要拔除长势过旺的个体。

3. 提高群体生长整齐度的措施是降低空秆率的关键

如种子纯度、粒型是否整齐一致，播种深浅是否一致等。

4. 保证大喇叭口期至籽粒建成期水肥供给

玉米抽雄前15d左右对水敏感，此时若土壤缺水，应灌溉浇水，以促进果穗发育，缩短雄雌花的间隔，利于正常授粉受精，降低空秆率。

5. 及时防治病虫草害

二、多穗与无效穗

从玉米上数第5节至第9节，结穗现象多样，有的一株长出2~3个穗，有的达5~6个穗，严重的1个叶腋就长出2个穗或香蕉穗，还有的穗上长穗、多穗齐出。其中，多穗指一株着生2个以上穗，每节腋芽只成1个穗，如笋玉米；香蕉穗：1个节腋芽处次生出多个次生腋芽，形成如香蕉的多个无效穗，影响产量；穗顶穗：雄穗顶端分生出果穗，属于雄穗返祖现象；次生穗：果穗顶端分生出次生小穗，属于雌穗返祖现象，较少见。

（一）果穗形成规律

玉米植株除雄穗下 5~6 节不产生腋芽外，其他各节都有可能产生一个腋芽，这些腋芽（尤其是上部 1~3 个腋芽）在一定条件下具有结实成穗的能力，即玉米具有形成多穗的自然趋势。但由于受遗传、库位间竞争及逆境条件的影响，导致这种多穗库内潜力在腋芽发生、发育过程中不断损失，最终成穗一般仅 1~3 个。即使没有胁迫条件，仍有一定数目的不正常腋芽出现，这些不正常腋芽在发生的不久分生组织立即停止生长，仅残留一些叶状体。腋芽的早期异常现象可能与基因型表达及腋芽所处的生理生化环境有关。多数对腋芽发生发育研究证实，各节腋芽的发生顺序是向顶式的，即靠下部的腋芽先发生，越往上发生的越晚；与此相反，由腋芽向幼穗的转变却是向基顺序发展，即发生越晚、位置越高的腋芽穗分化开始越早，而发生越早、位置越低的腋芽穗分化开始越晚。

（二）发生原因

1. 遗传因素

不同品种多穗发生程度不一，主要是不同品种的腋芽发育进程不一样造成的。有的品种在适宜条件下多个腋芽均同步分化发育易形成多穗，有的品种则第一腋芽分化发育优势明显，从而抑制下一节果穗发育进程，不形成多穗。

2. 顶端雄花序生长受抑制促进雌穗发育

在很多植物中，水分亏缺引起的最快和最显著的代谢效应之一是激素脱落酸的积累，这种反应也出现在玉米植株中，玉米的雄穗是由顶端雄花序发育而成，生长势较强，而雌穗是由腋芽发育而成，发育相应比雄穗较迟，生长势较弱，在玉米发育正常状态中，于第六或第七节上产生一个单个成熟的雌性花序，又称雌穗，这个过程中如遇外界条件不适宜，在顶端雄性花序形成时遭受短期的水分亏缺，则引起下一节上随后发育成一个成熟的雌性花序，导致多穗的发生。

3. 碳、氮代谢不协调，易引起多穗现象的发生

拔节后玉米进入营养生长和生殖生长旺盛期，茎叶生长量大，雌雄穗分化形成，干物质积累迅速增加，此时如果土壤肥沃，水肥过多，会造成碳、氮代谢不协调，影响糖类等矿物质向果穗运转与积累，过多的营养物质会促使多个雌穗花序发育成熟形成多穗。

4. 不合理的种植方式

不同品种，种植密度要求不一，密度过大，叶片相互遮盖，花粉不易落到雌穗上，造成无法正常授精受精结实，加之适宜的环境条件，促使下一雌穗发育成

熟，从而形成多穗。密度过小，边行上易出现多穗。

5. 环境条件不适宜，也会导致多穗的发生

在抽雄开花期，玉米生长发育正常情况下，如果遇到寡照阴雨天气，雄穗不散粉，或即使散粉，但由于雌穗花丝有雨水而导致花粉粒吸水膨胀破裂死亡，影响受精，直接导致空穗无籽，这样营养物质过剩又重新分配到下一节果穗，从而导致多穗发生。多穗主要与品种、密度、水肥有关；畸形穗往往与品种和气候互作有关。

6. 病虫危害

7. 返祖现象

雄穗顶端的穗顶穗和果穗顶端的次生穗属于雌、雄穗返祖现象。

（三）防治措施

1. 因地制宜地选择优良品种

首先选用国家审定并推荐种植的品种；其次，根据农业部门推荐的品种布局选种；再者，从正规种子经营店购买质量可靠的种子，索要发票、妥善保存。切忌盲目求新，求异；盲目看广告买种；图便宜购买假冒伪劣种子。

2. 加强水肥科学管理

玉米抽雄前后需水量最大，是对水分最敏感的时期，要求土壤含田间最大持水量的 70%~80%，如果水分欠缺，应及时灌水、保墒，以保证雌雄穗均衡发育，降低多穗的发生。根据不同品种需肥特性、种植区域、方式、时期等，确定施肥元素及配比。

3. 适时播种，合理密植

地表下 15cm 地温稳定通过 12℃ 作为适宜播种期；抢墒或坐水播种，做到一播全苗，抽雄散粉期错过高温多雨季节。合理密植有利于通风透光，提高光能利用率，促进个体充分发育，降低多穗的发生。

4. 加强田间管理

及时中耕除草，保持土壤疏松，发现多穗及时掰掉，保留 1 个果穗，避免消耗养分，保证目标果穗养分的供应及积累。对抽丝偏晚的品种或植株采用人工辅助授粉。

三、秃尖

玉米果穗顶部不结实称为秃尖或秃顶。致使玉米穗粒数减少，造成减产。

（一）籽粒灌浆规律

玉米雌小花分化、吐丝及籽粒形成始于雌穗的中下部，由此处向上或向下同

时进行，最后在顶部结束。遇到环境条件不适，顶部的花丝不能正常授粉和受精，或受精胚常因养分供应不足而发生败育。玉米果穗秃尖形成的时间主要在籽粒灌浆期（籽粒胚的发育和胚乳充实时期）。玉米果穗籽粒灌浆的规律和果穗花丝抽出规律一样，均是从果穗中部开始，然后是下部至上部，灌浆的速度也是果穗中部籽粒最快，其次是下部，而顶端籽粒灌浆速度最慢。因此，玉米果穗籽粒体积和重量一般都是中、下部大于上部。如果在籽粒灌浆期遇到了高温、干旱，气候干燥，或者是低温、连续阴雨天气，病虫危害，田间通风透光不良，水分和养分供应不足，光合作用受限等不利环境条件，玉米果穗籽粒灌浆就会自上而下逐渐停止，从而形成不同程度的果穗上半部籽粒败育（秕籽），形成秃尖。

（二）发生原因

1. 品种自身因素

玉米品种不同，结实性表现出较大差别。一般来讲，对光、温、水反应迟钝，籽粒灌浆速率快的品种，结实性好，一般不秃尖。而那些对光、温、水反应敏感，籽粒灌浆速率比较慢的品种，一旦遇到气候不正常年份，就会发生秃尖现象。库源关系不协调的品种，库大源小，秃尖重。

2. 栽培管理不当

（1）土地瘠薄　漏肥漏水，有机质含量低，氮、磷、钾等养分不足；氮磷钾配合不当，不施或少施有机肥，尤其是土壤中磷肥、硼肥不足；或玉米生育中后期，水分供应不足，玉米开花灌浆期缺水脱肥，影响有机质运转，使玉米吐丝晚，田间花粉量减少，花粉、花丝寿命缩短，致使玉米秃尖缺粒。

（2）种植过密　群体之间密闭，田间通风透光不良，植株相互争光、争水、争养分，不仅造成果穗秃尖，同时，还可能导致果穗减小，空秆率高，植株和穗位增高，特别是对于那些适宜种植密度在 3 000 株/亩左右的稀植大穗品种，种植越密，秃尖越长。

（3）播种过晚　"春争日，夏争时"，在玉米适播期内应力争一个"早"字，播种越早，玉米生育期间总日照时数和积温越高，结实性越好，产量越高。

（4）草荒及病、虫危害　各种叶斑病、苗枯病、纹枯病、茎基腐病，都可使玉米生长不良，尤其在玉米抽雄时发生蚜虫、玉米螟、棉铃虫，使玉米不能正常开花授粉，造成秃尖缺粒。

3. 气候因素

夏玉米适宜的籽粒灌浆温度是 20～24℃，最适温度是 22～24℃，当日平均温度超过 25℃时或低于 20℃时，籽粒灌浆速度均明显下降，当温度低于 16℃

时，玉米籽粒灌浆极慢甚至停止。如果在玉米幼穗分化、散粉、吐丝、授粉受精、灌浆阶段遇到高温干旱或者低温、连续阴雨天气，影响了玉米正常的授粉受精和生理发育，也会导致果穗秃尖。

（三）防治措施

1. 种植抗病、抗虫和适应性强、结实性好的品种

2. 改良土壤，增强土壤保水保肥能力

提倡使用酵素菌沤制的堆肥和深耕、中耕技术，以改善土壤结构状况，促进玉米生长发育，增强玉米对不良环境的抵抗能力。

3. 合理施肥用水

增施有机肥，平衡施用氮、磷、钾肥，防止田间缺磷与硼；防止旱、涝灾害，玉米拔节后水分供应要适时、适量，以促进雌雄穗发育。

4. 加强栽培管理

一要根据品种、地力和种植方式，因地制宜地确定密度，以创造良好的通风透光条件，满足中上部叶片对光的要求，促进雌穗发育；二要加强中耕除草和培土；三要采用宽窄垄种植技术，以改善田间的通风透光条件；四是当遇到不良的气候条件而影响正常授粉时，要采用人工辅助授粉技术。黄淮海夏玉米改套播为直播，可错开吐丝开花期高温高湿危害。

5. 加强病虫害防治

6. 化控措施

在玉米大喇叭口期全株喷施 0.01mg/kg 油菜素内酯（BR），或者喷施磷酸二氢钾，均可显著降低玉米的秃尖度。

四、缺粒（籽粒败育）

玉米缺粒表现为多种形式，一是果穗一侧自基部到顶部整行没有籽粒，穗形多向缺粒一侧弯曲；二是整个果穗结很少籽粒，在果穗上呈散乱分布；三是果穗顶部籽粒细小，呈白色或黄白色，称为秃尖，严重的秃尖可占整个果穗的一半以上，秃尖是玉米缺粒的主要形式。玉米秃尖缺粒发生的原因主要与品种、土壤、营养与肥水、气候、栽培管理、病虫害发生的严重程度密切相关。

（一）发生原因

1. 遗传因素

败育率首先决定于遗传因素。一般来说，中晚熟多花品种的籽粒败育率较高，而中早熟少花品种则较低。这表明，玉米籽粒的败育过程是植株自身的一种

生理调节手段。这种调节对于维持植株适宜的源库比例至关重要。

2. 水分条件

玉米在拔节、抽雄两个时期随土壤湿度下限值的降低，果穗秃尖长度呈规律性的增加。开花后若土壤湿度下限值达到田间持水量的50%，则穗粒数和粒重都显著降低，败育粒多、秃尖增加。从大喇叭口期到抽雄前土壤水分不足会导致抽雄与吐丝间隔拉长，造成花期不遇，影响花粉母细胞减数分裂，产生大量不育花粉，减少小穗小花数目，穗小且败育粒增多。在低水势（-1.1MPa）下，植株的光合作用基本停止，籽粒因得不到充足营养而使处于劣势位的顶部籽粒部分败育。在小花分化期，水分胁迫籽粒的败育率高达98%，而对照仅为18.4%；在吐丝至吐丝后20d内水分亏缺籽粒败育率增加6.6%。开花散粉期若阴雨连绵，湿度过大花粉易破裂，吸水膨胀丧失生活力，影响授粉而造成败育。

3. 温度条件

低温（<15℃）或高温（>35℃）会严重影响籽粒的发育，导致败育粒增加。在籽粒形成期，低温会降低胚乳细胞的分裂速度，并使灌浆速率大大降低；而高温又严重影响胚乳细胞的分裂，造成库容不足及代谢紊乱而导致败育。不同播种试验表明，气象因素（温度、水分、光照）综合作用对籽粒败育产生影响。

4. 光照条件

玉米吐丝期遮光处理（遮光80%~90%）可使穗粒数较对照减少69.7%，在籽粒形成时期进行遮光处理已经受精的籽粒全部败育。光照条件对籽粒败育的影响主要是因为光照时间和光照强度的变化影响到光合作用，使受精后的小花由于光合产物少，有机营养不足使胚乳细胞数量减少，粒重下降甚至败育。玉米散粉后由于光照不足使花丝伸长变慢甚至停止，增加了未成熟小花和未受精小花的数量，增加了败育粒。

5. 密度因素

种植密度对群体光照、水分、营养水平等都有很大影响。随着群体密度的增加，籽粒败育率亦提高。密度过大会造成通风透光不良，植株个体间对水分和养分的竞争加剧，导致营养与水分不足，使吐丝授粉和籽粒发育受阻，致使处于劣势地位的果穗上部籽粒败育。

6. 病虫危害

玉米各种叶斑病和玉米苗枯病、纹枯病、茎基腐病的发生，都可影响玉米正常的生长发育，致使玉米生长不良，尤其是玉米蚜虫在授粉期间为害雄花，导致不能正常开花授粉，造成秃尖缺粒；灌浆期，蚜虫为害叶片，影响光合生产，会加重籽粒败育。耐蚜性弱的品种，减产越重。

（二）防治措施

1. 种植优良的品种

不同品种对外界环境的适应能力及对不良环境的抵抗能力不同，当不良的外界环境条件超过了品种的适应范围，就易发生秃尖缺粒。根据当地的气候特点及栽培条件，选择和种植抗病、抗虫性和适应性强的品种。

2. 合理施肥用水

要增施有机肥，合理配合施用氮、磷、钾，尤其是防止田间缺少磷肥与硼肥；在水分供应上，要防止旱害和涝害，玉米拔节后生殖器官发育旺盛，水分供应要适时、适量，以促进雌雄穗的发育。

3. 加强栽培管理

（1）要合理密植　根据品种、地力和栽培方式，因地制宜地确定密度，以创造良好的通风透光条件，满足中上部叶片对光的要求，促进雌雄穗的发育。

（2）要加强中耕、除草、培土　尤其是拔节后培土，可增强上壤的透气性，促进玉米根系发育。

（3）人工去雄、拔除弱株　田间通风透光不良，光照不足，植株光合作用减弱，有机质合成减少，影响了玉米雌雄穗的发育，而人工去雄及拔除弱株则能够改善田间的通风透光条件，减少籽粒败育。

（4）人工辅助授粉　玉米散粉时阴雨连绵，影响正常开花授粉；或授粉时天气无风授粉不良。当遇到不良气候条件影响正常授粉时，要采用人工辅助授粉技术。

4. 加强病虫害防治力度

五、雌雄穗花期不遇

玉米同株异花，植株顶端的雄穗抽出后 2~5d 开始由上向下逐步开花散粉，散粉历期 3~4d，晴天一般在 7~11 时散粉，其中，9~10 时开花散粉最多。正常情况下，雄花散粉的同时，雌穗吐丝，花粉由风传播落到雌穗花丝（柱头）上，完成授粉受精过程。玉米的雌穗与雄穗开花的时间常不一致，导致了雌雄穗开花间隔的产生。玉米雌穗抽丝期与同株雄穗散粉期不一致，即雌雄花期不遇，从而影响授粉和结实的现象称为玉米花期不协调或玉米花期不遇。

生产上在配制杂交种的玉米田，经常可见到父本散粉与母本吐丝不同步的情况，大田生产中也时有发生，造成空穗或结实率大幅度下降，导致减产。

（一）发生原因

1. 自交系遗传特性决定的

有些自交系即使在正常条件下也表现花期不协调，不易制得大量的种子。这是由自交系本身遗传特性决定的，由于自身难于繁殖，生产上不宜使用。

2. 自交系和杂交种对不良环境条件反应敏感

有些自交系和杂交种对干旱等不良环境条件反应十分敏感，当环境条件正常时，雌雄花期相遇，表现很协调；当生产上遇有严重干旱或出现连续高温天气，雄花很易提早散粉，而花丝则延后伸出，造成供粉失时，则不易授粉。逆境会导致玉米雌雄穗花期间隔的延长，但不同品种的反应并不一致。

（二）防治措施

制种田，为了防止父本、母本花期不遇可以采取以下防治措施。

1. 选用肥水条件好的地块进行制种

2. 严格按照品种规定日期播种，也可按苗龄指标播种

如果给外地制种，必须掌握亲本自交系在当地生育规律，据此确定播种期，不可按外地经验进行，以防不测。

3. 注意观测父母本花期是否相遇

从播种到开花期间特别注意按其要求进行栽培管理，注意观测父母本花期是否相遇。对生长缓慢的亲本偏加管理，如偏施肥料或适当灌水，对生长迟缓的亲本，可在 12 片可见叶时，叶面喷洒磷酸二氢钾水溶液，促其将发育进程赶上去。对发育较快的亲本在根部一侧进行断根，抑制其生长，促使父、母本花期协调相遇。

4. 去雄、剪苞叶或剪花丝

父本散粉期一般在 7d 左右，如果父本早出雄穗，要将母本及早摸苞带两片叶去雄；或将果穗苞叶剪掉 1cm，以促进雌穗发育，提前吐丝，花期相遇。母本吐丝偏早，父本雄穗还未散粉，可剪短母本花丝，增加结实率。

5. 人工辅助授粉，提高结实率

辅助授粉应在晴天 9～10 时露水干后，散粉最多时进行。授粉时应边采粉边授粉，否则时间过长会影响花粉的生命力。如果人工辅助授粉后在两个小时内遇雨，再补授 1 次花粉为宜。

6. 为慎重起见，父本应分两期或三期播种，也可在边行上增设父本采粉区，以应急需

大田生产为了防止玉米雌雄花期不遇可以采取以下防治措施。

①选用雌雄发育协调好、对环境反应不敏感的玉米品种。

②按照品种特性进行栽培管理，防止干旱、涝淹及脱肥，确保生长正常，雌雄发育协调。

③去雄、剪苞叶或剪花丝　如果雄穗早出，要将果穗苞叶剪掉1cm左右，以促进雌穗发育，提前吐丝，花期相遇。如吐丝偏早，雄穗还未散粉，可剪短果穗花丝，增加结实率。

④人工辅助授粉，提高结实率。

六、穗发芽

（一）症状

是指玉米在成熟遇阴雨或在潮温条件下，种子在母体果穗或花序上发芽的现象，玉米制种田较常见，收获后晾晒不及时也常出现穗发芽。

（二）发生原因

休眠期短的玉米品种，遇到秋雨多的年份，雨水渗入苞叶，持续时间较长，易出现穗发芽。收获后遇连阴雨不能及时晾晒、堆放过厚又不及时翻动、放置在通风条件差的地方均可发生穗发芽。甜玉米种子脱水慢，如果收获时含水量高，易产生穗发芽。最近的研究表明，ABA（脱落酸）在植物穗发芽中起重要作用，种子中GA/ABA（赤霉素/脱落酸）比率变化是造成穗发芽的重要原因。

（三）防治方法

①选用休眠期长和生育期适宜的品种。

②建造合理群体、控制氮肥施用量、进行科学灌水、防止倒伏，降低穗部水分。

③对休眠期短的玉米品种适时收获、及时晾晒，降低温度，减轻危害，也可进行人工干燥种子。

④药剂防治穗发芽。

⑤采取晚收、站秆扒皮等降低收获期籽粒水分的措施。

第四节　遗传性病害

遗传性病害是植物自身遗传因子或先天性缺陷引起的病害类型，没有侵染性，属于非侵染性病害的一种。遗传性病害，零星性发生，很少造成显著的产量损失，田间零星分布，植株生长正常。常在植株的下部、侧面或整株的叶片上出现纵长的褪绿条纹，宽窄不一，黄色或白色。边缘清晰光滑，其上无病斑和霉层。阳光强烈时可变枯黄。在生产中，应尽量减少此类品种的选用。

一、遗传性条纹病

遗传性病害，零星性发生，很少造成显著的产量损失，田间零星分布，植株生长正常。常在植株的下部、侧面或整株的叶片上出现纵长的褪绿条纹，宽窄不一，黄色或白色。边缘清晰光滑，其上无病斑和霉层。阳光强烈时可变枯黄。在生产中，应尽量减少此类品种的选用。

二、遗传性斑点病

在同一品种所有玉米叶片上的相同位置，同时出现大小不一、圆形或近圆形黄色褪绿斑点；斑点无侵染性病斑特征，无中心侵染点，无特异性边缘；后期病斑常受日灼而出现不规则的黄褐色轮纹，或整个病斑变为枯黄，严重时穗小或无穗，结实不良，整株枯死。在生产上应尽量减少该类品种的种植。

三、玉米白花苗和黄绿苗

苗期最明显，叶片上出现不规则黄绿条斑或叶片全部失绿白化或黄化，称为白化苗和黄绿苗。该病发生受遗传基因控制，对玉米经济价值影响不大。但在选育玉米新品种时，必须注意选择，生产上要避免种植该类品种。

四、籽粒丝裂病

在籽粒种胚的一侧出现横向的线状裂纹，露出白色胚乳，似切割状。破裂处易被穗腐病原菌或其他杂菌侵染，造成腐烂。籽粒灌浆过快，种皮发育相对较慢形成，导致种皮呈丝状割裂。生产上要避免种植该类品种。

五、籽粒爆裂病

籽粒的冠部种皮上出现不规则的破裂，露出白色胚乳，似爆裂的爆米花。破裂籽粒易被穗腐病原菌或其他杂菌侵染，常呈褐色腐烂并覆盖各色霉层。应及时淘汰发病品种。

六、生理性红叶病

在授粉后，同一个品种常整体出现红叶现象，穗上部叶片从叶尖向叶基部变为红褐色或紫红色，严重时变色部分干枯、坏死。植株灌浆时，穗上部大量合成糖分因代谢失调而不能迅速传输到籽粒，从而转化成花青素，导致红叶。生产中应淘汰此类发病品种。

第五节　药剂危害

使用农药、除草剂或化肥，超过一定浓度，或施用方法、时期不合适，常会出现药害，形成颜色不正常的叶斑，如白斑和褐斑；幼芽及根卷曲或变粗，植株生长受抑，苞叶缩短或穗粒外漏。播种时化肥施用过量或杀虫剂施用过多，会抑制种子萌发或出土后死亡，残存苗矮化，叶片变黄或枯死。从目前我国玉米田应用农药的实际情况来看，杀虫剂和杀菌剂造成的药害不常见，而除草剂造成的药害却屡见不鲜，这与当前农民应用除草剂技术水平较低有关。不同化学类型的农药造成药害的症状不同，为便于诊断，以下介绍玉米田常见的几大类农药药害症状与缓解措施。

一、药害

（一）有机磷农药药害

1. 药害产生的原因

玉米对敌百虫、敌敌畏等杀虫剂敏感，施用辛硫磷防治害虫时用量过高。

2. 药害症状

疏水性强的辛硫磷等有机磷农药被叶绿体或其周围组织吸附，致叶绿体机能发生紊乱，抑制光合成，出现变色，生产上因玉米品种、发育阶段、环境因子等条件不同，药害程度不同，会造成叶部枯死、变色、畸形等。施用辛硫磷过量可致叶片局部或大部分变白，致叶片干枯似冻害状。

3. 预防措施

在玉米田尽量不用敌百虫、敌敌畏等敏感杀虫剂，施用辛硫磷防治害虫时严格掌握用量。

（二）三唑类杀菌剂药害

1. 药害产生的原因

三唑酮、三唑醇、烯唑醇拌种药剂常用来防治玉米丝黑穗病等，当药量超过推荐剂量时，或受春季低温或干旱影响时，会对玉米幼苗生长造成伤害。

2. 药害症状

一般表现为种芽拱不出土、弯曲，在地下展开子叶，次生根减少，生长畸形，出苗延迟，较正常玉米一般晚出苗2～3d，重的不出苗，造成缺苗断垄。玉米出苗后，株型矮化，叶片变小变厚，叶色深绿，根短小，根毛稀少。药害轻者可逐渐恢复正常，重者不能拔节，严重减产或绝产。

3. 预防措施

三唑类杀菌剂产生的抑苗药害，药害较轻时，可喷施生长调节剂，促进玉米生长。如果药害非常严重，应考虑补种或毁种，以免严重减产或绝产。

二、肥害

（一）肥害产生的原因

肥害是因施用化肥过量或施肥种类、方法不当以及施用了劣质化肥时导致的玉米植株生理或形态失常。

（二）肥害症状

过多的可溶性氮、钾等肥料接近种子时，会抑制种子发芽或致幼苗出土矮化、叶色变黄，甚至逐步枯死。叶面肥害发生时，轻度受害时，叶片边沿褪绿变黄或变白枯死，叶面发生皱缩；受害严重时，叶面上出现失水褪绿斑，并很快干枯。

（三）预防措施

为预防肥害的发生，首先应适量、适期、配方使用肥料，保证播种时种肥间距。发生叶面肥害后，一是要及时地进行叶面喷水，冲洗掉叶面上多余的残留肥；二是要及时浇水，提高植株体内的含水量，减缓肥害。

三、除草剂药害

（一）苯氧羧酸类除草剂

1. 药害产生的原因

2，4-D丁酯、二甲四氯钠盐等在玉米出苗前或3～4叶期施药，一般不产生药害。玉米5叶后耐药性能显著降低，过晚施药、施药量过高或施药不均匀会产生药害。

2. 药害症状

症状为叶片扭曲，形成葱状叶，下部茎叶丛生在一起，初生根畸形上卷不与土壤接触。雄穗很难抽出。脆易折，叶色浓绿。严重的叶片变黄、干枯，无雌穗。

3. 预防措施

2，4-D丁酯要求温度必须在10℃以上才可使用，低于10℃除草效果不好，甚至无效，而且易产生药害；对使用时期要求严格，苗前土壤处理必须在苗出土前3d进行处理，过晚极易产生药害；苗后茎叶处理在玉米2叶期后，拔节期前（一般为5~6叶期），过早一是杂草未出齐，二是易产生药害。用药量不宜超标，施药要均匀。药害发生时，可喷洒赤霉素或撒石灰、草木灰或活性炭等，以减轻药害。

（二）酰胺类除草剂

1. 药害产生的原因

甲草胺、乙草胺和异丙草胺常被用于玉米田苗前土壤处理，防除一年生禾本科杂草和某些阔叶杂草，如果使用过量，会使玉米受害。土壤黏重冷湿有利于药害产生。播后芽前降雨、淹水可引发药害。

2. 药害症状

根和幼芽生长严重受到抑制，有的不能出土，幼苗矮化，叶片变形，心叶卷曲不能伸展。有时呈鞭状（俗称甩大鞭），其余叶片皱缩，根茎节肿大。

3. 预防措施

避免过量用药，保证施药均匀。一旦出现药害，及时中耕松土，以缓解药害。灌水施肥，会使药害加重。

（三）三氮苯类除草剂

1. 药害产生的原因

玉米田常用的品种主要是阿特拉津，如使用量太大或苗后玉米5叶期使用，在低温、多雨条件下易对玉米产生药害。

2. 药害症状

可使玉米叶片失绿或变黄，生长受到抑制并逐渐枯萎。

3. 预防措施

避免过量用药，保证施药均匀。一旦出现药害，及时追肥、中耕松土，以缓解药害。

（四）磺酰脲类除草剂

1. 药害产生的原因

如玉米田茎叶处理使用烟嘧磺隆（玉农乐），施药量大于有效成分5.3g/亩或局部着药量过大时会出现药害症状。有些品种如甜玉米、爆裂玉米等较容易产生药害。阔叶散（宝成）在玉米苗后1~4叶期施药安全，5叶期施药遇低温多雨、光照少可使玉米受害。施过有机磷杀虫剂（如辛硫磷）后紧接着再施此类药剂或与有机磷杀虫剂混施可产生药害。

2. 药害症状

生长受抑制，植株矮化。有的心叶基部褪绿，或叶片上出现不规则的褪绿斑；有的叶片卷缩成筒状，叶缘皱缩，影响心叶抽出；有的斜向生长呈倒伏状。

3. 预防措施

避免过量用药，保证施药均匀。及时中耕追肥，促进恢复。用萘二甲酐（NA）对玉米种子包衣可减少烟嘧磺隆与有机磷杀虫剂的协同作用所造成的药害。高温干旱时及时灌水。

（五）联吡啶类除草剂

1. 药害产生的原因

如玉米田使用百草枯（克无踪）药液喷洒到玉米茎叶上产生药害。

2. 药害症状

叶片接触药液后产生枯斑，枯斑不会继续扩大，未着药叶片正常。

3. 预防措施

施药时在喷雾器上加装防护罩，增加喷水量，加大雾滴，尽可能避免雾滴接触叶片，尤其避免接触生长点，大风天勿施药。

（六）有机磷类除草剂

1. 药害产生的原因

如玉米田误施草甘膦或药液喷落到玉米植株上产生药害。

2. 药害症状

着药叶片先水渍状，后逐渐干枯，整个植株呈现脱水状，叶片向内卷曲，生长受到严重抑制。叶尖、叶缘黄枯，受害重的植株逐渐枯死。

3. 预防措施

采用抗草甘膦转基因品种。普通品种最好播前施药，严禁苗后施药。药害发生到死苗需要十几天的时间，如果施药量超过40g/亩，就应该考虑毁种。

（七）有机杂环类

1. 药害产生的原因

如玉米田用异噁草酮（广灭灵）土壤处理，或上茬作物使用的土壤残留造成药害。

2. 药害症状

土壤处理不影响玉米出苗，幼苗出土后，从叶片基部开始褪绿、变黄、变白，或变成红紫色，还可能出现黄绿相间条纹，严重者全株枯死。受害较轻者，叶片出现不同程度的白花斑，随着幼苗长大，叶片上白色褪绿斑仍然清晰可见，植株矮化。

3. 预防措施

异噁草酮不宜用于玉米地，尤其与莠去津混用更易产生药害。土壤残留药害可恢复，不必采取措施。

（八）除草剂药害的预防

1. 认真核查，确保药剂选择和使用剂量无误

施药前认真核对药剂名称、含量、适用作物、防除对象、敏感作物等。认真阅读除草剂说明书，掌握其使用技术，不随意增加药量，不扩大使用范围。

2. 药械要检修调整到完好状态

人工手动喷雾器最好选用扇形喷雾嘴，不用锥形喷雾嘴，作业前将喷雾器调整到农艺技术要求的标准状态。喷洒除草剂时不要左右摇摆。

3. 严格掌握施药时间

如选用2，4-D丁酯、玉农乐应在玉米3～5叶期进行，过早或过晚均易产生药害。喷药时间一般在8时前，17时后；风速低于4m/s，空气湿度在65%以上。气温超过27℃时应当停止喷药。

4. 严格控制施药量和施药浓度

作业前认真计算每药液箱加药量，严格掌握用药量。多数除草剂的使用剂量随着土壤有机质和黏土粒的含量增加而增加，应根据土壤质地和有机质含量确定用药量。亩对水量不应低于30kg，否则一是施药不均，二是施药浓度高，易产生药害。

5. 提高田间作业质量

喷洒苗带或苗后喷洒除草剂，拖拉机行走路线最好与播种、中耕一致。喷洒作业中应注意风向，大风天应停止作业。

6. 每次喷施完除草剂后要及时清洗喷雾器

四、药剂危害的补救措施

发生药害所能采取的补救措施，主要是改善作物生育条件，促进作物生长，增强其抗逆能力。比如采取耕作措施，疏松土壤，增加地温和土壤通气性。根据作物的长势，补施一些速效的氮、磷、钾肥或其它微肥。叶面施肥更好，肥效来的快。也可以喷施一些助长和助壮的植物生长调节剂，特别是促进根系生长的。但一定要根据作物的需求，不可随意施用，否则会适得其反。如果地面有积水要及早排除；如果发生病虫害，应及早防治。总之，只要有利于作物生长发育的措

施，都有利于缓解药害，减少损失。

1. 加强田间管理

对发生药害的玉米田块应加强管理，结合浇水，增施腐熟人畜粪尿、碳铵、硝铵、尿素等速效肥料，促进根系发育和再生，恢复受害玉米的生理机能，促进作物健康生长，以减轻除草剂药害对农作物的危害；加强中耕松土，破除土壤板结，增强土壤的透气性，提高地温，促进有益微生物活动，加快土壤养分的分解，增强根系对养分和水分的吸收能力，使植株尽快恢复生长发育，降低药害造成的损失；同时，还要叶面喷洒 1% ~ 2% 的尿素或 0.3% 的磷酸二氢钾溶液或惠满丰 600 ~ 800 倍液，促进作物生长发育、尽快恢复生长。

2. 喷施生长调节剂或针对不同药剂的解毒剂

植物生长调节剂对玉米生长发育有很好的刺激作用，同时，还可利用锌、铁、钼等微肥及叶面肥促进作物生长，有效减轻药害，常用植物生长调节剂有：赤霉素、芸苔素内酯、复硝钠、爱多收等。

3. 及时补救毁种

对较重药害，应在查明药害原因基础上，尽快采取针对性补救措施，严重药害尚无补救办法的，要抓紧时间改种、补种，弥补损失。

主要参考文献

程炳岩，庞天荷.1994.河南气象灾害及防御.北京：气象出版社

牟吉元，李照会，徐洪富.1995.农业昆虫学.北京：中国农业科学技术出版社

《中国农业全书·河南卷》编辑委员会.1999.中国农业全书·河南卷.北京：中国农业出版社

高希武.2002.新编实用农药手册.郑州：中原农民出版社

杨力，张民，万连步.2006.玉米优质高效栽培.济南：山东科学技术出版社

王运兵，张志勇.2008.无公害农药使用手册.北京：化学工业出版社

陈化榜.2008.美国转基因玉米的生产概况和发展趋势.玉米科学，（3）：1－3

李少昆，王崇桃.2010.玉米高产潜力·途径.北京：科学出版社

李少昆.2010.玉米抗逆减灾栽培.北京：金盾出版社

赵久然，王荣焕，陈传永.2011.玉米生产技术大全.北京：中国农业出版社

董志平，姜京宇，董金皋.2011.玉米病虫草害防治原色生态图谱.北京：中国农业出版社

刘京宝，杨克军，石书兵，等.2012.中国北方玉米栽培.北京：中国农业科学技术出版社

魏昕，王振华，张前进，等.2010.河南省玉米生产现状、问题与对策.玉米科学，18（2）：136－141

刘经纬.2012.河南省玉米生产现状及高产栽培技术探讨.农业科技通讯，（2）：102－104

中华人民共和国农业部公告［第248号］

中华人民共和国农业部公告［第413号］

中华人民共和国农业部公告［第844号］

中华人民共和国农业部公告［第928号］

中华人民共和国农业部公告［第1453号］

中华人民共和国农业部公告［第1877号］

中华人民共和国农业部公告［第2011号］

河南省农业厅.第六届河南省农作物品种审定委员会第2次会议审定公告

河南省农业厅.第六届河南省农作物品种审定委员会第4次会议审定公告

河南省农业厅.第六届河南省农作物品种审定委员会第6次会议审定公告

河南省农业厅.第六届河南省农作物品种审定委员会第8次会议审定公告

河南省农业厅.第六届河南省农作物品种审定委员会第 10 次会议审定公告

河南省农业厅.第七届河南省农作物品种审定委员会第 1 次会议审定公告

河南省农业厅.第七届河南省农作物品种审定委员会第 3 次会议审定公告

河南省农业厅.第七届河南省农作物品种审定委员会第 5 次会议审定公告

河南省农业厅.第七届河南省农作物品种审定委员会第 6 次会议审定公告

河南省农业厅.第七届河南省农作物品种审定委员会第 7 次会议审定公告